普通高等教育"十一五"国家级规划教材
国家林业和草原局普通高等教育"十四五"规划教材

森林昆虫学通论

（第3版）

贺　虹　李孟楼　主编

中国林业出版社
China Forestry Publishing House

内 容 简 介

全书除绪论外共 13 章，绪论部分介绍了昆虫的起源与地位、森林昆虫学的发展史，以及我国对森林昆虫学的贡献。第一至第七章为森林昆虫学基础部分，包括昆虫的形态，体内器官和功能，生殖、发育、变态、行为、滞育；昆虫的分类原理，分类学的发展，昆虫纲的分目及 8 个常见目中重要科的识别特征；种群结构特征与种群动态，气候因素与昆虫发育的关系，食性、天敌及植物的抗虫性，生命表，森林昆虫群落演替及预测预报；森林环境与森林害虫的关系，森林害虫控制原理与方法，森林健康的保持与恢复；中国的气候、森林类型与森林昆虫的地理分布，林木害虫主要种类，国内检疫性林木害虫的分布。第八至第十三章为各论部分，包括地下害虫、枝梢害虫、食叶害虫、种实害虫、蛀干害虫、木材害虫的地理分布、防治及调查方法。各章均附有相应的复习思考题，并以二维码形式增加了图片资源和阅读文献。

本书为高等院校林学、森林保护专业的本科教材，也可作为广大林业、森林保护、森林害虫防治与研究工作者的参考用书。

图书在版编目（CIP）数据

森林昆虫学通论/贺虹，李孟楼主编. —3 版. —北京：
中国林业出版社，2024.5

普通高等教育"十一五"国家级规划教材　国家林业和
草原局普通高等教育"十四五"规划教材

ISBN 978-7-5219-2455-8

Ⅰ.①森…　Ⅱ.①贺…②李…　Ⅲ.①森林昆虫学-
高等学校-教材　Ⅳ.①S718.7

中国国家版本馆 CIP 数据核字（2023）第 231593 号

审图号：GS（2024）0037

责任编辑：范立鹏
责任校对：苏　梅
封面设计：周周设计局

出版发行　中国林业出版社
　　　　　（100009，北京市西城区刘海胡同 7 号，电话 010-83143626）
电子邮箱：cfphzbs@163.com
网址：http://www.cfph.net
印刷　北京中科印刷有限公司
版次：2002 年 10 月第 1 版（共印 8 次）
　　　2010 年 6 月第 2 版（共印 11 次）
　　　2024 年 5 月第 3 版
印次：2024 年 5 月第 1 次
开本：787mm×1092mm　1/16
印张：24.25
字数：535 千字
定价：75.00 元

数字资源

《森林昆虫学通论》(第3版)
编写人员

主　编：贺　虹　李孟楼

副主编：阿地力·沙塔尔　孙守慧

编写人员：(按姓氏笔画排序)

王晓丽(内蒙古农业大学)

王高平(河南农业大学)

王新谱(宁夏大学)

巨云为(南京林业大学)

白耀宇(西南大学)

刘兴平(江西农业大学)

孙守慧(沈阳农业大学)

李宗波(西南林业大学)

李孟楼(西北农林科技大学)

杨　桦(四川农业大学)

张正青(西北农林科技大学)

阿地力·沙塔尔(新疆农业大学)

尚素琴(甘肃农业大学)

周　祥(海南大学)

孟昭军(东北林业大学)

贺　虹(西北农林科技大学)

晏毓晨(中南林业科技大学)

徐华潮(浙江农林大学)

唐光辉(西北农林科技大学)

唐晓琴(西藏农牧学院)

彭　凡(安徽农业大学)

童应华(福建农林大学)

主　审：杨忠岐(中国林业科学研究院)

第 3 版前言

本书自 2002 年出版以来，经过 2010 年的修订，已经使用 20 余年，得到了我国众多高等农林院校森林保护、林学等本科专业教学的广泛采用，为林学类专业人才的培养发挥了重要作用。

在过去的 10 余年里，随着昆虫学科和林业学科的飞速发展，新的研究方法、技术和理论不断涌现。尤其在分子生物学、数字技术和信息技术的交叉应用推动下，昆虫学的分类体系和害虫防治技术都有了显著变化。同时，气候变化、林业重大工程以及外来生物的入侵，使林木害虫的种类和发生规律也发生了深刻改变。

党的二十大报告指出，要推动绿色发展，促进人与自然和谐共生，要坚持山水林田湖草沙一体化保护和系统治理，全方位、全地域、全过程加强生态环境保护，着力提升生态系统多样性、稳定性和持续性，这一发展理念对加强森林病虫害防治、确保林业高质量发展提出了更高的要求，需要加强森林保护高水平人才的培养，完善森林害虫生态防控理念，创新害虫防治技术。

高水平人才的培养离不开好的教材。随着信息技术的发展，其在教材建设中的应用越来越广泛，教材内容纸电一体化设计、资源数字化已成为现阶段教材建设的重要手段。教材形态的数字化、立体化使纸质教材不再是唯一的知识载体，使学生获取知识的途径和学习方式发生了显著变化，这深刻地改变了传统的教学方式。因此，进一步探索推动纸电融合新形态教材建设已成为我国现阶段培养一流人才和落实立德树人根本任务的必然需求。

本次修订主要基于第 2 版的内容架构，全书共 13 章。根据最新资料对教材进行了全面勘定和纠误：在昆虫学基础部分，吸纳了昆虫形态学、分类学、生理学和生态学的最新研究成果；在应用技术部分，遵循绿色防控理念，修订了林木地下害虫、枝梢害虫、食叶害虫、种实害虫、蛀干害虫及木材害虫等的防治技术，并结合国内外研究对化学防治药剂的使用进行了调整，增加了新的防治技术和方法。此外，还增加了专业术语的英文表述，以二维码形式提供了大量的彩色图片、视频和文献资料，极大丰富了教材内容。同时，依据《中国植物保护百科全书·昆虫卷》对物种学名进行了修订。

本书由贺虹、李孟楼担任主编，阿地力·沙塔尔、孙守慧担任副主编。具体编写分工如下：绪论由贺虹、李孟楼编写；第一章由白耀宇、张正青编写；第二章由巨云为、贺虹编写；第三章由刘兴平编写；第四章由尚素琴、王新谱编写；第五至第七章由周祥、徐华潮编写；第八章由王晓丽、晏毓晨编写；第九章由王高平、阿地力·沙塔尔编写；第十章由李宗波、唐晓琴编写；第十一章由孟昭军、彭凡编写；第十二章由孙守慧、杨桦编写；第十三章由童应华编写；第八至第十二章由唐光辉编写。编委对各章节内容进行交叉修改后由贺虹、李孟楼核定统稿。

本书在编写过程中得到各参编院校和中国林业出版社的大力支持和帮助，尤其在收集图片资料的过程中，得到浙江大学张传溪教授、西北农林科技大学花保祯教授、西北大学谭江丽教授等国内众多昆虫分类学家的鼎力相助，西北农林科技大学吕林博士帮助联系了多位昆虫分类学家提供了部分目和科的图片，中国林业出版社范立鹏博士对教材修订提出了宝贵建议，在此谨向他们表示最诚挚的感谢。为了丰富书中的数字资源，编者从互联网、公众号和一些昆虫爱好者网站引用了若干图片，如有侵权，可联系我们进行删除。

　　由于编者水平有限，时间仓促，掌握的文献、资料和图片资源有限，书中难免有疏漏和不足之处，恳请广大读者和同行批评指正。

编　者

2023 年 12 月

第 2 版前言

森林是人类生存的环境基础。森林除向人类提供木材、林产品等经济产物和工业原料外，更重要的功能是改善人类生存环境的气候质量、保持水土、涵养水源、防风固沙、庇护农田等。与世界发达国家比较，我国的森林覆盖率还很低，西北、西南、华北等人类生存环境脆弱地区的土地沙化、水土流失情况日益严重；除不合理的采伐和森林火灾对森林生态体系构成威胁之外，自然界另一长期的森林灾害源就是灾害性虫灾。我国的森林害虫有千余种，形成灾害的有百余种，而常发型的不过 10 多种，但每年所造成的直接经济损失、社会和生态效益损失多达 30 亿~50 亿元。因此，森林昆虫的研究和害虫的治理在森林培育和经营管理中具有十分重要的意义。

作为一门现代的专门学科，森林昆虫学在世界上已有近 300 年的发展史。我国森林植被类型复杂、各林型中的森林害虫差异较大，因此，现代森林昆虫学在我国的发展阶段、水平和步伐充分地在各种教材中得到了体现。本教材的主要特点：为适应我国森林经营方针由直接的资源开发型调整到社会生态型，森林害虫治理策略调整为以森林生态体系为基础的可持续控制，森林害虫的防治已步入工程项目管理，更加重视生物防治，尤其是森林保护人才培养计划和目标的转变，在原《森林昆虫学通论》的基础上，对部分章节的内容进行更新、压缩和精简，最大限度地吸纳和借鉴了各种森林昆虫学教材版本及参考书目的优点和经验以及近 10 年来我国森林害虫研究的最新成果。

本教材除绪论外包括 13 章，前 7 章为森林昆虫学基础，包括昆虫的形态、昆虫的体内器官和功能、昆虫的生物学、昆虫生态学、昆虫分类学、森林害虫控制与森林健康、中国森林害虫的地理分布；后 6 章为各论部分，即地下、枝梢、食叶、种实、蛀干及木材害虫的地理分布、防治与调查方法。全书插图除部分引自有关的教科书和参考书目外，大部分为编者所绘制。其中分类部分吸收了昆虫分类学中高级分类单元的部分新观点，在科的描述上强调了识别特征，引用了与森林有相关性的种类的插图；生态学部分新增了森林昆虫群落及其种群变动与林分的关系、森林害虫的预测预报等内容；根据森林害虫控制理论的发展，新增的第六章和第七章重点介绍了森林环境与森林害虫的关系、森林害虫控制原理与方法、森林健康的保持与恢复、中国的气候及森林类型与森林昆虫的地理分布等新内容。各论部分首先按分类类群及生物学习性的异同进行归类，在突出生物防治和以林业技术措施增进或提高林分抗虫性的基础上，对其防治方法或综合控制技术进行了高度的概括和归纳，新增了各类森林害虫的地理分布及调查研究方法，从而尽可能避免了不必要的重复，同时根据最新资料对所有种类的学名进行了勘定和纠误。但限于篇幅，部分重要害虫的相关信息未编写入本教材。

本教材编写分工如下：绪论由李孟楼编写，第一章由陈阿兰编写，第二章由巨云为编写，第三章由唐晓琴编写，第四章由周祥编写，第五章由童应华、张如力、巨云为编写，第六章由吴伟编写，第七章由白耀宇、周祖基编写，第八章由冯淑军、刘兴平编写，第九章由刘兴平、丁玉洲、王高平、周祥编写，第十章由孙守慧、王高平、吴伟、贺一原、周祥、阿地力编写，第十一章由徐华潮、阿地力、张如力编写，第十二章由周祖基、童应华、周祥、孙全友、阿地力编写，第十三章由贺一原、孙全友、白耀宇编写，索引由李孟楼、张如力完成。全书由李孟楼教授统稿、组织编排和修改，吴伟、周祖基教授审稿。书中的插图由李孟楼绘制。

本教材在编写过程中，西北农林科技大学森林保护学科的同志给予了全力支持和帮助，2002 年版《森林昆虫学通论》的编者为本教材作出了无私的奉献，在此特表示诚挚的谢意。

由于编者的水平所限，掌握的文献资料还不够全面，书中难免有疏漏和不足之处，恳请广大读者和同行批评指正。

编　者
2009 年 11 月

第 1 版前言

森林是人类生存的环境基础。森林除向人类提供木材、林产品等经济产物和工业原料外，更重要的功能是改善人类生存环境的气候质量、保持水土、涵养水源、防风固沙、庇护农田等。但与世界发达国家相比我国的森林覆盖率还很低，西北、西南、华北等人类生存生境脆弱地区的土地沙化、水土流失情况日益严重；为修复和改变我国的生态环境，国家分别启动了"三北防护林""天然林保护""长江中上游防护林""西部退耕还林还草"等建设项目。概括而言，除不合理的采伐和火灾对森林生态体系构成威胁之外，自然界的另一长期的损害源就是灾害性虫灾；我国的森林害虫有千余种，成灾的百余种，而常发性的不过十多种，但每年所造成的直接经济损失、社会和生态效益损失多达 30 亿~50 亿元。因此，森林昆虫的研究和害虫的治理在森林培育和经营管理中具有十分重要的意义。

作为一门现代的专门学科，森林昆虫学在世界上已有近 300 年的发展史。我国的森林植被类型复杂、各林型中的森林害虫差异较大，因此现代森林昆虫学在我国的发展阶段、水平和步伐充分地在教材的演绎中得到了体现。从 1953 年忻介六教授出版我国第一部《森林昆虫学》教科书开始，经 1959 年北京林学院出版《森林昆虫学》到现在，我国的森林昆虫学教科书逐渐形成了体现地方特色的教材系统。现行教材的 4 种版本为：体现华北兼具全国特色的由原北京林学院张执中教授于 1979 年、1991 年、1998 年重新修编的《森林昆虫学》，1978 年中南林学院主编的代表南方特色的《森林害虫及防治》、1987 年出版的《经济林昆虫学》，1988 年方三阳教授主编的体现东北特色的《森林昆虫学》，1994 年周嘉熹、屈邦选教授主编的体现西北特色的《西北森林害虫及防治》。上述各类版本的教材及 1992 年萧刚柔教授主编的《中国森林昆虫》第 2 版均为本教材的主要参考书目。

本教材的主要特点：为适应我国的森林经营方针由直接的资源开发型调整到社会生态型，森林害虫治理策略调整为以森林生态体系为基础的可持续控制，森林害虫的防治逐渐步入工程项目管理，尤其是森林保护人才培养计划和目标的转变，在《西北森林害虫及防治》的基础上，对部分章节的内容进行了充分的更新、压缩和精简，最大限度地吸纳和借鉴了上述各种森林昆虫学教材版本及参考书目的优点、经验及近 10 年来我国森林害虫研究的最新成果。

本教材除绪论外包括 12 章，前 6 章为森林昆虫学基础，包括昆虫形态、昆虫体内器官和功能、昆虫生物学、昆虫生态学、昆虫分类学、森林害虫的种群数量控制，后 6 章为各论部分即枝梢、食叶、种实、地下、木材及蛀干害虫及其防治；全书附相关插图 243 幅，除部分为编者绘制外，其余均引自有关的教科书和参考书目。其中在分类学部分采用了袁锋教授《昆虫分类学》中高级分类单元设置的新观点，在科的描述上强调了识别特征，引用了与森林有较强相关性的种类的插图；生态学部分新增了森林昆虫群落及其种群变动与林分的关系，对第六章的相关内容进行了全面更新、新增了防治指标的类型等内容；各论部分首先按分类类群及生物学习性的异同进行归类，在突出生物防治和以林业技术措施增进或提高林分抗虫性的基础上、对其防治方法或综合控制技术进行高度的概括和归纳，从而尽可能地避免了不必要的重复；同时根据最新资料对所有种类的学名进行了勘定和纠误。但限于篇幅，部分在西北地区没有分布的检疫性害虫未编进本教材。

本教材编写分工如下：绪论、第一至第三章由李孟楼、施登明编写，第四章由李孟楼、孙全友编写，第五、第六章由李孟楼、张如力、庄世宏编写，第七章由贺虹编写，第八章由王敦编写，第九章由刘满堂、郭新荣编写，第十章由谢寿安、孙全友编写，第十一章由陈辉编写，第十二章由吕淑杰编写。全书由李孟楼、施登明教授统稿和组织编排。书中的插图由李孟楼、屈红星绘制。

本书在编写过程中始终得到了袁锋教授、屈邦选教授、周嘉熹教授的热情支持和帮助，王宏哲副研究员编写了食叶害虫的部分种类，唐光辉、王代娣、雷琼等及学科组其他同志给予了大力支持，在此特表示诚挚的谢意。

由于编者的水平有限，掌握的文献资料还不够全面，难免有疏漏和不足之处，恳请广大读者和同行批评指正。

编　者

2002 年 1 月 29 日

目　录

绪　论

森林是人类社会赖以生存的生态基础，在实现国民经济的可持续发展及提高人类生活质量中的地位日益重要。但是生态林、景观林、绿化林及经济林木，常因各种森林虫害的危害而遭受巨大的生态及经济效益损失。据统计，对我国森林产生危害并造成经济损害的害虫达千余种，其中危害最大的有 10 余种。如松毛虫每年使松林的受害面积约达 $200\times10^4\ hm^2$，若按每亩 * 损失材积 0.183 m^3 计算，累计损失木材达 $500\times10^4\ m^3$；小蠹虫类年发生面积近 $53\times10^4\ hm^2$，是造成松树枯死的主要因素，部分地区的松林几乎因之毁灭；天牛类年成灾和毁林面积分别逾 $100\times10^4\ m^3$ 和 $1\times10^4\ hm^2$；山东半岛的赤松已为日本松干蚧 *Matsucoccus matsumurae*（Kuwana）所毁灭，松突圆蚧 *Hemiberlesia pitysophila* Takagi 在东南沿海地区年发生面积近 $67\times10^4\ hm^2$；落叶松鞘蛾 *Coleophora laricella*（Hübner）年发生面积近 $27\times10^4\ hm^2$，造成材积损失 $320\times10^4\ m^3$；叶蜂、大袋蛾 *Eumeta variegata*（Snellen）、舞毒蛾 *Lymantria dispar*（L.）、叶甲等常发性食叶害虫年发生面积 $67\times10^4\ hm^2$，使被害树木生长量年损失近 $400\times10^4\ m^3$；检疫性害虫美国白蛾 *Hyphantria cunea*（Drury）自 1979 年传入我国后，年发生面积仍在不断蔓延扩展，至 2017 年发生面积达 $92.67\times10^4\ hm^2$，2021 年全国美国白蛾灾害损失达 212.98 亿元，平均 2.91 万元/hm^2，其中经济损失 13.96 亿元、非经济损失 199.02 亿元，不仅造成森林资源损失、影响森林生态效能发挥，还常造成扰民事件，影响人们正常生产生活。在国外，美国东部几个州的舞毒蛾年危害面积达 $30\times10^4\ hm^2$；拉美国家约有 8% 的林业经费用于防治害虫；日本仅松树害虫一项，1963—1966 年就造成损失达 $80\times10^4\ m^3$；1968—1969 年，苏联林木食叶害虫大发生，使 $26\times10^4\ hm^2$ 橡树林枯萎死亡；松小蠹类在欧美国家年发生面积达 $200\times10^4\ hm^2$ 以上，仅德国因虫害受损木材蓄积量近 $3\,000\times10^4\ m^3$。据估算，森林害虫在全球所造成的各类损失（包括各种林产品），年平均近 20 亿美元。

一、昆虫是古老、年轻又不断发展的生物类群

据说，经过"尘埃—星云"的变化所形成的地球已有 46 亿年的地质进化史，在地球所经历的"天文时期"造就了地球内部物质的分异及圈层的形成，为在地球上产生不断丰富和进化的生命创造了必要条件；而"地质时期"又经历了地壳的运动与陆海变化，重要的是诞

---

* 1 亩 = 1/15 hm^2。

生了生命及持续进化的生物见下表。

生物产生与进化的地质年表

地质年代	距现在（亿年）	地球的演化史及生物的进化历程		
		特　征	重要事件	昆虫的产生与发展历史
上古代	39~43	出现海洋		
太古代	18~35	原始藻类诞生		
元古代	6~18	动植物分界		
古生代	2.8~5.70	陆生孢子植物、鱼类及海生无脊椎动物和两栖动物诞生	三叶虫产生并灭绝	无翅化石昆虫见于4.4亿年前，有翅化石昆虫见于3.5亿年前
中生代	2.3~1.35	裸子植物及爬行羊膜动物产生并发展	恐龙产生并灭绝	昆虫进一步分化和发展，有翅昆虫类产生
新生代	0.65~0.06	被子植物、哺乳动物兴起，300万年前产生人类祖先	300百万年前人类诞生	有翅及后生无翅类昆虫进一步发展

在生物产生与进化的里程中，古生代的优势动物三叶虫灭绝了，中生代的巨型动物恐龙灭绝了；只有从古生代中期发展起来的昆虫，能适应地球物理与生态环境的变化而不断分化和发展，当然其中也有不少的类群灭绝了，即使是现在也能找到昆虫继续进化的证据。与人类相比，昆虫在地球上已经存在了4.4亿年，人类的祖先最早也只出现于300万年前，现代人仅有5万年的历史。人类是动物进化到近代时期的高级生物，是地球上的新来者，对地球环境变化的适应能力无法与昆虫相比。从借鉴忍受与适应生境变化而生存的经验讲，昆虫是应该值得特别关注的一类生物。

二、昆虫的地位与特点

在已记载的逾500万种现存生物中，微生物占5%、植物占20%、动物占75%。动物学家根据动物构造之繁简、血缘关系之远近、进化水平之高低，将动物划分为无脊椎动物和脊椎动物两大类群。在脊椎动物中，人的进化地位最高；在无脊椎动物中，昆虫是最高级的类群；就现时代而言，人与昆虫是两种进化方式发展比较完善的代表类群。

分类学家将无脊椎动物区分为原生动物门、多孔动物门、腔肠动物门、扁形动物门、线形动物门、环节动物门、软体动物门、棘皮动物门、节肢动物门等，昆虫隶属节肢动物门中的昆虫纲。节肢动物门占动物界总数的75%，生物界的56.3%。昆虫纲的数量占节肢动物门的95%，占动物总数的71.3%、生物界的53.5%。

昆虫占领生存空间的优势在于：①种类多，现已记录的种类约115万种，据估计栖息在地球上的昆虫总数可达1000万种，目前已命名的种类约100万种。②个体小、种群数量大，如一粒植物种子既是其栖息场所又是食物，一棵树木上可以容纳数十万头蚜虫。③适应能力强、分布范围广，亿万年的适应与进化使地球上每一种生境都栖息有昆虫。

昆虫种类繁多、分布广的主要原因：①具有可飞行的翅，方便了生态、栖息和扩大生存空间。②取食器（口器）的多样化扩大了食物范围。③强大的繁殖力使其获得了保持种群数量的能力。④遗传多样性及适应性变异增强了自然选择的潜力。

三、昆虫的生态学及经济意义

人们对昆虫习惯于从"益""害"两方面去认识,并常过多地强调了害的方面,显然这样的评价过于简单化。从宏观角度讲,森林中的昆虫除了具有害的一面外,还具有下述生态学及经济学意义。

①具有维持自然界生态系统内物质循环平衡的重要功能。占28%捕食性和2.4%的寄生性昆虫构成了农林害虫天敌的群落主体,使能造成经济损失的害虫不到昆虫总数的1%;48.2%的植食性昆虫是生态系统食物链中的基本单元,并且对维持植物群落秩序与结构的稳定性起着重要作用;17.3%的腐食性昆虫种类是自然生态系中庞大而高效的"生态垃圾"清理工。

②为85%的显花植物传粉。在生物进化的里程中显花植物的产生与演化与传粉昆虫有不可分割的渊源关系,许多蜂、蝇、蛾、蝶、甲虫在取食与活动中均扮演了为显花植物传粉的角色。如果没有蜜蜂传粉,40 000种植物会因此无法繁殖而濒临灭绝,爱因斯坦曾言,如果蜜蜂从地球上消失,人类将最多在地球上多活4年。

③部分昆虫直接或间接向人类提供了经济产物。如五倍子、白蜡、蜂蜜、丝绸,可入药的冬虫夏草、蝉蜕等都产自昆虫,全世界约有5 000种昆虫可食,提供了高蛋白、高矿物质、低脂肪的食物资源。

④作为科学研究中的实验动物。由于昆虫生活周期短、易于饲养、繁殖快,用其作为实验动物无社会道德及法律问题,所以在遗传、发育、生理生化研究中被广泛使用。例如,家蚕、果蝇、蜜蜂、蚊子等都是研究生命科学、揭示生命起源与进化的模式昆虫。

⑤美丽多姿的体型、多彩的花纹及有趣的生活方式,成为人类业余消遣的对象。可以说昆虫发展为一个专门的学科,在早期与人们的好奇与观赏兴趣有很大关系。我国具有丰富的昆虫文化资源,如桑蚕文化历经千年仍然在我国的经济文化建设中发挥重要作用,"一带一路"(The Belt and Road,缩写B&R)就是指"丝绸之路经济带"和"21世纪海上丝绸之路"的简称。

⑥昆虫有相当一部分是农林植物及其产品的害虫,部分是人、家畜、植物病原的携带者及传染源,即卫生害虫。为治理这些害虫,全世界不仅具有专门的研究与教学机构,而且建立了不断扩大的每年产值1 000多亿美元的工商业(主要是农药产业),这进一步强化了昆虫在现代社会经济生活中的重要性。

此外,腐食性昆虫、法医昆虫、环境指示物种、昆虫仿生学等都在人类的生活中扮演着多种多样的重要角色。随着人类对昆虫研究的深入,已改变了过去的昆虫就是害虫的片面认识,昆虫与人类的经济及社会生活甚至生存的生态环境的关系越来越密切,人类对昆虫的依赖比历史上任何时候都更为紧密。尤其在资源昆虫的研究和利用方面,人类已取得了很大的成绩。党的二十大报告指出,要推动绿色发展,促进人与自然和谐共生,提升生态系统多样性、稳定性、持续性,这也为我们认识昆虫、研究昆虫、保护昆虫生物多样性、合理利用昆虫资源和高效防控害虫提供了更为明确的方向。

四、本课程的任务

本课程主要学习和掌握昆虫的外部形态特征、体内器官的结构与功能、个体生长发育及生物学特点、分类、种群数量消长与森林生态系中其他因子间的相互关系,以及害虫防治和益虫利用的一般原理和措施。

昆虫学的基础课程包括昆虫形态学(Insect Morphology)、昆虫分类学(Insect Taxonomy)、昆虫生理学(Insect Physiology)、昆虫生物学(Insect Biology)、昆虫生态学(Insect Ecology)、昆虫毒理学(Insect Toxicology)、植物化学保护(Chemical Protection of Plants)、昆虫病理学(Insect Pathology)、昆虫技术学(Insect Technology)等。

应用昆虫学包括森林昆虫学(Forest Entomology)、农业昆虫学(Agricultural Entomology)、储粮昆虫学(Storeproduct Entomology)、医学昆虫学(Medical Entomology)、城市昆虫学(Urban Entomology)、园林昆虫学(Gardens Entomology)、森林害虫治理工程学(Forest Pest Control Engineering)、经济林昆虫学(Economic Forest Entomology)、养蚕学(Sericulture)、养蜂学(Apiculture)等。

五、森林昆虫学的发展历史

森林昆虫学作为应用昆虫学的一个分支,是随着森林害虫的研究与防治和益虫利用而逐渐发展形成的。回顾森林昆虫学的发展历史,其发展历程大致如下。

(一)早期阶段

1900年之前,德国因林业较为发达,成为当时森林昆虫学的兴起中心,最早对森林昆虫感兴趣并进行观察研究的是神学家和医生。1752年,传教士 J. C. Schaffer 详细研究了舞毒蛾(当时尚无学名)的生长发育规律以及猖獗与食物、天敌和气候等因素的关系;云杉八齿小蠹 *Ips typographus* L. 的灾害性危害和观察研究则进一步推动了森林昆虫学的发展。医学教授 J. C. Gmelin 于1787年就此发表了相关的论著,并于1804—1805年出版了《危害森林的昆虫之完整的自然史》。Bechstein 在《森林和狩猎百科全书》中撰写了第一本森林昆虫教科书。J. T. C. Ratzeburg(1801—1870)倾其毕生精力于森林昆虫研究,1840—1841年出版了至今仍被奉为森林昆虫学的经典著作《森林昆虫或普鲁士及临近州森林已知有害或有益昆虫图说或描述》。这一时期的重点在于研究生物学,其次为森林环境。

(二)快速发展及种群研究阶段

从20世纪开始,森林害虫问题受到了多数欧美国家的重视,各国均出版了至今仍有影响的森林昆虫学著作,如1929年 S. A. Graham 的 *Principle of Forest Entomology*,1950年 F. C. Craighead 的 *Insect Enemies of Eastern Forest*,1952年 F. P. Keen 的 *Enemies of Western Forest*,以及1941年印度 C. F. C. Beeson 的 *The Ecology and Control of the Forest Insects of India and the Neghbouring Contries*,1949年苏联 M. H. 里姆斯基等的《森林昆虫学》,1948年日本松下真幸的《森林害虫学》等。美国森林昆虫学家霍普金斯(A. D. Hopkins)经过20多年的观察和研究,1918年发现了生物气候定律,被誉为北美森林昆虫学界的 Ratzeburg。森林昆虫的研究从一开始就涉及生物学及其与森林环境两方面的内容,不过早期的重点在于生物学领域,而这一阶段除重视单因素的作用特点外,更多的则是种群动态及其限制条件的作用过程及其控制方法,从而使森林昆虫学成为了一门专门的学科;这方面的代表是德国学者 K. Escherish,他于1914—1942年出版了 *Die Forest Inseckten Mitteleuropas*。

(三) 以生态学为基础的近代研究时期

20世纪末，生态学理念被森林昆虫学者普遍接受，这一时期的主要特点是以生态学为基础，注重多学科理论和技术在森林昆虫学研究中的应用，主要进行森林昆虫的种群动态规律、防治策略及控制技术的研究，强调了森林生态系统控制虫灾的潜能，实施综合管理措施使害虫种群相对稳定而不成灾。

六、中国对森林昆虫学的贡献

若追溯现被列为资源昆虫的家蚕 *Bombyx mori* L.、柞蚕 *Antheraea pernyi* Guérin-Méneville、白蜡虫 *Ericerus pela* (Chavannes)、五倍子蚜等的研究历史，在1 000年以前我国就已开始饲养家蚕、利用丝绸供衣着，早在公元前40年至公元前20年的我国汉代就开始饲养柞蚕。我国还是世界上最早利用捕食性昆虫的国家，在医用昆虫及无机和植物性杀虫剂的利用等方面都曾有过不少的发明和创造。早在明嘉靖九年(1530年)浙江就已有了松毛虫灾害的记载；万历十七年(1599年)江苏常熟县志的记载形象而确切："据梢食叶，嗖嗖有声，树尽凋谢，俗呼松蚕。"

现代森林昆虫学在我国的起步相对较晚，1960年以前为发展的早期阶段。1950年，我国政府重视松毛虫、竹蝗等森林害虫的研究和治理；1953年，忻介六出版了我国第一部《森林昆虫学》教科书；1959年，北京林学院(现北京林业大学)总结当时我国森林昆虫的研究成果主编出版了《森林昆虫学》。1980年以前，我国重视重要虫种的生物学及防治方法等研究，1980年以后，我国森林昆虫研究步入了以生态学为基础研究解决国内重大的森林害虫问题的阶段。1979年实施的全国林木病虫害的普查项目基本上摸清了我国主要森林害虫的种类、分布和危害状况。1983年由蔡邦华和萧刚柔教授主持，组织全国森林昆虫专家系统地总结了我国森林昆虫的研究成果，编写出版了《中国森林昆虫》(1992年和2020年两次修订)。从1983年开始的"马尾松毛虫、油松毛虫等综合防治技术研究"被列入"六五"国家重点攻关课题，"七五"(1986—1990年)科技攻关内容。在上述基础上扩大到杨树蛀干害虫、针叶树种子害虫、松突圆蚧等，"十五""十一五"和"十二五"更进一步将松毛虫、小蠹虫、杨树蛀干害虫、松材线虫、美国白蛾确定为治理工程项目，重点解决生物防治方法与技术，从而使我国森林害虫的防治和研究进入了新阶段。

虽然我国森林虫害问题仍未得到较彻底的控制，但森林昆虫学作为一门独立的学科在我国已具备了坚实的基础，国家已建立了相当完整的专职研究与技术推广机构，并制定了相关方针、政策和法令，专业人才培养体系也日益完善。这些都将进一步推动我国森林昆虫学的发展、害虫控制技术水平的提高。

七、新时代"森林昆虫学"的使命

党的十八大以来，林业部门不断加强林业有害生物监测预警、检疫御灾、防治减灾、支撑保障"四个体系"建设，完善属地负责、政府主导、区域联动、部门协同、社会参与、联防联控工作机制，推动林长制督查考核，科技攻关"揭榜挂帅"、包片蹲点全覆盖、健康森林试点、航空遥感监测等一系列创新举措，林业有害生物防治能力和水平全面提升，防控工作取得显著成效。继续坚持绿水青山就是金山银山的绿色发展理念，坚持山水林田湖草沙一体化保护和系统治理，使生态文明制度体系更加健全，生态环境保护也发生了历史性、转折性、全局性变化，我们的祖国天更蓝、山更绿、水更清。

随着国家、地区间经济贸易的发展，外来物种正在全世界范围蔓延，我国外来入侵物种入侵数量呈上升趋势，至 2020 年，已发现 660 种外来入侵物种，成为遭受外来入侵物种最严重的国家之一。目前，入侵我国并造成严重危害的外来林业有害生物有 42 种，其中松材线虫病、美国白蛾、松突圆蚧、湿地松粉蚧等发生面积为 $158.88 \times 10^4\ hm^2$，严重威胁中国的森林资源安全。为了维护国家生态安全，防范和应对生物安全风险，保障人民生命健康，保护生物资源和生态环境，促进生物技术健康发展，推动构建人类命运共同体，实现人与自然和谐共生，《中华人民共和国生物安全法》（以下简称《生物安全法》）自 2021 年 4 月 15 日实施。为了贯彻《生物安全法》，提升林草生物安全治理能力，2021—2023 年，全国范围内开展了森林草原湿地生态系统外来入侵物种普查。

2022 年，党的二十大报告提出，大自然是人类赖以生存发展的基本条件，尊重自然、顺应自然、保护自然，是全面建设社会主义现代化国家的内在要求；必须牢固树立和践行绿水青山就是金山银山的理念，站在人与自然和谐共生的高度谋划发展；我们要推进美丽中国建设，坚持山水林田湖草沙一体化保护和系统治理，统筹产业结构调整、污染治理、生态保护、应对气候变化，协同推进降碳、减污、扩绿、增长，推进生态优先、节约集约、绿色低碳发展，最终推动绿色发展，促进人与自然和谐共生。

因此，新的历史时期，森林昆虫学教学和研究也迎来了新的机遇，面临新的挑战，从生态环境保护、可持续发展的角度，聚焦害虫防治体系，加强外来物种管控，重点解决重大害虫"可防""可控""可治"和全程防控"绿色化"的基础理论、关键技术、重大产品与装备等问题。

第一章

昆虫的外部形态

【本章提要】昆虫的外部形态及其特征具有一套系统而规范化的科学定义和名称，是学习和认识昆虫的基础。本章主要介绍昆虫与其他动物的区别特征，昆虫头部、胸部、腹部的基本结构，以及昆虫口器、足、翅、外生殖器的结构、类型和演化特征。

昆虫种类繁多，形态各异。由于适应环境和进化过程中的自然选择，即使是同种昆虫，因发育阶段、性别、地理分布及生物学特性等不同，形态结构也会有所变化。但是，不管昆虫的形态如何变化，它们的基本结构具有一致性，形态上的差异只不过是基本结构的特化，形态结构的特化和多样性是昆虫适应环境与自身生存相统一的结果。掌握昆虫的外部形态特征和基本结构，对于识别昆虫，了解昆虫的生活习性、生存环境和害虫防治，都具有极其重要的作用。

昆虫属于动物界 Animalia 节肢动物门 Arthropoda 昆虫纲 Insecta。节肢动物的共同特征：体躯由一系列分节的体节组成，整个体躯被有含几丁质的外骨骼，有些体节上具有成对、分节的附肢；体腔即为血腔，心脏在消化道的背面；中枢神经为梯形神经系统，包括 1 个位于头内消化道前端背面的脑，以及 1 条位于消化道腹面、由一系列成对神经节组成的腹神经索。

昆虫除具有以上节肢动物的共同特征外，成虫期体躯分成明显的头、胸、腹 3 个体段，具 3 对足，多数还有 2 对翅。昆虫与其他动物的主要区别特征如下（图 1-1）。

图 1-1　蝗虫体躯构造

①体躯左右对称，由若干环节组成，这些环节集合成头、胸、腹3个体段。

②头部是取食与感觉的中心，具有口器和1对触角，通常还有单眼和复眼。

③胸部是运动与行动的支撑中心，由3个体节组成，有3对足；中、后胸常各有1对翅。

④腹部是生殖与代谢的中心，通常由9~11个体节组成，内含大部分内脏和生殖系统，腹末常具有特化为外生殖器的附肢。

⑤由卵中孵化出来的昆虫，在生长发育过程中，通常要经过一系列显著的内部及外部体态上的变化，才能转变为性成熟的成虫。这种体态上的改变称为变态。

节肢动物门除昆虫纲外，还有三叶虫纲 Trilobita、蛛形纲 Arachnida、甲壳纲 Crustacea、重足纲 Diplopoda、寡足纲 Pauropoda、唇足纲 Chilopoda、结合纲 Symphyla。但这些节肢动物均无翅，或体躯分段形式、或足的着生部位与数量等都与昆虫不同(图1-2)。

昆虫的体躯由坚硬的外壳和包藏其内的组织和器官组成，外壳由18~21个环节组成。在昆虫的幼虫期，虫体柔软类似于环节动物，相邻体节间形成节间褶(褶内面附着纵肌)，其体节相当于胚胎发育期的真正体节，为原始的体节分节方式，称为初生分节(primary segmentation)。而在成虫期，体壁骨化成一系列的骨板，相当于初生分节的节间褶也骨化了，里面形成着生肌肉的内脊，而身体活动则靠各体节原节间褶前的未经骨化的节间膜(intersegmental membrane)，这种以节间膜为相邻体节分界的方式称为次生分节(secondary segmentation)，纵肌收缩可使相邻体节在节间膜处相互套叠。

为了方便昆虫形态描述，常以其重心为中心(多为胸部)对其体躯的方位进行统一规定，常用的体向有前、后、背、腹、侧、左、右、内、外、基部、端部等(图1-3)。

图1-2　节肢动物门其他纲的代表

图1-3　昆虫的体向(仿彩万志)

昆虫的附肢(appendage)是成对着生于体节两侧下方分节的器官。在胚胎发育时几乎各体节均有 1 对可以发育成附肢的管状外长物或突起,到胚后发育阶段,一部分体节的附肢已经消失,另一部分体节的附肢特化为不同功能的器官;如头部附肢特化为触角和取食器官,胸部的特化为足,腹部的一部分特化成外生殖器和尾须。虽然由于其所在部位和担负功能的不同而在形态上差别很大,在形态上所赋予的名称各异,但其基本构造具有相似性,并与其他节肢动物的结构基本相同,分节不超过 7 节(图 1-4)。

图 1-4　昆虫的胸足与三叶虫附肢的比较

第一节　昆虫的头部

头部(head)是昆虫体躯的第 1 体段,常呈半球形,由 4 或 6 个原始的体节愈合而成,形成一个坚硬的头壳,以保护脑和适应取食时强大肌肉的牵引力。昆虫头部以膜质的颈与胸部相连接,着生有口器、1 对触角、1 对复眼,有时还有 2~3 个单眼,是昆虫感觉和取食的中心。

一、头壳的结构

昆虫头部外壁高度骨化,形成一个完整的硬壳,称为头壳。头壳上虽然无分节的痕迹,但有 7 条次生的沟或缝,可将其划分为 5 个区域。

这 7 条沟是蜕裂线(ecdysial line,又称头盖缝 epicranial suture)、颅中沟(midcranial sulcus)、额唇基沟(frontoclypeal sulcus,又称口上沟 epistomal sulcus)、额颊沟(frontogenal sulcus)、次后头沟(postoccipital sulcus)、后头沟(occipital sulcus)、颊下沟(subgenal sulcus)(图 1-5)。

5 个大区分别是额唇基区(frontoclypeal area),包括额区(frons)和唇基(clypeus,又可区分为前唇基 anterclypeaus 和后唇基 postclypeus);颅侧区(parietals area),包括头顶(vertex)和颊(gena);后头区(occipital area),包括后头(occiput)、后颊(postgena)和次后头(postocciput);颊下区(subgenal area),可区分为口侧区(pleurostoma)与口后区(hypostoma);上唇(labrum)。

沟或缝是体壁内陷后在头壳表面留下的褶陷,褶陷在头内所形成的内脊、内突等构造称为幕骨(tentorium),幕骨既加强了头部的强度又可供肌肉着生;留在头壳外的陷口称为幕骨陷(tentorium pit)。

沟可依据其所在部位、形状、功能进行描述及解释,而区域则能通过其所在部位、形状、周边的沟进行描述。

图1-5 昆虫头壳的构造

二、头部的附肢

昆虫头部附肢有触角、眼和口器。

(一)触角

触角(antenna)是昆虫头部的1对附肢,除原尾目昆虫无触角,高等的膜翅目、双翅目幼虫的触角退化外,大多数昆虫都有1对触角。触角基部着生于额区两复眼间的一对触角窝(antennal fossa)内,触角窝缘有围角片(antennal sclerite),围角片上的支角突(antennifer)分别与触角基部相连接,因此触角可以自由转动。

昆虫触角最基部的一节常较粗短,称为柄节(scape);常较柄节略小的第2节即梗节(pedicel);梗节以后各节统称为鞭节(flagellum),鞭节的节数和形状变化最大(图1-6),触角变异后主要依据其鞭节的形状确定类型和名称。雄虫的触角常比雌虫的发达,触角是常用的分类和性别鉴别特征。

图1-6 触角的基本构造

昆虫触角类型

常见的触角类型包括刚毛状(setai)、丝状(filiform)、念珠状(moniliform)、锯齿状(serrate)、羽(双栉齿)状(pinnate)、栉齿状(pectiniform)、膝(肘)状(geniculate)、具芒状(aristate)、环毛状(annular)、棒(球杆)状(clavigerate)、锤状(capitate)、鳃片状(lamellate)(图1-7)。

触角是昆虫觅食、求偶、聚集、避敌、寻找产卵场所等生命活动中的主要感觉器官,具有触觉和嗅觉功能。但某些昆虫的触角还有其他功能,如雄蚊触角梗节中的江氏

刚毛状　　丝状　　念珠状　　锯齿状　　栉齿状　　膝（肘）状　　锤状

环毛状　　羽（双栉齿）状　　具芒状　　棒（球杆）状　　鳃片状

图 1-7　昆虫触角的类型（仿周尧、管致和等）

器（Johnston's organ）能听到雌蚊的飞行声，雄芫菁的触角在交尾时能抱握雌虫，仰泳蝽的触角能保持身体在水中的平衡，魔蚊的幼虫利用触角能捕食小虫，水龟虫游泳时触角可以帮助呼吸等。

昆虫的触角上有许多感受器官，能感受分子级化学物质和微小机械作用的刺激。如菜粉蝶 *Pieris rapae* (L.) 对十字花科植物散发的芥子油气味敏感，许多昆虫可为损伤果实所散发的酸甜酒香味所引诱，许多蛾类的雌虫分泌的性激素吸引数千米外的雄虫飞来交尾，樟脑精对衣鱼、皮蠹等昆虫有趋避作用。因此，可利用昆虫触角对某些化学物质的特殊嗅觉作用对害虫的发生动态进行测报，对害虫进行诱集、诱杀或趋避防治。

（二）眼

眼是昆虫的视觉器官，在栖息、取食、繁殖、决定行为方向等各种活动中起着重要的作用。昆虫的眼分为两种：复眼（compound eyes）和单眼（ocellus，复数 ocelli）。

1. 复眼

多数昆虫的成虫和不完全变态类的若虫或稚虫都有 1 对复眼，复眼常位于头部的侧上方。复眼是昆虫的主要视觉器官，能辨别出近距离的物体，对运动着的物体特别敏感。

复眼由许多小眼集合而成，小眼通常为正六边形。小眼的形状和数量变化很大，复眼越大、小眼数量越多、视觉也越清楚，如介壳虫雄虫的每个复眼只有数个圆形小眼，蜻蜓则多达 28 000 个。小眼的基本构造由集光器和感受器两部分组成，集光器是小眼表面的六角形凸镜即角膜镜和位于其下面的晶体，具有通过和集合光线的功能；感光器即视觉细胞所形成的视觉柱，下端连接视觉神经；视觉细胞周围有色素细胞，能吸收部分光线。视神经感受集光器传入的光点形成"点像"，无数小眼的"点像"则形成"镶嵌像"。

复眼常为圆形、椭圆形，少数为肾形，低等、穴居和寄生性昆虫的复眼常消失或退化。豉甲和蜉蝣的一些种类，每侧的复眼各分为两部分；突眼蝇的复眼着生于头部两侧的柄状突起上；在双翅目昆虫中，雄虫复眼较雌性发达，在头顶背面相接近，称为接眼式，而雌虫两复眼间还留有狭窄的骨片，称为离眼式。

2. 单眼

昆虫的单眼有两类：背单眼（dorsal ocelli）和侧单眼（lateral ocelli）。单眼只能感受光线的强弱和方向，而无成像的功能。

复眼和单眼

位于成虫和不完全变态类昆虫若虫或稚虫额区上方的1~3个单眼为背单眼，背单眼的有无、数目和着生位置是常用的分类特征。位于全变态类昆虫幼虫头部两侧的单眼称为侧单眼，侧单眼的数目一般为1~7对，侧单眼的数目和排列的形状是幼虫的分类特征之一。例如，膜翅目叶蜂类幼虫仅有1对侧单眼；鞘翅目幼虫通常有2~6对侧单眼，常排成2行；鳞翅目幼虫多为6对侧单眼，多排成弧形。

(三) 口器

昆虫的口器

口器(mouthparts)是昆虫的取食器官。由于昆虫种类、食性和取食方式不同，口器在外形和构造上发生特化，形成不同的类型，但都是由一种基本结构演变而来的(图1-8)。

图1-8 昆虫口器的演变

1. 咀嚼式口器

咀嚼式口器(chewing mouthparts)包括上唇(labrum)、上颚(mandible)、下颚(maxilla)、下唇(labium)和舌(hypopharynx)。在演化上最为原始，各部分构造比较完整(图1-9)。

（a）上唇　（b）上颚　（c）下颚　（d）下唇　（e）舌

图1-9 咀嚼式口器各部位的构造

上唇　是悬挂在唇基下方1个具有内、外唇的双层薄片结构。内唇(epipharynx)膜质，具味觉感器。上唇形成口腔的前壁，阻挡食物外流。

上颚　是1对位于上唇之后的锥状坚硬构造，由头部的第1对附肢演化而来。上颚的近基部是磨盘状的磨区(臼齿)，用以磨碎食物；端部是齿状的切区(切齿)，用以切断食物。

下颚　是头部的第2对附肢，位于上颚的后方，由轴节、茎节、内颚叶、外颚叶、下颚须5部分组成。下颚用于握持食物送入两上颚之间，下颚须5节，具有嗅觉和味觉功能。

下唇　是头部的第3对附肢愈合而成的构造，位于下颚的后面，形成口腔的后壁，其构造与下颚相似，由后颏、前颏、侧唇舌、中唇舌和下唇须组成。主要用于托持食物，下唇须3节，也具有嗅觉和味觉功能。

舌　位于左右上下颚之间的一个袋状构造，有帮助运送和吞咽食物的功能。其基部上方是食道的开口即真正的口，基部下方是唾液腺的开口，唾液由此流出并与食物混合。舌壁上具有很多毛带和感觉器，司味觉作用。

大部分昆虫类群(如无翅亚纲、直翅目、鞘翅目、脉翅目、膜翅目等的成虫和幼虫)具有该口器类型。鳞翅目(蛾、蝶类)的幼虫也是咀嚼式口器，其上颚和上唇与一般的咀嚼式口器相同，但下颚、下唇和舌合并为一个复合体(两侧为下颚，中央为下唇和舌，端部具有一个突出的吐丝器)，具有吐丝的功能；膜翅目叶蜂类与鳞翅目幼虫的口器相似，但是无突出的吐丝器。一些捕食性昆虫(如广翅目、蛇蛉目的成虫)具有发达的上颚，好斗的锹甲科雄虫上颚更是异常发达，常作为争夺雌性的打斗武器。

具有咀嚼式口器的昆虫，取食时可使植物造成明显的机械损伤。如植物的叶片被咬成缺刻、穿孔，或啃食叶肉仅留叶脉，甚至把叶全部吃光，咬断根茎，或在果实、枝干内部蛀食，或潜入叶片上下表皮之间蛀食，或吐丝卷叶在其中取食等。由于咀嚼式口器的昆虫是将植物组织咬碎咀嚼后吞入消化道内，可以应用胃毒剂或由口腔入侵致病的微生物制剂喷洒于植物上进行防治。

2. 刺吸式口器

刺吸式口器(piercing-sucking mouthparts)的主要构造都极度延伸，呈针状，适于穿刺，吸取动植物组织内的血液或汁液，如半翅目和双翅目蚊类等昆虫的口器。其主要构造特点是：上唇小，呈倒三角形，贴于口器基部；上、下颚特化为坚硬而细长的口针(stylet)，上颚口针端部锐利，外侧有倒刺，便于刺入和固定于组织内；下颚口针的内侧面有大、小2个凹槽，合并而形成食物道和唾道；下唇延伸为分节的喙(rostrum)，包藏上、下颚口针(上颚在外，下颚在内)(图1-10)。取食时，借助于停留在组织表面的喙的支撑和口针基部肌肉的伸缩，两上颚口针交替刺入动植物组织，下颚口针也随之刺入，依靠前肠前端形成的强大的抽吸机构，将液汁经食物道吸入消

图1-10　蝉的刺吸式口器

化道；同时将分泌含有抗凝物质、消化液等的唾液由唾道注入动植物组织内，能阻止组织液凝固，利于液体食物的吸收。

具有刺吸式口器的昆虫主要有半翅目的蚜虫、介壳虫、蝉、蝽类等。这些害虫不会在植物表面造成残缺或破损，但植物被害处由于唾液酶的作用，叶绿素被破坏，形成不同程度的褪绿斑点，或使植物细胞异常增生，造成畸形、卷缩、肿瘤或虫瘿，严重时引起植物死亡。一些类群可分泌大量蜜露，常诱发煤污病；还有一些种类可以传播植物病毒病。

3. 虹吸式口器

虹吸式口器(siphoning mouthparts)为蛾、蝶类成虫所特有，其上颚退化，下颚的外颚叶则十分发达，变成螺旋状卷曲的喙，内部形成1个细长的食物管道用以吸食液体食料。

（a）侧面观　　　（b）喙的横切面

图1-11　鳞翅目成虫的虹吸式口器

（仿彩万志、Eidmann）

下唇为小形的薄片，下唇须发达。喙平时卷藏在头下方2个下唇须之间，取食时伸到花心吸取花蜜（图1-11）。具有这类口器的成虫对农林作物无害，但吸果夜蛾类的喙端尖锐，能吸食即将成熟的果实，形成落果；其幼虫均为咀嚼式口器，很多种类为重要害虫。

4. 锉吸式口器

锉吸式口器（rasping mouthparts）为蓟马类昆虫所特有。与典型刺吸式口器不同处是：喙短小，左上颚发达、右上颚高度退化或消失，3根口针由左上颚和1对下颚特化而成。2根下颚口针形成食物道，唾道则由舌与下唇的中唇舌紧合而成。取食时，用上颚口针锉破植物组织表皮，然后吸取汁液。被害植物常出现不规则的变色斑点、畸形或叶片皱缩卷曲等症状。

此外，还有牛虻的刮吸式口器，能刮破寄主组织，然后吸吮流出来的血液；蝇类的舐吸式口器，能吸取暴露在外的液体食物或微粒固体物质；蜜蜂等的嚼吸式口器，具强大的上颚，可以咀嚼固体食物，又有适于吸吮花蜜的构造。

了解昆虫口器的构造，除能够判别昆虫的进化地位外，在识别与防治害虫上也具有重要意义，如可根据口器类型判断被害症状，也可根据被害症状确定害虫类型，选用合适的药剂进行防治。

三、昆虫的头式

昆虫的头式

由于昆虫的取食方式不同，口器的构造和在头部着生的位置也有所不同。根据昆虫口器在头部着生的位置和方向，可将昆虫的头式分为以下3种（图1-12）。

（a）下口式　　　　　（b）前口式　　　　　（c）后口式

图1-12　昆虫的3种头式

下口式（hypognathous）　口器着生在头部的下方，头部纵轴与体躯纵轴几乎成直角。如蝗虫、鳞翅目幼虫等植食性昆虫。

前口式（prognathous）　口器着生在头的前方，头部纵轴与体躯纵轴近于一条直线。如步甲、瓢虫等捕食性昆虫。

后口式（opisthognathous）　口器从头的腹面伸向身体的后方，头部纵轴与体躯纵轴呈一锐角，不用时贴在身体的腹面。如蚜虫、叶蝉、蝉等具刺吸式口器的昆虫。

第二节　昆虫的胸部

胸部(thorax)是昆虫体躯的第 2 体段，由 3 个体节组成，依次称为前胸(prothorax)、中胸(mesothor)和后胸(metathorax)。每个胸节下方各着生 1 对胸足，即前足、中足和后足。多数昆虫中胸和后胸背面两侧各有 1 对翅，即前翅(fove wing)和后翅(hind wing)。胸部坚硬，连接紧密，内骨骼上着生有强大的肌肉，利于支撑和支持足和翅的运动。所以，胸部是昆虫运动和支撑的中心。

一、胸部的构造

昆虫胸部发达程度与其所担负的运动机能相关，前胸无翅、结构简单；前翅为主要飞行器的种类其中胸较后胸发达，后翅是主要飞行器的种类则后胸发达；前足发达则其前胸也很发达。每一胸节都由背板(tergum)、侧板(pleuron)和腹板(sternum)组成，各骨板因机械运动的需要又发生用于加强结构强度的沟和缝，从而被分割成小骨片，其名称按所在胸节命名(图 1-13)。

图 1-13　昆虫胸节背、侧、腹板的构造关系

背板　前胸背板构造较简单，但形状多变。典型的中后胸背板具有 3 条沟、4 块骨片，但后一节的端背片脱离本节并入前节时则形成后背片(图 1-14)。

（a）蝗虫背板及侧板的模式结构　　（b）蝗虫侧板及中、后胸腹板

图 1-14　昆虫胸节背、侧、腹板的骨片及沟

侧板　无翅胸节的侧板不特化。中后胸侧板发达，每侧板因发生侧沟可区分为前侧片与后侧片两部分。

腹板　无翅胸节的腹板一般无沟缝，但形状变化大。中后胸腹板一般由前腹沟划分为

前腹片和主腹片，主腹片又可划分为基腹片与小腹片。

二、胸足

昆虫的胸足

昆虫的足是胸部的附肢，着生在胸部侧下方的基节窝(coxal cavity)内，由图 1-4 中所示的基节(coxa)、转节(trochanter)、腿节(又称股节，femur)、胫节(tibia)、跗节(tarsus)、前跗节(pretarsus)组成。

基节 是最基部的一节，短而粗，较少变化。

转节 常为最小的一节，少数昆虫又分为 2 节。

腿节 长而粗，通常是最大的一节，能跳跃的昆虫，腿节特别发达。

胫节 通常细而长，常具刺，端部常有能活动的距。

跗节 由 1~5 个亚节组成。跗节数量、形状和功能的变化，也是识别昆虫的重要特征。

前跗节 胸足最末端构造，通常包括 1 对爪和 1 个中垫(arolium)，用以握持和附着物体；或在两爪下方各有 1 对瓣状爪垫(pulvillus)，中垫则成为 1 个针状的爪间突(empodium)。跗节和中垫及爪垫都有感觉器，其体壁很薄，害虫在喷洒有药剂处爬行时，易于中毒死亡。

昆虫的足多数用来行走，但由于生活环境和生活方式的不同，足的构造和功能有很大的变化，常见类型有以下几种(图 1-15)。

图 1-15 昆虫足的类型

步行足(walking leg, ambulatorial leg) 各节均较细长，宜于行走。如步甲、瓢虫等。

跳跃足(jumping leg, saltatorial leg) 腿节特别膨大，胫节细长，当折贴于腿节下的胫节突然伸直时虫体则向前上方跃起。如蝗虫和蟋蟀的后足。

捕捉足(grasping leg, raptorial leg) 基节延长，腿节和胫节常有刺列，腿节的腹面有槽，胫节可以折嵌其内，形似铡刀，用于捕捉猎物。如螳螂和螳蛉的前足。

挖掘足(digging leg, fossorial leg) 胫节宽扁，外缘具坚硬的齿，适宜掘土。如蝼蛄的前足。

游泳足(swimming leg, natatorial leg) 腿节、胫节及跗节长而扁平，边缘缀有长毛，适于游泳。如仰泳蝽和龙虱的后足。

携粉足(pollen-carrying leg, corbiculate leg) 胫节端部宽扁，外侧凹陷，凹陷的边缘密生长毛，可以携带花粉，称为花粉篮；第 1、2 跗节也宽扁，内侧有多数横列刚毛，称为花粉刷，可以梳集黏附于体毛上的花粉，与距一起将花粉压紧推向花粉篮内。如蜜蜂的后足。

抱握足(clasping leg) 跗节特别膨大,具吸盘状构造,借以抱握雌虫。如雄性龙虱的前足。

三、翅

昆虫是动物界中最早出现翅的类群,也是无脊椎动物中唯一具有飞行能力的类群。昆虫的翅(wings)由胸部背板向两侧延伸成的背侧叶或气管鳃演化而来。翅的形成与虫体运动中枢——胸部的演变有关,在进化过程中高大植物的出现改变了昆虫的生活方式,促使胸部产生滑翔器后又产生了关节,进而形成了翅。昆虫获得了翅,大大扩大了它们的活动范围,便利了觅食、求偶、避敌、繁衍、寻找越冬和越夏场所等,增强了生存的竞争能力。

(一)翅的构造

翅的形状多呈三角形,具有 3 个角、3 条边;并由 3 条褶线将翅面划分为 4 个区域。翅与背板及侧板间的小骨片是其关节构造。翅基部背面的骨片统称翅基片(tegula),肩板与肩片是常用的特征。其命名如图 1-16 所示。

图 1-16 昆虫翅的分区、翅的关节及翅脉

(二)翅脉

翅多为膜质,具有很多加强翅面强度的翅脉(vein),翅脉有纵脉和横脉之分,都是鉴别昆虫的重要依据。翅脉在翅面上的排列方式称为脉序(脉相,venation)。脉序是研究昆虫进化和分类的重要依据。昆虫种类不同,翅脉多少和分布形式变化很大。人们对现代昆虫和古代化石昆虫的脉序加以分析、比较、归纳概括为假想原始脉序或称模式(标准)脉序(图 1-16),其中最有影响的是 Comstock et al.(1898)提出的脉序。假想脉序是比较各种昆虫翅脉变异程度的标准,可以展现现存昆虫翅脉的变化规律及各昆虫类群间的亲缘关系。

纵脉是由翅基部延伸到翅边缘的脉,包括前缘脉(costa)、亚前缘脉(subcosta)、径脉(radius)、中脉(media)、肘脉(cubitus)、臀脉(anal vein)、轭脉(jugal vein),其缩写符号分别为 C、Sc、R、M、Cu、A、J。各脉的分支数如图 1-16 所示。横脉是横列在纵脉间的短脉。常见的有肩横脉、径横脉、分横脉、径中横脉、中横脉、中肘横脉,其缩写符号分别为 h、r、s、r-m、m、m-cu。

翅脉常因愈合、消失而减少,因分枝的增加、产生新的纵脉而增多。其中 2 条或多条脉分段相接为一条脉时称为系脉(serial vein),用在原两脉缩写符间加"&"或"-"命名,如

M_1&M_2；两条脉完全合并时在将两脉名称用"+"连接，如 M_4 与 Cu_1 合并后的脉称 M_4+ Cu_1。在原有纵脉上产生的分支称为副脉(subsidiary vein)，用在原纵脉缩写符后加小写字母 a、b……表示，如 R_{2a}、R_{2b}……。在原两纵脉间新增加的、不与原纵脉联系的纵脉为间插脉 或闰脉(intercalary vein)，在其前面纵脉名缩写符前加 Ⅰ，Ⅱ……表示，如IM_2、IIM_2……。

翅面被翅脉划分出的形状和大小不一的小格称为翅室(cell)。若翅室四周为翅脉所封 闭称为闭室(closed cell)，有一边不为翅脉封闭时称为开室(open cell)。翅室的名称是根据 其前缘纵脉的名称来命名的。如 R_1 脉后面的翅室称为 R_1 室；如果这一翅室又被横脉分割 为几个翅室时，则以其前面的纵脉名前加 1，2，3，…命名，如 $1R_3$、$2R_3$、$3R_3$。翅室密 集成网状时则失去了其分类的特征价值，无须再命名。

(三)翅的类型

大多数昆虫的翅用作飞行，不少昆虫在演化过程中，因适应特殊的生境所致，翅的功能、 形状、发达程度、质地和表面被覆物等发生了许多变化，形成了下述类型的翅(图 1-17)。

图 1-17　昆虫翅的类型

膜翅(membranous wing)　翅膜质、透明，翅脉明显。如蜂类、蜻蜓的前翅和后翅。

覆翅(tegmen)　质地加厚成革质，半透明，可见翅脉。如蝗虫、蝼蛄、蟋蟀的前翅。

鞘翅(elytron)　质地坚硬如角质，不透明，翅脉不可见。如甲虫的前翅。

半鞘翅(hemielytron)　翅基半部革质、翅脉不可见，端半部膜质，翅脉可见。如蝽的前翅。

鳞翅(lepidoterous wing)　质地为膜质，翅面被密集的鳞片而不透明。如蛾、蝶类昆虫 的翅。

毛翅(piliferous wing)　质地为膜质，翅面和翅脉被有刺毛而不透明。如石蛾的翅。

缨翅(fringed wing)　质地为膜质，翅狭长，翅脉退化，翅的边缘排列有整齐的缨状长 毛。如蓟马的前、后翅。

平衡棒(halter)　翅退化成棍棒状，在飞翔时用于平衡身体。如蚊、蝇的后翅。

(四)翅的连锁

蜻蜓、白蚁等昆虫在飞行时，前、后翅均用于飞行，不相关连。但多数昆虫在飞行 时，前、后翅借特殊的构造相互连接，以保持飞行动作的一致，这种连接构造称为翅连锁 器(wing-coupling apparatus)。昆虫翅的连锁器可分以下 5 类(图 1-18)。

翅轭型(jugum form)　前翅后缘基部的指状突挟持后翅前缘。如蝙蝠蛾。

翅褶型(polica form)　后翅前缘的耳状卷褶钩挂在前翅的卷褶上。如半翅目昆虫。

翅钩型(hamulus form)　后翅前缘中部的钩列下挂在前翅后缘的卷褶上。如膜翅目昆虫。

图 1-18　昆虫前、后翅的连锁方式

翅缰型（frenulum form）　后翅基部 1~3 根长刚毛（翅缰）钩挂于前翅腹面 Cu 脉上的短刚毛列或鳞毛上（翅缰钩＝安缰器）。如多数蛾类。

翅贴（抱）型（amplexi form）　后翅肩区扩大贴附于前翅后缘下。如枯叶蛾、天蚕蛾及蝶类。

第三节　昆虫的腹部

腹部（abdomen）是昆虫体躯的第 3 体段，以节间膜与胸部紧密相连，末端有外生殖器，两侧有气门，其内部有消化、生殖、呼吸、循环等内部器官系统。所以，腹部是昆虫新陈代谢和生殖中心。

昆虫的腹部

一、腹部的构造

昆虫腹部的形状一般为纺锤形或长椭圆形，腹部的形状变化受呼吸机能的限制，常使腹部延伸而不是变得太粗。如蜻蜓、竹节虫 *Didymuria violescens*（L.）等昆虫的腹部呈杆状，泥蜂的腹部细长如柄，臭虫、虱子等昆虫的腹部通常较扁平。

昆虫腹部体节的数目变化较大。昆虫的腹部一般由 9~11 节组成，少数种类（如青蜂）的腹部只有 3~5 节；个别种类（如原尾目）的腹部可达 12 节。现存昆虫的腹部多为 3~9 节，节数的减少是由于前后两端的相互合并或退化所致。

腹节的构造比较简单，每个腹节只有背板和腹板，而没有侧板，背板与腹板之间是柔软的侧膜，节与节之间由节间膜相连；因背板下延，侧膜常不可见。由于腹节两侧都是膜质，相邻的两节常相互套叠，使腹部伸缩自如，这种结构有利于昆虫的呼吸、交配、产卵和释放性信息素等活动。

昆虫的腹部按机能可分为 3 段：生殖前节（pregenital segment），又称脏节（visceral segment），指雌虫第 1~7 节、雄虫第 1~8 节，包含大部分脏器；生殖节（genital segments），即雌虫第 8~9 节、雄虫第 9 节，生殖节的附肢演化成了外生殖器；生殖后节（postgenital segment），除原尾目昆虫外，最多只有 2 节，即第 10、11 节，第 11 节一般称为臀节，肛门位于该节的末端，其背板称为肛上板（epiproct），侧腹面的 2 个骨片称为肛侧板（paraproct）。

二、腹部的附肢

昆虫在胚胎发育过程中，腹部除尾节外，每节均有 1 对附肢的芽体，这些芽体有的发展成为幼虫或成虫的具有某些特殊形状和特殊功能的附肢，有的则退化或消失。

无翅亚纲的昆虫腹部，除外生殖器和尾须外，生殖前节上常有各种特殊的附肢，如原尾目腹部第1~3节各有1对短小的圆柱状附肢；弹尾目腹部第1节有黏管，第5节有弹器，第3节有握弹器；缨尾目腹部第2~9节上各有1对针突，针突内侧有1~2个可以伸缩的泡囊。双尾目也有类似的针突和泡囊，位于第1~7或第2~7节上。有翅亚纲的幼虫期，腹部常有腹足和气管鳃，而成虫期除了尾须和外生殖器外，再无其他附肢。

（一）尾须

尾须（cercus）是第11腹节的附肢演化而成的1对外长物，部分广义无翅亚纲及低等有翅亚纲（如蜉蝣目、蜻蜓目、直翅目、革翅目等）昆虫具有尾须。尾须形状变化较大，如蜉蝣目和缨尾目的尾须细长如丝状，蝗虫的尾须短小而不分节。尾须上常有许多感觉毛，具有感觉作用。但革翅目昆虫的尾须硬化呈钳状，可用于防御以及帮助捕获猎物、折叠后翅等。

（二）外生殖器

昆虫的外生殖器（genitalia）是用于交配或产卵的器官，由腹部第8~9节的附肢特化而成。不同种类间外生殖器有显著的不同，特别是雄性的外生殖鞘，即使在近似的种间也有较大的差异，因此常作为鉴定种的重要根据。

1. 雌性外生殖器

雌虫的外生殖器即着生于第8、9腹节上的产卵器（真产卵器，ovipositor）。产卵器由这两节的附肢特化而成，第8腹节的称为腹（第1）产卵瓣（ventrovalvula），第9腹节的称为内（第2）产卵瓣（intervalvula）和背（第3）产卵瓣（dorsovalvula）；着生产卵瓣的骨片即负瓣片，由肢基片演化而来，产卵瓣（第3除外）由基内叶演化而来。生殖孔开口于第8、9腹节之间的腹面，但产卵器通常只由其中的2对产卵瓣组成，其余1对则退化，或特化成保护产卵器的构造。无上所述产卵器的昆虫，腹末数节相互套叠形成能够伸缩的管状构造的伪产卵器（false ovipositor）。昆虫种类不同，产卵环境与方式也不同，因此产卵器的外形也有很多变化。真产卵器常刺破寄主表皮产卵于寄主组织中，伪产卵器只能产卵于寄主表面和各类缝隙中（图1-19）。

2. 雄性外生殖器

雄性的外生殖器也称交配器（copulatory organ），位于第9腹节的腹面，主要包括将精子送入雌虫体内的阳具（phallus）和交配时夹持雌体的抱握器（clasper）两部分。阳具起源于第9腹节后的节间膜，包括阳茎和一些辅助构造（如阳具侧叶）等；阳茎包藏于由第9腹节后面的节间膜内陷而构成的生殖腔内，交尾时伸出，射精孔（生殖孔）开口于其末端。抱握器为第9腹节附肢特化而成，形式多变，平时多缩入体内。雄性的外生殖器结构较复杂，是区分种类常用的依据（图1-20）。

（三）腹足

鳞翅目和膜翅目叶蜂等的幼虫，腹部具有行动用的腹足（proleg）。鳞翅目幼虫通常有5对腹足，着生在第3~6节及第10腹节上，第10腹节上的腹足称为臀足

图1-19　产卵器模式构造及常见雌虫的产卵器

图1-20　雄虫外生殖器模式构造及常见类型

（caudal leg）。腹足呈筒状，外壁稍骨化，末端有能伸缩的称为趾（digit）的泡状构造。趾的末端有成排的坚硬小钩称为趾钩（crochet），趾钩的排列方式是鳞翅目幼虫分类的常用特征（图1-21）。

膜翅目叶蜂类幼虫从第2节开始有腹足，一般6~8对，有的多达10对。腹足末端有趾，但无趾钩，可与鳞翅目幼虫区别。

图 1-21 鳞翅目昆虫幼虫的体躯及腹足

复习思考题

1. 简述节肢动物门的特征与昆虫纲的特征。
2. 触角的基本构造和功能是什么？举例说明昆虫触角的类型。
3. 比较咀嚼式、刺吸式、虹吸式口器的构造与取食特点。
4. 学习昆虫口器类型有何理论和实践意义？
5. 昆虫足的基本构造是什么？举例说明昆虫胸足的类型及其特点。
6. 模式脉相主要有哪些纵脉和横脉？举例说明昆虫翅的主要类型。
7. 简述昆虫雌、雄外生殖器的基本结构。

第二章

昆虫的体内器官和功能

【本章提要】昆虫不仅外部形态差别很大，而且内部器官系统的结构和功能也极为复杂。本章主要对昆虫的内部器官、系统的构造和功能进行概述，以使读者了解昆虫生命活动的基本规律，为学好昆虫的其他有关课程打下基础，进而为更好地利用有益昆虫和控制有害昆虫提供理论指导。

不同昆虫的内部器官虽然在结构、组织、功能上有着众多的差别，但其基本结构与功能存在同源关系。因此，可依据模式构造明确其变异程度、演化规律、构造和功能间的基本关系。由昆虫的体壁所围成的腔体称为体腔(血腔，hemocoel)，被由肌纤维和结缔组织构成的背膈与腹膈纵向分隔为背血窦、围脏窦和腹血窦。体腔内充满血淋巴，且又被由肌纤维和结缔组织构成的背膈与腹膈纵向分隔为背血窦、围脏窦和腹血窦，各种器官(如消化器官、呼吸器官、循环器官、排泄器官、生殖器官、神经器官等)浸于其中(图2-1)。

图 2-1 昆虫纵切面及腹部横切面模式图(仿 Matheson、Snodgrass 等)

第一节 昆虫的体壁与肌肉系统

昆虫的体壁(integument)是体躯最外层的组织，由胚胎的外胚层分化形成的皮细胞层及其分泌物(表皮)组成，具有相当于高等动物皮肤和骨骼的功能，又称外骨骼。它既能防止失水和外物的侵入，又附着感觉器而具有皮肤的功能；体壁及其内陷而形成的内骨骼，用于附着肌肉、支撑身体和保护体内器官；未充分硬化的表皮层形成膜区，对体躯的弯曲和伸缩活动起着重要作用；一些皮细胞可特化成各种感觉器和腺体。

一、体壁的结构和功能

昆虫的体壁，自内而外依次为底膜、皮细胞层和表皮层(图2-2)。

底膜是紧贴皮细胞之下的一层薄膜，成分为中性黏多糖，直接与体腔中的血淋巴接触。

图2-2 昆虫体壁的模式结构

皮细胞层是连续的单层活细胞，位于底膜与表皮层之间，有较活跃的分泌机能。昆虫体表的刚毛、鳞片、刺、距、陷入在体内的各种腺体，以及视觉器、听器、化感器等感觉器官，都是由皮细胞特化而成。

表皮层由皮细胞的分泌物形成，由内而外分别为内表皮、外表皮和上表皮，内、外表皮(也称原表皮)之间纵贯许多微细孔道，体壁的各种特性和功能主要与表皮层有关。

内表皮是表皮层最厚的一层，通常无色而柔软，其主要成分是蛋白质和几丁质。表皮层的韧性和弹性是内表皮物理特性的表现。昆虫在饥饿和蜕皮时，内表皮大部分被消化、吸收并重新利用，因而内表皮具有贮备营养成分的功能。外表皮是由内表皮的外层硬化而来，色深坚硬，主要成分是骨蛋白、几丁质和脂类等，蜕皮时被蜕去。

上表皮是表皮层的最外层，厚度1~3 μm，不含几丁质。上表皮仍然是多层构造，从内到外分别为角质精层(脂腈层)、蜡层和护蜡层，有的在角质精层和蜡层间还有多元酚层。其中最重要的是蜡层，由于蜡质分子做紧密的定向排列，可以防止水分外逸和内渗，使体壁具有不透水性。角质精层质硬而有色，主要成分为脂腈素。多元酚层的主要成分为多元酚。护蜡层在蜡层之外，极薄，含有脂类和蜡质，有保护蜡层的作用。

几丁质是节肢动物表皮的特征性成分，以几丁质与蛋白质的复合体形式存在。几丁质是无色含氮的多糖类物质，性质稳定，不溶于水、乙醇等溶剂，也不溶于稀酸和碱液；在浓硫酸中几丁质水解为氨基葡萄糖、分子链较短的多糖和乙酸等；在自然界中，有些细菌(如蚀几丁芽胞杆菌 *Bacillus chitinovorus* Benecke)能够分解几丁质。

体壁的化学组成、超微结构和蜕皮机制，与昆虫的发育和变态、体壁通透性和药剂渗透性以及昆虫的抗药性密切相关。根据体壁各层的成分和性质，研究突破其防护功能的药物或方法，在害虫防治方面具有重要意义。

二、体壁的衍生物

昆虫体壁的衍生物包括非细胞表皮突、单细胞附器、多细胞附器等(图2-3)。

非细胞表皮突 由体壁向外突出或向内凹入所形成的各种突起、点刻等外长物。

单细胞附器 为皮细胞层在特定的部位由1个细胞特化成的各种毛、鳞片、腺体等。

多细胞附器 为皮细胞层在特定的部位由多个细胞特化为各种刺(armature)、距

图 2-3　昆虫体壁的衍生物

（spur）、腺体（gland）等。突起中含有 1 层皮细胞，基部不能活动的称为刺；基部有一圈膜且能活动的称为距。腺体能分泌具有各种功能的物质，如唾液腺能分泌唾液、有助于取食和消化，丝腺能分泌各种丝，蜡腺能分泌蜡，胶腺能分泌紫胶，毒腺和臭腺分泌物可用来攻击或驱避外敌，位于昆虫头胸部或腹末的一些腺体分泌性信息素以吸引同种的异性个体或分泌示踪信息素、报警信息素等。开口于体腔内的腺体分泌生长激素（蜕皮激素和保幼激素等），用于控制昆虫的发育、变态、蜕皮等重要的生理活动。各类腺体的分泌物不仅为昆虫生命活动所必需，而且有的是重要的工业原料。研究腺体分泌物的结构并进行人工合成，有助于益虫养殖和害虫的治理。

三、体色

昆虫的体色是适应环境和生存竞争的产物，按形成方式可区分为色素色与结构色。

色素色（pigmentary colour）　也称化学色，是色素化合物沉积于体壁表皮层、皮细胞层或底膜，吸收、反射或透射某种光线而使虫体显示色彩。常见的色素有黑色素、类胡萝卜素、花青素等。同一种色素常因沉积的时间、数量的不同而表现不同的色彩。虫体死亡或进行化学、物理处理能使其褪色或变色。

结构色（structural colour）　也称光学色、物理色，是光线照射在虫体表面细微结构上产生折射、反射、干涉而使虫体显示色彩，如虫体的金属闪光、虹彩。采用高压处理或改变光源方向可使其变色，而用沸水和漂白粉不能使其褪色或消失。

我们所见到昆虫的体色常由色素色与结构色混合而成，即混合色（combination colour）。确定昆虫体色的简单办法是先采用化学或高压高温处理，再进行判别。

四、昆虫的肌肉系统

昆虫对外界刺激所表现的各种行为反应和内部生理器官的活动，都是神经控制下肌肉收缩运动的体现。昆虫的肌肉来源于胚胎期的中胚层，与高等动物不同的是昆虫只具有与高等动物的骨骼肌(随意肌)相似的横纹肌。昆虫肌肉的主要功能除了维持运动外，还可以产生热量。

(一)肌肉的结构

一条肌肉由数量不等的肌束集合而成，许多根肌纤维(muscle fiber)紧密结合形成一条肌束，一个肌纤维就是一个肌细胞(muscle cell)。肌细胞是大型的多核细胞，具有细胞膜(肌膜)、细胞质(肌浆)、线粒体和其他细胞器(图 2-4)，以及许多细而平行的具有收缩功能的肌原纤维(myofibril)。肌原纤维由粗、细两种肌丝按一定的方式聚合而成；粗肌丝由肌球蛋白(myosin)分子聚合而成，细肌丝由肌动蛋白(actin)组成。在显微镜下，肌纤维呈现明暗相间的结构，使整个肌纤维呈现分段现象，在宏观上体现为横纹肌的横纹。暗带(anisotropic，A 带)中央有一薄的中膈，即 M 线，M 线两侧颜色较淡的区域，称为 H 区；明带(isotropic，I 带)中间有一条暗线，称为 Z 线或端膜，两相邻 Z 线间的区域构成一个肌节(sarcomere)，肌节是肌肉收缩的基本单位。肌膜垂直内陷分化成许多横向小管构成肌肉的横管系统，在肌原纤维之间还有许多纵行的小管网络，构成纵管系统，它们与横管系统连接，是贮存、释放、再摄取启动肌丝收缩离子的主要场所。

(a)肌纤维的结构　　　　　　(b)肌丝的结构

图 2-4　肌纤维及肌丝的结构示意

肌膜上具有众多的微气管分布，每一肌纤维上分布有来自几个神经元的神经末梢，神经末端和肌膜形成一个端板，即杜氏锥。肌纤维表面分布有成对的神经纤维，其中一条用于控制肌肉的快收缩，称为快收缩神经；另一条用于控制肌肉的慢收缩，称为慢收缩神经。

(二)肌肉的类型

按昆虫肌肉的所在位置和功能可将其分为体壁肌和内脏肌两大类。体壁肌着生于体壁或内突上，主要负责体节、附肢和翅等外部器官的运动；内脏肌包裹或着生在内脏器官上，司内脏器官的收缩和蠕动。根据肌纤维的结构，昆虫的肌肉可划分为厚肌浆细丝状肌原纤维型、薄肌浆粗肌原纤维型、轴心肌浆管状肌型和无肌膜纤维状肌型 4 种类型。从生理机能来看，昆虫的肌肉包括强直收缩肌和周期性收缩肌。强直收缩肌的肌原纤维具有强烈抵制伸展的性能，如翅基的关节肌；周期性收缩肌具有周期性收缩的性能，如昆虫的足肌。

(三)肌肉的收缩

在肌原纤维中，粗肌丝和细肌丝按照一定的方式结合，肌肉的收缩是神经冲动引起肌膜兴奋，并导致细肌丝在粗肌丝间滑动的结果，称为肌丝滑动学说。当肌肉收缩时，由 Z

线发出的细肌丝在某种力量的作用下向 A 带中央滑动，结果相邻的各 Z 线互相靠近，肌节的长度变短，从而导致肌原纤维以致整条肌纤维和整块肌肉的缩短。引起肌丝滑动的动力是肌动球蛋白横桥键角的改变，当神经冲动作用于肌膜时，肌质网释放出大量的 Ca^{2+}，Ca^{2+} 的浓度取决于肌纤维的兴奋程度。Ca^{2+} 与肌钙蛋白结合形成了肌动球蛋白横桥。同时，Ca^{2+} 激活了肌球蛋白头部 ATP 酶活性，水解 ATP 产生的能量引起肌球蛋白头部构型发生变化，使横桥末端产生摆动，从而拉动细肌丝沿粗肌丝移动。在高浓度 Ca^{2+} 存在的情况下，收缩便会持续。当收缩结束后，Ca^{2+} 被肌膜上的离子泵主动吸回，细肌丝与粗肌丝再次分离，即肌肉的舒张。

　　肌肉的收缩具有潜伏、收缩、舒张 3 个阶段，引起肌肉产生收缩的刺激强度必须达到阈值以上，并且肌膜接受刺激的时间也要达到一定要求，刺激越强，要求的时间越短；反之越长。一般刺激要具有一定的频率。当给予的一个刺激引起一次简单的收缩和松弛时，称为单收缩；当在第 1 次刺激引起的收缩未完成时又给予第 2 次、第 3 次……刺激时，肌肉的收缩强度将增大，称为复合收缩。复合收缩可区分为不完全强直收缩和强直收缩。

第二节　昆虫的消化、排泄和呼吸系统

　　昆虫的消化、排泄和呼吸系统是昆虫从外界获取自身所需物质(如食物、氧气)，并将体内的代谢废物(如食物残渣、尿酸等)排出体外的器官系统。

一、消化系统

　　昆虫的消化系统(digestive system)包括消化道及与其相关的腺体。其功能是借消化酶的作用，将所摄取的大分子及颗粒状食物分解为简单成分，再通过肠壁将其吸收进入血淋巴，排出未被消化的食物残渣和生理代谢废物。

昆虫的消化系统

(一)消化道

　　消化道是一根自口到肛门贯通体腔中央的管道，按其功能和结构的不同可分为前肠、中肠和后肠。前肠和后肠由外胚层发育而形成，中肠则来自内胚层。由于昆虫种类、习性、食性及食物来源不同，消化道的结构均有特化，但其基本构造具有一致性(图 2-5)。

1. 前肠

　　前肠(foregut)包括咽(pharynx)、食道(oesophagus)、嗉囊(crop)、前胃(proventricle)、贲门瓣(cardiac valve)几部分。前肠由内向外的解剖结构包括内膜、肠壁细胞层、底膜、纵肌、环肌和围膜。咽是食物进入食道的通道；刺吸式口器昆虫的咽部着生有强大的肌肉，形成了吸收液体食物的类似于唧筒的构造。嗉囊壁较薄，多皱褶，伸缩性强，供昆虫临时贮藏食物；蜜蜂取食的花粉在此形成蜂蜜，故蜜蜂的嗉囊也称"蜜胃"。咀嚼式口器的昆虫常在嗉囊之后还有前胃(砂囊)，其外面有强大的肌肉层，内壁有许多齿突，能磨碎食物；前胃内壁的齿突也常用作分类特征。前肠末端肠壁向后突入中肠，形成漏斗状的贲门瓣，将食物导入中肠，同时也防止中肠食物倒流、调节食物进入中肠的流量。

（a）蝗虫消化道

（b）半翅目昆虫的滤室

（c）昆虫消化系统纵剖面

图 2-5 昆虫消化系统的基本构造

2. 中肠

中肠（midgut）能分泌消化酶，是消化食物和吸收营养的场所，因此又称昆虫的胃。解剖结构上由内向外是围食膜、肠壁细胞层、底膜、环肌、纵肌和围膜。部分昆虫中肠的前端肠壁向外突出形成囊状或管状的胃盲囊（gastric caeca），其位置和数量常不等，用以增加中肠的分泌和吸收面积并有滞留共生微生物以帮助消化的作用。围食膜（peritrophic membrane）主要是由几丁质和蛋白质组装而成的一种半透性膜状结构，具有保存消化液、保护中肠细胞免受食物和微生物等损害的功能；具有显著的选择性通透功能，消化酶和已消化的食物成分可以穿透，但食物中未消化的蛋白质和碳水化合物则不能通过。

中肠的肠壁细胞根据功能和构造可分为 5 种类型：柱状细胞（columnar cell），是最基本的细胞类型，具有分泌消化酶和吸收消化产物的功能；内分泌细胞（endocrine cell），插在柱状细胞之间，能够分泌和产生多肽类物质；杯状细胞（goblet cell），主要存在于鳞翅目幼虫等的中肠细胞中，与柱状细胞相间排列，细胞顶部内陷呈杯状，可调节血淋巴中钾离子的含量；干细胞（stem cell），也称再生细胞，位于中肠上皮细胞底部，单独或群集分布，具有分裂增殖能力，能够确保中肠在发育过程中和受伤后的生长和更新；在双翅目短角亚目昆虫的中肠中，还分布特殊的铜细胞（copper cell），该类细胞的功能与铜的积累有关。

吸食液体的半翅目昆虫如蚜虫、介壳虫，其中肠比较长，中肠的前后两端和后肠的前端部分紧密地相贴接，由结缔组织包裹，形成特殊的滤室（filter chamber）。滤室是吸取大量汁液昆虫的一种适应性结构，它可使食物中的大量水分、多余糖分和无用小分子物质直接从滤室进入后肠，排出体外（有的形成蜜露），以保证中肠内消化液的有效浓度，并使其在中肠被充分消化和吸收。

3. 后肠

后肠（hidngut）一般分为回肠、结肠、直肠和肛门等部分，其解剖构造类似于前肠。在后肠前端与中肠交界处向外着生马氏管，在马氏管开口的前方，常有突入肠腔内的幽门瓣，幽门瓣有能控制中肠内消化残渣进入回肠的功能。在回肠和直肠的交界处常有一圈有瓣状物形成的直肠瓣(rectal valve)，以调节食物残渣进入直肠的量。许多昆虫直肠常有圆形、或长条形的直肠垫(rectal pad)，垫上的膜非常薄，具有吸回残渣中水分和无机盐类的功能。后肠的主要功能是排出食物残渣和体内代谢废物，并从食物残渣中吸回水分和无机盐类，以维持体内水分的平衡。

(二)唾腺

唾腺(salivary gland)是开口于口腔的多种成对的消化腺体，包括上颚腺、下颚腺及下唇腺等。大部分昆虫体内存在的腺体多是位于胸部的1对下唇腺，其合并后开口于舌基部的唾窦中。唾液能湿润食物、清洁口器，所含的消化酶有助于消化食物。鳞翅目和膜翅目叶蜂幼虫的下唇腺特化为丝腺，上颚腺则代替唾腺。

(三)食物的消化和营养

昆虫摄取的食物多为复杂的大分子有机物质，必须经过一系列机械的和各种酶的化学分解过程，变为简单的小分子，最后成为溶解状态，才能被肠壁细胞吸收，以满足昆虫新陈代谢对营养物质的需要。

昆虫肠道具有吸收功能的组织包括中肠及胃盲囊、直肠垫。有些昆虫(如刺吸式口器昆虫)在吸取寄主组织液时先将含消化酶的唾液或消化液注入寄主组织，然后将部分消化的组织液吸进消化道，这一现象称为肠外消化。

1. 肠腔的理化环境

肠腔进行食物消化依赖于消化酶系、维持酶系活性稳定的 pH 值及缓冲体系和氧化还原电位，许多昆虫还与原生动物、细菌或真菌等建立共生关系，以帮助消化或产生必需的物质。昆虫的消化酶主要有淀粉酶、麦芽糖酶、脂肪酶、蛋白酶等，昆虫分泌的各种消化酶与所取食的食物种类相适应。不同种类昆虫的中肠液内常有各自稳定的 pH 值，一般在 6~8 的范围内，中肠液能以较强的缓冲力来稳定其 pH 值。

胃毒剂对昆虫的杀伤作用不仅与中肠液的 pH 值密切相关，还常与中肠内的消化酶有关。苏云金杆菌、杀螟杆菌、青虫菌使昆虫中毒的主要原因是，这类细菌在碱性中肠液里，能释放有毒蛋白质即伴胞晶体，使昆虫中肠由麻痹到肠壁细胞破损，细菌再侵入血腔，引起血淋巴 pH 值变化；细菌大量繁殖后，导致幼虫产生败血症，全身瘫痪而死；但苏云金杆菌对中肠液 pH 值为 6.3 的蜜蜂是无毒的。

2. 昆虫的营养

昆虫生命活动所需的营养物质包括糖类、蛋白质、脂类、维生素、水分和无机盐等。

糖类　昆虫能够吸收和利用单糖，昆虫血淋巴中的葡萄糖、海藻糖、糖原可以相互转化。糖主要供给昆虫生长、发育所需的能量，或转化成贮存的脂肪，有些糖则为取食刺激剂。

蛋白质　是昆虫生长发育和生殖所必需的营养物质和虫体基本的组成成分。食物中的蛋白质经消化作用分解成各类氨基酸后，才能被肠壁吸收利用。

脂类　是昆虫贮存能量的主要化合物，也是构成各种膜结构磷脂的必需成分。其中，食物中的甾醇类不经消化就能吸收，甘油三酯则需分解为甘油单酯和游离脂肪酸后才能被吸收。很多昆虫体内，共生菌对食物内的酯类和脂肪酸的消化具有重要作用。

维生素 是维持虫体正常的生理代谢的必需物质，但其在昆虫体内一般不能合成，需从食物中获取；如果昆虫完全缺乏或某种维生素供给不足，则会导致代谢失调，生长发育受阻，甚至组织和细胞发生病变。

水分和无机盐 水分可影响昆虫的生存，昆虫需水的程度因种类及其生存环境而异。无机盐能参与昆虫各种生化反应和代谢活动，调节血液及组织液的渗透压，保持离子平衡等。

昆虫种类及其发育阶段的不同，对食物的营养需求差别常较大，因而摄入食物的营养质量和数量常影响昆虫的生长速率，营养不良或半饥饿状态常使幼虫期延长、蜕皮次数增加。比较食物间营养的差异，一般使用消化系数、食物转化率或营养比率。

$$消化系数 = (取食物干质量 - 排泄物干质量) / 取食物干质量 \times 100\% \tag{2-1}$$

$$食物转化率 = 虫体增加的干质量 / 取食食物的干质量 \times 100\% \tag{2-2}$$

$$营养比率 = (可被消化的糖类 + 可被消化的脂肪 \times 2.25) / 可被消化的蛋白 \times 100\% \tag{2-3}$$

(四)昆虫肠道微生物及其功能

昆虫肠道中栖居着古菌、细菌、真菌和原生生物等大量微生物，总称肠道菌群。昆虫的肠道为微生物提供栖息场所和所需养料，肠道微生物的存在有助于宿主昆虫对食物的消化分解以及合成某些必需的营养物质，从而有利于宿主昆虫生存繁衍。

根据微生物对宿主昆虫的影响以及宿主的适应性，通常可以将肠道微生物分为 3 类：①致病性：对宿主生存有害；②共生性：对宿主生存无明显影响；③互惠性：两者互利共生。除少数肠道结构特殊的昆虫外，绝大多数的微生物栖息在中肠并参与宿主的生理代谢活动。肠道菌群种类繁多，按其在肠道中的生存和定居状态，可大致分为驻留菌群和过路菌群。前者在宿主肠道的特定部位长期定殖，其增殖更新速度往往等于或大于损失速度，且其种类随宿主食性变化而变化；后者在宿主肠道中存在时间较短，通常随食物残渣排出体外，极易受到外界环境的影响。

昆虫种类丰富、食性广泛，其肠道微生物群落具有种内和种间水平上的高度差异性和类群的多样性。如白蚁和甲虫等主要以木质纤维素为食的昆虫肠道内发现有不同种类的古菌和真菌，木食性白蚁和杂食性蟑螂肠道内还存在多种多样的原生动物，这些微生物的生存和延续有赖于其在昆虫宿主间的传播。

昆虫肠道微生物与其宿主之间有着密不可分的关系，经过长期的自然选择和协同进化，昆虫为肠道菌群提供栖息场所的同时，肠道菌群也在多方面对宿主产生影响，如协助昆虫消化食物、提供重要的营养成分、提高宿主防御和解毒能力、影响宿主昆虫寿命和发育周期、影响宿主交配与繁殖能力等。

一些取食液体食物的昆虫，如蚜虫、蝉、叶蝉、缘蝽等，在腹腔内存在由含菌细胞(mycetocytes 或 bacteriocytes)组成的含菌体/贮菌体(bacteriome 或 mycetome)，内含多种内共生菌，可为它们补充食物中缺乏的含氮物质。如蚜虫的贮菌体内分布有初级内共生菌 *Buchnera* 和多种次级内共生菌，*Buchnera* 能为宿主蚜虫提供多种必需氨基酸，可垂直传播至下一代，而次级内共生菌主要与蚜虫的适应能力、竞争力等方面有关。蝉类昆虫腹腔内普遍存在不同形状的贮菌体，内含 *Sulcia* 和其他共生菌，为宿主提供多种营养物质，并与宿主昆虫存在密切复杂的协同进化关系。

二、排泄系统

排泄器官（excretory organ）的主要功能是移除代谢过程中体内产生的二氧化碳和氮素代谢废物，调节体液中水分和无机盐类的平衡，保持血淋巴具有相对稳定的渗透压和化学组成，使各器官能进行正常的生理活动。执行这些功能的器官总称排泄系统，包括马氏管，体壁、气管系统及其特化结构，还包括具有贮存排泄功能的脂肪体、绛色细胞、围心细胞等，其中相当于高等动物肾的器官——马氏管是大多数昆虫的主要排泄器官。

（一）马氏管

马氏管（malpighian tube）基部开口在中肠和后肠交界处，端部封闭，游离在体腔的血淋巴中，或顶端部分与直肠紧密联结在一起形成隐肾管（cryptonephric tube）（图2-6）。马氏管由单层真皮细胞构成，外面为基膜和肌肉层，向管腔的一面有缘纹，缘纹在基段呈刷状，在端段呈蜂窝状。马氏管的数目在不同昆虫类群中变化较大，如蚜虫无马氏管，蝉有4根，飞蝗的马氏管可达300多条。按照马氏管的结构，常将其分为直翅目型、鞘翅目型、半翅目型和鳞翅目型。

图2-6　一种叶甲的马氏管及马氏管的排泄过程示意

马氏管对分子量较小的多数代谢物（如氨基酸类、糖类、尿素、尿酸盐等）均表现自由的渗透性，可在浓度梯度的压力下进入管腔。而血淋巴中的钾离子（K^+）等无机盐类则通过主动运输进入马氏管端部，血淋巴中的尿酸以尿酸氢钾（或尿酸氢钠）的形式随液体的流动进入马氏管管腔。当尿液通过具刷状边的基段时，在二氧化碳的作用下，水及无机盐被吸回血淋巴，尿液的 pH 值由端部的 7.2 下降至 6.6，导致尿酸沉积于马氏管的基段，过量的沉淀进入后肠与肠内的消化残渣混在一起成为粪便排出体外。同时，直肠的肠壁细胞及其特化的直肠垫，能从排泄的尿中以及中肠进入后肠的内含物中，将有用的物质再吸收并输入血淋巴。因此，马氏管和直肠一起形成排泄循环，即马氏管从血淋巴内吸收的代谢物、水分、无机盐和其他有机分子不断地进入后肠，由直肠垫细胞调节再吸收的过程。

尿酸与其他含氮排泄物相比，分子中所含的氢原子最少，不易溶于水，排泄时不需要携带水分子而以晶体状排出，这是陆生昆虫保水代谢的适应方式之一。

部分昆虫的马氏管还能分泌丝、石灰质、泡沫及黏液等物质，如沫蝉若虫的马氏管能分泌黏液，与后肠的液体混合后排出体外覆盖于身体上，起保护作用；草蛉2龄幼虫的马氏管管腔中充满黏稠的分泌液用于结茧；竹节虫马氏管中分布的石灰质可被吸收至血淋巴，成为形成卵壳的原料。

(二) 其他排泄器官

1. 体壁、气管系统及其特化的结构

体壁通过扩散的方式排出体外的物质包括二氧化碳和多余的水、蜕皮前未被吸收的外表皮、几丁质、蜡质、部分氮素化合物及无机盐、钙盐等；皮细胞腺向外分泌胶质、丝、蜡等实质上也是一种排泄。

以呼吸方式排出体外的代谢废物为二氧化碳和多余的水。可由消化道壁排出的有钙盐、尿酸盐等。半翅目部分昆虫特有的滤室，以蜜露的方式滤除消化道中的多余物，是另一种形式的排泄。弹尾目、双尾目昆虫，以类似于其他节肢动物头部的"下唇肾"作为排泄代谢废物的器官。

2. 贮存排泄组织

虫体内生理活动所产生的某些中间代谢物或代谢废物，不直接排出体外，而是被隔离、限制、贮存于特定的组织或细胞内，这种排泄方式称为贮存排泄或堆积排泄(storage excretory)。具有该功能的组织有脂肪体(fat body)、绛色细胞(oenocyte)、围心细胞(pericardial cell)等。

脂肪体呈带状或叶状，分布于昆虫的血腔里。脂肪体内的营养细胞和含菌细胞能贮存养料满足昆虫生长发育的需要，也能进行解毒代谢；脂肪体内的尿盐细胞能积聚尿酸，将尿酸暂时或永久地贮存在脂肪体内。

绛色细胞呈团块状，分布于气门附近、侧板下，能移除血淋巴中的其他代谢废物、毒素，吸收血淋巴中多余的中间代谢产物并将其转化以供其他组织所需，合成、分泌促进脂肪水解的酶类。

围心细胞分布于背膈、翼肌或在心脏表面，聚集呈索状，能吸收血液中的胶体颗粒，并将其转化为可被马氏管吸收的物质，同时可与心侧体相协调，分泌能调节心脏活动及神经传导作用的激素。

三、呼吸系统

昆虫的呼吸
系统

昆虫的呼吸系统(respiratory system)由气门和气管组成，具有输送氧气到需氧组织以及从虫体内排出二氧化碳和部分水的功能。昆虫的呼吸方式依虫体的结构、生活习性、栖境、虫期等的不同而有很大变异，但其呼吸机理和呼吸代谢过程是相似的。

(一) 呼吸方式

水生、陆生、寄生性昆虫的呼吸方式虽然是以气门、气管为基础，但均有不同程度的特化，可区分为气门气管呼吸、体壁呼吸、气管鳃呼吸和物理鳃呼吸等。

1. 气门气管呼吸

昆虫中最常见的呼吸方式，包括位于体壁上的开口即气门和气门以内不断由粗到细分

枝的网状气管系统(图2-7)。气管系统是外胚层内陷形成的构造，在蜕皮时更新，气门、支气管及分布于组织细胞间的微气管均有一定的排列方式；部分飞行能力强的昆虫在支气管上常有特化成可膨胀的膜质气囊(air sac)，借以增加贮气量和加强通风换气作用。

图 2-7　气门和气管的模式结构

气门(spiracle)　最多10对，中、后胸各1对，腹部第1~8节各1对。按气门的数量可将幼虫分为：多气门型，有8对以上有效气门，如蝗虫；寡气门型，有1~2对有效气门，如双翅目的蝇科；无气门型，即无有效气门，如摇蚊科昆虫。气门有较复杂的开闭结构，可区分为外闭式气门和内闭式气门两类。气门依需而开闭，控制气体的进出量，防止体内水分过量蒸发及不良气体和杂物的侵入。

气管(trachea)　气管在蜕皮时更新，组织结构类似于体壁，但层次内外相反，由外到内分别由底膜、管壁细胞层和内膜组成。最内层为内膜，又分为外表皮和内表皮。内膜以内褶或加厚的方式形成环状或螺旋状的螺旋丝，以增加气管的弹性，使气管不受气流和血液压力变化而变形，始终保持扩张状态，利于气体流通。气门向体内的一小段气管为气门气管，其3条主支背气管、腹气管和内脏气管分别伸向体腔背面、腹面和中央的组织及器官，并纵向连接气管分别形成侧纵干、背纵干、腹纵干和内脏纵干。

微气管(tracheole)　气管越分越细，当分枝到直径2~5 μm时伸入一个掌状的端细胞，然后由端细胞再形成一组直径在1 μm以下的末端封闭的微管，称为微气管。微气管的各分支分布到身体各组织、细胞间隙，直接将氧气送到需氧组织，并排出二氧化碳。在蜕皮时不更新。

2. 体壁呼吸

无气管系统或气管系统结构不完整的低等昆虫，如原尾目、弹尾目、部分内寄生昆虫和水生昆虫，气管分支分布于体壁之下，依靠体壁的通透性直接进行氧气和二氧化碳的交换。此类昆虫体躯微小，活动性较差。陆栖昆虫体壁的膜质部位也可进行呼吸。

3. 气管鳃呼吸

部分水生昆虫气门消失，体壁向外或向内突出呈膜质片状或丝状，其中密布网状的气管分支，靠此结构吸收水中的氧气，排除气管内的二氧化碳，该构造形同鱼类的鳃而被称为气管鳃(tracheal gill)，如蜉蝣目、襀翅目、蜻蜓目和毛翅目昆虫的幼虫。蜻蜓目稚虫的气管鳃位于直肠内，又称直肠鳃(rectal gill)。气管鳃呼吸实质上也是体壁呼吸，这些昆虫在非气管鳃部位也进行体壁呼吸。

4. 物理鳃呼吸

部分水栖昆虫需借助体表特定部位的特殊结构携带空气，以供给在水中呼吸所需的氧气，当所携带的氧气消耗和散失到较低浓度时，浮出水面重新更换新鲜空气。该结构相似于鳃的作用，称为物理鳃。

物理鳃呼吸又可分为气泡呼吸和气盾(膜)呼吸。气泡呼吸即虫体腹面或鞘翅下具一层疏水毛，当潜入水中时即可在毛间、腹部末端携带一层空气或气泡以供呼吸。气盾呼吸则是昆虫体壁着生一层密集的疏水微毛，潜入水中时即在毛间形成携带含氧气的气膜，以供给虫体呼吸。

除上述类型外，部分水生昆虫将特有的呼吸管伸出水面，或将气门插入植物含氧的组织间；内寄生昆虫将气门伸出于寄主体外，或伸入寄主的气管内进行呼吸。

(二) 呼吸机理

昆虫呼吸时氧气和二氧化碳在气管系统中的传送，主要是依靠气体的扩散作用和昆虫自身的呼吸运动来完成。

昆虫体内与外界环境气体的交换过程称为物理呼吸。体形小、行动缓慢的昆虫依靠气体在体壁、气管系统中的扩散完成物理呼吸。气门气管呼吸靠气门的调节即可完成换气过程；飞行或活动性强的昆虫依靠腹部肌肉和气囊的规律性运动及气门的定向开闭，在气管纵干中形成向前或向后的定向气流(通风作用)，依靠由呼吸神经控制的物理呼吸实现气体交换。

微气管端部充满组织液，当组织进入呼吸代谢状态时，使组织液的渗透压增大，靠渗透作用将微气管端部的组织液及微气管中的氧气吸入组织内，当新陈代谢的产物被氧化后，组织液的渗透压恢复原状又使微气管端部充满组织液；二氧化碳则靠扩散作用进入微气管及气管，最后通过气门排出体外。

许多昆虫呼吸时气体交换呈现不连续气体交换循环(discontinuous gas exchange cycle, DGC)的呼吸模式，即氧气的周期性吸入和二氧化碳的周期性释放。根据气门开闭，一个典型的不连续气体交换循环可以明显分为 3 个阶段：关闭阶段，极少或没有气体交换；颤动阶段，气门迅速微开和关闭，氧气进入气管，少量二氧化碳释放；开放阶段，大量的二氧化碳释放。昆虫不连续气体交换循环是通过气门开闭实现的，受到腹神经索的调控，并与气管内氧气和二氧化碳的浓度密切相关，也受昆虫生理状态和环境因素的影响。

(三) 呼吸代谢

呼吸代谢是氧气与呼吸基质产生酶促反应降解为水和二氧化碳并产生能量的过程。因此，呼吸基质不同，对氧气的需求量和二氧化碳的排放量也不同；虫体的发育阶段、活动

水生昆虫的
呼吸方式

昆虫不连续
气体交换

状态、氧气供给量均与呼吸代谢强度有关。一些杀虫剂可通过抑制昆虫体内的酶活性，干扰神经传导，可使呼吸亢进或抑制，一般细胞毒素(如鱼藤酮、氰化物、重金属、硫化氢、硫氰酸酯等)抑制呼吸，神经毒剂(如DDT、除虫菊酯、有机磷农药等)在中毒初期使昆虫呼吸频率加快而麻痹、二氧化碳呼出量增大。所以，通过测定呼吸代谢率可以分析和确定虫体的生理活动状态。

1. 呼吸代谢率的测定

呼吸率是指有机体在单位时间内消耗的氧气量；呼吸代谢率指有机体单位体重消耗的氧气量；二氧化碳释放率指呼吸过程中单位时间内个体释放的二氧化碳量。通常将有机体呼吸代谢过程中所释放二氧化碳与吸收氧气的体积比称为呼吸商(respiratory quotient, RQ)。基质为糖类时，$RQ=1$；基质为蛋白质时，$RQ=0.8$；基质为脂肪时，$RQ=0.7$；当$RQ>1$时，呼吸基质由糖类转变为脂肪，当$RQ<0.7$时，呼吸基质由脂肪转变为糖类。RQ值的大小可用来判断昆虫所利用的能源物质种类及代谢途径。影响呼吸商的因素很复杂，几乎涉及昆虫生命活动的各个方面。

昆虫呼吸率、呼吸代谢率、二氧化碳释放率和呼吸商是研究昆虫呼吸作用的主要指标，能够反映昆虫呼吸代谢强度和呼吸所消耗的代谢底物。呼吸代谢是一切生命活动的基础，通过研究昆虫呼吸代谢的变化规律，对于分析其对环境的适应性、了解代谢底物的利用情况以及评价昆虫机体的生理状态具有重要意义。

2. 呼吸代谢的途径与特点

在氧气供给充足的组织中，呼吸途径为有氧代谢，即三羧酸循环途径；氧气供给量欠缺的部位则是α-磷酸甘油酯(翅肌)或乳酸循环途径(如足肌)。无氧代谢的基质为糖原，由于虫体内存在葡萄糖—海藻糖—糖原的相互转化反应，所以在剧烈活动时启动无氧代谢有充足的基质来源。在有氧代谢途径中，与杀虫剂的杀虫机理和新药剂开发有关的重要酶类包括细胞色素氧化酶系、谷胱甘肽转移酶、辅酶类等。

第三节　昆虫的循环系统、神经系统和感觉器官

昆虫的循环系统是运送营养物质、激素和代谢废物的器官系统，而神经系统和感觉器官是昆虫感觉外界刺激和调节自身活动的器官系统。

一、循环系统

昆虫的血液充满整个体腔，流动于器官间，只在流经背血管时才被限制在血管里。这种包括背血管、体腔和辅搏动器的循环称为开管式循环。昆虫的血液兼有哺乳动物的血液及淋巴液的特点，因此又称血淋巴(hemolymph)。昆虫体腔内的所有器官都浸浴在血淋巴中。这种开放式循环系统的特点是血压低、血量大，并随着取食和生理状态的不同，其血淋巴的组成变化很大。昆虫循环系统的主要功能是运输养料、激素和代谢废物，维持正常生理所需的血压、渗透压和离子平衡，参与中间代谢，清除解离的组织碎片，修补伤口，对侵染物产生免疫反应，以及飞行时调节体温等。昆虫的循环系统没有运输氧的功能。

昆虫的循环系统

（一）背血管

背血管（dorsal vessel）是昆虫循环系统中唯一的管状器官，位于昆虫的背壁下方，纵贯于背血窦中，前端开口于头部，后端多呈封闭状延伸于腹部，由肌纤维和结缔组织组成，分动脉和心脏两部分（图 2-8）。

图 2-8　昆虫的循环系统及心脏搏动示意

动脉（aorta）　是背血管前段的细长管道。其最前端延伸入头腔内，开口于脑和食道之间的一个血窦内，后端常起始于第 1 腹节，与第 1 心室相通，仅是血液的通路，无搏动作用。

心脏（heart）　背血管的后段具搏动功能，由一连串球状心室组成，通常在心脏外壁有放射状的肌纤维悬系在背壁下，心室两侧腹面有来自背板两侧的翼肌。第 1 心室多始于第 2 腹节，心室的数目常与心脏所占的腹节数目一致，即 1~11 个，每一心室的前端与相邻心室的后端有孔相通。心室的两侧各有 1 个血液进入心室的开口，称为心门，其边缘向内折入形成心门瓣，可防止心室的血液回流至背血窦。

（二）辅搏动器

辅搏动器（accessory pulsatile organ）是昆虫体内辅助心脏进行血液循环的结构，常位于触角、翅和附肢的基部，由含肌纤丝的薄隔所组成，有膜状、瓣状、管状、囊状等多种形状。随着薄隔的收缩，驱动血液流入远离体躯的部位。

（三）血液

昆虫的血液包括血浆（blood plasma）和血细胞（blood cell），除少数（如摇蚊幼虫）因含血红素而呈红色外，大多数呈黄色、橙色或蓝绿色。昆虫的血液一般占虫体容积的15%~75%。昆虫血液的功能相当于脊椎动物血液、血淋巴和组织液三者的功能。血液除了具有循环系统的基本功能外，血细胞还有吞噬死细胞、组织碎片及某些细菌的作用；也可形成包囊包裹寄生物；还有愈伤、传递压力、助孵化、蜕皮、羽化、展翅等作用。

(四)血液循环

昆虫的血液循环是血腔内的血浆在背血管有规律搏动的推动和背—腹膈有节奏的波动下，促使血液在背血窦内向前流动、在腹血窦内向后流动、在围脏窦内向后及向背血窦中流动的过程；附肢、翅、触角等基部的辅搏动器则促使血液在各伸向体外的器官中流动。

昆虫心脏的搏动受多种因素控制，氧气、二氧化碳等可影响其搏动速率。搏动时由于心脏壁肌和结缔组织的弹性作用，使心脏舒张，产生虹吸作用，背血窦里的血液经心门进入心室；当心脏收缩时，心门瓣关闭，迫使血液自后向前推进，经由动脉压入头部，造成背血管前端血压增高而使血液又向后回流至胸腔和腹腔。

二、神经系统

神经系统(nervous system)是虫体保持与外界联系，传导各种刺激，保障各器官系统产生协调反应的结构。其基本单元是神经细胞，即神经元。

昆虫的神经系统

昆虫的神经系统属于梯状神经系统中的腹神经索型。按功能可分为 3 类：①担负感觉、联系和运动协调中心功能的中枢神经系统(central nervous system)，包括脑、腹神经索；②控制取食、呼吸、生殖及内脏器官活动的交感神经系统(sympathetic nervous system)，包括口道神经、腹神经索之间的中神经索、腹末复合神经节；③周缘神经系统(peripheral nervous system)，包括所有神经节上伸出的各类神经(神经纤维)构成的网络结构，具有收集感觉器的刺激至中枢神经、传递中枢神经的信号至反应器官的功能。

(一)神经元和神经节

神经元(neurone)，即神经细胞体及其分出的神经纤维。神经细胞分出的主支称为轴突(axon)，其侧生分支称为侧支(collatera)，轴突和侧支端部的树状分支称为端丛(terminal arborization)，从神经细胞体本身分出的端丛状纤维称为树突(dendrites)。轴突外面包有一层含有细胞质和线粒体的薄膜，称为神经围膜(neural lamella)。

按照神经细胞主支的数量将其区分为无极神经元、单极神经元、双极神经元和多极神经元。各种神经元互相联系集合成的球状组织称为神经节(ganglion)，其中的细胞体均位于神经节的周缘，中央是由无神经鞘的神经纤维所组成的网状结构。神经元的神经末梢之间以突触结构(synapse)相联系(图2-9)。

神经纤维对神经冲动的传导具有方向性，不能逆转，因此按其传导方向和功能又可分为：①双极或多极的感觉神经元(传入神经元，sensory neurone)，其轴状突能将神经冲动自外而内传入中枢神经系统；②单极的运动神经元(传出神经元，motor neurone)，将冲动传导至各种反应器官；③单极的联系神经元(association neurone)，细胞体位于神经节内。感觉神经元和运动神经元的神经纤维集合成束即神经(nerve)。很多神经细胞体及其神经纤维集合而成神经节。神经节和神经外面都包裹一层神经鞘，神经鞘是多层的构造。

(二)神经系统的组成和功能

1. 中枢神经系统

中枢神经系统包括位于头部消化道背面的脑，与脑通过围咽神经索相连接的腹神经索。腹神经索由位于消化道腹面的咽喉下神经节、胸部和腹部依次连接的各个神经节所组

图2-9　神经元、昆虫的神经系统及突触结构示意

成。脑由前脑、中脑、后脑组成，发出的神经分别与复眼、单眼、触角、额和上唇相接；脑内含有大量的联系、感觉与运动神经元，前脑含有神经分泌细胞群；脑是昆虫的联系与协调中心、运动控制中心和内分泌腺体的活动控制中心。咽喉下神经节的神经通到口器的上颚、下颚和下唇，是口器附肢活动协调中心。腹神经索一般有11个神经节，胸部3个，腹部8个。许多昆虫腹部的神经节常数个合成1个，称为复合神经节。各神经节两侧都有2~3根侧神经，每根侧神经内的背部(即背根)为运动神经纤维，其腹部(即腹根)为感觉神经纤维，背根和腹根的神经通至本节的肌肉和各种内部器官及体壁上的各种感觉器官内。

2. 交感神经系统

交感神经系统包括控制取食、前肠与中肠活动的口道神经——额神经节、后头神经节及其分出的神经，控制呼吸的位于腹神经索之间的中神经，控制后肠及腹部末端附肢活动的腹末复合神经节。

3. 周缘神经系统

周缘神经系统包括所有的感觉神经元和运动神经元，以及它们的树突和端丛所连接的感觉器和效应器。

(三)刺激引起的兴奋和传导机制

外界刺激引起昆虫产生反应，就是通过感觉神经元的传入纤维发出相应的冲动，经联系神经元传送至运动神经元而使反应器官做出反应，这是一切刺激与反应形成联系的基本途径，这一过程称为反射弧(reflex arc)。构成反射弧的各神经元的神经末端并不直接相连，它们是通过突触(synapse)结构中神经递质(neurotransmitter)传导实现的。乙酰胆碱是常见的神经递质，乙酰胆碱完成传导即被乙酰胆碱酯酶(acetylcholinesterase，AChE)水解为胆碱和乙酸，下一个冲动到来时，重新释放乙酰胆碱而继续实现冲动的传导。突触结构中的神经递质还有胺类(多巴胺、5-羟色胺、去甲肾上腺素、肾上腺素)或氨基酸类(γ-氨基丁酸、甘氨酸、天门冬氨酸)等。

神经递质乙酰胆碱的传导过程被破坏，将导致由神经系统控制的各种生理活动的失调，例如，有机磷农药能够抑制乙酰胆碱酯酶的活动，使昆虫持续保持紧张状态，导致过度疲劳而死亡。因此，了解神经系统的结构和功能以及神经的冲动传导机制，是分析昆虫行为、药剂作用机理、研制新药剂的理论基础。

1. 刺激在神经上的传导

神经细胞因为膜的选择通透性和离子的不均匀分布，形成膜外带正电荷、膜内带负电荷的结果，从而能在轴突上形成跨膜电位差(membrane potential)。神经细胞未感受刺激时神经细胞膜的膜外大于膜内的电位差称为静息电位或膜电位，这一现象称为极化状态(de-polarization)，这是膜只对 K^+ 有通透性而对 Na^+ 不通透的结果。当受到刺激时，感受刺激部位的膜对 Na^+ 的通透性突然增大，大量膜外 Na^+ 进入膜内，使膜内的低电位迅速消失，膜内的电位大于膜外，这一现象称为去极化。该电位的改变快速地沿整个细胞膜扩散传导，使整个神经细胞膜都经历一次电位波动，所以称为动作电位(action potential)。这种电位的倒转是暂时的，当冲动向轴突的邻近部位传导后，神经膜又恢复原状，对 Na^+ 仍保持原先的不渗透性，而膜内 Na^+ 则依靠"离子泵"作用向外渗透，直至膜内外极化状态再度建立，恢复静息电位为止，此即为复极化。在电脉冲图上，动作电位是一个短促而尖锐的峰。只有当刺激达到一定程度和强度时才能产生动作电位，神经细胞产生了动作电位时的状态称为兴奋。

2. 兴奋在神经元间的传导

兴奋在神经轴上的传导是单向、不可逆的，所以在突触结构中将兴奋传出方神经元末梢的膜称为突触前膜，接收兴奋方的膜称为突触后膜。突触前膜与突触后膜间具有间隙，间隙及膜上分布各种酶类。以乙酰胆碱为例简述信号传导过程：当动作电位传导至突触前膜时，前膜内的突触小泡向突触间隙突然释放大量的乙酰胆碱，乙酰胆碱扩散至突触后膜与突触后膜上的 ACh 受体结合，改变了其对 Na^+ 的通透性，进而在突触后膜上引起电位变化，并发展为动作电位，这一动作电位则在该神经纤维上传导。在乙酰胆碱引起突触后膜受体变构后即被释放到突触间隙，乙酰胆碱酯酶将其水解为胆碱和乙酸，这保证了突触前膜的一次冲动只能在突触后膜上产生一个相同的冲动，不致因后膜的持续兴奋使能量和其他生理物质耗尽，引起神经传导出现障碍而导致死亡。神经毒剂(如有机磷和氨基甲酸酯等)能阻碍乙酰胆碱的降解而使动物中毒死亡；DDT 等有机氯杀虫剂、拟除虫菊酯等抑制轴突膜的 Na^+ 通道；烟碱、沙蚕毒类杀虫剂能对突触后膜上的乙酰胆碱受体产生抑制作用，从而阻断了 ACh 与受体的结合，阻断冲动传导。

三、感觉器官

分布于昆虫体躯、附肢及体内器官接受体内外各种刺激的感觉与反应器官构成了昆虫的感觉系统。昆虫的感觉器是由皮细胞演变而成的，既能独立行使感觉功能，又能组成复杂的感觉器官。例如，触角上有多种化感器和感触器。感觉器是环境与神经间的联系桥梁，其作用是通过神经系统与内分泌系统的互作以调节昆虫的行为，进而适应环境、求取生存。按接受刺激的种类与性质可将昆虫的感觉器官分为：感觉光波、光量子的视觉器

(photoreceptor);接受接触、压力、振动等分子运动或碰撞的机械刺激的感触器(machano-receptor);接受振动频率与强度的听觉器(phonoreceptor);感受化学物质刺激的化感器(chemoreceptor)。

(一)感觉器的结构

按结构区分,感觉器有毛状感觉器、钟状感觉器、毛板感觉器、剑鞘感觉器等。毛状感觉器是神经细胞端突与体毛基部相连,主要感受机械与化学刺激。钟状感觉器的结构与毛状感觉器基本相似,只是感觉器内陷于体壁,刚毛为一薄膜代替,主要感受气压与机械刺激。许多毛状感觉器密集于一骨片而成毛板感觉器,为机械感觉器。剑鞘感觉器着生在体壁下,由一个感觉神经细胞与另外两个细胞套成连杆状结构,为体内器官活动及压力变化的感觉器。感光器的结构特殊,常由1至上千个小眼构成视觉器,单眼由1个小眼构成,复眼是多个小眼的集合(图2-10)。

(a)毛状感觉器　　　　(b)剑鞘感觉器　　　　(c)小眼的结构

图2-10　几种昆虫感觉器的结构

(二)重要的感觉器

1. 听器

昆虫的听器是感受压力改变和空气或水振动的结构,与听器相联系的是昆虫的发声,但有听觉能力的昆虫不一定都能发声。昆虫常见的发声形式如下:吸入或呼出空气,体躯与物体撞击,特殊结构(如鼓膜)振动、翅振、体躯不同部位相互摩擦等。昆虫的听器有听觉毛(毛状感觉器)、江氏器(位于触角第1节内,由剑鞘感觉器集合而成)、鼓膜听器(由数组剑鞘感觉器形成)。

2. 化感器

化感器即化学感觉器,用于感受化学物质的刺激,昆虫的觅食、求偶、产卵、选择栖境、寻找寄主等行为,都和化学感觉器有关。在一定的距离内能为微量挥发性化学物质分子所激发的感觉器为嗅觉器(olfactory organ),多分布于触角和口器的下唇须与下颚须。直接接触液体或固体并为其分子所激发的感器为味觉器(gustatory organ)，多分布于口器、跗节、产卵器和触角。

3. 视觉器

视觉器是感受光波刺激的器官，其感觉细胞中的色素能对一定波长范围内的光谱产生生物电位，传递至中枢神经系统从而引起视觉反应。视觉器对昆虫觅食、求偶、避敌、休眠、滞育、决定行为方向等有重要作用。昆虫的视觉器包括单眼和复眼。单眼的结构形同复眼的一个小眼，其作用在于提高复眼对光反应的灵敏度、感觉光源的强度与方向，但侧单眼可成像。复眼中小眼的集光器部分包括角膜、角膜细胞、晶体、虹膜色素细胞，感光器部分包括网膜色素细胞、视觉细胞、视小杆；小眼四周包裹有密集的兼反光作用的气管网。

小眼无调节焦距的能力，只能靠色素细胞中的色素上下移动适应光强的变化。复眼的成像有两种：①昼行性昆虫的小眼，如图 2-10(c)：Ⅰ所示，其视小杆与视觉细胞包裹于色素细胞内，不能感受来自侧面的斜射光，每一小眼造一个像点，整个复眼的造像是由许多明暗程度不同的像点组成的并列像。②夜行性昆虫的小眼，如图 2-10(c)：Ⅱ所示，视小杆不为色素细胞包被，可吸收来自邻近小眼的斜射光，每一小眼均可成像，整个复眼的造像是许多小眼成像的相互重叠，即重叠像。日夜均可活动的昆虫小眼的结构与图 2-10(c)：Ⅰ相似，白天视小杆周围色素细胞的色素均匀分布，成像能力如①，夜间视小杆周围色素细胞的色素集中下移，成像能力如②。

4. 感触器(机械感觉器)

昆虫感受环境和体内机械刺激的感觉器，称为感触器。机械刺激一般包括实体的接触、身体的张力、空气的压力和水波的振动等。最常见的感觉器有毛状感觉器和钟状感觉器。

(三) 感觉器感受刺激机理

不论何种感觉器，当受到一个适宜的刺激后，先引起感觉器神经末梢的膜兴奋，产生动作电位，该电位冲动沿神经纤维传至神经细胞体，再传导至传入神经纤维。

组成各种感觉器的细胞因分化程度不同，具有控制传入刺激或改变刺激能量的特性，也就是说，一种特殊的感觉器只有受到一种适宜的质和量的刺激(如光子、电子、质子、分子等)才能产生反应。例如，适合感受光波的视觉器，对于音波就不会产生反应；而且光波的波长和强度必须在某种范围内。化学感觉器(如感觉毛)表面具有许多微孔，感觉神经末梢的分支分布于这些微孔内，当感觉神经末梢接受到穿入微孔内化学物质分子的刺激后，即可激发神经纤维末梢的膜，产生动作电位，引起冲动传导。化学感觉器的灵敏度很高，如家蚕雄蛾触角上的化感器可被一个分子的性信息素所激发，而引起相应的行为反应。

第四节　昆虫的内分泌系统和生殖系统

昆虫的内分泌系统主要分泌重要的内激素，调控体内生理活动。昆虫的生殖系统则是繁殖、延续后代的器官系统。

一、内分泌系统

昆虫体内能够分泌特殊的具有生理活性的微量物质——激素(hormones),用于调节昆虫的生长、发育、蜕皮变态、生殖、滞育等重要的生命过程,这些分泌激素的器官所组成的发育调控系统称为内分泌系统(endocrine system)。内分泌系统也是昆虫生理活动的调节系统,同时内分泌器官分布有大量的神经,因此内分泌系统受神经系统调控。

虫体内分泌激素的组织和器官包括脑神经分泌细胞、咽下神经节、心侧体、咽侧体、前胸腺、一些体神经节、绛色细胞、脂肪体等(图2-11)。内分泌腺体分泌的激素靠血淋巴循环及神经的运输在体内传递,以渗透或吸附的方式进入虫体的组织和器官而起作用,其成分为类固醇、萜烯类、蛋白质等不易挥发的物质。

图 2-11　重要的分泌腺及其激素作用机制示意

(一)重要的内分泌组织和器官

1. 脑神经分泌细胞

脑神经分泌细胞(neurosecretory brain cell)是昆虫脑背面的大型神经细胞,位于前脑两叶近中沟的脑间部,其分泌的激素多为肽类物质,称为促前胸腺激素(prothoracicotropic hormone,PTTH),又称促蜕皮激素(ecdy-siotropin),是人类发现的第一种昆虫激素,旧称脑激素(brain hormone)。其主要作用是激发前胸腺(或绛色细胞、脂肪体)分泌蜕皮激素,刺激咽侧体分泌保幼激素;还有促进呼吸代谢的作用。

2. 心侧体

心侧体(corpora cardiaca)是一对光亮的乳白色球体,位于前脑后方及背血管前端的两侧或上方,有神经分别与脑、咽侧体及后头神经节相连。其作用在于贮存并向血淋巴中释放脑激素,还能分泌影响心脏和消化道活动的激素及脂动激素和利尿激素等。

3. 咽侧体

咽侧体(corpora allatum)为一对卵圆形,外包一层薄膜结缔组织和微气管的腺体,位于咽喉两侧、心侧体的侧下方；其作用是分泌保幼激素（juvenile hormone，JH）。JH 是一类含 17~18 个碳原子的倍半萜烯甲基类化合物，已发现 7 种。幼虫期保幼激素的作用是保持幼期（幼虫或若虫）的形态和结构，抑制"成虫器官芽"的生长和分化；成虫期则可刺激卵巢发育和卵黄形成，活化雌虫的性附腺产生形成卵壳所必需的特殊物质；保幼激素还可影响一些昆虫雌虫产生性信息素的方式。

4. 前胸腺

前胸腺（prothoracic gland）为一对透明的带状细胞群，一般位于头与前胸之间，但昆虫种类不同，位置也有差异；其分泌的激素为蜕皮激素（molting hormone，MH），MH 是一种由 27 个碳原子组成的类固醇类物质。蜕皮激素参与控制昆虫的蜕皮与变态。它主要作用于真皮细胞，刺激真皮细胞及细胞核内染色体的某些部位，促使 DNA 的螺旋打开，将遗传密码转录于 mRNA 上，然后将所携带的信息转录成特定的蛋白质；并诱导能使酪氨酸发生一系列变化的酶的合成，成为蜕皮后形成新表皮所需的硬化物质。

5. 其他分泌腺

蝇类的咽侧体、心侧体及前胸腺合并成环绕背血管的环状腺称为环腺（ring gland），其机能是该 3 个腺体的综合。咽下神经节（suboesophageal ganglion）可分泌滞育激素，具有刺激血糖进入蛹的卵巢并转化为糖元的功能。绛色细胞分泌的激素能协助幼虫蜕皮，促进成虫生殖腺的发育、卵和卵壳的形成。

上述 PTTH、JH、MH 是控制和调节昆虫生长和发育的重要激素。幼虫阶段 JH 与 MH 并存，促使幼虫生长及蜕皮；末龄幼虫阶段 JH 浓度降低促进幼虫转变为蛹；成虫阶段 JH 仅具微量，促进蛹变化为成虫并发生变态蜕皮。目前，世界上已合成的保幼激素同系物有 2 500 多种，先后从 44 种蕨类植物、26 种裸子植物和 46 种被子植物中提取出有促蜕皮活性的类似物，这些都为人工控制昆虫的生长发育提供了依据。

(二) 外激素

昆虫向体外分泌生理活性物质的腺体称为外分泌腺（exocrine gland），其在虫体上的位置与虫种有关；外分泌腺的分泌物称为外激素（pheromone），多具挥发性，通过体液及气流传播向体外扩散。该类激素有种类的专化性，由同种群异性或其他个体体壁的感觉器接受而起作用，成分为小分子的醇、醛、酯等挥发性物质。

外激素是同种群中个体间互通信息的化学物质，又称信息素；能影响同种（也可能是异种）其他个体的行为、发育和生殖等，具有刺激和抑制两方面的作用。外激素包括性信息素、报警信息素、示踪信息素、聚集信息素等类型。

性信息素的研究和利用较深入，已有 200 多种昆虫的性信息素被分离和合成。性信息素是同种昆虫一个性别的特殊分泌器官分泌于体外，引起另一性别的个体产生特定行为和生理效应的挥发性物质，具有种的特异性。性信息素常不是单一的物质而是数种成分的混合物，总体上分为长链的醇、醛、酯和萜烯类两大类型。昆虫性信息素的分泌常有一定的节律，由雌虫分泌的引诱力较雄性强。昆虫种类不同分泌性信息素的部位也不同，鳞翅目的分泌腺常位于第 8~9 腹节的节间膜上，鞘翅目多在后肠、节间膜等处，半翅目异翅亚目常见于后胸腹板，头喙亚目和胸喙亚目多在后足胫节，膜翅目多在胸部前侧板边缘。

随着人们对生物安全的日益关注，激素在益虫饲养和害虫治理中的用途更加广泛。在益虫饲养中,利用激素在于获取最高的目标产物。使用激素防治害虫主要是破坏害虫体内激素水平的平衡,导致其不能正常生长和发育。信息素在害虫防治中的作用:①用于预测预报;②诱杀害虫,阻断其繁育后代;③在害虫发生区大量施放人工合成的性信息素,干扰害虫的生殖行为使其不能交配及繁殖。

二、生殖系统

昆虫的生殖系统

昆虫用以产生生殖细胞、进行交配、繁殖后代的器官组成生殖系统(reproductive system)。它位于腹部末端消化道两侧或背侧面,雌虫开口于腹部第8或第9腹板后方,雄虫开口于第9腹板。昆虫的生殖系统由外生殖器和内生殖器两部分组成。昆虫的生殖方式不同其生殖系统的构造也不同。

(一) 雌虫的生殖系统

1. 基本结构

雌性内生殖器包括卵巢、侧输卵管、中输卵管、生殖腔、受精囊、附腺等(图2-12)。

图2-12　昆虫生殖系统与卵巢管模式图及雌蝗虫的生殖系统构造

卵巢(ovary)　1对,每一卵巢由多个卵巢管(ovariole)组成,每一卵巢管前端伸出的端丝集合成悬带,悬带附着于邻近的脂肪体上或体壁内面或背膈上,借以固定卵巢的位置。卵细胞在卵巢管内形成,并按发育的先后依次排列在卵巢管内,越近基部的越大、越接近成熟,成熟的卵由此排入侧输卵管。

侧输卵管(lateral oviduct)　1对,前端与卵巢连接,后端与中输卵管相通。

中输卵管(common oviduct)　由外胚层演变而来,是排卵入生殖腔的通道。

生殖腔(genital chamber)　一般由第8腹板内陷而成,是雌雄虫生殖器交尾的部分,又称交尾囊(bursa copulatrix),其外端开口称生殖孔(genital pore)。

受精囊(spermatheca)　开口于生殖腔,具有受精囊腺,分泌液体,用于保藏雄性生殖器输送来的精子或精球。产卵时,精子由此释放而使卵受精。

附腺(accessory gland)　1~2对,开口于生殖腔,能分泌胶质,使虫卵黏附于物体上黏成块或形成卵鞘。

2. 卵巢管的结构及类型

卵巢管可分为端丝、卵巢管本部（egg-tube）及卵管柄（pedicel）。卵巢管本部包括生殖区（germarium）和生长区（vitellarium）。生殖区也称原卵区，在初期生殖细胞分裂形成卵原细胞（ogonia），卵原细胞又分化为卵母细胞（ocyte）；卵母细胞在生长区内经过形成、卵黄原蛋白向卵内沉积等阶段而发育并成熟。生殖区的另一类细胞则分化为滋养细胞（nurse cell）和位于卵巢管本部基部的卵泡细胞（follicel cell），在卵未发育成熟前卵泡细胞封闭卵巢管的出口。

在卵母细胞发育中根据滋养物的来源，将卵巢管分为3种类型。生殖区仅有生殖细胞、卵原细胞、卵母细胞和卵泡细胞，卵母细胞发育所需要的营养依赖卵泡细胞从血液中吸收，产卵量较大，为无滋式（panoistic type），如直翅目的雌虫；卵巢管中具有滋养细胞，滋养细胞与卵母细胞在卵巢管内交替排列，营养依靠滋养细胞提供，产卵量也较大，为多滋式（polytrophic type），如鳞翅目、双翅目的雌虫；滋养细胞停留于生殖区，依靠滋养细胞的滋养丝为卵母细胞提供营养，产卵量较少，为端滋式（telotrophic type），如半翅目的雌虫。

（二）雄虫的生殖系统

雄虫的生殖器官主要包括精巢、输精管、贮精囊、射精管、附腺等（图2-12）。

精巢（testis）　1对，少数愈合。由多个精巢小管所组成，是形成精子的场所。

输精管（vasa deferentia）　1对，位于精巢的下端，将成熟的精子输入精囊。

贮精囊（spermatheca）　输精管下端的囊状膨大部分，用以贮藏精子，末端汇合与射精管相通。

射精管（ejculatory duct）　由第9腹板后端的体壁内陷而成的管状构造，末端开口于阳茎基部。

附腺（accesssory gland）　1~3对，多开口于贮精囊和射精管连接的地方，分泌黏液浸浴精子或形成包藏精子的精球。

授精和受精　授精是指雌雄交配时，雄虫将精子注入雌虫的生殖器官内，并贮存在雌虫的受精囊中的过程。受精是指雌虫排卵时，卵经过受精囊口与受精囊中排出的精子会合，精子进入卵内实现雌雄性细胞结合的过程。

了解昆虫生殖系统的解剖特征，可根据雌虫卵巢发育情况来估计害虫的发生期和发生量；根据受精囊内精包的有无来估计交尾情况；也可根据卵和精子的发育情况来估计各类绝育措施的效果。

（三）生殖能力及行为

昆虫成虫生殖期一般有3个阶段。产卵前期为刚羽化至产出第1粒卵之间的时期，时间较短，但也有例外；产卵期是产出第1粒卵至产完最后的卵粒之间的时期，时间较长；产卵后期是产完最后的卵粒到死亡之间的时期，时间常较短。

生殖期的行为包括飞行以寻找生殖场所，取食以补充营养；依靠体色、发声、发光、释放性信息素等方式寻找同种异性个体。其中交配、授精的时间、方式，以及产卵的习性、方式和场所等因虫种的不同而有差别。

衡量昆虫繁殖能力的强弱依据生殖力和生殖率。生殖力是每头雌虫的平均产卵量；生殖率是一个种群的平均繁殖量，是由遗传所决定的。昆虫的生殖受到温度、湿度、营养及体内激素分泌水平等多种因素的影响，导致不育的主要因素有辐射、化学物质、遗传缺陷等。

复习思考题

1. 昆虫的体壁由哪几层构成？各层有何主要功能？
2. 简述昆虫消化系统的结构与功能。
3. 马氏管有何主要功能？其排泄机制如何？
4. 简述昆虫呼吸系统进行气体交换的机制。
5. 简述昆虫血液的主要功能和循环途径。
6. 简述昆虫神经系统冲动的形成和传导。
7. 简述昆虫的化感器、视觉器的基本构造和功能。
8. 简述昆虫主要内分泌器官及其所分泌的激素和功能。
9. 简述昆虫雌、雄生殖系统的基本构造。

第三章

昆虫生物学

【本章提要】主要介绍昆虫的生殖、个体的生长发育过程，即昆虫从生殖、胚胎发育、胚后发育，直至成虫各时期的生命特性，以及由此而衍生的各种现象，其中蜕皮和变态是昆虫生命活动过程中的显著特点。此外，还介绍了昆虫在一年中的发生经过（或特点），即它的年生活史。了解昆虫的生物学特性和生长发育规律，是害虫防治和益虫利用的依据。

昆虫生物学是研究昆虫生殖、个体发育过程、行为习性与生活史等生物特性的科学。昆虫个体的发育过程一般包括卵、幼虫、蛹、成虫4个阶段或卵、幼虫、成虫3个阶段。在从卵发育到成虫性成熟的过程中，昆虫的外部形态、内部结构和生活习性等都有或大或小的变化。每种昆虫都有不同的生物学特性，这种在演化过程中逐步形成的特性有一定的稳定性。胚胎发育（embryonic development）、胚后发育（幼期发育，postembryonic development）、成虫期（生殖衰老期，genesis-senescence phase）及其行为习性常是昆虫生物学的研究重点。了解昆虫的生物学特性和生长发育规律，可为害虫防治和益虫利用提供依据。

第一节　昆虫的胚胎发育与生殖

昆虫的个体发育可分为胚胎发育和胚后发育两个阶段。由卵核分裂开始至幼虫孵化为止在卵内的发育阶段称胚胎发育，其所经历的时间为卵期。卵是一个不活动的虫态，所以昆虫对产卵和卵的构造本身，都有特殊的保护性适应。了解昆虫的产卵方式，确认卵的类型，借助卵的特征鉴别种类，具有重要的理论与实践意义。

一、卵的结构

昆虫的卵（ovum 或 egg）是一个大型细胞，最外层是起保护作用的卵壳（chorion 或 egg shell），卵壳下的薄层称为卵黄膜（vitelline membrane），包围着原生质、卵黄和卵核。丰富的卵黄充塞于原生质网络的空隙内，但紧贴卵黄膜下的一层原生质中无卵黄，这部分原生质特称周质（periplasm）（图3-1）。根据卵黄在卵内

卵孔
卵壳
卵黄膜
卵核

卵黄
周质
原生质

图 3-1　昆虫卵的构造

的分布方式，可将昆虫的卵分为中黄式卵(centrolecithal egg)和均黄式卵(isolecithal egg)。未受精卵的细胞核一般位于卵中央，受精后卵核向边缘移动。

在卵的端部，有一个或若干贯通卵壳的小孔，称为卵孔(micropyle)，它是卵受精时精子进入卵内的通道，因而也称精孔或受孔。卵孔周围及卵壳表面，常具特殊刻纹，可作为辨识卵的依据。

卵壳一般厚而坚硬，是卵泡细胞分泌的、由硫键及氢键交叉联结形成的蛋白质结构，可分为若干层。例如，普热猎蝽 *Rhodnius prolixus* Stål 的卵壳由外向内可分为 7 层：抗性外卵壳、软外卵壳、软内卵壳、琥珀层、外多元酚层、鞣化蛋白抗性层和内多元酚；其中最外面的两层构成外卵壳，里面的 5 层构成内卵壳；这 7 层都具亲水性，水分可以自由通透。但是，排卵前，在卵壳与卵黄膜之间，由卵细胞分泌一层极薄的蜡层，紧贴于卵壳下；蜡层具有亲脂性和拒水性，因此，卵壳既有适度的透水、透气性，又能防止水分蒸发，保证胚胎的正常发育。杀虫剂能否起到杀卵作用，也与杀虫剂能否透过卵壳有关。

二、胚胎发育

除了孤雌生殖以外，昆虫的胚胎发育都从卵受精开始。精子从卵孔进入卵内与卵核结合形成合核后，胚胎发育随即开始。合核以一分为二的方式不断分裂，形成多数子核；子核向外移动，与卵膜下的周质相结合形成胚盘(germinal disc)；然后位于卵腹面的一层胚盘逐渐增厚成胚带(germ band)，胚带分化为外、中、内 3 个胚层。外胚层(ectoderm)形成体壁，体壁再内陷而成为内骨骼、消化道的前肠及后肠、气管系统、腺体以及神经系统。中胚层(mesoderm)形成背血管、血淋巴、脂肪体和肌肉组织。内胚层(endoderm)形成消化道的中肠。

在胚层分化的同时，胚体自前向后开始出现横沟，将胚体划分成体节。胚带的前端较宽，是原头，由此产生上唇、口、眼、触角等；其余较狭的部分，称为原躯。由原躯发生颚节、胸部和腹部，随后颚节与原头合并成为昆虫的头部。随着分节的进行，每节发生的一对囊状突起(附肢原基)延伸分节成为附肢，胚体的附肢自前至后相继形成。根据附肢原基的出现、发展和消失过程，昆虫的胚胎发育又分为 3 个连续的阶段(图 3-2)，胚胎发育终止的阶段与孵化后的幼虫类型有关。

（a）原足期　　　　　（b）多足期　　　　　（c）寡足期

图 3-2　昆虫胚胎发育的 3 个时期

原足期(protopod)　头和胸部已经分节并形成附肢原基，而腹部尚未分节和形成附肢原基。

多足期(polypod)　头和胸部的附肢原基增长并分节，腹部也明显分节，并且各节相继形成附肢原基。

寡足期(oligopod)　头和胸部的附肢继续伸长，而腹部的附肢原基退化消失。

胚胎在发育过程中，胚体在卵内的位置要翻转 1~2 次，以充分利用卵中的营养。随着胚胎发育的进行，胚带两侧围绕着卵黄不断向背面伸展，胚胎部分逐渐变大，卵黄则被作为营养物质逐渐被胚胎利用而减少，最后胚胎的两侧伸至背中线而闭合，形成一个完整的胚胎，这一闭合过程称为背合(dorsal enclosure)。背合的结束标志着幼体的形成，即胚胎发育结束。

胚胎发育是一个复杂的过程。在不同发育阶段中，胚胎除了必须与周围环境进行气体交换外，还对温度、湿度及水分有不同的要求，所以环境条件的变化必然影响胚胎发育的进程，而在不利条件下，往往会终止发育。当恶劣的环境条件超出了胚胎的忍受能力，也会造成胚胎的死亡。例如，飞蝗卵的发育需要从土壤中吸收水分，当卵的含水量增加达卵重的 40% 时，才能完成发育。棉盲蝽产卵在植物组织里，当植物含水量低于 50% 时，卵全部不能孵化，而含水量在 78%~85% 时，孵化率最高；但蝗虫卵期遇到大雨，土地积水，则常使蝗卵大量死亡，尤其是在胚胎发育的后期至孵化期，由于胚膜已消失，浸水的死亡率更高。由此可见，研究昆虫胚胎发育进程中对环境条件的要求，或忍受不利环境条件的能力，对昆虫测报工作是很重要的。

了解昆虫胚胎发育的一般过程，不仅对进一步理解昆虫各器官系统的发生同源和研究昆虫生物学有重要意义，而且对昆虫的预测预报和杀卵剂的研究与应用也有重要的实践意义。如在胚胎发育的中期和后期，一些昆虫的卵壳变薄，胚膜消失，胚胎体积增大，可以透过卵壳看到胚胎外形的变化特征；对一些大型的卵，也可剥去卵壳，根据胚胎外形的变化进行分级，以预测其孵化盛期。此外，胚胎在不同发育阶段对化学药剂的敏感度不同，如在胚胎发育到神经系统形成期，使用一些神经毒剂时便可发挥理想的触杀作用。

三、生殖方式

(一)两性生殖

需要经过雌雄交配，雄性个体产生的精子与雌性个体产生的卵结合后，才能正常发育成新个体的生殖方式称为两性生殖(oviparous amphigony)。其特点是：卵必须接受了精子以后，卵核才进行成熟分裂(减数分裂)，而雄虫在排精时精子已经完成减数分裂。绝大多数昆虫以两性生殖的方式繁殖后代，常以听觉、视觉特别是嗅觉(性信息素)的联系寻求异性，其交配行为存在昼夜节律并与温度等环境因素有关。

(二)孤雌生殖

卵不经过受精就能发育成新个体的生殖方式称为孤雌生殖(又称单性生殖，parthenogenesis)，其类型如下。

偶发性孤雌生殖(sporadic parthenogenesis)　又称兼性孤雌生殖，即在正常情况下行两

拓展阅读

性生殖，但偶尔也有非受精卵发育成新个体的现象，如家蚕。

经常性孤雌生殖(constant parthenogenesis)　又称专性孤雌生殖，受精卵发育成雌虫，非受精卵发育成雄虫，如蜜蜂及多种寄生蜂；或无雄虫种类的生殖方式，如某些叶蜂、粉虱、蓟马、介壳虫等。

周期性孤雌生殖(cyclical parthenogenesis)　即在年生活史中孤雌生殖和两性生殖随季节的变化而交替进行的繁殖方式，也称世代交替或异态交替(alternation of generation)。世代交替与昆虫的生活习性有关。如蚜虫从春到秋都以孤雌生殖的方式繁殖后代，只在冬季将要来临时，才产生雄蚜，以两性生殖的方式产生受精卵越冬。

孤雌生殖对昆虫的广泛分布起着重要的作用，因为即使只有一个雌虫被偶然带到新的地区(如风吹、人类传带等)，就有可能在这一地区繁殖起来，当遇到不适宜的环境条件而造成大量死亡的时候，孤雌生殖的昆虫也更容易保留它的种群，所以孤雌生殖可以认为是昆虫应对恶劣环境和扩大分布的有利适应。

(三) 多胚生殖

多胚生殖(polyembryony)是指由一个成熟的卵发育为 2 个或多个新个体的生殖方式。该类生殖方式是寄生物对寄主的一种适应，可保证一旦找到寄主后就可产生较多的后代。如小蜂、茧蜂、姬蜂等将卵产于寄主体内后，受精卵以多胚发育的方式发育为雌蜂，非受精卵则发育为雄蜂。

(四) 卵生与卵胎生

卵生(oviparity)　以产生卵繁殖后代的生殖方式称为卵生。大多数昆虫发育为成虫后能在较短的时间内完成产卵，部分昆虫的产卵期长达数月。

胎生(viviparity)　母体直接产出幼虫或若虫的生殖方式称为胎生，如蚜虫。而在一些蝇类、介壳虫中，卵成熟后不立即产下，卵依靠卵自己的营养在母体内完成胚胎发育，然后从母体直接产下幼虫，这种繁殖后代的方式称为卵胎生。

胎生及卵胎生是对卵进行保护的一种方式，并且由于其生活史中无卵期，完成一个世代所需要的时间较短，所以年发生的世代数更多。

(五) 幼体生殖

幼体生殖(paedogenesis)是指昆虫处于幼虫期时，母体尚未达到成虫阶段就进行生殖的现象。凡进行幼体生殖的昆虫，产出的都不是卵而是幼虫，所以幼体生殖可以认为是胎生的一种形式。幼体生殖也是孤雌生殖的一种类型。例如，在摇蚊和一些瘿蚊的老熟幼虫或蛹期，卵母细胞即可在母体的血腔中发育，其成熟卵无卵壳，胚胎发育在囊泡中进行，孵化的幼虫取食母体组织，继续发育至母体组织消耗殆尽，才破母体而出自由生活。

四、昆虫的产卵方式

昆虫的产卵量多在 10 至几千粒的范围内，卵的大小与虫体本身的大小及产卵量有关，葡萄根瘤蚜 Daktulos phaira vitifoliae(Fitch)的卵仅 0.02~0.03 mm，而一种螽斯的卵却可长达 10.00 mm，但大多数昆虫的卵长在 1.5~2.5 mm。卵的形状因种而异，如直翅目、双翅目、膜翅目的卵为卵圆形，部分膜翅目昆虫的卵为肾形，蜻类的卵为桶形，粉蝶和部分叶

昆虫的卵及
产卵方式

甲的卵为瓶形，部分蝇类的卵为纺锤形，介壳虫的卵为球形，蛾类的卵为半球形，草蛉的
卵为附柄形，蜉蝣的卵为附丝形等(图3-3)。

图3-3　昆虫卵的类型

昆虫的产卵方式有许多不同的类型，有的单产或散产，如天牛、吉丁、象甲等；有的
聚产，如蛾类、蜡蝉、叶甲等；有的产于物体表面即裸产；有的产于土内、树皮缝内、寄
主组织内等即隐产。

昆虫对卵的保护也有多种类型，常见的有：鞘卵，如螳螂和蜚蠊等将卵包在坚硬的卵
鞘中；袋卵，如蝗虫等将卵产在卵囊中；被毛卵，如毒蛾等的卵块表面覆盖绒毛；双重
卵，如豌豆象将两个卵上下重叠产在一起。

第二节　昆虫的胚后发育及变态

胚胎发育完成后，幼虫破卵壳而出的过程称为孵化(hatching)。幼体自卵内孵出后发
育，到羽化出成虫为止的整个发育过程即称为胚后发育。

昆虫的胚后发育是胚胎发育的继续，是一个伴随着变态的生长发育期，该阶段具有幼
虫、蛹、成虫3个虫态或若虫、成虫2个虫态。昆虫种类不同，完成胚后发育所需的时间
也不相同，可以从数天(如很多蝇类)到数年(如一些叩头虫、天牛、金龟子)，甚至可长
达十余年，如十七年蝉 *Magicicada septendecim* (L.)。但多数昆虫的胚后发育期为数周或数
月，遇有休眠或滞育状态时则常延长。

一、幼虫期

幼虫期是昆虫第二个发育阶段，也是昆虫取食、生长的阶段，是害虫为害的重要时期。

幼虫期

(一)蜕皮与虫龄

昆虫在幼虫期均表现大量取食，获得和积累更多的营养，以满足身体生长发育的需要。随着取食量的增加，虫体不断增大，旧的表皮(外骨骼)成为了限制虫体增大的障碍，要继续发育和生长则必须脱去旧表皮、形成新表皮，这种现象称为蜕皮(moulting)。蜕皮次数因虫种而异，一般 3~12 次，根据蜕皮的次数将幼虫划分为若干龄。初孵幼虫为 1 龄，第一次蜕皮后为 2 龄，……这就是虫龄(instar)，虫龄可用来表示幼虫的大小或生长的进程；每两次蜕皮之间的时间称为龄期(stadium)。幼虫生长到最后一龄时即为老熟幼虫，再继续发育就变成了蛹，不完全变态的老熟若虫则直接变成了成虫。研究已经证明，昆虫的蜕皮受激素调控。

大多数害虫危害最严重的虫期是幼虫期。低龄幼虫(或若虫)的表皮没有充分发育好，保护能力弱，对不良环境抵抗力差，杀虫剂容易侵入、耐药性低。随着幼虫龄期和虫体的增大，取食量增加，对杀虫剂的抵抗力也随之增强。

(二)幼虫的类型

昆虫的幼虫可分为两大类：多数完成于胚胎发育寡足期的不完全变态类的幼虫称为若虫(nymph)或稚虫(naiad)；完成于胚胎发育不同时期的全变态类的幼虫称为幼虫(larva)。昆虫幼虫分化的原因主要与胚胎发育终止的阶段、幼虫的栖息环境和习性，以及该昆虫的进化地位有关。

1. 原型幼虫

无翅亚纲昆虫的成虫腹部除外生殖器外，还保留了从其祖先遗留下来的附肢(如刺突、跳跃器等)，因此，将这类若虫称为原型幼虫。

2. 同型幼虫

这类昆虫卵期营养物质丰富，当胚胎发育完成，从卵孵化出来时，其幼虫不论是体型还是身体内外各部分构造(除翅及内外生殖器等成虫期器官外)基本与成虫相似，食性、习性及栖境也相同，将这类幼虫称为同型幼虫或若虫(图 3-4)。

3. 亚同型幼虫

这类昆虫只是因为若虫营水生生活而出现了一些变异，如有气管鳃、直肠鳃，或如蜻蜓若虫适于水中捕食的特殊口器，而这些适应水生生活的器官在变为成虫时都不再存在。在食性方面幼虫与成虫基本相同，因此它与同型幼虫有很多相似之处，故将这类若虫称为亚同型幼虫或稚虫。

4. 过渡型幼虫

这类幼虫腹部具有由附肢演变成的气管鳃，而亚同型幼虫的气管鳃不是由附肢演变来的，这两类气管鳃仅仅是同功器官，而非同源器官，而且这类幼虫实质上还保留着一些无翅亚纲的特性，所以把这类幼虫单独称为过渡型幼虫或蜉型幼虫。

5. 异型幼虫

全变态类昆虫幼虫头部无复眼，常具侧单眼，胸部无翅芽，胸足不足 6 节。不仅幼虫与成虫在形态结构、生活习性等方面存在较大差异，而且不同类群的幼虫形态也是千差万别。根据幼虫足的多少和发育情况分为 4 种类型(图 3-4)。

（a）原足型　（b）多足型　（c）无足型（幼虫）　（d）寡足型　（e）若虫

图 3-4　昆虫幼虫的类型

原足型幼虫（protopod larvae）　胚胎发育完成于原足期。胸足只是简单的突起，神经系统和呼吸系统简单，器官发育不全；幼虫寄生性，浸浴在寄主体液或卵黄中，通过体壁吸收寄主的营养，如一些寄生蜂的幼虫。

多足型幼虫（polypod larvae）　胚胎发育完成于多足期。幼虫除 3 对胸足外，腹部尚有多对腹足。又分为蛃型幼虫（形似石蛃 *Machilis* sp.，体略扁，胸足和腹足较长，如一些脉翅目、广翅目、毛翅目的幼虫）和蠋型幼虫（体圆筒形，胸足和腹足较短，如鳞翅目、膜翅目叶蜂、长翅目的幼虫）。

寡足型幼虫（oligopod larvae）　胚胎发育完成于寡足期。胸足发达，腹部无腹足。这类幼虫形态变化较大，常分为 4 类：步甲型（口器前口式，胸足发达，行动迅速，如步甲、瓢虫、草蛉等捕食性昆虫的幼虫）；蛴螬型（体肥胖，弯曲成“C”形，胸足较短，行动迟缓，如金龟子的幼虫）；叩头甲型（体细长，略扁平，胸足较短，如叩头甲、拟步甲科的幼虫）；扁型（体扁平，胸足有或退化，如一些扁泥甲科及花甲科的幼虫）。

无足型幼虫（apodous larvae）　胚胎发育完成于无足期。胸部和腹部均无足，按照头部的发达程度，可分为 3 类：全头无足型（头部骨化，全部露出，如蚊子、胡蜂、天牛等的幼虫）；半头无足型（头部前端骨化外露，后端缩入胸部内，如虻类的幼虫）；无头无足型（头部十分退化，全部缩入胸部，如蝇类的幼虫）。

（三）幼虫的生长规律

幼虫的生长伴随着体重的增加和体躯的延长，食物的质量和供给量、温度、湿度、虫体内激素的分泌状态等因素对幼虫的生长均有不同程度的影响。每次蜕皮后，体壁尚未硬化，具有一个快速生长的过程；体壁硬化后，生长趋缓，临近蜕皮前几乎停止生长（图 3-5）。1890 年 Dyar 通过测定 28 种鳞翅目幼虫的头壳宽度，发现各龄间头壳宽度是按一定几何级数增长的，即 x（上一龄头宽）÷y（下一龄头宽）＝常数，这一

图 3-5　幼虫的生长曲线模式

现象被称为戴氏法则(Dyar's rule)。尽管这一法则不能适应于所有昆虫种类,但可以帮助我们从不连续或不完整的蜕皮材料中推断某种昆虫的实际蜕皮次数。例如,已知大菜粉蝶的第 1 龄幼虫头宽为 0.4 mm,最后两龄的头宽分别为 1.8 mm 和 3.0 mm,我们可以根据戴氏法则计算出各龄的头壳增长率为 1.8∶3.0=0.6,那么可以依此值推断其余各龄的头宽。第 3 龄头宽:1.8×0.6=1.08 mm,实测为 1.10 mm;第 2 龄头宽:1.08×0.6=0.65 mm,实测为 0.72 mm;第 1 龄头宽:0.65×0.6=0.39 mm,实测为 0.40 mm。

二、蛹期

蛹期

蛹(pupa)是全变态类昆虫由幼虫转变为成虫必须经历的过渡虫态,其特点是静止、不取食、不活动。

幼虫老熟后,停止进食、排空消化道中的食物残渣、体躯缩短,进入隐蔽场所,或吐丝结茧或做蛹室以备化蛹,这段时期称为预蛹期或前蛹期(prepupa)。预蛹期长短不一,由数小时至数个月,如油茶叶蜂预蛹期达 7 个月。在旧表皮下预蛹内部结构进行着急剧的变化,某些幼虫器官或组织的破坏称为组织解离(histolysis),成虫器官或组织的形成称为组织发生(histogenesis)。当幼虫的外部器官完全消失,老熟幼虫体内成虫的翅和足的雏形已形成,并从皮细胞层的囊中翻出时,老熟幼虫就蜕去旧表皮变为蛹,这一过程称为化蛹(pupation)。

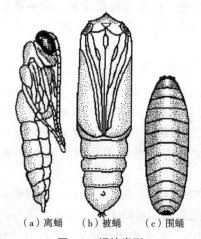

（a）离蛹　（b）被蛹　（c）围蛹

图 3-6　蛹的类型

蛹有多种保护形式。幼虫吐丝结茧形成茧蛹,在土或木材内建造化蛹场所形成蛹室(土室、木室),在各类物体的缝隙化蛹为穴蛹,倒悬于其他物体上化蛹为垂(悬)蛹,以丝束缚于其他物体上化蛹为带(缢)蛹等。以形态区分,蛹有 3 种类型(图 3-6)。

离蛹(exarate pupa)　也称裸蛹,触角、足和翅不黏附蛹体表面,可以活动,同时腹节间也能自由活动。如蜂类和甲虫的蛹。

被蛹(obtect pupa)　附肢和翅由黏液贴于蛹体表面,外包一层坚硬透明的蛹壳,附肢不能自由活动,腹节多数或全部不能扭动。如蛾蝶类的蛹。

围蛹(coarctate pupa)　也是离蛹,只是化蛹时,末龄幼虫的表皮没有脱去,形成较硬的外壳,包住离蛹。如蝇类的蛹。

三、成虫期

成虫是昆虫个体发育史中的最后一个虫态。成虫期性成熟后即具有生殖能力,在生物学上成虫的一切生命活动基本上都围绕生殖而展开。成虫是唯一具有飞行机能的虫态,也是感觉器官充分发达的虫态。不完全变态昆虫的老熟若虫和完全变态的蛹蜕皮后变为成虫的过程称为羽化(emergence)。羽化后的成虫可分为下述 3 种类型。

1. 发育成熟型

成虫羽化时，卵及性器官已成熟，羽化后即可进行交配产卵，口器退化，不能取食，寿命短，只经数天甚至数小时，完成交配产卵后即死去。如毒蛾科等昆虫。

2. 可取食型

成虫羽化后可立即交配产卵，但成虫口器发育正常，能取食，取食后能产更多的卵。如赤眼蜂、竹螟等。

3. 补充营养型

成虫刚刚羽化时，卵及性器官未发育成熟，还要继续取食数天至数月不等，才能进行生殖。为了达到性成熟，成虫必须继续取食，这种取食称为补充营养。如橙斑白条天牛 *Batocera davidis* Deyrolle、叶甲、花绒寄（坚）甲等。

交配和产卵是成虫期重要的生命活动，了解和掌握这些活动规律，在害虫防治上可确定防治时间、进行发生期的预测预报等。由于补充营养的有无与成虫的性成熟有关，因而交配和产卵与成虫羽化时间的间隔期，在各种昆虫之间也差异较大。成虫羽化后至第一次交配或产卵的间隔期，分别称为交配前期和产卵前期。各种昆虫的交配前期和产卵前期相对较稳定，如马尾松毛虫 *Dendrolimus punctatus*（Walker）在羽化的当天或第二天就可进行交配，产卵前期一般只有 2~3 d，这与其成虫口器退化、成虫寿命较短有关。若能在交配前期和产卵前期利用性引诱剂和灯光诱杀害虫，可获得一定的防治效果。

四、昆虫的变态及类型

昆虫个体生长发育包括从卵到成虫性成熟的整个生命过程。在该过程中要经过外部形态、内部器官以及生活习性上的一系列变化，这种现象称为变态（metamorphosis）。

昆虫的变态

（一）增节变态

增节变态（anamorphosis）是昆虫纲中最原始的变态类型，其特点是幼虫期和成虫期之间除了个体大小和性器官发育程度的差别外，腹部的体节数随蜕皮次数的增加而增加。初孵化的原尾虫腹部只有 9 节，至性成熟时腹部体节数增加至 12 节，所增加的 3 节均是由第 8 腹节（即尾节前一节）增生而来。

（二）表变态

表变态（epimorphosis）也属于原始变态类型，其主要特点是幼虫与成虫之间除了身体大小、性器官发育程度及附肢节数等有所变化外，其他方面无明显差别，故又称为无变态。但是表变态的昆虫到性成熟（成虫期）后还继续蜕皮，保留了节肢动物祖先遗留下来的原始特性。例如，弹尾目、缨尾目、双尾目的昆虫。

（三）原变态

原变态（prometamorphosis）是有翅亚纲昆虫中最原始的变态类型，仅见于蜉蝣目的昆虫。其特点是从幼虫期转变为成虫期需要经过 1 个亚成虫期（subimago）。亚成虫在外形上与成虫相似，已达性成熟，翅已展开并初具飞行能力，但体色较浅，足较短，多呈静息状态。亚成虫期是一个很短促的虫期，一般经 1 至数小时（有的不到 1 h）蜕皮变为成虫。亚成虫蜕皮属成虫蜕皮现象，这显然是表变态类昆虫演化为有翅昆虫时保留下来的原始特性。此外，蜉蝣目昆虫的幼期生活在水里，腹部有由附肢演化而成的气管鳃，而与其他有翅亚纲昆虫明显不同。

(四)不全变态

不完全变态(incomplete metamorphosis)又称直接变态，是有翅亚纲外翅类昆虫(除蜉蝣目外)具有的变态类型。其特点是昆虫的个体发育过程包括卵、幼虫、成虫 3 个发育阶段，幼虫期的翅在体外发育，无蛹期，成虫的特征随着幼虫的生长发育而逐步显现。有以下 3 个类型。

1. 渐变态(paurometamorphosis)

成虫与幼虫在体型上很相似，生活习性相近，生境和食物相同，但幼虫的翅未长成，性器官不成熟，其幼虫称为若虫。属渐变态类的昆虫有直翅目、螳螂目、革翅目、等翅目、纺足目、半翅目等(图 3-7)。

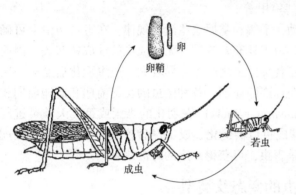

图 3-7　蝗虫的渐变态

2. 半变态(hemimetamorphosis)

半变态近似渐变态，成虫陆生，但幼虫水生，具直肠鳃等临时器官，且幼虫在体型、取食器官、呼吸器官、运动器官及行为习性等方面均与成虫有明显的分化，因而这种幼虫特称为稚虫。如蜻蜓目、襀翅目的变态。

3. 过渐变态(hyperpaurometamorphosis)

在幼虫期至成虫期有一个不食不动的类似蛹期的静止时期，即前蛹期，该类变态是由不全变态向全变态过渡的中间类型。如缨翅目、半翅目粉虱类和雄性介壳虫的变态属此类型。

(五)全变态

1. 完全变态(complete metamorphosis)

完全变态是昆虫纲中进化程度最高的变态类型，为有翅亚纲内翅部 Endopterygota 昆虫所具有。全变态类昆虫一生经历卵、幼虫、蛹和成虫 4 个不同的虫态(图 3-8)，其幼虫和成虫不仅在外部形态和内部结构上大不相同，而且在食性、栖息环境、行为习性等方面存在巨大差异。如鳞翅目昆虫的幼虫为咀嚼式口器，取食危害植物叶片，而其成虫为虹吸式口器，只能访花吸蜜。正是由于昆虫幼虫与成虫间的巨大差异才使它们由幼虫向成虫转变的过程中必须经过蛹这样一个过渡虫态。

图 3-8　小蠹虫的完全变态

2. 复变态(hypermetamorphosis)

复变态是比完全变态更为复杂的一个变态

类型。某些幼虫营寄生生活的昆虫，其幼虫各龄之间因习性不同而在外部形态上产生极大差异。典型的如鞘翅目芫菁科昆虫，其成虫为植食性，幼虫则是肉食性，能够取食蝗卵；其 1 龄幼虫为蛃型，2~4 龄近于蛴螬型，5 龄为全头无足型，6 龄则又变为蛴螬型。

综上所述，总结出昆虫的变态与幼虫类型的关系，如图 3-9 所示。

图 3-9　昆虫的变态与幼虫类型的关系

第三节　昆虫的行为与多型现象

昆虫在其系统发育以及个体发育的过程中，与外界环境建立了各式各样的联系，对外界各种信息做出的反应或行为，或有利于寻找食物和配偶，或利于避开敌害和不良的环境。了解和研究这些行为特征及其机制，对于防治害虫和利用益虫很有意义。

一、昆虫的行为和习性

昆虫的行为是由来自体内外的刺激所引起的，是建立在神经活动与内外激素分泌活动基础上的虫体各种生命活动及复杂程度不同的各种反射活动的综合体现。

(一) 反射行为

反射(reflex)是指生命体对刺激的无意识反应。

当一个感觉器接受一个适当的刺激后，能立即引起中枢神经产生兴奋和传导，并导致相应的反应器官产生固定形式的反应，即非条件反射。非条件反射包括反射弧反射、激动反射(如抱、咬等)和抑制反射(如假死)，趋性和本能是复杂的非条件反射。

经过训练、学习而获得的后天性反射行为是条件反射(conditional reflex)。该反射无遗传性，其行为是暂时的，不能永久性保持。

(二) 本能与趋性

1. 本能

在一定外界条件下，由昆虫体内生理活动过程所激发的相当复杂的神经活动所表现的行为序列即为本能(instinct)或先天行为(innate behavior)，是在一定发育阶段由激素或内部生理状态所激发的行为，如化蛹、滞育、筑巢等。本能具有遗传性，与内激素有关，常有规律地体现于发育历程的某些阶段。

2. 趋性

特定感器对外界相应刺激所表现的强烈的不可抑制的定向反应或行为称为趋性

昆虫趋性

(taxis)，是昆虫对外界刺激表现的趋近或远离的反射性习性及行为。由于外界的刺激有光、化学、温度、湿度等，相应的则具有趋光性、趋化性、趋温性、趋湿性等；趋向于刺激源的为正趋性，相反为负趋性。趋性是昆虫较高级的神经活动，属于非条件反射，利用昆虫的趋性可对其进行诱捕调查或诱杀。

趋光性　即昆虫对光刺激的反应，如大多数蛾类对日光表现负趋性，对灯光及短光波灯光表现正趋性。在高温无风的晚上，趋光性更强。

趋化性　某些昆虫对特殊化学物质的气味表现有较强烈的趋性，如菜粉蝶受十字花科植物释放的芥子油苷吸引而产卵，部分金龟甲成虫喜酸甜类物质，糖醋液诱蛾、性信息素诱杀等即利用了昆虫的趋化性。

趋温性　昆虫是变温动物，对适宜的温度表现正趋性，对不适宜温度表现负趋性，如油茶毒蛾 Euproctis seudoconspersa Strand 幼虫在夏日高温的中午群迁到树干基部阴凉处静伏，在凉爽的傍晚和早晨群集树冠取食。

趋湿性　与趋温性一样，昆虫对适宜湿度表现正趋性，如白蚁在高湿时，活动性增强，叩头虫幼虫总是背离水分饱和状态的土壤。

无论哪一种趋性，都有相对性。昆虫对刺激的强度(浓度)有一定程度的可塑性，例如，外寄生昆虫要求的最适温度就是寄生动物的体温，人体虱生活在人的贴身衣物上，若人因病发烧超过了正常的体温，体虱就会爬离人体，表现为负趋性；再如，当昆虫同时遇到几种温度梯度时，总是向它最适的温度移动，而避开不适宜的温度。具有趋光性的昆虫对光的波长和强度也有选择性，蚜虫白天起飞，光对其起飞有一定的导向作用，但在光强达 10 000 lx 以上时，许多蚜虫则躲到寄主叶片背面；蝶类多在白天活动，但当夜间光源较强时，距光源较近的蛱蝶和粉蝶也具有微弱的趋光性。昆虫对化学刺激也表现类似的反应，如过高浓度的性引诱剂不但起不到引诱作用，反而成为抑制剂。利用害虫的趋性可对其进行监测和防治，如依据趋光性原理进行灯光诱杀，依据趋化性原理进行食饵诱杀，利用负趋化性驱避害虫。

(三)生活节律

昆虫的生活节律是其神经系统、内分泌系统及生理代谢活动与其生存环境相互适应的结果。昆虫在长期进化的过程中形成了与自然界昼夜变化规律相吻合的活动节律，称为昼夜活动节律(circadian rhythm)，也就是所谓的生物钟(biological clock)。昆虫的孵化、取食、羽化、飞行、交配等均有固定的昼夜节律。通常将白昼活动的昆虫称为日出性或昼出性昆虫(diurnal insect)，如蝶类、蜻蜓、蜜蜂等；把夜间活动的昆虫称为夜出性昆虫(nocturnal insect)，如大部分的蛾类；把一些在弱光下(黎明或黄昏)活动的昆虫称为弱光性昆虫(crepuscular insect)，如蚊、少数蛾类。生物钟的形成有两种解释：一种是外因，即光照、温度、湿度、气压等在一天内随时间周期性变化，导致昆虫有时间感觉；另一种是生物体内存在着"钟"，在蜚蠊中已证实这种"钟"与分泌激素的神经细胞有关。昆虫的昼夜节律表面上似乎主要受光的影响，但昼夜间还有温湿度、食物成分、性信息释放等的差异，生物遗传特性等因素均可影响昆虫的生活节律。

此外，昆虫的迁移、滞育、生殖等活动也随季节发生变化，称为季节节律。一些昆虫因季节变化而产生迁飞或迁徙(migration)，有规律地从一个发生地长距离地转移至另一个发生地，成为成虫期的特定行为。如东亚飞蝗 *Locusta migratorioides*（Reiche et Fairmaire）、小地老虎 *Agrotis ipsilon*（Hüfnagel）、蚜虫等均具有迁飞习性。一些昆虫迁飞距离较长，如君主斑蝶 *Danaus plexippus* 可以从加拿大飞行逾 4 000 km 到墨西哥越冬，来年再向北回归，历经 4 代飞回加拿大，历经一个史诗般的迁徙。

(四) 群集性

昆虫的群集性（aggregation）指同种昆虫的大量个体高密度地聚集在一起的习性。根据聚集时间的长短可分为永久性群集和临时性群集。

永久性群集则是同一种群亲代和子代生活在一起，形成类似于人类社会的社会等级，具有明确的劳动分工，这类行为具有可遗传性，如社会性昆虫蜜蜂、蚂蚁、白蚁等。临时性群集只是在某一时期或某一虫态群集在一起，过后就分散，例如，马铃薯叶甲、榆蓝叶甲等有群集越冬的习性；天幕毛虫 *Malacosoma neustria*（L.）和美国白蛾的低龄幼虫结网群集取食，高龄幼虫开始分散取食。但有时二者界限也较模糊，如东亚飞蝗有散居型和群居型之分，两者可以相互转化；群居型蝗虫的体表和粪便中释放特异性挥发物——4-乙烯基苯甲醚，吸引蝗虫群集，到了成虫期群集迁飞；因此，少量的小范围群集为临时性的群集，而对于其大面积、大量个体的群集则是永久性群集。由于害虫大量群集必然造成猖獗危害，如果掌握了它们的群集规律，就为集中消灭害虫提供了方便。

(五) 昆虫的食性

在长期演化过程中，昆虫对食物的种类、性质、来源和取食方式等形成了特定的选择性，这种对食物的选择特性即食性（food habit）。昆虫种类繁多，食性复杂，通常按其取食的食物性质，分为植食性（phytophagous 或 herbivorous）、肉食性（sarcophagous 或 carnivorous）、腐食性（saprophagous）和杂食性（omnivorous）4 类。

以活体植物为食的昆虫称为植食性昆虫。这些昆虫多数是植物的害虫，占昆虫总数的 40% ~ 50%。捕食他种昆虫或以其组织为食的昆虫称为肉食性昆虫，它们多为益虫。根据其取食和生活方式又可分为捕食性和寄生性两类。捕食性昆虫的身体一般大于捕食对象，如螳螂、瓢虫、步甲等。寄生性昆虫是指生活于他种昆虫或其他动物体表或体内并从后者获得营养物质的昆虫，如寄生蜂、寄生蝇类等。取食已死亡或腐烂的动物性或植物性物质（包括动物尸体、粪便或腐败植物落叶）的昆虫称为腐食类昆虫，如葬甲、果蝇、蜣螂等。能以各种植物和动物为食的昆虫称为杂食性昆虫，如蜚蠊、蚂蚁、蟋蟀等。

在植食性昆虫中，根据其食物范围又可分为单食性（monophagous）、寡食性（oligophagous）和多食性（polyphagous）3 类。仅以 1 种植物为食的称单食性昆虫，如杨（杜仲）梦尼夜蛾 *Orthosia incerta*（Hüfnagel）仅取食杜仲叶片；取食 1 个科或少数近缘科植物的称为寡食性昆虫，如松毛虫仅取食松科植物的叶片；取食不同科多种植物的称为多食性昆虫，如舞毒蛾、美国白蛾等可取食数百种植物的叶片。昆虫的食性既有相对的稳定性，但也有一定的可塑性。在食料改变和缺乏嗜好食物时，有些昆虫的食性也会被迫改变和发生分化。

二、多型现象

在同一昆虫种群内常有形态、体色等的变化，这种变化是昆虫对环境适应性或种类特

多型现象

吹绵蚧 ♂　　　　锹甲 ♀

图 3-10　昆虫的性二型现象

性的表现形式之一，其主要类型如下。

1. 性二型（sexual dimorphism）

同种昆虫除雌雄性器官的差异外，在个体大小、体型、体色等方面的差异称为雌雄性二型。例如，大袋蛾成虫雄性有翅，而雌性为蠕虫状；介壳虫的雌虫常为鳞片状或球状固定在植物上，但雄虫则有翅，能自由飞行（图 3-10）。

2. 多型现象（polymorphism）

多型现象指同种昆虫具有两种或更多类型个体的现象。这种分型现象在成虫、幼虫期均可出现，在社会性昆虫中尤为明显，如蜜蜂具有蜂王、雄蜂和工蜂，白蚁具有蚁后、蚁王、工蚁和兵蚁等。社会性昆虫的分型是由外激素控制。其中随季节变化而出现的变型则称为季节变型（seasomorphism），如蛾蝶类常有明显的"夏型"和"秋型"，一般夏型体色较秋型浅。

三、拟态与保护色

拟态与保护色

为逃避敌害，许多昆虫的形态和体色常形似某些物体或其他动物，其类型如下。

1. 拟态（mimicry）

昆虫的形态与环境中其他物体（如动物、植物、非生物体）相似，借以逃避敌害保护自身的现象称为拟态。最常见的拟态有两种类型。一类称为贝氏拟态（Batesian mimicry），经典的实例发生在君主斑蝶（被拟者）和副王蛱蝶 *Limenitis archippus*（拟态者）之间，这两种蝴蝶的斑纹相似，但前者的幼虫因取食萝藦科植物而体内含有一种有毒的糖苷，并积累贮存到成虫期，鸟吃了这种蝴蝶后会出现呕吐、痉挛等中毒症状。凡是首次捕食过君主斑蝶的鸟，不会再捕食副王蛱蝶；而首次碰到并取食了无毒的副王蛱蝶的鸟，以后可能还会捕食君主斑蝶。所以，对于贝氏拟态系统中的拟态者是有利的，而对被拟昆虫是不利的。另一类称为缪氏拟态（Mullerian minicry），被拟者和拟态者都是不可食的，捕食者无论先取食了哪一种，都会引起对两种昆虫的回避。该拟态对拟态者和被拟者都是有利的。这类拟态在红萤科、蜂类、蚂蚁中均可见到。

2. 保护色（protective coloration）

昆虫的体色与其生活环境中的背景颜色相似，有利于躲避敌害保护自身的现象称为保护色，如在绿草地上的绿色蚱蜢、栖息在树干上翅色灰暗的夜蛾类昆虫。昆虫的体色与其生活环境中的背景颜色相差悬殊，借以威吓或惊吓捕食者保护自身，这种体色称为警戒色（warning coloration）。例如，天蛾科的蓝目天蛾 *Smerinthus planus planus* Walker，在停息时以褐色的前翅覆盖腹部和后翅，这时与树皮颜色相似；当受到袭击时，突然张开前翅，展现颜色鲜明而有蓝眼状斑的后翅，这种突然的变化常能吓退袭击者。

四、假死

假死(death feigning)是指昆虫在受到突然刺激时，身体蜷缩，静止不动或从原停留处突然跌落下来，呈"死亡"之状的现象。一些鞘翅目的成虫具有假死性，如金龟子、叶甲、象甲以及鳞翅目尺蛾科幼虫(尺蠖)。假死是昆虫对外界刺激的防御性反应，也是逃避敌害的一种简单有效的方式。人们利用昆虫的假死性，利用触动或振落法采集标本或进行害虫的测报与防治。

第四节　昆虫的世代和年生活史

昆虫的新个体(卵或若虫)从离开母体到性成熟产生后代为止的个体发育过程称为一个世代(generation)。昆虫的生活史(life history)是指一种昆虫在一定阶段的发育史。生活史常以1年或1代为时间范围，昆虫在1年中的生活史称为年生活史或生活年史(annual life history)，而昆虫完成一个生命周期的发育史称为代生活史(generational life history)。

昆虫1年内发生的世代数称为化性(voltism)。1年只发生1代的称为一化性(univoltine)，1年发生2代的称为二化性(bivoltine)，1年发生3代以上的称为多化性(polyvoltine)，多年完成1代的称为部化性(partvoltine)。昆虫一年中发生的世代数与其遗传特性、外界环境等有关。

一、世代重叠与局部世代

世代的划分习惯上以卵期为起点，凡前一年出现卵，第2年才出现幼虫、蛹、成虫的都不算当年的第1代，而为先一年最后一代的继续，称为越冬代。

在昆虫的生活年史中，亲代和子代甚至第3代同时发生的现象称为世代重叠(generation overlapping)。世代重叠的原因与多化性、成虫寿命及产卵期的长短、越冬代出蛰期的整齐程度及越冬代虫态是否一致等因素有关。而在同一代内，因发育速率不同，种群内部分个体因发育较快而进入下一世代的现象则称为局部世代(partial generation)。

二、休眠与滞育

在昆虫生活史的某一阶段，当遇到不良环境条件(如盛夏的高温和冬季的严寒等)时，生命活动会出现暂时停滞的现象。根据引起和解除停滞的条件，可分为休眠(dormancy)和滞育(diapause)两类。

(一)休眠

当面临不良条件(气候变化、食物供给不足等情况)时，昆虫就寻找合适的栖息场所，停止活动，以减少不良条件的威胁，并把新陈代谢水平降到最低以节约能耗，抵御恶劣环境的影响，这种蛰伏现象称为休眠。休眠是昆虫对不良外界条件的一种适应性表现，一旦不良条件消除，休眠会立即解除。引起昆虫休眠的原因包括温度、湿度、光照和食料，以温度为主要因素，在寒带和温带地区，昆虫常因冬季温度过低而进行冬眠，热带地区昆虫常因夏季温度过高而进行夏眠。部分种类的昆虫需在一定的虫态休眠，如东亚飞蝗以卵进行休眠，但小地老虎在江淮流域以南成虫、幼虫、蛹均可休眠越冬。

（二）滞育

滞育

昆虫在不良环境条件远未到来之前就停止生长发育，在该停育期内即使给予适宜的发育条件也不会恢复发育，必须经过一段时间再给予某种刺激才能重新恢复生长发育，该现象称为滞育。滞育有遗传性，主要由光周期变化引起，常发生于年生活史中的特定世代及特定虫态。

昆虫的滞育可发生在各个虫期，如家蚕和危害桉树的竹节虫以卵滞育，天幕毛虫、舞毒蛾以卵内幼虫滞育，杨毒蛾 *Leucoma candida*（Staudinger）、桃小食心虫 *Carposina niponensis* Walsingham、三化螟、苹小食心虫 *Grapholitha inopinata* Heinrich 以幼虫滞育，春尺蠖 *Apocheima cinerarius* Erschoff、大蚕蛾 *Hyalophora cecropia*（L.）、菜粉蝶以蛹滞育，七星瓢虫、马铃薯甲虫以成虫滞育。

1. 滞育的类型

根据滞育在年生活史中出现的稳定程度，又区分为两类。滞育可发生于年生活史中不同世代的同一虫态或不同虫态称为兼性滞育（facultative diapause），如杨毒蛾、柳毒蛾 *Stilpnotia salicis*（L.）；滞育只发生于年生活史中某一世代的某一虫态则称为专性滞育（obligatory diapause），如春尺蠖。

2. 滞育的发生条件

引起滞育的因素有温度、湿度、光照和食料，而以光周期即光照时数为主要原因。因此，将引起同一昆虫种群中 50% 的个体进入滞育的光周期称为临界光周期（critical photoperiod）；感受日照变化引起后一虫态滞育的虫态为临界光照虫态，而进入滞育期的虫态即滞育虫态。

滞育是昆虫的前一虫态感受外界环境条件的改变，引起虫体内激素水平发生变化，而使后一虫态停止生长发育。例如，咽下神经节分泌的滞育激素进入卵内引起卵滞育，以幼虫或蛹滞育的昆虫，则是由于脑神经分泌细胞停止活动，不产生活化前胸腺的促前胸腺激素，使前胸腺的分泌活动受到抑制而不分泌蜕皮激素，幼虫或蛹便处于滞育状态。以成虫期滞育的昆虫，主要是成虫缺少咽侧体分泌的保幼激素。同样，滞育中的幼虫会通过活化脑神经分泌细胞释放促前胸腺激素，使前胸腺分泌蜕皮激素，使其解除滞育；滞育的成虫则通过促前胸腺激素激发咽侧体分泌保幼激素使之解除滞育。

昆虫的滞育虫态因种类而异，可出现在任何虫态或虫期。卵期滞育一般发生在胚胎发育前期，进入滞育后，其呼吸速率显著降低；幼虫期滞育表现为不食不动、不化蛹，体内脂肪增加，水分减少，呼吸速率明显下降；蛹期滞育的生理状态与幼虫相似，有的滞育蛹和非滞育蛹在形态上有一定的差异。

3. 滞育代谢

昆虫滞育的产生和解除即滞育代谢。一般滞育的解除过程除受内激素的代谢活动控制外，还需要光周期变化的刺激（长日照滞育型需短日照刺激，短日照滞育型需长日照刺激）、补充水分、适宜的温度等。

多样的生活史是昆虫长期适应外界环境变化的结果，也是昆虫抵御不良环境条件的重要生存对策。了解和掌握昆虫的生活史，是做好害虫防治和益虫利用工作的基础。

复习思考题

1. 举例说明昆虫幼虫的类型。
2. 举例说明昆虫的变态类型，并指出每一变态类型的特点。
3. 什么是警戒色与拟态？
4. 昆虫的食性有哪些类型？
5. 休眠和滞育的区别何在？
6. 试述学习昆虫生物学的意义。

第四章

昆虫分类学

【**本章提要**】昆虫分类是认识、研究、保护和利用昆虫的基础，昆虫分类学是研究昆虫的命名、鉴定、描述及其系统发育和进化的科学。本章在介绍昆虫分类学原理、分类特征及分类历史的基础上，详细介绍了昆虫纲的分目、各目的分类特征、与林业关系密切的8个目的分类及其重要科识别，以及危害林木的螨类。

拓展阅读

昆虫是地球上最为繁盛的生物类群，据估计，地球上的昆虫可达1 000万种，约占生物界(植物+动物+微生物)物种总和的70%。目前已被命名的昆虫约100万种左右，占动物界已知种类的2/3~3/4，仅鞘翅目(甲虫)就有39万余种，其中象甲科多达6万余种；鳞翅目(蝶、蛾)约有20万种，膜翅目(蜂、蚁)和双翅目(蝇、蚊)都在15万种左右。据估计，我国应有昆虫60万~100万种，而目前仅记载10万余种，还有更多的昆虫尚未被发现和命名，而有不少种类在未被我们认识之前就已灭绝。党的二十大报告指出，中国式现代化是人与自然和谐共生的现代化，提升生态系统多样性、稳定性、持续性，需要加大生态系统保护力度。昆虫是森林生态系统多样性的重要组成部分，对于维持森林生态系统的稳定性和持续性具有重要作用。

因此，要认识如此众多的昆虫，利用有用的昆虫资源，治理其中的有害种类，在世界范围内共享有关昆虫的各类信息，必须依据一定的科学方法和规则，按照各类昆虫所具有的形态、生物学特性、生态学习性、进化中的地位等共性和各自的特性对其进行区分和归类，这个方法就是昆虫分类。昆虫分类学(Insect Taxonomy)是研究昆虫的命名(nominate)、鉴定(identification)、描述(description)、系统发育(phylogeny)和进化(evolution)的科学，它不仅是动物分类学的重要组成部分，也是昆虫学其他分支学科(如形态学、生理学、行为学、生态学、毒理学)及应用昆虫学(如农业昆虫学、森林昆虫学、医用昆虫学等)的基础。

第一节 分类原理

分类是适应人类生活与生产实践要求而产生的科学，认识任何事物最基本的方法是对其进行分类，应用分类的方法可以从各个角度对事物分门别类地进行分析研究，然后从中得出具有归纳性的综合结论，并确定其内在关系。

昆虫分类与其他动物分类一样，以形态特征、生物学特性、生态学习性、生理特征为基础。昆虫的种类、习性、形态虽然复杂多样，但与任何千差万别的事物一样，总是存在特殊性与共同性的对立统一关系。包括昆虫在内，所有生物的演化都是由低等到高等、由简单到复杂，起源于共同祖先，所以存在或近或远的亲缘关系，并在进化里程上有着连续性与间断性的对立统一关系。因此，可以通过对其特殊性的对比与分析、对其共性的归纳与综合，并依据其亲缘关系确定反映进化规律和自然属性的物种间系统关系。这种对比分析与归纳综合的方法就是分类的方法，而所有昆虫所具有的反映其亲缘关系的共性与反映其种类特征的特性就是对其进行分类的科学依据。

一、昆虫分类的基本概念

昆虫分类的主要目的：一是对物种进行鉴定、描述和命名，以利于在生产中进行识别和利用；二是将鉴定的物种进行归纳分类，安排到适当的高级分类单元中，建立能够反映生物进化过程实际的分类系统；三是确定物种的系统发育和亲缘关系，研究物种的形成和进化。昆虫分类学和其他生物分类一样，建立了严格的分类原理和方法。

(一) 物种的概念

物种(species)是分类的基本阶元，其定义是分类学的核心问题，也是现代生物学最有争议的学术问题之一。物种既是一个分类学概念，又是一个生物学概念，是生物起源、形成和进化历程中的基本环节。在分类历史上，不同学者对物种划分标准的理解不同，对物种有着不同的定义，划分物种需要综合考虑形态学、生物学、生态学以及地理分布4个主要标准。

目前普遍接受的是生物学物种概念：物种是由相互配育的自然居群组成的繁殖群体，与其他群体生殖隔离，占有一定的生态空间，具备特有的遗传特征，是生物进化和分类的基本实体单元。

(二) 分类阶元和分类单元

生物进化理论表明，昆虫是由共同祖先进化而来的，因此，有些昆虫种类之间亲缘关系比较接近，而有些昆虫之间的亲缘关系比较远。亲缘关系很近的物种，其外形、习性很近似，称为姊妹种(sibling species)。许多亲缘关系密切的物种合在一起，就组成一个属(Genus，复数 Genera)。同理，特征相近的属组成一个科(Family)，科具有一目了然的特征。相近的科组成目(Order)，目的特征更明显。目上又归为纲(Class)。因此，昆虫分类和其他生物分类一样，常采用由界(Kingdom)、门(Phylum)、纲、目、科、属、种等从高到低的一系列分类阶元(taxonomic category)组成的分类体系(hierarchy)。分类阶元简单来说就是生物分类的排序等级和水平。而排列在一定分类阶元上的具体分类类群，有特定的名称和分类特征，称为分类单元 taxonomic taxon (复数 taxa)。例如，光肩星天牛 *Anoplophora glabripennis* (Motschulsky)的分类阶元及分类单元如图4-1所示。

界、门、纲、目、科、属、种是昆虫分类的7个主要阶元。种是基本阶元，种上阶元是高级阶元。从进化角度讲，门、纲是复化阶元，目、科是特化阶元，属、种、亚种是分

图 4-1　昆虫的分类阶元

化阶元。

由于昆虫种类繁多，进化级别和程度不同，昆虫分类学者在实践中常感这 7 个主要阶元不够用，因此常分别在这 7 个阶元下加亚(sub-)、次(infra-)等，如亚目(Suborder)、亚科(Subfamily)、亚种(Subspecies)等；在其上加总(super-)，如总科(Superfamily)等；在科和属之间有时还加上族(tribe)。亚门、亚纲、总目、亚目、总科、亚科、族、亚属、亚种是次要阶元。

分类系统是昆虫分类信息的存储系统，它存储了各个分类单元的基本或全部信息。利用昆虫的分类系统，可根据已有的研究结果对其他未知或缺乏研究的生物类群的特征进行预测或推断。昆虫分类在实际操作中几乎总是先根据外部形态将昆虫进行分类，一旦用形态学标准将一种昆虫归于某一具体的分类单元时，就可根据该单元内其他已清楚的成员的特性推断其习性、生活史、内部构造和生理特征等。因此，当提到一个物种时，没有必要每次都描述这个种的所有特征。如星天牛，只要写出学名 *Anoplophora chinensis* (Förster)，注明所属的目(鞘翅目)、科(天牛科)，就能知道它属于完全变态、植食性、咀嚼式口器、幼虫钻蛀树干危害等相关信息。

(三) 种上阶元

种上分类阶元的设立常有很大的主观性和任意性，对其客观存在也常产生争议，但稳定的阶元有属、科、目等。

属(Genus)　是由共同祖先进化而来的一群种的概括，具有相似的生态学习性或食性；在进化的时间上反映物种间亲缘关系的远近，空间上反映物种间的相似性和特性。一个属内包括 1 至多个种，每个种均有其独特的性状。

科(Family)　包括 1 个或若干个属，科内的属具有相近的生态学习性或生物学特性，科之间具有稳定而明确的形态区别，但不同学者划分科的标准常不一致。

目(Order)　是一群科的集合，性状稳定，易于鉴别，是系统进化树上间断明显的支系。

(四) 种下阶元

物种是由若干个种群(population)或居群组成，不同种群间由于遗传变异而产生表型分化。为了描述这些差异，常使用一些种下阶元(infraspecific category)进行区分，常用的有亚种、变种和生态型。

亚种（subspecies）　国际动物命名法规承认的唯一种下阶元。同一物种的不同种群间由于地理隔离，相互间的基因交流降低，各自向不同方向演化，产生形态或生物学的变异。故亚种是变异比较明显的居群构成的种下亚群。一个物种内的亚群占有不同的地理分布区，互不重叠，故称异域分布（allopatric distribution），不存在生殖隔离，但有可分辨的形态特征差别，在分布区的交界处存在着中间过渡类型，在分类研究中常以75%定则作为亚种形态等分化的标准。

变种（variety）　过去常用于描述与模式标本不完全符合的个体，1961年以后废止。目前变种的概念多用于作物育种和家养动物领域。

生态型（ecotype）　是同一物种在不同生态条件下产生的不同表型，基因型相同，但形态上有明显差异，其后代可随环境条件的改变而发生可逆性变化。如东亚飞蝗在种群密度低时，一般为翅稍短、前胸背板隆起、不迁飞的散居型；而在种群密度高时，产生长翅、前胸背板平直、可迁飞的群居型。蝴蝶中有不少种类有春型和夏型之分。例如，金凤蝶 *Papilio machaon* L. 5~6月出现为春型，个体较小，7~8月出现为夏型，个体较大。分类学上已不用生态型这一概念，但在一些应用昆虫学领域仍然使用。

二、命名法

命名法（nomenclature）是指生物和生物类群命名所遵循的规则和程序。生物命名法规包括植物命名和动物命名，两类相互独立、内容有所不同。命名是按照命名法规给予一个物种或分类单元一定的名称。为保证规范和对生物命名的一致性、稳定性和通用性，保证每个生物名称都有唯一的和明确的意义，现使用的动物命名法规是1999年修订、2000年1月1日开始实行的《国际动物命名法规》（*International Code of Zoological Nomenclature*）（第4版）。其基本原则如下。

（一）学名

一种昆虫在不同地区常有不同的名称，如小地老虎在河南称为土蚕，在陕西称为土狗子，在长江以南各地称为地蚕等。不同国家和地区，由于语言、文化和历史的差异，对同一种昆虫可能有许多不同名称，这些称为俗名（vernacular name，common name）。由于俗名没有固定的规则，很容易造成误会或一词多用，不便于国内和国际间进行学术交流。因此，成立了国际动物命名委员会，规定科学的动物命名只能使用一种语言——拉丁语。按照动物命名法规给动物命名的拉丁语名称就是学名（scientific name）。学名由拉丁语单词或拉丁化的单词所构成，大多数名称源于拉丁语或希腊语，通常表示命名的动物或类群的某个特征，也可以用人名、地名等命名。昆虫种的命名采用双名法，亚种的命名采用三名法。

双名法　昆虫种的学名由两个拉丁词构成，即属名+种名，称为双名法（binominal nomenclature）。属名首字母必须大写，其余字母小写，种名字母小写，后面常加上定名人的姓氏，首字母要大写。印刷时属名和种名用斜体，定名人用正体；书写时在属名和种名的词下划横线，以便识别。如家蚕的学名为 *Bombyx mori* L.，棉蚜的学名为 *Aphis gossypii* Glover。

　　三名法　亚种的学名由 3 个词组成，属名、种名和亚种名，即在种名之后再加上一个亚种名，此即三名法（trinominal nomenclature）。如杨毛臀萤叶甲无毛亚种 *Agelastica alni glabra*（Fischer von Waldheim）。

　　此外，如果一个种只鉴定到属而尚不知道种名，则用"sp."来表示，如表示蚜属一个种用 *Aphis* sp.，多于一个种时用"spp."表示，如 *Aphis* spp.，sp. 和 spp. 用正体。种名在同一篇文章中首次出现时要用全称，再次出现时，属名可以缩写。有时，定名人前后加括号，表示种的属级组合发生了变动，如中华稻蝗的学名最初为 *Gryllus chinensis* Thunberg，1815，后来该种移入 *Oxya* 属，学名成为 *Oxya chinensis*（Thunberg）。所以定名人的括号不可随意添加或去掉。

　　属级以上的名称是单名，由 1 个拉丁词组成，首个字母大写，排版时属名用斜体，属级以上的阶元则用正体。科级以上一些分类阶元的学名有固定的词尾，科名是以模式属的属名词干加词尾 -idea 构成，亚科名以模式属词干加词尾 -inae 构成，族名加词尾 -ini，总科名词尾 -oidea。如夜蛾属的学名是 *Noctua*，夜蛾族的学名是 Noctuini，夜蛾科是 Noctuidae，夜蛾亚科是 Noctuinae，夜蛾总科是 Noctuoidea。

（二）优先律

　　由于在世界范围内信息、资料交换不及时等原因，多出现 1 个以上的分类单元采用了相同的名称，即异物同名（homonym），或同一分类单元采用了不同的名称，即同物异名（synonym），如此等等均以优先律原则进行处置。优先律（principle of priority）原则的含义是，一个分类单元的有效名称是最早给予它的、并在公开出版刊物上发表的符合动物命名法规的可用学名。

　　命名法规定，1758 年 1 月 1 日即林奈《自然系统》（第 10 版）的出版日，是分类学和学名有效的起始日期，此日期以后所用的首个学名才是有效的学名，之后给予同一种类或分类单元的所有其他学名都称为异名（synonyms）。学名一旦发表，若无特殊理由，不得随意更改。这样就保证了一个分类单元只能有一个有效名，即学名。

（三）模式标本

　　要使一个种有明确的意义，仅靠文字描述是不够的，还应将文字描述与代表该种的实物即模式标本联系起来，才能固定地表达一个学名所代表的种。首次发表新种时所根据的标本为模式标本（type specimen）。模式标本是学名成立的客观载体，因此也称为载名模式（name-bearing type）。使模式标本所代表的种有一个固定的名称，这种方法即模式方法。

　　记载新种时所根据的单一模式标本称为正模（holotype），所用的另一个异性标本称为配模标本（allotype），同时所参考的其余同种标本称为副模标本（paratype），有时记载新种时根据一系列标本而未指定正模标本，这时全部模式标本就被称为综模（syntype，合模）。模式标本的标签应注明采集地、采集日期、寄主、采集者等信息。正模、配模、副模等模式标本分别用红色、蓝色、黄色标签加以区分。

　　属或亚属的模式是 1 个种，称为模式种（type species）。族、亚科、科和总科的模式是 1 个属，称为模式属（type genus）。目和纲没有模式，它们不受命名法规的严格约束。

三、昆虫纲的分类特征

生物都有一定的体躯结构和生命活动性状，但只有那些用来类下分类和类上归类的性状，才称为分类特征(taxonomic character)。分类特征是一个分类单元和其他分类单元的成员借以相区别或可能相区别的属性。现代分类采用的分类特征具体类别如下。

形态特征　包括外部形态、外生殖器结构、内部形态，以及外部和体内器官的超微结构特征。

幼期特征　包括胚胎学特征及胚后发育特征，如卵期、幼虫期和蛹期的各种特征等。

生物学特性和生态学习性　昆虫与环境相互作用的性状以及昆虫生命活动所表现出各种行为性状，包括栖境和寄主、食物、季节变异、寄生物、寄主反应、行为学特征(如鸣声)、气味(信息物质等)以及交配和趋性行为等。

地理学特征　由于每种昆虫及种群都有其地理分布范围，因而可依据形态差异性、生殖隔离、分布的同域或异域关系鉴别出种群、亚种及种。

细胞学特征　包括体内器官的细胞结构(如细胞核、染色体组配及特征)、生殖细胞(如精子)特征等。

生理学和生物化学特征　包括代谢因子、血清、蛋白质(各种酶系、特定蛋白、全蛋白)和其他各类化学物质(初级代谢物、次级代谢物、信息化学物质)。

遗传学特征　包括细胞核学、同工酶、核酸序列、基因表达和调控等。

根据分类所用的主要特征和方法，昆虫分类学又可划分为形态分类学(Morphological Taxonomy)、细胞分类学(Cytotaxonomy)、化学分类学(Chemical Taxonomy)、遗传分类学(Genetic Taxonomy)、分子分类学(Molecular Taxonomy)等。随着科学技术的进步，昆虫分类所依据的分类特征在不断地拓展和深化，分类研究方法和手段也在不断革新和发展。

四、昆虫分类的历史及发展

分类学是从博物学发展而来的一门理论生物学科，从我国3000年前的《尔雅》、明代李时珍的《本草纲目》、1758年瑞典博物学家林奈的《自然系统》(*Systema Naturae*)(第10版)，到1940年小赫胥黎(Julian S. Huxley)的《新系统学》(*New Systematics*)和1942年迈尔的《分类学和物种起源》(*Systematics and Origin of Species*)，昆虫分类学几经改革和发展，不断汲取相关领域的科学理论和研究技术，其理论和实践体系已日益完善。其发展历史大致可划分为下述4个阶段。

(一)地区性动物区系研究(或形态描述)阶段

从我国3000年前的《尔雅》，到1758年瑞典博物学家林奈《自然系统》(第10版)的发表，形态分类学从最初的博物学开始已发展到了顶峰。成就在于最终由林奈确立了生物的双名法、物种的概念及一系列的分类阶元，即属、目和纲。缺陷是林奈认为物种是上帝创造的，是恒定不变的。这一时期，昆虫分类局限于种的形态描述与命名的水平，一般称为α分类学或甲级分类学。林奈当时在昆虫纲Insecta中建立了7个目，即无翅目Aptera(无翅昆虫及蜘蛛纲、甲壳纲、多足纲)、双翅目Diptera、鞘翅目Coleoptera、半翅目Hemiptera、鳞翅目Lepidoptera、脉翅目Neuroptera(现代蜉蝣目、蜻蜓目、脉翅目)和膜翅目Hymenoptera。

(二)进化论的创立与自然分类系统确立阶段

以 1859 年达尔文的《物种起源》(On the Origin of Species)出版为标志，分类学又进入一个新的时期。首先达尔文以分类为基础所创立的进化论阐明了物种间具有亲缘关系，物种是可变的、进化的生物学规律；黑格尔(E. Haeckel, 1866)提出了以系统树表示生物间的系统发育和各分类阶元间的关系；同时布劳尔(Jane van Zandt Brower, 1855)将比较形态学、比较胚胎学与化石学的研究和分类结合起来，建立了较为准确的昆虫纲的分类系统。总体上，这一时期进行的是把物种安排在不同自然分类系统种上水平的分类，建立了大量的新目、新科和新属，这种分类学水平被称为 β 分类学或乙级分类学。

(三)种群与种下分类阶段

19 世纪末期，首先在鸟类、软体动物和少数昆虫中进行了种群分类学的研究。这些研究的结果表明，物种是一个多型性的集群，包括许多亚种及地方性种群，亚种间以及种间的差异也是由许多微小的变异所组成，多数地方性和地理性变异是与环境密切相关的，因而"种"不再被认为是本质一致而固定不变的群体。同时孟德尔(Mendel)定律被重新发现，遗传学的成果也引入了分类学的范畴。分类、形态、生态、生理、生化、遗传、细胞等不同学科间的联系与渗透越来越密切，为分类学研究增加了新的内容。这一时期，以探讨各分类单元的生物学问题，分析种内的种群组成，以及新种形成与进化速率和趋向的研究为主，即以生态、生物、形态等特征为主进行种下水平的分类，因而称为 γ 分类学或丙级分类学。

(四)新系统学确立阶段

现在的分类学是在 Huxley (1940) 的 New Systematics 与 Mayr(1942) 的 Systematics and Origin of Species 等著作的影响下而形成，以"种群"代替了"个体"的静态种模概念，是 19 世纪发展起来的分类方法和概念的继续提高，所以称为"新系统学"。其特点是：以生物学上的物种定义取代了纯形态学的物种定义，分类特征将生态学、地理学、遗传学、细胞学以及生理学等因素考虑在内，以足够的标本为代表的种群(即一系列的标本)成为基本的分类单位。大部分分类工作都在使用诸如上述生态学、地理学、遗传学、生理学等先进科学技术手段进行物种的细分，分类学家和生物学家所关注的问题趋向一致。

分类学已从纯形态描述阶段发展到建立符合自然归属的分类系统阶段，即以生态、生物、形态等特征为主进行种下水平的分类阶段，达到了融现代各类先进科学技术使用生态、地理、遗传、生理等综合特征进行分类的新系统学阶段。现代分类学研究已广泛使用了电镜技术、计算机技术、生理生化中的血清、电泳、酶、核酸、基因等技术。但由于我们对许多动物类群的了解还很少，以致较新的分类学原理和技术还未能多方面应用，有大量的甲、乙两级分类工作还未完成。

虽然现代分类学已经融汇了众多学科的知识和技术，理论上有时仍将分类技术与方法区分为传统分类学(Traditionary Taxonomy)、表征分类学(Phenetics, Numerical Taxonomy)、支序分类学(Cladistics, Phylogenetic Systematics)、进化分类学(Evolutionary Systematics)等流派，而在实际的具体分类工作中，研究者都在使用最为合理和先进的技术与方法，并不存在流派之偏见。

昆虫纲的分目

第二节　昆虫纲的分目

昆虫纲分目的数量除与分类学的发展阶段、当时的技术水平和研究手段、分类性状与特征的运用有关外，还与各学者的认识和观点有很大关系。到目前为止，全世界已有近30位昆虫分类学家对昆虫纲提出了不同的分目系统，不仅目的数量不同，而且目的排列次序也差异较大，尚未有统一的观点。

一、昆虫纲分目的历史及变化

昆虫纲分目的主要依据是翅的有无及其特征、口器的构造、触角的形状、足的结构、化石昆虫特征以及变态类型等。昆虫纲的分目体系演变见表4-1。

表 4-1　不同时期各学者对昆虫纲的分目数

学者	年份	分目数	学者	年份	分目数	学者	年份	分目数
Linnaeus	1758	7	Crampton	1935	28	Richard & Davies	1977	29
Brauer	1885	17	周尧	1940	33	Gillott	1980	30
Börner	1904	22	Essig	1942	33	Borror	1981	28
Comstock	1925	25	Imms	1944	24	Ross	1981	30
Handlirsch	1925	33	江岐悌三	1954	33	袁锋	1991	33
Tillyard	1926	24	陈世骧	1954	33			
Brues & Melander	1932	34	蔡邦华	1955	33			

随着分类学研究的深入和分类知识的积累，以及系统发育和分子生物学技术的使用，昆虫纲的分目系统有了很大改变，分类学者已开始使用六足总纲代表原来的昆虫纲并将其称为广义昆虫纲 Insecta（*s. l.*），而将原尾目 Protura、弹尾目 Collembola、双尾目 Diplura 上升为内口纲 Entognatha，将原昆虫纲内的其他各目称为狭义昆虫纲 Insecta（*s. str.*）。事实上，这种分类观点类似于1953年亨尼希（W. Hennig）提出的将昆虫纲划分为内口部 Entognatha 和外口部 Ectognatha 的观点。

既然现代的分类学者仍将原尾目、弹尾目、双尾目归为昆虫，广义与狭义的称呼并未改变其隶属昆虫的本质，且随昆虫分类理论与技术的发展，可能还会出现更多的有关昆虫纲分类的不同见解，因此，本教材不沿用广义昆虫纲、内口纲、狭义昆虫纲的观点，仍维持经几百年分类实践检验的昆虫纲的分目系统。

二、昆虫纲 Insecta（六足总纲 Hexapoda）

（一）内口部 Entognatha

无翅，内口式。口器包藏于头腔内，不外露（图4-2）。有3个目。

1. 增节变态类 Anametabola

原尾目 Protura　体微小细长、2 mm 以下、细长。无触角、复眼和单眼。前足特别长，代替触角的功能。成虫腹部12节（第1~3节有腹足遗迹），无尾须，跗节1节。若虫5龄，

图 4-2 内口部的代表

1年数代，多以成虫越冬，见于阴湿环境中。如陕西小蚖 *Acerentulus shensiensis* Zhou et Yang。

2. 表变态类 Epimetabola

双尾目 Diplura　体细长，1.9~4.7 mm，无复眼和单眼，触角长。腹部 11 节、有刺突或泡囊，尾须线状或钳状，跗节 1 节。若虫 9~12 龄，见于阴湿的地表，取食腐殖质、菌类等。如伟铗虮 *Atlasjapyx atlas* Chou et Huang。

弹尾目 Collembola　体长 0.2~10.0 mm，有触角，复眼退化，口器缩入头内，适于咀嚼或吸食。腹部 6节，第 1 节腹面有黏管，第 3 节有握弹器和第 4 节腹面的弹器形成弹跳器官。无尾须。善跳跃，俗称跳虫。栖于潮湿场所，以腐殖质、菌类和地衣为食。如长角姚虫 *Tomocerus plumbeus* Nicolet。

(二) 外口部 Ectognatha (狭义昆虫纲 Insecta)

外口式。口器外露，不包藏于头腔内，分为无翅亚纲和有翅亚纲，共 31 个目。

A. 无翅亚纲 Apterygota

原始无翅，口器咀嚼式，表变态(图 4-3)。

缨尾目 Thysanura　体长 4~20 mm，狭长，背腹扁平，具鳞片。两复眼远离，位于额的两侧。上颚有两个关节突与头壳相连。腹部 11 节，第 7~9 腹节有成对刺突或泡囊，中尾丝与两侧尾须近乎等长。俗称衣鱼，喜温暖环境，在室内危害书籍、衣物等，如室内常见害虫多毛栉衣鱼 *Ctenolepisma villosa* (Fabr.)。

图 4-3　无翅亚纲的代表

石蛃目 Archaeognatha　体小至中型，两侧扁，被鳞片。复眼相接，位于头顶，上颚单关节式，与头壳只有一个关节点。腹部第 2~9 节有成对的刺突或泡囊，中尾丝长于两侧尾须。通称石蛃，活泼、善跳，多生活于落叶中、树皮下、石缝中，取食藻类、苔藓等。如石蛃。

B. 有翅亚纲 Pterygota

Ⅰ. 外翅部 Exopterygata

幼期体外具翅芽。

3. 原变态类 Prometabola

蜉蝣目 Ephemeroptera　体小至中型细长，柔软纤弱。触角刚毛状，咀嚼式口器，前翅大、后翅小，翅脉网状，尾须及中尾丝发达。稚虫水生。如尤氏新河花蜉 *Neopotamanthus youi* Wu et You(图 4-4)。

图 4-4　蜉蝣目、蜻蜓目、襀翅目

4. 半变态类 Hemimetabola

蜻蜓目 Odonata　体中至大型，咀嚼式口器，触角刚毛状，头大，前胸小，中、后胸大、侧板倾斜，翅膜质、脉网状、有翅痣和翅切；腹细长，雄虫第2、3腹节有发达的次生交配器。成虫、稚虫均捕食性，幼期水生。如大黄蜻 *Tramea chinensis* de Geer(图4-4)。

襀翅目 Plecoptera　小至中型，体长、软而扁，触角丝状，咀嚼式口器，胸部方形，翅膜质、具横列脉，后翅臀区发达，尾须发达，跗节3节。幼虫期水生，多捕食性。如太白新襀 *Neoperla taibaina* Du(图4-4)。

5. 渐变态类 Paurometabola

(1)直翅总目 Orthopterodea

翅2对，前翅常为覆翅，后翅膜质、臀区大，咀嚼式口器，有尾须，渐变态(图4-5至图4-7)。

纺足目

直翅目

等翅目

螳螂目

蜚蠊目

䗛䗛目

革翅目

蛩蠊目

图4-5　直翅总目(一)　　　　　**图4-6　直翅总目(二)**

纺足目 Embioptera　体小至中型，头大、咀嚼式口器，触角丝状或念珠状，胸、腹部几乎等长，雄虫有翅、雌虫无翅，跗节3节、前足第1跗节膨大，特化成丝腺，能吐丝结网。喜温暖潮湿和隐蔽生活，昼伏夜出，植食性。如枝突丝蚁 *Oligotoma humbertiana* Saussure。

螳螂目 Mantodea　体中至大型，头大、三角形，咀嚼式口器，前胸狭长，前足为捕捉足，前翅覆翅，后翅膜质、扇形，跗节5节。肉食性。卵囊又称螵蛸，可入药。如大刀螳螂 *Tenodera aridifolia* (Stöll)。

图 4-7 直翅总目(三)

等翅目 Isoptera 体小至中型，具多态性，咀嚼式口器，触角念珠状，翅狭长，前、后翅大小和形状相似，翅基部有脱落缝或无翅，跗节 5 节。营社会性生活，土栖或木栖。如黑翅土白蚁 *Odontotermes formosanus* (Shiraki)。

直翅目 Orthoptera 体中至大型，咀嚼式口器，前胸背板发达，前翅覆翅、后翅膜翅、臀区发达，或翅短小或无翅，后足多为跳跃足，产卵器常发达，常具听器及发音器。植食性，少数肉食性。如黄脊竹蝗 *Ceracris kiangsu* Tsai。

蜚蠊目 Blattodea 体中至大型，扁阔，咀嚼式口器，前胸大、盖住头部，前翅覆翅、后翅膜翅、臀区发达，或无翅，足长而多刺，跗节 5 节。土栖，少数水栖，杂食性或植食性。如中华真地鳖 *Eupolyphaga sinensis* Walker。

蟎目 Phasmtodea 也称竹节虫目。体中至大型，细长或扁平，咀嚼式口器，触角丝状，前胸短、中胸长，腹部长于头、胸之和，覆翅或无翅，跗节 5 节。为拟态性极强的昆虫，植食性。如普通竹节虫 *Diapheromera femorata* (Say)。

革翅目 Dermaptera 体中型、长而坚硬，咀嚼式口器，触角丝状，前胸方形，前翅短小、革质，后翅膜质、扇形、脉放射状，或无翅，尾须钳状，跗节 3 节。阴湿地常见，杂食性。部分学者已将产于非洲、胎生、外寄生于鼠体的鼠螋科提升为重舌目 Diploglossata。如达氏球螋 *Forficula davidi* Burr。

蛩蠊目 Grylloblattodea 体中型、长而扁，咀嚼式口器，触角丝状，无复眼，无翅，前胸背板方形，胸、腹部几乎等长，尾须发达，跗节 5 节。生活在高寒山区，杂食性。如中华蛩蠊 *Galloidiana sinensis* Wang。

螳蟎目 Mantophasmatodea 体中型，细长，下口式，咀嚼式口器；无单眼、无翅，触角丝状。胸部各节背板向后稍覆盖其后方背板，前胸侧板大。足基节扩大，跗节 5 节；前、中足具捕捉功能，后足发达，善于跳跃。多产于非洲。如巴骨螳蟎 *Sclerophasma paresisensis* Klass。

(2) 半翅总目 Hemipterodea

口器咀嚼式或吸收式，有翅或无翅，腹部多长而大，尾须有或无，跗节 1~3 节，渐变态(图 4-8)。

缺翅目 Zoraptera 体小而柔软，咀嚼式口器，触角念珠状，无翅个体无复眼，有翅个体有复眼和单眼。有翅型有两对膜质翅，翅狭长，仅 1~2 条翅脉，易脱落。胸、腹部几乎等长，后足腿节粗壮，尾须 1 节，跗节 2 节。有群居习性。如中华缺

图 4-8 半翅总目

翅虫 *Zorotypus sinensis* Huang。

啮虫目 Psocoptera 体小而柔弱，头大，触角长丝状，咀嚼式口器，后唇基呈半球状突出。前胸小，细缩如颈；翅膜质或无，前翅具翅痣，休息时翅如屋脊状叠放于背，长过腹末，翅脉简单。无尾须，跗节 2~3 节。常群居活动。如相似单啮 *Caecilius persimilaris*（Thornton et Wang）。

食毛目 Mallophaga 体小、长圆而扁，头大、胸小、腹膨大，咀嚼式口器，中、后胸愈合，无翅，攀登足，跗节 1~2 节。寄生于鸟兽类，取食羽毛和皮肤及其分泌物。如火鸡领鸟虱 *Menacanthus stramineus* Nitzsch。

虱目 Anoplura 体小、长圆而扁，头小、胸大、腹膨大，胸节多愈合，刺吸式口器，无翅，攀登足，无尾须，跗节 1 节。外寄生于哺乳动物及人体上，吸食血液。如猪血虱 *Haematopinus suis*（L.）。

缨翅目 Thysanoptera 体微小、细长而扁，锉吸式口器，触角丝状，有翅或无翅或仅 1 对翅，翅狭长、边缘有长缨毛，跗节 1~2 节、端部有泡囊，过渐变态。植食性或捕食性。如中华管蓟马 *Haplothrips chinensis* Priesner。

半翅目 Hemiptera 体小至大型，后口式，刺吸式口器。前翅为半鞘翅，或质地均一为膜质或革质，跗节 1~3 节，渐变态或过渐变态。植食性，少数捕食性。包括蝉、飞虱、木虱、粉虱、蚜虫、介壳虫、蝽，如异色巨蝽 *Eusthenes cupreus*（Wsetwood）。

Ⅱ. 内翅部 Endopterygata
幼期体外无翅芽。

6. 全变态类 Holometabola
（1）鞘翅总目 Coleopterodea
咀嚼式口器，前翅为鞘翅或伪平衡棒状（图4-9）。

鞘翅目 Coleoptera 体小至大型，咀嚼式口器，触角多样，前翅鞘翅、后翅膜质，跗节 3~5 节。植食性、少数肉食性。如松墨天牛 *Monochamus alternatus* Hope。

捻翅目 Strepsiptera 体小型，触角第 3~6 节常有一旁支，雌雄异型、雌虫终生幼虫状。雄虫前翅伪平衡棒状，后翅膜质、扇状、脉放射状，跗节 2~5 节。寄生性。如稻虱跗螱 *Elenchius japonicus* Esaki et Hashimoto。

（2）脉翅总目 Neuropterodea
翅膜质、脉网状，咀嚼式口器，跗节 5 节（图4-9）。

蛇蛉目 Raphidioptera 体小至中型，头后延长如颈，前胸长管状，雌产卵器细长，触角丝状，前、后翅相似，有翅痣，脉网状。捕食性。

蛇蛉目

捻翅目

鞘翅目

脉翅目

广翅目

图4-9 鞘翅总目、脉翅总目

如西岳蛇蛉 *Agulla xiyue* Yang et Chou。

脉翅目 Neuroptera 体小至大型，触角丝状，前、后翅相似，翅脉网状、纵脉在翅边缘分叉，跗节 5 节，全变态。捕食性。包括草蛉、蚁蛉、粉蛉、褐蛉，如中华通草蛉 *Chrysoperla sinica* (Tjeder)。

广翅目 Megaloptera 体中至大型，上颚强大，触角丝状，前胸方形，翅膜质、脉网状、纵脉在翅边缘不分叉，后翅臀区发达。幼虫水生，肉食性。如东方巨齿蛉 *Acanthacorydalis orientalis* (McLachlan)。

（3）长翅总目 Mecopterodea

翅 1~2 对，前翅发达、为前动类，咀嚼式或吸收式口器，跗节 5 节（图 4-10）。

图 4-10 长翅总目、膜翅总目

长翅目 Mecoptera 体小至中型，咀嚼式口器，触角丝状，前、后翅相似、狭长，有翅痣，翅脉接近标准脉序，雄虫腹末外生殖器常膨大上弯。捕食性或腐食性。如华山蝎蛉 *Panorpa emarginata* Cheng。

蚤目 Siphonaptera 体侧扁、微小至小型，刺吸式口器，后生无翅，腹部大，跳跃足。寄生于鸟类和哺乳动物，刺吸血液。如人蚤 *Pulex irritans* L.。

双翅目 Diptera 体小至大型，舔吸式或刺吸式口器，前翅膜翅、后翅平衡棒状。有蚊、蠓、蚋、虻、蝇类等，全变态。植食性、捕食性、寄生性或腐食性。

毛翅目 Trichoptera 体小至中型，咀嚼式口器、但退化，触角丝状，翅膜质、狭长、被毛，翅脉接近标准脉序。幼虫水生，植食性或肉食性。如长须长角石蛾 *Mystacides elongatus* Yamamoto et Ross。

鳞翅目 Lepidoptera 体小至大型，被鳞片，虹吸式口器，触角丝状、棒状或羽状，翅为鳞翅。包括蛾、蝶类，少数幼虫半水生，其余陆生，多植食性取食植物叶片或蛀食林木树干及种实。

（4）膜翅总目 Hymenopterodea

膜翅目 Hymenoptera 体微小至大型，咀嚼式或嚼吸式口器，翅为膜翅、脉变化较大，前翅大而后翅小、以翅钩列连锁，跗节 5 节，雌虫常具发达产卵器。植食性、寄生性或捕食性（图 4-10）。

第三节　与森林有关的重要目

本节主要介绍与林业生产关系密切的直翅目、等翅目、缨翅目、半翅目、鞘翅目、膜翅目、鳞翅目、双翅目8个目和螨类等各目中常见的主要科，包括大部分害虫和益虫。

一、直翅目 Orthoptera

(一)形态特征

体中至大型，头下口式，单眼2~3个，标准咀嚼式口器，触角多呈丝状。前胸背板发达，中、后胸愈合。前翅覆翅，后翅膜翅，翅脉直。后足跳跃足，腹部一般8~11节，具尾须1对，产卵器常发达。常有发音器和听器。分类上常用的重要特征如下。

直翅目

发音器　以前翅基部摩擦发音(如蟋蟀、螽斯)，或以后足与前翅刮擦发音(如蝗虫)。

听器　位于前足胫节基部两侧(如蟋蟀、螽斯、蝼蛄)，或位于腹部第1节两侧(如蝗虫)。

中隔　胸部的小腹片在蝗虫分类上称为侧叶，基腹片向前嵌入两侧叶之间的部分则称为中隔。

中润脉　是蝗虫前翅中脉与肘脉基部之间的一条基部游离的脉。

(二)生物学特性

渐变态，有普遍的性二型现象，多数具保护色，善于跳跃，除蝗虫外大多数不善于飞行。大多数为植食性(常为多食性、杂食性)，少数有肉食习性。陆栖，生境有3类，即土栖、草栖、树灌(林)栖。多数白天活动，蝼蛄和蟋蟀则在夜间活动。卵生，产卵于土、植物组织中，具卵鞘或数个卵集成堆分布。若虫常5~6龄，1年1~2代，或1~3年1代。

(三)亚目、重要科及其特征

全世界已知2.9万多种，我国已知3 000余种，可分为2亚目12总科26科。主要科如下(图4-11)。

黄脊竹蝗
日本菱蝗
绿丛螽蟖
华北蝼蛄
北京油葫芦
台湾树蟀
日本蚤蝼

图4-11　直翅目各科代表

1. 锥尾亚目 Caelifera

触角短于体长之半，听器位于腹部第 1 节两侧，产卵器短，凿状，跗节 3 节或 3 节以下。草栖，植食性。

蝗科 Acrididae　体中型，触角丝状、棒状或剑状，前胸背板较短，马鞍形，仅盖住胸部背面，跗节 3-3-3，爪间有中垫。腹部第 1 节两侧有鼓膜听器，以后足腿节与中润脉摩擦发音。产卵于土中。如东亚飞蝗、中华剑角煌 *Acrida cinerea*(Thunberg)等。

蚱科 Tetrigidae　旧称菱蝗科。体小，前胸背板特别发达，向后盖住整个腹部，末端尖，菱形。前翅退化、鳞片状或缺如，后翅发达。跗节 2-2-3 式，缺中垫，无摩擦发音器和听器。如日本菱蝗 *Tetrix japonica* Bolilvar。

蚤蝼科 Tridactylidae　体小型，不超过 10 mm，色暗。前翅短，后翅伸出腹部末端；前足开掘足，后足腿节发达，善于跳跃；跗节 2-2-2 式，后足胫节末端有两个能活动的长片；腹部末端有 1 对尾须及 1 对刺突；无发音器和听器。如日本蚤蝼 *Tridactylus japonicus* Haan。

2. 剑尾亚目 Ensifera

触角丝状，长于或等于体长，听器在前足胫节基部，以左右前翅摩擦发声；跗节 3 节或 4 节；产卵器较长，刀状、剑状或长矛状。

螽斯科 Tettigoniidae　触角丝状，长于身体；跗节 4 节；产卵器刀片状，侧扁；尾须短。多植食性，少数肉食性，卵产于植物组织内。如纺织娘 *Mecopoda elongata* L.。

蟋蟀科 Gryllidae　触角丝状，长于身体；前翅在身体侧面急剧下折；跗节 3 节；产卵器细长，针状或长矛状；尾须长但不分节。卵多产于地下。如北京油葫芦 *Teleogryllus mitratus* Burmeister(异名 *Gryllus testaceus* Walker)、大蟋蟀 *Tarbinskiellus portentosus* (Lichtenstein)。

蝼蛄科 Gryllotalpidae　触角短于体，前翅短而后翅长，后翅伸出腹末如尾状；前足开掘足；前足听器退化，状如裂缝；跗节 3 节，尾须长，产卵器退化。如华北蝼蛄 *Gryllotalpa unispina* Saussure、东方蝼蛄 *G. orientalis* Burmeister。

树蟋科 Oecanthidae　体细长，头长、前口式，后足胫节背面有两列细刺及 4 个大刺，产卵器细长，跗节 3 节。多捕食性。如台湾树蟋 *Oecanthus indicus* Saussure。

二、等翅目 Isoptera

(一)形态特征

等翅目

通称白蚁，简称蟦。体小至中型、白色柔软，头大，前口式，咀嚼式口器，具翅成虫复眼发达，工蚁和兵蚁复眼退化，触角念珠状，有翅或无翅。工蚁无翅、头圆；兵蚁类似工蚁、上颚发达；具翅者，前、后翅脉大小、形状和脉序均相似，翅基部有一脱落缝，翅脱落后仅留下翅鳞。跗节 4~5 节，尾须 1~8 节。

(二)生物学特性

渐变态，生境可分为木栖型、土栖型、土木栖型。为典型的营社会性生活的多型性昆虫，产卵繁殖，一巢具蚁后，蚁王各 1 头，群体可达 180 万头，但蚁群分工细致，生殖型有长翅型、短翅型、无翅型，非生殖型有工蚁、兵蚁。生活史复杂，等级分明。白蚁取食木材或其他植物类物质，常会造成巨大危害。

（三）重要科及其特征

现代分子数据的系统发育研究结果认为白蚁其实是社会性的蟑螂，是蜚蠊目中一个单系分支，提出将白蚁归入蜚蠊目，将等翅目予以废止。Krishna et al.（2013）在《世界等翅目论述》（*Treatise on the Isoptera of the World*）一书中将白蚁并入蜚蠊目，成为蜚蠊目下的一科，但为了方便描述，本书还是将等翅目作为一个独立的目来记述。全世界已知白蚁 3 000 多种，我国目前已记录 400 多种，隶属 5 科。多见于热带、亚热带，少数分布于温带（图 4-12）。

黑胸散白蚁　黑树白蚁

黑翅土白蚁　山林原白蚁

图 4-12　等翅目各科兵蚁

鼻白蚁科 Rinotermitidae　头部有额腺及囟，前胸背板扁平，窄于头部；前翅鳞大于后翅鳞，并与后翅鳞重叠，尾须 2 节。土栖。常见的如家白蚁 *Coptotermes formosanus* Shiraki、黑胸散白蚁 *Reticulitermes chinensis* Snyder。

白蚁科 Termitidae　头部有额腺及囟，前胸背板有前叶、狭于头部，前翅鳞小于后翅鳞，不与后翅鳞重叠，尾须 1～2 节。土栖。如黑翅土白蚁。

木白蚁科 Kalotermitidae　头部无额腺及囟，前胸背板等于或宽于头部，前翅鳞大，常盖住后翅鳞，尾须 2 节。木栖。常见的如铲头堆砂白蚁 *Cryptotermes declivis* Tsai et Chen。

草白蚁科 Hodotermitidae　头部无额腺及囟，前胸背板狭于头部、扁平，前翅鳞大，常盖住后翅鳞，尾须 3～8 节。木栖。我国仅 1 种，即山林原白蚁 *Hodotermopsis sjostedti* Holmgren。

三、缨翅目 Thysanoptera

（一）形态特征

俗称蓟马。体微小（0.5～15.0 mm），白色、黄褐色、黑色或红色，下口式、锉吸式口器，触角 6～9 节、常生有各种形状的感觉器，复眼发达，单眼 2～3 个，无翅型无单眼。翅狭长、膜质、翅缘具长毛，纵脉最多 2～3 条，为缨翅。足短，跗节 1～2 节，其端部有能伸缩的泡囊。腹部 10 节，无尾须，产卵器为锯状或由第 10 腹节细缩而成。

缨翅目

（二）生物学特性

过渐变态，多孤雌生殖。产卵于植物组织、各种缝隙处。1 年 1～7 代，以若虫、拟蛹、成虫越冬。若虫 3～4 龄出现翅芽，经历不食不动的类似蛹期的阶段后才蜕变为成虫。雌雄二型或多型现象较普遍。

成虫常见于花上，多数种类植食性，危害农作物、花卉及林果，少数捕食性，可捕食蚜虫、螨类等。

（三）亚目、重要科及其特征

全世界已记载约 7 400 种，我国已知 580 多种，分为 2 个亚目。

1. 管尾亚目 Tubullifera

翅有或无,翅面无纵脉,雌雄腹末管状,无外露产卵器(图 4-13)。

管蓟马科 Phlaeothripidae　体多暗色或黑色,常具斑纹。触角 7~8 节,有锥状感觉器,下颚、下唇须均 2 节,第 9 腹节宽大于长。如麦管蓟马 *Haplothrips tritici* Kurdjumov。

麦管蓟马　　　纹蓟马　　　茶黄蓟马

图 4-13　缨翅目各科代表

2. 锯尾亚目 Terebrantia

常有翅,翅面具 1~2 条纵脉。雌产卵器锯状,第 8、9 腹节腹面开裂(图 4-13)。

纹蓟马科 Aeolothripidae　触角 9 节,第 3、4 节上常有带状感觉器。前翅端部圆、具环形纵脉及横脉,产卵器向上弯曲。多捕食性。如横纹蓟马 *Aeolothrips fasciatus*(L.)。

蓟马科 Thripidae　体略扁平,触角 6~9 节,第 3、4 节上有叉状或锥状感觉器。有或无翅,翅常狭尖、无横脉。产卵器向下弯曲。多植食性。如烟蓟马 *Thrips tabaci* Lindeman 及危害林木的茶黄蓟马 *Scirtothrips dorsalis* Hood。

四、半翅目 Hemiptera

(一)形态特征

体小至大型,体型多样,后口式,刺吸式口器,喙 1~4 节。触角丝状或刚毛状;复眼大,单眼 0~3 个;前翅半鞘翅,或质地均一为膜质或革质,部分无翅,少数后翅退化为平衡棒;跗节 1~3 节。一些种类具有发达的臭腺,开口于胸部腹面,可产生浓烈的臭味;还有一些种类有蜡腺。

(二)生物学特性

渐变态,少数过渐变态(粉虱和雄蚧)。多数陆栖,少数水栖或水陆两栖。多数为植食性,成虫、若虫均刺吸植物汁液,造成斑点、扭曲或形成虫瘿,叶蝉、粉虱、蚜虫等还能传播多种植物病毒病,蚧虫和蚜虫等排泄"蜜露",可导致煤污病。少数为捕食性,如猎蝽、姬蝽、花蝽等是多种害虫的天敌;部分能吸血,如人类卫生害虫——臭虫;紫胶虫 *Laccifer lacca*(Kerr)、白蜡虫、五倍子蚜等是重要的资源昆虫。

性二型及多型现象常见,多为两性生殖,也有孤雌生殖。卵聚产或散产于植物组织内、土内、水中及各种物体表面,若虫龄数变化大,1 年 1 代或多代,个别种类如十七年蝉则需 17 年才能完成 1 代。以卵、若虫或成虫越冬。

(三)亚目、重要科及其特征

长期以来,我国昆虫学工作者把半翅目 Hemiptera 和同翅目 Homoptera 作为两个并列的昆虫目广泛使用。20 世纪 60 年代以来,形态学及分子生物学特征数据的支序分析等研究表明,同翅目与半翅目是一个单系群,应该合并为一个目——半翅目。

半翅目全世界已知 8 万多种，我国已知 1.2 万多种，一般分为 4 个亚目（鞘喙亚目、头喙亚目、胸喙亚目、异翅亚目）或 5 个亚目（鞘喙亚目、蜡蝉亚目、蝉亚目、胸喙亚目、异翅亚目）。本教材采用 4 亚目系统介绍主要的科。

1. 鞘喙亚目 Colerrhyncha

体小型，扁平；触角短，3 节，藏于头下；喙 4 节，基部被前胸侧板形成的鞘所包围。仅鞘喙蟀科 Peloridiidae 一科，20 多种，分布于南美洲和大洋洲的新西兰，我国尚未发现。

2. 头喙亚目 Auchenorrhyncha

体中大型，活泼善跳。触角刚毛状，喙着生于前足基节之前，前翅基部至少 4 条纵脉、有爪片；跗节 3 节。包括蝉、叶蝉、沫蝉、角蝉、蜡蝉和飞虱（图 4-14）。

蝉科 Cicadidae　俗称知了。体中至大型，触角刚毛状，单眼 3 个，呈三角形排列；翅膜质透明，翅脉发达，前翅大于后翅；前足开掘足，腿节膨大，下缘具齿或刺，后足胫节细长，不会跳；雄蝉腹部第 1 节有发音器，善鸣叫；雌蝉产卵器发达，将卵产在植物嫩枝内，常导致枝梢枯死。幼蝉生活在土中，吸食植物根部汁液。常见种类如黑蚱蝉 *Cryptotympana atrata*（Fabricius）、蟪蛄 *Platypleura kaempferi*（Fabricius）。

叶蝉科 Cicadellidae　体小型，单眼 0～2；前翅革质、后翅膜质；后足基节扩展到腹侧缘，后足胫节棱脊上具 3～4 列刺状毛，雌虫产卵器锯齿状。如大青叶蝉 *Cicadella viridis*（L.），俗称浮尘子。

沫蝉科 Cercopidae　体小至中型，2 单眼；前翅革质，后足胫节有 1～2 个侧刺，末端膨大，有一两列显著的端刺。若虫第 7、8 腹节上的表皮腺能分泌黏液，从肛门排出时混合空气形成泡沫，具有保护功能。林木害虫如松沫蝉 *Aphrophora flavipes* Uhler、柳尖胸沫蝉 *A. penctoralis* Matsumra。

角蝉科 Membracidae　体小型，2 单眼；前胸背板发达，向前盖住头部，向后延伸覆盖住腹部，常奇形怪状；跗节 3 节。常见林木害虫如黑圆角蝉 *Gargara genistae* Fabricius、苹果红脊角蝉 *Machaerotypus mail* Chou et Yuan。

蜡蝉科 Fulgoridae　体中至大型，色美丽；2 单眼，触角第 2 节膨大如球状，前胸背板宽阔；前翅基部有肩板，翅脉在端部多分叉、多横脉，后翅臀区发达；中足基节远离。多数种类若虫能分泌白色蜡粉。如斑衣蜡蝉 *Lycorma delicatula*（White）、龙眼蜡蝉（鸡）*Pyrops candelaria*（L.）。

飞虱科 Delphacidae　体小型，有肩板，前胸背板宽大，中胸背板三角形，中足基节远离；后足胫节 2 大刺、端部 1 大距。主要危害禾本科植物，有些种类能迁飞，如褐飞虱 *Nilaparvata lugens* Stål 危

竹蝉

白带尖胸膜蝉

黑圆角蝉

大青叶蝉

黑斑竹飞虱

龙眼蜡蝉

图 4-14　半翅目各科代表（一）

害水稻,黑斑竹飞虱 *Bambusiphaga nigropunctata* Huang et Ding 危害竹子。

3. 胸喙亚目 Sternorhyn

体小型,触角长、丝状,喙着生于前足基节之间或之后;前翅纵脉少于4条,无爪片;跗节1~2节。经常不活泼,一些种类在植物上营固定生活。包括木虱、粉虱、蚜虫、介壳虫(图4-15)。

桑木虱

角倍蚜

刺槐蚜

落叶松球蚜指名亚种

油茶粉虱

草履蚧

柑橘粉蚧

褐软蚧

肛板

梨圆蚧

臀瓣

图4-15　半翅目各科代表(二)

木虱科 Psyllidae　体小型,较活泼。触角10节、端部具2刚毛,3单眼,喙3节,前翅基部2条纵脉,主纵脉在近中部3分支、后在端部各2分支,有爪片,跗节2节。常分泌蜡质和大量蜜露。如梨木虱 *Psylla chinensis* Yang et Li、梧桐木虱 *Carsidara limbata* (Endderlein)。

粉虱科 Aleyrodidae　体小型,触角7节,2单眼,喙3节,前翅仅2条、后翅1条纵脉,体与翅被白粉,跗节2节。第9腹节背板1凹孔称皿状孔,固定生活的大龄若虫称为"蛹"壳。过渐变态,1龄若虫可活动,2龄后营固定生活。常见种如黑刺粉虱 *Aleurocanthus spiniferus* Quaintance、温室白粉虱 *Trialeurodes vaporariorum* Westwood、油茶绵粉虱 *Aleurotrachelus camelliae* Kuwana。

蚜科 Aphididae　触角4~6节、次生感觉孔圆形。前翅4斜脉、M脉3支,后翅2斜脉,第6或第7腹节背面1对腹管,腹末有尾片。两性蚜卵生、孤雌蚜胎生,可传播多种病毒病。如棉蚜、刺槐蚜 *Aphis robiniae* Macchiati。

瘿绵蚜科 Pemphigidae　触角6节、次生感觉孔横带形或近圆环状,前翅4条斜脉、M脉1~2支,后翅2条斜脉,腹管退化或消失。两性蚜卵生、孤雌蚜胎生,体表具蜡腺、分泌絮状蜡质。如苹果绵蚜 *Eriosoma lanigerum* (Hausmann)、角倍蚜 *Schlechtendalia chinensis* (Bell)。

球蚜科 Adelgidae　体表有蜡粉或蜡,有翅蚜触角5节,感觉孔3~4个,无翅蚜或幼蚜触角3节,前翅斜脉3支、后翅斜脉1支,无腹管。如落叶松球蚜指名亚种 *Adelges laricis laricis* Vall、红松球蚜 *Pineus cembrae pinikoreanus* Zhang et Fang。

瘤蚜科 Phylloxeridae　体表常有蜡粉,有翅蚜触角3节、感觉孔2个,无翅蚜及若蚜只1个感觉孔；前翅斜脉3支、后翅缺斜脉，无腹管。如柳倭蚜 *Phylloxerina capreae* Börne 及检疫性害虫葡萄根瘤蚜。

绵蚧科 Monophlebidae　雌成虫多数体型大，体长椭圆形，柔软，胸、腹分节明显，触角达11节，口器和足发达；腹气门2~8对，腹部腹面常有腹疤，肛无肛环及刺毛。雄成虫具复眼，触角丝状，10节；前翅黑色或烟煤色，后翅为平衡棒；腹末常有成对的肉质尾瘤。常见种类如草履蚧 *Drosicha corpulenta*（Kuwana）和吹绵蚧 *Icerya purchasi* Maskell。

粉蚧科 Pseudococcidae　雌成虫体常卵圆形，体壁柔软，有明显的分节，触角5~9节，腹末有肛环及环毛，体表常被有白色蜡粒，有时体侧有长蜡丝。雄成虫无复眼，触角10节，有翅，腹末有1~2长蜡丝。常见有竹巢粉蚧 *Nesticoccus sinensis* Tang、柑橘臀纹粉蚧 *Planococcus citri*（Risso）。

蜡蚧科 Coccidae　雌成虫体形和大小变化较大，或裸露或被蜡质分泌物。触角6~8节，腹末有尾裂及2块肛板。雄成虫无复眼，触角10节，有翅，腹末有2根长蜡丝。常见有日本龟蜡蚧 *Ceroplastes japonicus* Green、朝鲜毛球蚧 *Didesmococcus koreanus* Borchsenius、白蜡蚧 *Ericerus pela*（Chavannes）。

盾蚧科 Diaspididae　雌成虫体形不一，常为圆形或长筒形，触角退化，足消失，虫体被有由分泌物和若虫蜕皮形成的盾状介壳，腹末几节愈合为臀板；雄虫无复眼，触角10节，有翅，腹末无蜡丝。常见有松突圆蚧、梨圆蚧 *Comstockaspis perniciosa*（Comstock）、矢尖蚧 *Unaspis yanonensis*（Kuwana）。

4. 异翅亚目 Heteroptera

通称椿象，简称蝽。体小至大型，较扁平。刺吸式口器从头的前端伸出，不用时贴在头胸腹面。前胸背板、中胸小盾片发达。前翅半鞘翅，分为革片、爪片、膜片，有些种类还有楔片、缘片；后翅膜质，静止时翅平放在身体背面，端部相互交叉重叠；少数无翅。跗节1~3节。多数种类具有臭腺，开口于胸部腹面两侧和腹面背面等处，可产生浓烈的臭味（图4-16）。

异翅亚目

渐变态。陆生或水生。多数为植食性，以刺吸式口器危害各种农作物、蔬菜、果树和林木；一些种类可捕食其他昆虫，为益虫；少数种类（如臭虫）吸食血液，传播疾病。

（1）水栖型

触角短、藏于头下的触角沟内，背面不可见。前足捕捉足，后足多为游泳足。多以腹部末端的呼吸管呼吸。生活于静水中，水栖或水陆两栖，捕食性。

负蝽科 Belostomatidae　体大宽扁，前胸背板呈梯形。前足捕捉足，中、后足游泳足。腹部末端的呼吸管扁而短于体长的一半。雌虫多产卵在雄虫体背上，故名负子蝽 *Diplonychus rusticus*（Fabricius）。

蝎蝽科 Nepidae　体扁而长，头小，复眼大，触角短、3节，喙3节；前胸大而长。前足适于捕捉，跗节1节，腹末端呼吸管细长。如卵圆蝎蝽 *Nepa chinensis* Hoffman。

（2）两栖型

触角明显外露，胫节具特化毛，可在水面行走；后足基节能转动，是其在水面快速划动。半水生，多捕食性。

图 4-16　半翅目各科代表(三)

缘片　楔片
爪片　革片
膜片
侧接缘
小盾片
卵圆蝎蝽
环斑猛猎蝽
茶冠网蝽
南方小花蝽
地红蝽
绿盲蝽
暗色姬蝽
瓦同缘蝽
竹后刺长蝽
蝎蝽
若虫

鼋蝽科 Gerridae　生活于水面，体细长，中胸发达，明显长于前、后胸之和。前足短，用于捕食；中、后足很长，跗节有白色拒水毛。如细角鼋蝽 *Gerris gracilicornis* (Horvath)。

(3)陆栖型

陆生，触角发达，后足非游泳足。

蝽科 Pentatomidae　体椭圆形、小至大型，单眼有或无，触角5节，极少数4节，喙4节；小盾片至少超过爪片长度，前翅膜片纵脉5~12条、多从基部一横脉发出；跗节3节。多数植食性，部分捕食性。常见种如麻皮蝽 *Erthesina fullo* (Thunberg)、蠋蝽 *Arma chinensis* (Fallou)。

缘蝽科 Coreidae　体扁或狭长、中至大型，有单眼，触角4节，喙4节，前胸背板常具叶状突起或尖角，小盾片明显短于前翅爪片，前翅膜片基部一横脉上生出许多条纵脉，跗节4节。植食性。常见害虫如栗缘蝽 *Liorhyssus hyalinus* (Fabricius)、瓦同缘蝽 *Homoeocerus walkerianus* Lethierry et Severin。

猎蝽科 Reduviidae　体长、中至大型。头小多有颈，有单眼，触角4~5节，喙3节、基部弯曲、向后伸至前足基节间；前胸背板有横沟，前翅膜片2大翅室、端部伸出1纵脉，前足基节间有发音器，跗节2~3节。捕食性或吸血性。如环斑猛猎蝽 *Sphedanolestes impressicollis* (Stål)、松毛虫的天敌中黄猎蝽 *Sycanus croceovittatus* Dohrn。

姬蝽科 Nabidae　与猎蝽相似，区别在于触角 4～5 节，无单眼，喙 4 节、向后伸过前胸腹板，无发音器，前翅膜片基部 2～3 个长形翅室端部分出若干短脉。捕食性。如暗姬蝽 *Nabis stenoferus* Hsiao。

盲蝽科 Miridae　体小型，触角 4 节，喙 4 节，无单眼；前翅分为革片、爪片、楔片和膜片，膜片基部有两个翅室，纵脉消失；跗节 2～3 节。多数植食性，部分捕食性。已知近万种，林间常见种如绿盲蝽 *Lygus lucorum* Meyer-Dür、黑肩绿盲蝽 *Cyrtorhinus lividipennis* Reuter。

网蝽科 Tingidae　体小、扁平，喙 4 节，触角 4 节，头胸背面有网纹、前翅脉网状，前胸背板常前伸覆盖头部、后伸覆盖小盾片，跗节 2 节。植食性。如梨冠网蝽 *Stephanitis nashi* Esaki et Takeya、茶脊冠网蝽 *S. chinensis* Drake。

花蝽科 Anthocoridae　体小、扁长圆形，触角 4 节，喙 3～4 节，前翅分为 5 区（缘片、革片、楔片、爪片、膜片），膜片无或具 1～4 条纵脉，跗节 2～3 节。多捕食性。如南方小花蝽 *Orius similis* Zheng。

长蝽科 Lygaeidae　体长、小至中型，触角 4 节，喙 3～4 节，有单眼；有翅或无翅，前翅膜片纵脉 4～5 条、有时基部 1 翅室；跗节 3 节。多植食性，少数捕食性。如竹后刺长蝽 *Prikimerus japonicus*（Hidaka）、杉木扁长蝽 *Sinorsillus piliferus* Usinger。

红蝽科 Pyrrhocoridae　体长椭圆形，中至大型，多为红色或黑色；触角 4 节，喙 4 节，无单眼；前翅常有圆斑，膜片纵脉多于 5 条或呈网状，基部 2～3 翅室，跗节 3 节。植食性。如地红蝽 *Pyrrhocoris tibialis* Stål。

土蝽科 Cydnidae　体小至大型，多为黑褐色；触角 5 节，喙 4 节；前足胫节扁平，两侧具密刺，适于掘土。土栖。如根土蝽 *Schiodtella formosanus* Takado et Yamagihara。

五、鞘翅目 Coleoptera

（一）形态特征

通称甲虫。体小至大型，体壁坚硬；头前口式或下口式，复眼发达单眼有或无，咀嚼式口器。触角类型有丝状、锯齿状、锤状、膝状、鳃片状等。前胸背板发达，中胸小盾片三角形。前翅为鞘翅，后翅膜翅或退化。足跗节 3～5 节。无尾须。常用的分类特征如下。

鞘翅目

外咽片　下唇的亚颏向后的延伸部分称外咽片，外咽片与颊的结合缝为外咽缝，当左右两颊向中心愈合时外咽缝为 1 条。

基节窝　能为本节侧板和腹板包围的是闭式；由本节侧板、腹板及后一节腹板或侧板包围的是开式。

后翅类型　纵脉间多横脉、M 与 Cu 脉间有闭室为肉食甲型；横脉少、M 与 Cu 脉的端部合并为一条脉为萤虫型；纵脉间几乎无横脉的为隐翅甲型（图 4-17）。

图 4-17　鞘翅目昆虫的后翅

雄性外生殖器类型　有三瓣式、关键式、套管式、具环式(图 1-20)。

幼虫类型　由于生活环境不同,幼虫分化出了肉食甲(蛃)型、金针虫型、伪蠋型、蛴螬型、叩甲型、钻蛀型、枝刺型、无头型、象虫型等。

(二)生物学特性

完全变态,少数(芫菁科、步甲科、隐翅甲科、大花蚤科和豆象科等)复变态。两性卵生,孤雌生殖等少见,卵散产或聚产。幼虫一般 3~7 龄,老熟幼虫在寄主组织间、土内或隐蔽处化蛹。1 年 1~4 代或多年完成 1 代。多数种类的成虫具假死性。

大多陆栖,部分水栖。食性有腐食性、粪食性、尸食性、植食性、捕食性和寄生性等。植食性甲虫或生活于土中危害种子、块根和幼苗,或蛀茎(干)危害林木、果树等,或取食植物叶片,或危害贮藏的动植物及其产品。很多捕食性甲虫是害虫的天敌,如瓢甲、步甲、虎甲、寄甲、芫菁幼虫等。腐食性、粪食性和尸食性甲虫如埋葬甲、蜣螂等,可清洁环境。部分甲虫是重要的资源昆虫。

(三)亚目、重要科及其特征

全世界已知 39 万余种,中国已知 3.3 万余种,是昆虫纲乃至动物界种类最多、分布最广的第一大目。一般分为 4 个亚目:原鞘亚目 Archostemata、藻食亚目 Myxophaga、肉食亚目 Adelphaga 和多食亚目 Polyphaga。绝大多数种类属于肉食亚目和多食亚目。

1. 肉食亚目 Adelphaga

前胸有背侧缝;后翅肉食甲型,后足基节固定并分割第 1 腹板,触角丝状,跗节 5 节。陆生或水生,多为捕食性,极少数植食性(图 4-18)。

虎甲科 Cicindellidae　体中型而长,具彩色斑和金属光泽,头宽于前胸;触角间的距离小于唇基的宽度;鞘翅表面具纵沟或刻点行;后翅发达,能飞行。白天常静伏地面或低飞捕食小虫。重要种如中华虎甲 *Cicindela chinenesis* de Geer。

步甲科 Carabidae　体小至大型,体长形;头狭于前胸,触角间的距离大于唇基的宽度,鞘翅表面无沟或刻点行;后翅常不发达或无,不能飞行。常栖息于砖石、落叶下或土中,昼伏夜出,捕食性。如中华金星步甲

中华虎甲　中华金星步甲　黄缘龙虱　胸窗萤　黑足毒隐翅虫　长须水龟甲　皮氏花蚤　中华豆芫菁　中华郭公甲

图 4-18　鞘翅目各科代表(一)

Calosoma chinense Kirby。

龙虱科 Dytiscidae　体小至大型，光滑，长卵圆形；后足游泳足，远离中足，后足基节伸至腹侧缘；雄虫前足跗节膨大，为抱握足。水生，捕食性。如黄缘龙虱 *Cybister japonicus* Sharp。

2. 多食亚目 Polyphaga

前胸无背侧缝；后翅无小纵室；后足基节可动，不固定在后胸腹板上；第 1 腹板不被后足基节窝完全分开，其后缘横贯整个腹部。植食性、肉食性或腐食性（图 4-18 至图 4-20）。

牙甲科 Hydrophilidae　俗称水龟虫。体小至大型；触角 7~9 节、末端锤状，下唇须与触角等长或更长，中胸腹面中央有长棱脊；后足游泳足，离中足较近，跗节 5 节。见于水域或潮湿环境，成虫多腐食，幼虫多捕食性。如长须水龟甲 *Hydrophilus acuminatus* Motschulsky。

隐翅甲科 Staphilinidae　体小至中型，细长，两侧平行，末端尖；鞘翅极短，大部分腹节外露；后翅发达，叠于鞘翅下。捕食性或腐食性，少数植食性。如黑足毒隐翅虫 *Paederus tamulus* Frichson。

萤科 Lampyridae　体壁和鞘翅柔软，触角丝状或栉齿状，前胸背板前伸盖住头部；腹部有发光器，雄虫在第 6~7 节，雌虫在第 7 节，俗称萤火虫；跗节 5 节。幼虫捕食性。如胸窗萤 *Pyrocoelia pectoralis* Oliver。

郭公甲科 Cleridae　体小至中型，体长而多毛；触角 11 节、锯齿状或棒状，头嵌入细筒状的前胸，鞘翅比前胸宽；跗节 5 节。肉食性。如中华郭公甲 *Trichodes sinae* Chevrolat。

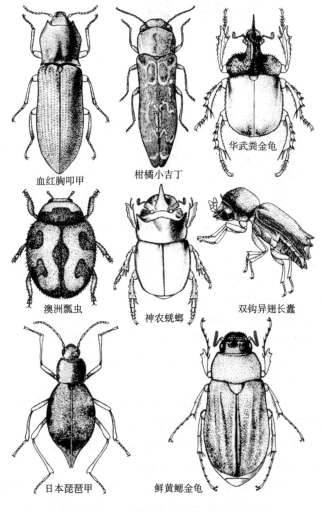

血红胸叩甲　　柑橘小吉丁　　华武粪金龟

澳洲瓢虫　　神农蜣螂　　双钩异翅长蠹

日本琵琶甲　　鲜黄鳃金龟

图 4-19　鞘翅目各科代表（二）

花蚤科 Mordellidae　体小型、侧扁，背部隆起、体末渐尖，光滑而呈流线型，被丝绒状细毛；触角 11 节；胫节具大端距，跗节 5-5-4 式，爪有齿。如皮氏花蚤 *Glipa pici* Ermisch。

芫菁科 Meloidae　体中型；头大、前胸狭，头后方急剧收缢呈颈状；鞘翅柔软，末端分歧；跗节 5-5-4 式，爪裂为两叉。复变态，植食性或捕食性。如中华豆芫菁 *Epicauta*

柠条豆象　　　斑喙丽金龟　　　白星花金龟

栗实象

云杉八齿小蠹　　柳二十星叶甲　　杨红颈天牛

图4-20　鞘翅目各科代表(三)

chinensis Laporte。

叩头甲科 Elateridae　体狭长，两侧近平行；触角锯齿状或丝状；前胸背板后侧角尖锐，前胸腹板后缘的中突与中胸腹板的凹沟相嵌合形成一弹跳关节；跗节5节；幼虫金针虫形。植食性，少数捕食性。如细胸叩头甲 *Agriotes subrittatus* Motschulsky、血红沟胸叩甲 *Agrypnus davidi*（Fairmaire）。

吉丁甲科 Buprestidae　体小至中型，狭长；头嵌入前胸，前胸背板后角钝，中后胸腹面的关节不能活动。植食性，常在树皮下蛀食。如柑橘小吉丁 *Agrilus auriventris* Saunders、杨十斑吉丁 *Melanophila picta*（Pallas）。

长蠹科 Bostrychidae　体小至中型，圆柱形，褐或黑色；头下弯，触角10~11节、末3节锤状，前胸背板帽状遮盖头部；鞘翅末端倾斜、周缘具棘状或角状突起；跗节5节。常危害干燥木材、竹及仓储物，也危害活立木。如双棘长蠹 *Sinoxylon anale* Lesne、双钩异翅长蠹 *Heterobostrychus aequalis*（Waterhouse）。

瓢甲科 Coccinelidae　体小至中型、半球形；头嵌于前胸，触角棒状部3节，下颚须端节阔扁；跗节隐4节（拟3节）。捕食性种如异色瓢虫 *Harmonia axyridis*（Pallas）、澳洲瓢虫 *Rodolia cardinalis*（Mulsant），植食性种如马铃薯瓢虫 *Henosepilachna vigintioctomaculata*（Motschulsky）。

拟步甲科 Tenebrionidae　体小至大型，赤褐或黑色；触角丝状、棒状或念珠状，头嵌入前胸，后翅退化，腹板5节，前足基节窝闭式，跗节5-5-4式。幼虫伪金针虫型，腐食性，部分植食性。如黄粉虫 *Tenebrio molitor*（L.）、杂拟谷盗 *Tribolium confusum* Duval、日本琵琶甲 *Blaps japonensis* Marseul。

锹甲科 Lucanidae　体大型、亮黑或褐色；触角鳃片状，雄虫上颚突出成鹿角状，跗节5节。幼虫蛴螬型，背面无皱纹，肛门3裂状。多生活在朽木或腐殖质中。常见种如褐黄前锹甲 *Prosopocoilus blanchardi* Parry、西光胫锹甲 *Odontolabis siva*（Hope et Westwood）。

蜣螂科 Scarabaeidae　体小至大型、粗壮；触角鳃片状，前胸背板常有角状突起，小盾片常不见；前足挖掘足，中后足远离、后足着生于体后部，中、后足胫节1端距。粪食性。常见种如神农蜣螂 *Catharsius molossus*（L.）。

粪蜣科 Geotrupidae　体中至大型，粗壮；触角鳃片状，小盾片发达；前足挖掘足，中、后足远离，后足着生体后部，后足胫节2端距。粪食性。常见种如华武粪金龟 *Eno-plotrupes sinensis* Lucas。

鳃金龟科 Melolonthidae 体小至大型，长椭圆状，色暗或美丽；触角8~10节，触角鳃片状，小盾片明显；前足挖掘足，后足接近中足而远离腹末，爪成对、大小相等。成虫常夜间活动取食，幼虫蛴螬型，植食性，部分腐食性。如棕色鳃金龟 *Holotrichia titanis* Reitter、鲜黄鳃金龟 *Metabolus tumidifrons* Fairmaire。

丽金龟科 Rutelidae 体形和食性与鳃金龟科相似。体中型，具蓝、绿等光泽；鞘翅常具膜质边缘；后足胫节2端距，跗节的1对爪大小不等，后足尤其显著。常见种如铜绿异丽金龟 *Anomala corpulenta* Motschulsky、斑喙丽金龟 *Adoretus tenuimaculatus* Waterhouse。

花金龟科 Cetoniidae 体小至中型，宽圆状，色艳丽并常有斑纹；中胸腹板中央具前伸的圆形突，鞘翅侧缘有凹刻、使中胸后侧片从背面可见。成虫常危害花。如白星花金龟 *Protaetia brevitarsis*（Lewis）、小青花金龟 *Gametis jucunda*（Faldermann）。

豆象科 Bruchidae 体小型、卵圆形，额延伸成短喙状；触角11节，栉齿状、锯齿状、棒状；复眼圆形，在触角着生处有"V"形缺刻；鞘翅末端截形，腹末背板外露；跗节隐5节（拟4节）。危害种子。如紫穗槐豆象 *Acanthoscelides pallidipennis* Motschulsky、柠条豆象 *Kytorhinus immixtus* Motschulsky、绿豆象 *Callosobruchus chinensis*（L.）。

叶甲科 Chrysomelidae 体小至中型，长椭圆状；触角线状、短于体长，复眼圆形，腹部5节，跗节隐5节（拟4节）。有的学者将本科分为4科。植食性，食叶。常见种如白杨叶甲 *Chrysomela populi* L.、柳二十斑叶甲 *C. vigintipunctata*（Scopoli）。

天牛科 Cerambycidae 体小至大型，触角丝状、常比体长，复眼肾形，跗节隐5节（拟4节）。幼虫钻蛀型、危害树木的木质部，成虫取食植物的叶或嫩皮补充营养。如光肩星天牛、桃红颈天牛 *Aromia bungii*（Faldermann）、松墨天牛。

象甲科 Curculionidae 体小至中型；头部的喙状部至少长度大于宽度，触角膝状、10~12节、端部3节锤状，可见腹板5节，跗节5节。幼虫象虫型，植食性，食叶、蛀茎、蛀根、蛀果及种子，少数捕食性。常见种如核桃长足象 *Alcidodes juglans* Chao、杨干象 *Cryptorhynchus lapathi*（L.）、栗实象 *Curculio davidi* Fairmaire。

小蠹虫科 Scolytidae 体微小或小型，色暗，长形；头部的喙状部长度小于宽度；触角端部的锤状部扁，3~4节；鞘翅周缘多具齿或突起；足的胫节有齿，跗节5节，第1跗节短。蛀食树干的边材及形成层。重要种如华山松大小蠹 *Dendroctonus armandi* Tsai et Li、云杉八齿小蠹、光臀八齿小蠹 *Ips nitidus* Eggers 等。

六、膜翅目 Hymenoptera

（一）形态特征

微小至大型。咀嚼式或嚼吸式口器，触角多样；膜翅，前翅大后翅小，脉特殊（图4-21），以翅钩列连接，少数无翅；足1~2转节，跗节常5节；腹部常10节，多数腹部第1节并入后胸称为并胸腹节，可见第1腹节之后各腹节统称为柄腹部，柄腹部第1节基部缩小呈细腰

膜翅目

图 4-21 膜翅目的翅脉

状则称为腹柄。产卵器锯状、刺状或针状。多数寄生蜂的产卵瓣同时兼具有产卵和刺螫功能。

（二）生物学特性

完全变态，少数复变态。植食性取食植叶片或钻蛀茎干，肉食性可区分为捕食性与寄生性两类。产卵繁殖，生殖方式有两性生殖、孤雌生殖和多胚生殖 3 种类型。独栖或群栖生活，部分营很强的社会性生活，有分工习性，多型现象及雌雄二型常见。越冬虫态包括卵、幼虫、蛹及成虫。

幼虫主要有原足型、伪蠋型和无足型。多数种类 1 年 1 代，少数 1 年 2 代或多代，个别种类需 2~6 年才完成 1 代。许多种类是传粉昆虫和天敌昆虫。

（三）亚目、重要科及其特征

全世界已知 140 000 多种，我国已知约 5 100 种。根据胸部与腹部的连接方式，一般分为广腰亚目和细腰亚目两个亚目。

1. 广腰亚目 Symphyta

胸腹部衔接处宽阔，不收缩呈细腰状，无并胸腹节；后翅至少 3 基室，2 转节，产卵器锯状。幼虫为伪蠋型，植食性，取食植物叶或蛀食植物枝干，少数为肉食性（图 4-22）。

叶蜂科 Tenthredinidae 体狭长，小至中型；触角多丝状，9~16 节，前胸背板后缘深凹入，前足胫节 2 端距，爪有齿；雌虫产卵瓣锯状。幼虫伪蠋型，多数食叶，少数蛀果、蛀茎或形成虫瘿。如落叶松叶蜂 *Pristiphora erichsonii*（Hartig）、杨

杨黄褐锉叶蜂　　黑角洼头小蜂

红腹树蜂　　松毛虫黑点瘤姬蜂

酱色齿足茧蜂　　黑青小蜂

图 4-22 膜翅目各科代表（一）

黄褐锉叶蜂 *Pristiphora conjugata* (Dahlbom)、松阿扁叶蜂 *Acantholyda posticalis* (Matsumura)。

树蜂科 Sericidae　体中大型，长筒形、粗壮，黑或黄色；头后缩狭、有颈；前胸背板后缘深凹入，前足胫节1端距；雌产卵器包藏于产卵器鞘中。幼虫钻蛀树木。如泰加大树蜂 *Urocerus gigas taiganus* Benson。

茎蜂科 Cephidae　体小而细长；前胸背板后缘平直，前足胫节1距；腹部侧扁，第1、2节间略收缩，产卵管短而明显。幼虫钻蛀草本植物茎干及木本植物的枝条。如梨简脉茎蜂 *Janus piri* Okamota et Muramatsu。

2. 细腰亚目 Apocrita

胸腹衔接处缩成细腰状，第1腹节并入胸部，成为并胸腹节。腹末腹板纵裂，产卵器外露，针状或鞘管状。后翅无臀叶，最多2基室。幼虫无足。多为捕食性或寄生性。

（1）寄生部 Parasitica

雌虫腹末端数节腹板纵裂，产卵器为鞘管状，自腹末之前伸出，有产卵和刺螫功能，多为寄生性（图4-22、图4-23）。

柳杉大痣小蜂　　黄猄蚁　　管氏肿腿蜂　　白毛长腹土蜂

榭柞瘿蜂　　舟蛾赤眼蜂　　黄连木种子小蜂

图 4-23　膜翅目各科代表（二）

姬蜂科 Ichneumonidae　体微小至大型；触角丝状、13节以上，前胸背板与肩板接触；前翅有翅痣、第二迴脉（2m-cu）横脉及小翅室；腹部第2、3节不愈合后足2转节，产卵器细长。寄生性。如舞毒蛾黑瘤姬蜂 *Coccygomimus disparis* (Viereck)、松毛虫黑点瘤姬蜂 *Xanthopimpla pedator* Fabricius。

茧蜂科 Braconidae　体小型，与姬蜂科相似；触角16节以上，前翅无第二迴脉（2m-cu）横脉及小翅室，腹部第2、3节愈合。寄生于寄主体内或体外，老熟幼虫在寄主体内、体外结茧化蛹。常见种如酱色齿足茧蜂 *Zombrus sjostedti* (Fahriinger)、天幕毛虫绒茧蜂 *Apanteles gastropachae* (Bouche)。

小蜂科 Chalcididae　体微小或小型，无金属光泽；触角膝状，11~13节，鞭节分为环节、索节和棒节；前胸背板与肩板不接触，有翅或无翅，翅脉极退化，无翅痣；后足腿节膨大、其腹面常1排齿，胫节向内弧状弯曲、末端2距；跗节5节。寄生或重寄生于其他昆虫的幼虫和蛹。常见种如广大腿小蜂 *Brachymeria lasus*（Walker）、黑角洼头小蜂 *Kriechbaumerella nigricornis* Qian et He。

金小蜂科 Pteromalidae　与小蜂科相似。体微小或小型，具金属光泽及网状刻纹，头胸密布细刻点；前翅脉简单，具前缘脉、缘脉、后缘脉和痣脉。后足胫节1距，跗节5节。寄生于其他昆虫的幼虫、蛹，少数寄生于卵、成虫。常见种如黑青小蜂 *Dibrachys cavus*（Walker）、蝶蛹金小蜂 *Pteromalus puparum*（L.）。

广肩小蜂科 Eurytomidae　与小蜂科相似，体微小，黑色（或有黄斑）或黄色。前胸背板方形，刻点密集；雌虫腹部侧扁、末节背板梨形上举，雄虫腹部圆球形、有长柄；跗节4节。寄生性或植食性。如刺槐种子小蜂 *Bruchophagus philorobiniae* Liao、落叶松种子小蜂 *Eurytoma laricis* Yano、黄连木种子小蜂 *E. plotnikovi* Nikolskaya 等危害林木种子。

长尾小蜂科 Torymidae　与小蜂科相似，体微小，有黄、黑或蓝绿色斑。胸部密布刻点、点刻间有网状或皱状刻纹，后足基节比前足大3倍，跗节5节；腹部具细刻纹，产卵器管直而长。寄生或取食植物种子，其中的大痣小蜂 *Megastigmus* spp. 危害林木种子。常见种如柳杉大痣小蜂 *M. cryptomeriae* Yano、圆柏大痣小蜂 *M. sabinae* Xu et He。

蚜小蜂科 Aphelinidae　体微小，常小于1 mm短而粗，黄、黑或褐色，有黄色斑纹，无金属光泽。触角膝状，5~8节，盾纵沟深且直，缘脉长，痣脉和痣后脉均短。跗节4~5节。多寄生于盾蚧科，部分寄生于其他介壳虫、蚜虫或粉虱。如黄金蚜小蜂 *Aphelinus chrysomphali* Mercet、苹果绵蚜蚜小蜂 *A. mali* Haldeman。

赤眼蜂科 Trichogrammatidae　与小蜂科相似，体微小，黑色、褐色或黄色。触角轮生细毛，复眼红色，前翅常宽阔、翅面微毛排列成放射状，后翅狭窄，跗节3节。寄生昆虫的卵。如舟蛾赤眼蜂 *Trichogramma closterae* Pang et Chen、松毛虫赤眼蜂 *T. dendrolimi* Matsumura、广赤眼蜂 *T. evanescens* Westwood。

（2）针尾部 Aculeata

胸腹衔接处细腰状，雌虫腹末端腹板不纵裂；产卵器针状，多特化为螯针，从腹末伸出（图4-23、图4-24）。足转节1节。

瘿蜂科 Cynipidae　体微小至小型，触角丝状，雌虫13节，雄虫14~15节。前胸背板伸达翅基片，前翅无翅痣，后翅无臀叶，足转节1节。腹部卵形或侧扁，背板2节占腹部的1/2。多寄生于壳斗科植物，造成虫瘿。如槲柞瘿蜂 *Andricus mukaigawae*（Mukaigawa）。

肿腿蜂科 Bethylidae　体微小至小型，黑褐色，无金属光泽；头长大于宽，前胸背板达翅基片，有翅或无翅，有翅者前翅基部有2个

叉突节腹泥蜂　　黄边胡蜂

强力蛛蜂　　中华蜜蜂

图4-24　膜翅目各科代表（三）

约等长的翅室、无翅痣，前足腿节肿大，腹部背板 7~8 节。如管氏肿腿蜂 *Sclerodermus guani* Xiao et Wu。

土蜂科 Scoliidae　体中型，粗壮，多毛，具黄红色斑纹；触角 12~13 节；前胸背板达翅基片，翅有或无，前翅黑褐、有绿或紫色闪光，纵脉常不达翅缘，后翅 1 基室；腹部 1~2 节常结状。独居，幼虫营外寄生生活。如白毛长腹土蜂 *Campsomeris annulata* Fabricius。

蚁科 Formicidae　体小至中型；触角膝状；前胸背板达翅基片，有翅或无翅；前足 1 大距，跗节 5 节；腹部第 1~2 节缩小呈结块状。多型态的社会性昆虫，具蚁后、雄蚁和工蚁。肉食性或植食性，部分常与蝉、蚜及木虱共栖。如日本弓背蚁 *Camponotus japonicus* Mayr、黄猄蚁 *Oecophylla smaragdina* Fabricius、双齿多刺蚁 *Polyrhachis dives* Smith。

胡蜂科 Vespidae　俗称马蜂或黄蜂。中大型，多具黑色、黄色、棕色斑；前胸背板达翅基片，休息时翅纵褶，前翅第 1 盘室长于亚中室、3 个亚缘室，后翅无臀叶；中足胫节 2 端距，爪不分叉。营简单社会性组织生活，筑巢群居，捕食性。如黄边胡蜂 *Vespa crabro* L.、普通长脚胡蜂 *Polistes okinawansis* Matsumura et Uchida。

蜾蠃科 Eumenidae　体中至大型。前胸背板向后伸达翅基片，前翅第 1 盘室长于亚基室；后翅具臀叶、有闭室。中足胫节 1 端距，爪两分叉。腹柄长葫芦状或很短，第 1、2 腹节间缢缩。独栖。如细腰蜾蠃 *Eumenes arcuata* Fabricius。

蛛蜂科 Pompilidae　体小至大型，黑色、深蓝色或红褐色；触角丝状、雌卷曲，前胸背板达翅基片，中胸侧板鼓出、有一斜缝；翅半透明、有虹彩，脉不达翅边缘，前翅 3 个亚缘室，后翅臀叶发达。成虫常在地面低飞或爬行，捕食蜘蛛或昆虫。如强力蛛蜂 *Batozonellus lacerticida* Pallas。

泥蜂科 Sphecidae　体小至大型，光滑少毛，体毛无分枝，有红色或黄色斑纹；前胸背板不达翅基片，后足胫节具刺或栉，腹部一般有柄。多独栖，捕食蜘蛛与昆虫，成虫以泥土在墙角、屋檐等处做土室。如叉突节腹泥蜂 *Cerceris rufipes evecta* Shestakov、黑足泥蜂 *Sphex subtruncatus* Dahlbom。

蜜蜂科 Apidae　体小至大型，体多毛、毛有分支，少数体少毛；触角膝状；上唇宽大于长；前胸背板不达翅基片，前翅 3 个亚缘室；后足胫节常无距，胫节与第 1 跗节侧扁、密生细毛用以携带花粉。营社会性生活，食花粉与花蜜。如中华蜜蜂 *Apis cerana* Fabricius、意大利蜜蜂 *A. mellifera* L.。

七、鳞翅目 Lepidoptera

(一) 形态特征

体小至大型，翅、体密被鳞片，形成各种斑纹。口器虹吸式或退化，触角多样。翅的连锁方式有翅缰型、翅轭型 (蛾类) 及翅抱型 (蝶类)。腹部共 10 节，第 1 节退化，第 9、10 节形成外生殖器。有听器的种类听器位于腹部第 1 节的两侧。雄性外生殖器在分类上是用来区分种类的重要特征。

鳞翅目

1. 成虫特殊特征

翅展即前翅后缘和体躯纵轴垂直时，两前翅顶角之间的距离。肩片即前翅基部的弯月型骨片。翼片(领片)即前胸背板前方 1 对薄片状骨片。毛隆位于复眼后方。翅面有斑和线(三斑六线)。

三斑 肾状斑位于前翅中室端部;环状斑位于中室中部;楔状斑在 Cu 室内、环状斑之下。此外,新月斑位于后翅中室端部;剑状斑在前翅端部。

六线 基横线是翅基部的横线,内横线是翅基部 1/4 处的横线,中横线在翅中部,外横线在翅端部向内 1/4 处,亚缘线是翅外缘内方的横线,缘线即沿外缘的横线(图 4-25)。

图 4-25 鳞翅目的翅脉和幼虫

2. 幼虫特征

用幼虫的特征进行分类在鳞翅目应用比较普遍。幼虫蠋型,头部发达,蜕裂线明显。口器咀嚼式,有吐丝器,多能吐丝结网。胸足常发达,腹部 10 节,腹足通常 5 对,着生于第 3~6 腹节及第 10 腹节上;腹足末端具趾钩,腹末腹足称为臀足,气门一般 9 对,位于前胸和第 1~8 腹节两侧。

幼虫分类涉及的几个重要名词:头壳指数,即额(唇基)高度和冠缝(额缝)长度的比例;后颊指数,是指两后颊端部之间的距离和后颊宽度的比例;趾钩,是指腹足端部成列的钩状物,其长度有单序、二序、三序,排列方式有中列式、二横带式、缺环式;毛疣,是指若干毛生在一个突起上;毛撮,是指若干毛生在一个骨片上。原生毛是指 1 龄幼虫就具有的体毛,在身体上有一定的位置和排列顺序(常用来作分类特征);次生毛,是指生长过程中增生的毛;毛序,是指原生毛在体躯上分布的位置。

(二)生物学特性

陆栖,全变态。几乎全为植食性,食叶、钻蛀枝干、卷叶、缀叶、吐丝结网或钻入植物组织取食;极少数捕食性,捕食蚜虫或介壳虫等。1 年 1 代或多代,或多年 1 代,卵散产或聚产于寄主表面或隐蔽物下。幼虫多为 5 龄。被蛹且常有保护物,蝶类多在敞开环境中化蛹,不结茧,蛾类多在隐蔽处结茧或在土室化蛹。

雌雄二型现象普遍,蝶类白天活动,蛾类多在夜间活动、常有趋光性,食花蜜。有些种类有季节性远距离迁飞的习性,如黏虫 *Mythimna separata* (Walker);部分种类是重要的资源昆虫，如家蚕、柞蚕、蝙蝠蛾(冬虫夏草)、化香夜蛾(虫茶)*Hydrillodes morosa* Butler 等。

(三)亚目、重要科及其特征

全世界已知 16 万多种，我国已知 8 000 余种，该目为昆虫纲中仅次于鞘翅目的第二大目。鳞翅目的分类系统很多，根据与见地不一，观点尚难一致，常见的分类系统是：①轭翅亚目 Zeugloptera、无喙亚目 Aglossata(仅包括分布于澳大利亚和斐济等地的颚蛾科 Agathiphagidae 两种)、异蛾亚目 Heterobathmiina(仅包括分布于南美洲的异蛾科 Heterobathmiidae)和有喙亚目 Glossata(包括锤角亚目)。②小翅蛾亚目 Zeugloptera、蝙蝠蛾亚目 Exoporia、毛顶蛾亚目 Dacnynacha、单孔亚目 monotrysia 和双孔亚目 Ditrysia。③锤角亚目 Rhopalocera 和异角亚目 Heteroneura。④大鳞翅亚目 Macrolepidoptera 和小鳞翅亚目 Microlepidoptera。

昆虫分类的目的是认识和利用昆虫，向大众传播昆虫学知识，任何一个昆虫类群都可能具有其他类群所缺少的独一无二的特征，如果所建立的分类系统只能供专门研究者解释和使用，没有普及科学知识的作用，且所依据的分类特征丧失了昆虫类群在自然环境中的原本属性，这种分类系统就可能还需要进一步完善。因此，本教材不使用上述 4 种亚目分类系统，仍沿用轭翅亚目、缰翅亚目(包括无喙亚目、异蛾亚目)、锤角亚目的分类系统。

1. 轭翅亚目 Zeugloptera

口器咀嚼式、无喙，前、后翅的脉相极相似，都在 10 条以上，翅轭连锁，夜出性。幼虫腹足 8 对，末端均有 1 爪(图 4-26)。

蝙蝠蛾科 Hepialidae　体小至大型，翅展 20 mm 以上，缺单眼，口器退化，中脉主干在中室内分叉，前后翅均有肩脉，前翅有翅轭。幼虫腹足趾钩多序缺环，蛀茎或根。如一点蝙蝠蛾 *Phassus signifer sinensis* Moore、虫草蝙蝠蛾 *Hepialus armoricanus* Oberthür。

2. 缰翅亚目 Frenatae

口器虹吸式(部分无喙)，后翅 Sc+R$_1$ 合并，Rs 不分支，翅缰或翅贴连锁。成虫多夜间活动(图 4-26 至图 4-30)。

蓑(袋)蛾科 Psychidae　体小至大型，雌雄异型。雄蛾有翅、喙消失，翅面稀被毛及鳞片并有透明斑，翅僵发达，中脉主干在中室分叉，前翅 3 条 A 脉在端部合并成 1 条，触角栉齿状；雌蛾无翅，蛆状，终生匿居在幼虫所缀的巢袋中，并在袋中交尾产卵。幼虫食叶，趾钩单序缺环。如茶袋蛾 *Eumuta minuscula* Butler。

一点蝙蝠蛾

茶袋蛾

图 4-26　鳞翅目各科代表(一)

卫矛巢蛾

榆潜蛾

核桃举肢蛾

杨树麦蛾

图 4-27　鳞翅目各科代表(二)

杨干透翅蛾　　　　竹织叶野螟　　　　黄胸木蠹蛾

栗黑小卷蛾　　　　黄纹竹斑蛾　　　　褐边绿刺蛾

图 4-28　鳞翅目各科代表(三)

典皮夜蛾　　　　大造桥虫　　　　野蚕

蓝目天蛾　　　　柞蚕　　　　白杨枯叶蛾

图 4-29　鳞翅目各科代表(四)

细蛾科 Gracillariidae　体小型,静止时以前中、足将身体前端支起,呈蹲坐姿势;触角丝状,无单眼,下唇须上举、3 节;翅极窄、端部尖锐、缘毛长,R 脉各分支不合并。幼虫体扁平、足退化,潜入叶、花、果和树皮内危害。如荔枝细蛾 *Conopomorpha litchiella* Bradley、梨潜皮细蛾 *Acrocercops astanrola* Meyrick。

潜蛾科 Lyonetiidae　体小型;触角丝状、柄节"眼罩"状,头部具竖鳞;前翅极窄、披针形,后翅线状、缘毛长、常有 3 条 A 脉。幼虫潜叶。如杨白潜蛾 *Leucoptera sinuella* (Reutti)、榆潜叶蛾 *Bucculatrix thoracella* Thunberg。

麦蛾科 Gelechiidae　体极小或小型,头部鳞片光滑;前翅狭长、端部渐尖,R_4 与 R_5 共柄;后翅菜刀状,缘毛长,Rs 与 M_1 共柄或基部靠近。幼虫腹足趾钩双序缺环或二横带。双如杨树麦蛾 *Gelechia pinguinella* Trietschke、麦蛾 *Sitotroga cerealella* (Oliver)、棉红铃虫 *Pectinophora gossypeilla* (Saunders)。

巢蛾科 Yponomeutidae　体小型,静息时呈筒状;触角丝状、柄节有栉毛,下唇须上

松茸毒蛾　　杨二尾舟蛾　　香蕉弄蝶　　美国白蛾　　山楂粉蝶　　柑橘凤蝶　　四斑隐眼蝶　　大红蛱蝶

图 4-30　鳞翅目各科代表(五)

举，末端尖。翅较窄，常有鲜艳斑纹；前翅各脉一般分离，后翅 Rs 与 M_1 分离，M 脉不共柄。幼虫常吐丝作巢，群居取食。如油松巢蛾 *Ocnerostoma piniariellum* Zeller、卫矛巢蛾 *Yponomeuta polystigmellus*（Felder et Felder）、苹果巢蛾 *Y. padella*（L.）。

举肢蛾科 Heliodinidae　体小型；前翅向端部渐窄，后翅极窄，具长缨毛；后足胫节端部、跗节上轮生刺毛，静止时后足上举。幼虫腹足趾钩单序或双序环。如核桃举肢蛾 *Atrijuglans hetaohei* Yang、柿举肢蛾 *Stathmopoda masinissa* Meyrick。

透翅蛾科 Sesiidae　体小至中型，体形像蜂，色鲜艳；翅窄长，脉及翅缘有鳞毛、余透明，以翅钩连锁，腹末有扇状鳞簇。幼虫钻蛀木本、草本植物的干、枝、茎和根。如白杨透翅蛾 *Paranthrene tabaniformis*（Rottenberg）、杨干透翅蛾 *Sphecia siningensis*（Hsu），苹果透翅蛾 *Conopia hector* Butleer。

木蠹蛾科 Cossidae　体小至大型、粗壮喙退化，触角双栉齿状。翅面具斑点或不规则短横线状纹(似蜡染之布纹)，中脉主干在中室分叉，前翅有径室。幼虫粗状，蛀食木本或草本植物的茎、根和枝条。如黄胸木蠹蛾 *Cossus chinensis* Rothschild、咖啡豹蠹蛾 *Zeuzera coffeae* Nietner。

卷蛾科 Tortricidae　体小型；头部有竖鳞，触角常丝状；前翅肩区突出、略呈长方形(静止时呈吊钟形)，前后翅翅脉均分离，后翅 M_1 不与 R_2 共柄。幼虫趾钩环状，单序、二序或三序。卷叶、潜叶、蛀茎、蛀果及造瘿。如枣镰翅小卷蛾 *Ancylis sativa* Liu、荔枝异型小卷蛾 *Cryptophlebia ombrodelta* Lower、油松球果小卷蛾 *Gravitarmata margarotana*（Heinemann）、梨小食心虫 *Grapholitha molesta* Busck、苹小食心虫、苹果蠹蛾 *Cydia pomonella*（L.）。

斑蛾科 Zygaenidae　体小至大型，色彩常鲜艳，日出性。毛隆发达，喙发达；翅面常有金属光泽，中室有 M 脉主干，前翅 R_5 脉独立或与 R_4 共柄，后翅 $Sc+R_1$ 与 Rs 间有横脉连接或愈合至中室近末端，雄性触角羽状。幼虫体具次生毛丛，腹足趾沟半环形，食叶。如梨星毛虫 *Illiberis pruni* Dyar、茶斑蛾 *Eterusia aedea* Clerck、黄纹竹斑蛾 *Allobremeria plurilineata* Alberti。

刺蛾科 Eucleidae(Limacodidae)　体中型，粗壮。喙退化。翅面斑纹简单，前翅中室中脉主干存在并分叉，后翅 $Sc+R_1$ 从中室中部分出，Rs 与 M_1 基部接近或共柄。幼虫蛞蝓形，体多毒枝刺，食叶，结石灰质茧化蛹。如黄刺蛾 *Monema flavescens* Walker、褐边绿刺蛾 *Latoia consocia* Walker。

螟蛾科 Pyralidae　体小至中型，体细长、光滑、腹部末端尖，腹部第 1 节有听器；中室闭式，Cu 脉四叉式，前翅 R 脉有共柄现象；后翅 3 条 A 脉，$Sc+R_1$ 与 Rs 平行或在中室外合并、接触。幼虫体细长、毛稀少，趾钩环状、缺环或横带，单序、二序或三序；食叶、缀叶及食动植物贮藏物。如米黑虫 *Aglossa dimidiata* Haworth、竹织叶野螟 *Crypsiptya coclesalis*(Walker)、桃蛀螟 *Dichocrocis punctiferalis* Guenée、樟子松梢斑螟 *Dioryctria mongolicella* Wang et Sung、豆荚螟 *Etiella zinckenella*(Treitschke)。

尺蛾科 Geometridae　体小至大型，体细，喙发达。翅大而薄，前、后翅常有波状花纹相连，少数种类雌虫翅退化。前翅 Cu 脉三叉式；后翅 $Sc+R_1$ 在基部近直角状弯曲，与 Rs 构成 1 小翅室。幼虫体细长，无毛，食叶，仅第 6 和第 10 腹节具腹足，行动时一曲一伸，故称尺蠖、步曲或造桥虫。幼虫植食性，食叶危害。如春尺蠖、大造桥虫 *Ascotis selenaria dianaria*(Hübner)、刺槐眉尺蛾 *Meichihuo cihuai* Yang、槐尺蛾 *Semiothisa cinerearia* Bremer et Grey。

蚕蛾科 Bombycidae　体中型；触角羽状，喙退化。前翅顶角常呈沟状，至少 R_3、R_4 与 R_5 共柄，中室小；后翅 $Sc+R_1$ 与 Rs 间具 1 横脉，A 脉 3 条。幼虫第 8 腹节背面有 1 尾突，食叶。如家蚕、野蚕 *Bombyx mandarina* Moore、桑螵 *Rondotia menciana* Moore。

大蚕蛾科 Saturniidae　体大型或特大型，触角双栉齿状，喙退化。翅中央常有透明眼状斑，前翅顶角大多向外突出，M_2 靠近 M_1 或与之共柄；后翅肩角膨大 $Sc+R_1$ 与 Rs 间无横脉，无翅僵。幼虫粗壮、有枝刺或瘤状刺突，趾钩中列、二序，食叶。如柞蚕、银杏大蚕蛾 *Dictyoploca japonica* Moore、樗蚕 *Philosamia cynthia ricina* Donovan。

枯叶蛾科 Lasiocampidae　体中至大型、粗壮多毛。触角栉齿状，喙退化，无翅缰，前翅 R_5 与 M_1 有短柄，后翅有肩脉及亚前缘室，肩角扩大。幼虫粗壮、多毒毛，前胸常具 1~2 对生长毛簇的突起，腹足趾钩二序中带，食叶。如黄褐天幕毛虫 *Malacosoma neustria testacea*(Motschulsky)、杨褐枯叶蛾 *Gastropacha populifolia*(Esper)、马尾松毛虫、落叶松毛虫 *Dendorlimus superans*(Butler)、油松毛虫 *D. tabulaeformis* Tsai et Liu，其中松毛虫是我国松林的主要食叶害虫。

天蛾科 Sphingidae　体中大型，纺锤形，善飞行。喙发达，触角中部粗壮、末端钩状，前翅大而狭长，顶角尖，外缘倾斜；后翅小，$Sc+R_1$ 与 Rs 间有 1 横脉相连，腹部第 1 节有听器。成虫飞行迅速，能飞停空中、取食，或有访花习性。幼虫体粗壮、无毛，各腹节具 8~9 小环，第 8 腹节背面伸出 1 个尾角，趾钩二序中带式，食叶危害。如南方豆天蛾 *Clanis bilineata bilineata*(Walker)、蓝目天蛾。

夜蛾科 Noctuidae　体小至大型，粗壮，毛蓬松，腹部第 1 节有听器。前翅 Cu 脉接近四叉式，后翅三叉式 Sc+R$_1$ 与 Rs 在中室近基部呈点状接触、形成一小基室。成虫夜间活动，幼虫体少毛、具各种纵条纹；腹足 3~5 对，趾钩中列式、单序或二序；幼虫食叶、幼苗、嫩茎、蛀茎或果实，夜间活动、白天潜伏于土中，少数日夜均活动。如小地老虎、黄地老虎 *Agrotis segetum*（Denis et Schiffermüller）、化香夜蛾、杨（杜仲）梦尼夜蛾、典皮夜蛾 *Sarrothripus revayana*（Scopoli）。

舟蛾科 Notodontidae　体中至大型，喙不发达前翅有径室，M$_2$ 居中或靠近 M$_1$，Cu 脉三叉式，后翅 Sc+R$_1$ 不与 Rs 接触或有 1 短横脉相连。幼虫体色鲜艳，具瘤突，臀足特化为枝状尾突或退化，静止时头及腹部末端上举，侧观如小舟，故称舟形毛虫，食叶、有群集性。如杨扇舟蛾 *Clostera anachoreta*（Denis et Schiffermüller）、杨小舟蛾 *Micromelalopha sieversi*（Staudiger）、竹蓖舟蛾 *Besaia goddrica*（Schaus）、杨二尾舟蛾 *Cerura menciana* Moore。

目夜蛾科 Erebidae　本科包括大部分原属夜蛾科的后翅四叉形种类及毒蛾科和灯蛾科所有种类。喙发达或退化，单眼有或无，后翅 Sc+R$_1$ 和 Rs 在中室基部 1/3 处、中部或中部以后一小段并接或接近，肘脉四叉式（M$_2$ 靠近 M$_3$ 脉，因而在中室端部下方由 M$_2$、M$_3$、Cu$_1$ 和 Cu$_2$ 形成四分叉）。分为 21 个亚科。

①毒蛾亚科 Lymantriinae。体中型，喙退化，无单眼；成虫静止时前足向前伸出；前翅 Cu 近四叉式，后翅 Sc+R$_1$ 接触于 Rs 基部的 1/3 处，形成一大型基室；雌腹部末端常有毛簇。幼虫体毛色常鲜艳、长短不一、有毒，前胸两侧常有一斜前伸的毛丛，幼虫第 6、7 腹节背中央各 1 翻缩腺，趾钩中列式。如舞毒蛾、杨毒蛾、松茸毒蛾 *Dasychira axutha* Collenette、侧柏毒蛾 *Parocneria furva*（Leech）。

②灯蛾亚科 Arctiinae。体中至大型，喙退化，多有单眼，体色鲜艳；前翅近四叉式，后翅 Sc+R$_1$ 与 Rs 有长距离的合并，A 脉 2 条。幼虫体密生瘤突及有色毛丛、毛长短较一致，食叶危害。如检疫性害虫美国白蛾、人纹污灯蛾 *Spilarctia subcarnea*（Walker）。

3. 锤角亚目 Rhopalocera

蝶类。触角棒状、锤状，翅（抱）贴连锁，后翅 Rs 不分支。日间活动（图 4-30）。

弄蝶科 Hesperiidae　体小至中型，头比前胸宽；触角棒状，端部呈沟状，复眼有睫毛；前、后翅 R 脉 5 分支、不共柄。幼虫体呈纺锤形，头大、前胸小略呈颈状，腹足趾钩三序环式，食叶。如竹褐弄蝶 *Matapa aria* Moore、直纹稻弄蝶 *Parnara guttata* Bremer et Grey、香蕉弄蝶 *Erionota torus* Evans。

凤蝶科 Papilionidae　体大型，体色鲜艳；触角基部互相靠近、端部无钩；前翅 R 脉 5 条、有共柄，A 脉 2 条，后翅有肩脉，外缘呈波状，多数 M$_3$ 常延长成尾突，有的具 2 条以上尾突或无，后翅 A 脉 1 条，前足正常。幼虫后胸高隆，前胸背中央有 1 个"Y"臭腺，受惊时可外翻。食叶，取食芸香科、樟科、伞形科和马兜铃科等植物。如柑橘凤蝶（黄波罗凤蝶、花椒凤蝶）*Papilio xuthus* L.、宽尾凤蝶 *Agehana elwesi* Leech。

粉蝶科 Pieridae　体小至中型，白色或黄色、有黑色及或多或少的红色斑点；前翅近三角形、后翅近卵圆形，A 脉前翅 1 条、后翅 2 条，前足正常，爪分叉。幼虫体具小颗粒，密生细短毛，每体节 4~6 小环节，趾钩中带式、二序或三序。如山楂粉蝶 *Aporia crataegi* L.、宽边小黄粉蝶 *Eurema hecabe*（L.）、菜粉蝶。

蛱蝶科 Nymphalidae　体中至大型，色斑鲜艳；触角端部特别膨大，翅外缘波纹状或呈不整齐的齿状；A脉前翅1条、后翅2条，前足退化，无爪。幼虫有瘤状突、角或分枝的刺。如榆黄黑蛱蝶 Nymphalis xanthomelas L.、大红蛱蝶 Vanessa indica L.。

眼蝶科 Satyridae　体小至中型，体色暗；翅面常有眼状斑，前翅主脉基部特别膨大，前足退化。幼虫头部常分二叶或具角状突，前胸颈状，腹末1对尾突，趾钩中带式，单序、二序或三序。如四斑隐眼蝶 Lethe syrcis Hewitson。

灰蝶科 Lyeaenidae　体小型，复眼四周及触角各节有白环；翅面有眼斑或细纹，前翅R脉3~4支，后翅常1尾状突，A脉2条。雌虫前足正常，雄虫前足缩短。幼虫食叶、花或果实。如豆灰蝶 Plebejus argus L.、蓝灰蝶 Everes argiades Pallas。

斑蝶科 Danaidae　体中至大型，色彩美丽，飞行缓慢；前翅R脉5条，R₃~R₅共柄，A脉基部分叉，前足退化。幼虫体光滑，头小，体节有许多横皱纹，并常有数对长线状肉刺，喜群栖。如金斑蝶 Danaus chrysippus（L.）。

八、双翅目 Diptera

（一）形态特征

双翅目

包括蝇、虻、蚊、蚋、蠓类类。体微小至中型，刺吸式或舐吸式口器，触角丝状、6节以上，或具芒状、3节，或第3节末端各亚节呈刺状；仅1对发达的膜质前翅、翅脉简单，后翅特化为平衡棒。复眼大、占据头壳的大部分，跗节5节，具有伪产卵器。翅及胸部结构如图4-31所示，特殊特征如下。

图 4-31　双翅目昆虫翅脉及胸部结构

翅基部的瓣　前翅后缘除臀叶外，还具有轭瓣（jugum）、翅瓣（alula）、腋瓣（calypter），其中腋瓣较厚，被较多微毛。

新月缝（fruntal lunale）　触角上方的额部呈一弧形向下弯曲的缝。

额囊（ptilinum）　初羽化或虫体受挤压时能从新月缝中翻出的泡状物。

（二）生物学特性

完全变态。大多数两性卵生，少数孤雌生殖、幼体生殖、卵胎生、蛹生；雌虫将卵或幼虫分散或成堆产于寄主及其他物体表面或寄主组织中。幼虫无足型、蛆式，全头式、半头式或无头式；多水生或生活在阴湿处，植食性、捕食性、寄生性、腐食性或粪食性，幼虫期蚊类4龄，虻类5~8龄，蝇类3龄，裸蛹或围蛹。其中植食性种类有的潜叶、蛀茎、食根、危害种实、造瘿等。

成虫飞行范围较大，多在白天或黄昏活动，觅食花蜜、动植物的汁液和分泌物等液体；

但蚊、蚋、蠓、虻和部分蝇类吸食人畜血液，传播各种传染病，是人和家畜的卫生害虫。

(三)亚目、重要科及其特征

昆虫纲中第二大目全世界已知 150 000 余种，我国已记载 5 000 多种。根据触角和口器类型，一般分为长角亚目、短角亚目和环裂亚目(芒角亚目)3 个亚目。

图 4-32 双翅目各科代表（一）

1. 长角亚目 Nematocera

触角 6 节以上，鞭节间连接不坚实、各节相似；下颚须 4~5 节(图 4-32)。

大蚊科 Tipulidae 体小至大型，体细长。无单眼，触角长，中胸背板前盾沟"V"形，Sc 端部与 R_1 连接，Rs 分 3 支，A 脉 2 条，足细长易脱落。幼虫多为腐食性。如大蚊 *Tipula praepotens* Wiedemann。

瘿蚊科 Cecidomyiidae 体小或微小型，细弱；刺吸式口器，触角念珠状，雄虫触角常有环状毛；翅基仅 1 基室，脉 3~5 支，Rs 不分支。幼虫纺锤形，头部退化，中胸腹面 1 "Y"形骨(剑状骨)。多植食性，极少数肉食性；植食性可危害植物各部位，部分造瘿。如云南松脂瘿蚊 *Cecidomyia yunnanensis* Wu et Zhou、柳瘿蚊 *Rhabdophaga salicis* Schrank、麦红吸浆虫 *Sitodiplosis mosellana* Gehin、柑橘花蕾蛆 *Contarinia citri* Barnes。

蚊科 Culicidae 体小至中型，细长；口器刺吸式，体表、附肢、翅边缘和脉具鳞片；头近球形、有细颈；触角丝状、毛轮生，雄虫触角环毛状；翅有 10~11 条纵脉伸达翅缘。幼虫生活于水中，称为"孑孓"。雄成虫食花蜜等，雌成虫吸血、能传播疾病。如中华按蚊 *Anopheles sinensis* Wiedemann、淡色库蚊 *Culex pipiens pallens* Coquillett。

2. 短角亚目 Brachycera

触角 3 节，鞭节延长或由紧密结合的亚节组成或具端刺，下颚须 2 节以下(图 4-32)。

虻科 Tabanidae 体中大型，粗壮；头阔、半球形，复眼雌离眼式、雄合眼式，口器刮吸式，触角第 3 节延长，牛角状；翅脉 R_4 由 R_5 分出，分别到达翅端，"V"形包围顶角，中脉 2 分支；至少中足胫节有距，足三重垫，腹部阔扁。雄虫食花蜜或花粉，雌虫吸血，幼虫水生或半水生。腐食性或捕食性。如华广虻(原野虻、牛虻) *Tabanus amaenus* Walker、华虻 *T. mandarinus* Shiner。

食虫虻科 Asilidae 又称盗虻科。体小至大型，多毛；头宽、具细颈，头顶在复眼间向下凹入，3 个单眼位于凹陷部的瘤状体上，触角 3 节、具端刺，口器刺吸式，足长，爪间突刺状。幼虫生活于富含有机质的潮湿场所，多捕食性，少数植食性。如中华单羽食虫虻 *Cophinopoda chinensis* (Fabricius)、长足食虫虻 *Dolichopus japonicum* (Bigot)。

3. 环裂亚目 Cyclorrhapha(芒角亚目 Aristocera)

触角短，3 节(偶见 4 节)，第 3 节背面具触角芒。下颚须 2 节以下。通称蝇类(图 4-33)。

伏蝇

狭带食蚜蝇

一点突额杆蝇

柑橘小实蝇

柞蚕饰腹寄蝇

图 4-33 双翅目各科代表(二)

(1)无缝组 Aschiza

触角基部无额囊缝。

食蚜蝇科 Syrphidae 体小至中型,形似蜜蜂或胡蜂,常有黑黄相间的条带;额部无新月片及额泡,或不清晰,R 脉与 M 脉之间有 1 根游离的伪脉,翅端部通常有横脉,与翅缘平行。成虫常在阳光下取食花蜜和花粉,幼虫捕食性、寄生性、腐食性或植食性。如狭带食蚜蝇 *Syrphus serarius* Wiedemann。

(2)有缝组 Schizophora

触角基部有额囊缝。依据有无腋瓣可分为无瓣类和有瓣类。

杆蝇科 Chloropidae 也称黄潜蝇科。体微小至小型,具斑纹;头部有新月片及额泡,无腋瓣;触角第 2 节背面外侧无纵缝,触角芒光裸或羽状;C 脉有 1 个缘折,R 脉 1 支,M 脉 2 支。幼虫蛀食禾本科及其他杂草的茎、叶,引起组织增生。如危害竹尖的一点突额杆蝇 *Terusa frontata*(Becker)、麦秆蝇 *Meromyza saltatrix* L.。

实蝇科 Trypetidae(=Tephritidae) 体小至中型,黄色或褐色;头大,头后细颈状;翅有云雾状斑或带纹,C 脉有 2 个缘折,Sc 脉在亚端部几呈直角折向前缘,翅上有特殊的斑和带;中足胫节有距,雌虫产卵管长而扁平。幼虫潜茎、叶、果,造瘿。如橘小实蝇 *Bactrocera dorsalis*(Hendel)。

果蝇科 Drosophilidae 体小型,浅黄,有黑斑,无腋瓣;复眼常红色,触角芒羽状。中胸背板 2~10 列刚毛,C 脉 2 个缘折 Sc 脉退化,臀室小而完整。喜在腐败具发酵味的果实、叶等处生活。如黑腹果蝇 *Drosophila melanogaster* Meigen。

花蝇科 Anthomyiidae 体小至中型,常灰黑色,多毛;复眼大,触角芒光裸或有羽毛。中胸背板具盾间沟,中胸侧板有成列的鬃,下侧片无鬃;翅脉几乎全是直的,直达翅的边缘,小盾片下方有毛。前翅 M_{1+2} 脉端部不向前弯曲,Cu_2+2A 脉伸达翅后缘。常见于花草间,故名花蝇;幼虫通称地蛆或根蛆。如横带花蝇 *Anthomyia illocata* Walker。

蝇科 Muscidae 体小至大型,鬃毛少,胸背具黑色纵条纹;触角芒全羽状;下侧片鬃不成行,腹侧片鬃1根在前、2根在后,小盾片侧面无细毛,M_{1+2}向前急弯,Cu_2+2A不达翅缘。成虫吃、吐、排粪同时进行,传播疾病、污染食物,是重要的卫生害虫。幼虫腐食性或粪食性,少数成虫或幼虫捕食、吸血。如家蝇 *Musca domestia* L.。

丽蝇科 Calliphoridae 体中至大型,金蓝、绿色;头部有新月片,触角芒全羽状,翅基有腋瓣;背侧鬃2根 M_{1+2}向前急弯与R_{4+5}形成闭室。成虫能传播痢疾和伤寒等,幼虫腐食性或粪食性。如亮绿蝇 *Lucilia illustris*(Meigen)、伏蝇 *Phormia regina* Robineau-Desvoidy。

麻蝇科 Sarcophagidae 体中至大型,常灰色,无金属光泽,多毛背面有银白色云斑、或镶嵌斑;触角芒只基部一半羽状或无毛;背侧鬃4根。M_{1+2}向前急弯,在弯曲处有一距状短脉(M_2);腹部多粗毛。幼虫腐食性、粪食性或寄生性。如麻蝇 *Sarcophaga hnaemor-rhoidalis* Fallén。

寄蝇科 Tachinidae 体小至中型,黑色、褐色或灰色,体有斑纹、多硬鬃毛;触角芒多光滑无毛,M_{1+2}向前急弯,下侧鬃和翅侧鬃发达,腹部具有许多粗大的鬃;中胸后盾片圆形发达。幼虫寄生性。如松毛虫狭颊寄蝇 *Carcelia matsukarehae* Shima、柞蚕饰腹寄蝇 *Blepharipa tibialis*(Chao)。

第四节 螨类

螨类属于节肢动物门蛛形纲蜱螨目 Acarina。成螨体长 0.1~0.5 mm,幼螨和若螨则更小,许多是农林害虫,部分种类是害虫的天敌。植食性螨刺吸危害植物的叶、嫩茎、叶鞘、花蕾、花萼、果实、块根、块茎、农林产品的加工品。刺吸植物汁液时分泌有毒物质,传播植物病害,使植物出现褪绿、发黄或发红,严重的引起叶、果凋落;或形成虫瘿、绒毛状组织,或使枝叶组织卷缩扭曲。部分螨传播人类疾病,如恙螨传播恙虫病、革螨传播流行性出血热,蜱类则是森林脑炎、牲畜焦虫病的传播媒介。

蜱螨目

(一)形态特征

体多为椭圆形,头、胸、腹愈合,但一般可分为前端的颚体(gnathosoma)和后端的躯体(idiosoma)两部分(图4-34)。雌性个体一般大于雄性。

1. 颚体

颚体包括口器、螯肢、须肢和感觉器官。原始形式的螯肢为钳状、2~3节,其功能是抓取和弄碎食物。螨类螯肢的形状变化在叶螨、细须

图4-34 螨类的形态特征

螨和瘿螨特化成尖利的口针，能刺破植物的组织，并吮吸其汁液。须肢位于螯肢的外侧，由基节、转节、股节、膝节、胫节和跗节6节组成，有时少于5节或发生其他的特化；其主要功能是抓住食物，摄食后清扫螯肢，雄螨在交尾时抱持雌螨等。

2. 躯体

躯体位于颚体的后方，包括前足体、后足体和末体3部分。整体观呈囊状(背观椭圆形)、菱形、扁圆形、长囊形等。背、腹面常有骨化的盾板，具细或粗的皱纹、刻点和瘤突，有各种类型的体毛，如短刚毛、长刚毛、长鞭毛、分支毛、棘状毛、披针毛、刮铲状毛(或称抹刀状)、阔叶状毛、长叶状和球杆状毛等。

成螨和若螨有4对足，幼螨足3对，瘿螨只有2对足，由基节、转节、股节、膝节、胫节和跗节6节组成。跗节的前端有趾节，趾节常形成步行器(ambulacrum)；步行器由1对爪和1个爪间突组成。许多螨类的足Ⅰ(第1对足)常是感觉器官，或在交配时抱持雌螨，而不参与真正的步行。

螨类只有成螨有生殖孔，多数螨类在后半体背侧或腹侧有气门，有的气门位置在螯肢基部或前足体的肩角上；气门周围有气门板，自气门向前方延长的沟称为气门沟。

(二) 生物学特性

螨类分布极广，多陆生，少数生活在淡水和海水中，能通过气流、水流等自然途径及苗木运输、田间操作等人为途径远距离传播。其食性较复杂，叶螨、细须螨和瘿螨等植食性螨类刺吸植物的液汁，粉螨和蒲螨科穗螨属的腐食性螨类以腐烂的植物碎片、苔藓和真菌的菌丝体为食，植绥螨、肉食螨和长须螨等捕食其他螨和小型昆虫，跗线螨、赤螨和绒螨科等寄生在鞘翅目、鳞翅目、膜翅目、半翅目和双翅目等昆虫的体外，寄生和捕食螨可作为天敌利用。

螨类具性二型和多型现象，多数营两性生殖，部分孤雌生殖。其个体发育阶段因种类而异，叶螨一般经过卵、幼螨、第1及第2若螨和成螨5个阶段，在进入第1、2若螨和成螨之前各有一静息期，当遇到不良的环境条件时可形成休眠体。

螨类世代历期和年发生代数因种而异，主要农林业害螨1年发生3~10代，多达20多代。非越冬雌螨寿命15~20 d，常20~40 d完成一代。雄螨的寿命常较雌螨短，交配之后即死亡。螨卵单产或成块，产卵量从几十到上百粒，多数螨类的卵产在其取食的寄主植物上，如叶螨产卵在叶脉附近，而越冬卵则产在枝条上或树干的裂隙中。

(三) 与林业有关的主要类群

全世界有蜱螨500 000余种，蜱螨亚目可分为寄螨亚目Parasitiformes和真螨亚目Acriformes，7个亚目380个科。与林木有关的重要科如下(图4-35、图4-36)。

叶螨科 Tetranychiidae 体长0.2~1.0 mm，柔软，黄色、黄绿色、橘红

叶螨科　　瘿螨科　　跗线螨科

图4-35 林业重要螨类(一)

色、红色或红褐色。雌螨椭圆形，雄螨体小，呈菱形，腹末尖削；螯肢特化为口针，须肢5节、具拇爪复合体结构，跗节刚毛6~7根。多数生活在各种植物叶片背面，部分能结丝网或光洁丝膜，群集于膜下生活。如二斑叶螨 *Tetranychus urticae* Koch、山楂叶螨 *T. viennensis* (Zacher)。

细须螨科　　　植绥螨科　　　粉螨科

图 4-36　林业重要螨类（二）

　　瘿螨科 Eriophyidae　体狭、长0.1~0.2 mm，蠕虫形，体面有横环纹，足2对。靠风力、昆虫、鸟类和寄主植物运输等扩散。多专性寄生于多年生植物，危害叶片或果实，或传播植物病毒病，在叶片上危害时常形成毛毡病。如柑橘锈瘿螨 *Phyllocoptruta oleivora* Ashmead、杨四刺瘿螨 *Tetraspinus populi* Kuang et Hong。

　　跗线螨科 Tarsonemidae　体长0.1~0.3 mm，椭圆形或梭形，雄虫腹末尖削，多白或黄色，颚体微小。雄螨Ⅳ足粗壮、内弯、末端1爪，雌螨Ⅳ足纤细、末端2根长鞭毛。寄生于动植物或栖息土中及贮藏物等环境，植食性、菌食性、藻食性、捕食性或寄生性。如侧多食跗线螨 *Polyphagotarsonemus latus* (Banks)。

　　细须螨科 Tenuipalpidae　体长0.2~0.4 mm，多深红色、黄褐色或苍白色，卵形或梨形，螯肢特化为口针，雌雄大小相似。须肢1~5节，无拇爪复合体。躯体多扁平、骨化，背面常有网状花纹，跗节刚毛最多3根。寄生于植物叶片、叶柄、嫩枝和幼枝上或生活在虫瘿内。如卵形短须螨 *Brevipalpus obovatus* Donnadieu。

　　粉螨科 Acaridae　成螨体长0.2~0.4 mm，柔软，白色或灰色。螯肢钳状，有钳齿。前、后足体间盾沟明显，第1、2对足跗节各1棒状感觉毛，跗节末端有爪和爪垫。植食、菌食和腐食，危害储粮和储藏食品，并能引起人的皮炎和呼吸道疾病。如腐食酪螨 *Tyrophagus putrescentiae* (Schrank)。

　　植绥螨科 Phytoseiidae　成螨体长0.3~0.7 mm，多椭圆形，活体半透明、有光泽，乳白、淡褐或红色；体背具背板1块，腹前端具胸叉，腹面有胸板、生殖板和腹肛板等；雄螨螯肢有各种导精趾，足细长、毛粗大。捕食叶螨、瘿螨、跗线螨、蚜虫和介壳虫等，为重要的捕食性天敌。如智利小植绥螨 *Phytoseiulus persimilis* Athias-Henriot。

复习思考题

1. 什么是命名法、双名法、三名法、优先律？
2. 昆虫分类有哪些学派？
3. 与森林有关的昆虫各目及各目中常见的科各有哪些主要特征？
4. 螨类与昆虫的形态特征有哪些异同？

第五章

昆虫生态学

【本章提要】主要介绍了昆虫种群及其非生物和生物影响因素，昆虫种群生命表及其应用，森林昆虫群落及其演替，森林害虫的预测预报等内容，以利于学生全面了解森林昆虫的发生规律，探索森林昆虫利用和害虫控制途径。

生态学是人类认识生物界发展与更替的手段和工具，该学科与其他生命学科（如进化论、生理、遗传、分类、动物地理、害虫防治、益虫饲养、林学、植物学、生物统计学等）有密不可分的联系。现代生态学也称生物系统（biosystem），即生物与环境相互联系、相互作用所构成的统一整体，涵盖的内容包括生物群落与生境中的无机环境构成的相互联系的体系称为生态系统（ecosystem）；一个生境内相互联系的各个种群所组成的体系称为群落（community）；在同一时期内占有一定生存空间进行繁衍的同种个体的集合称为种群（population）。与种群概念相近的是种群生命系统（life system），即一个对象种群和影响该种群的环境所组成的系统。

昆虫生态学（insect ecology）是研究昆虫与周围环境相互关系的学科，研究的意义在于认识昆虫发生规律和动态机制，有效利用和控制昆虫。具体来讲，昆虫生态学的研究内容包括害虫发生期与发生量预测，确定检疫对象，选择害虫控制措施、评价防治效果，生物防治技术与利用，高效精准杀虫剂的开发和施用技术，益虫的饲养和利用等。

第一节　种群及其研究内容

一、基本概念

种群是生态学的基本研究对象，种群的基本成分是有潜在互配能力的个体。自然种群具有 3 个特征：数量动态特征，即单位面积或空间的个体数量或密度将随时间而发生变动；空间分布特征，即种群具有一定的分布区域和存在形式；遗传特征，即种群具有一定的区别于其他物种的基因组成。

（一）种群数量动态特征

种群动态是种群研究的核心问题，种群数量动态特征是种群动态分析的基础，主要包括种群密度、出生率、死亡率、迁移率、性比和年龄组配等种群结构特征。

1. 种群密度

昆虫的种群密度(population density)是指单位空间内同种昆虫的个体数量，常以单位面积、单位样本(如 m^2、叶、果等)上的实际个体数表示。种群密度可通过直接调查(如抽样、标记重捕、捕获量或诱捕量)、间接调查(如虫害指数、危害状估算法及排泄物推算)获得。

(1)绝对密度

通过总数量、抽样、标记重捕调查所得的种群密度为绝对密度。如标记重捕法调查，在一定空间内标记(如喷涂颜料、示踪原子等)、释放、捕回成虫，按释放和捕回数量比估计种群基数 N。

$$N=(n \cdot m)/M \tag{5-1}$$

式中，n 为捕回成虫总量；m 为释放标记成虫量；M 为捕回标记成虫量。

(2)相对密度

单位时间的捕获量(如百网虫口数)或黑光灯诱集的上代总量作为下代的种群基数，也可用有虫株率表示的种群密度。

2. 种群的固有特征

(1)出生率(natality)

出生率是种群数量变动的固有能力，以单位时间内种群新增的个体数 $B=\Delta N/\Delta t$、或平均每个个体新增的后代数 $b=\Delta N/(\Delta t \cdot N)$ 表示。其中，在无任何生态因子限制、只受生理因素限制的理想条件下种群的最高出生率是一个理论常数；理论出生率(内禀增长率)为最大出生率(maximum natality)；种群在某真实或特定条件下的实际出生率(生态出生率)为实际出生率(realized natality)；在特定时间及条件下种群的消长状况为净增殖率 R_0。

$$R_0=B-M \tag{5-2}$$

式中，M 为生理死亡率。

(2)内禀增长率(intrinsic rate of natural increase)

内禀增长率 r_{max} 指理想条件下允许种群无限制增长时种群的出生率或稳定年龄结构的种群所能达到的最大瞬时增长率。

(3)死亡率(mortality)

死亡率指在一定时间内死亡个体的数量除以该时间段内种群的平均大小，以生理死亡率 $M=N_d/\Delta t$ 及生态死亡率 $m=N_d/N$ 表示，对应的指标包括生理寿命及生态寿命。其中，理想条件下种群各个体都能活到生理寿命(physiological longerity)，只因年老而死亡时为最低死亡率，即生理死亡率 M(minimum mortality)；在某特定或实际条件下种群丧失的个体数为实际死亡率(actual mortality)，即生态死亡率 m(ecological mortality)。

(4)存活率(survivorship)

存活率常以种群中某一特定年龄的个体在未来能存活的平均时间(life expectancy，即生命期望)表示，包括生理存活率 $S=1-M$ 与实际存活率 $s=1-m$。对特定的种群，则常以存活曲线(survival curve)表示。以相对年龄(即平均寿命)的百分比 x 为横坐标、存活数 l_x

图 5-1 存活曲线类型

(Odum, 1971)

的对数为纵坐标时，3 种理想化的存活曲线模式如图 5-1 所示。其中，凸型存活曲线表示种群在接近生理寿命之前只有个别的死亡；对角线型存活曲线表示个体各时期的死亡率基本相同；凹型存活曲线表示幼体的死亡率很高、年老个体的死亡率低而稳定。

3. 种群的结构特征

种群结构是指种群内生物学特性有差异的各个体群之间的比例，包括迁移率、性比、年龄组配、生物型、形态分化型(如翅型、性二型)等。

（1）迁移率（migration rate）

迁移率即一定时间内种群的迁出数（emigration）与迁入数（immigration）之差占种群总体的比率。迁移率可用于描述各地方种群之间进行交流的生态过程。

（2）性比（sex ratio）

性比指种群中雌雄个体数量的比值，即雌雄比（♀/♂），或雌虫数占种群总数的百分比。受精卵的雌雄比大致是 1∶1，在从幼体发育至性成熟的过程中，因种种原因常导致雌雄比发生变化，性成熟的个体也会因其他影响而发生性比变化。

（3）年龄组配（age distribution）

年龄组配指在一个自然种群中各年龄组（如卵、幼虫、蛹、成虫）的相对比例或百分率。种群的年龄组配与出生率、死亡率密切相关。如果其他条件相同，种群中具有繁殖能力年龄的成体比例越大，种群的出生率就越高；种群中年老个体的比例越大，种群的死亡率就越高。

可用种群中从低龄级到大龄级的年龄结构（age structure）比例图，即年龄金字塔（age pyramid）表示种群的年龄结构分布（population age distribution）（图 5-2）。其中，增长型种群的年龄金字塔呈锥体形，即种群中有大量的幼体、年老的个体很少、出生率大于死亡率，是迅速增长的种群；稳定型种群则大致呈钟形，种群中幼年和老年个体数量、出生率和死亡率大致相同和均衡；下降型种群则呈壶形，种群中幼体所占比例很小、老年个体的比例较大、死亡率大于出生率。

图 5-2 年龄锥体的 3 种基本类型

(Odum, 1971)

（二）种群空间分布特征

空间分布型（空间格局，spatial distribution pattern，spatial pattern）是种群在一定空间和时间内与环境因素相互作用所表现的个体散布形式。昆虫种群的空间分布型是抽样调查、种群动态规律的理论基础，可揭示分布型形成机制，分析其密度与时空环境的关系等。昆虫分布型主要有均匀分布、随机分布、聚集分布三大类，但均匀分布少见。昆虫的空间分布与个体间的相互关系见表 5-1。

表 5-1　昆虫空间分布与个体间的相互关系

个体间关系	互不干扰	相互排斥	相互吸引
空间分布	随机	均匀	聚集
数学描述	泊松分布	二项分布	负二项分布、奈曼分布
个体群	无	无	有

1. 均匀分布（二项分布，binomial distribution）

个体间保持一定距离，在栖境内散布相对均匀，在单位样方中个体出现的概率 P 与不出现的概率 Q 几乎完全相等。

2. 随机分布（泊松分布，poisson distribution）

种群中某个体的存在不影响其他个体的分布，个体分布常稀疏而随机。

3. 聚集分布（aggregated distribution）

种群内个体间互不独立，总体中 1 个或多个个体的存在影响其他个体在同一取样单位中的出现概率。可因环境的不均匀或生物本身的行为等原因，呈现明显的聚集现象。常见的聚集分布有核心分布、嵌纹分布。

（三）种群遗传特征

种群是同种个体的集合，具有一定的遗传组成，是一个基因库，但不同的地理种群存在基因差异，形成不同的地理种群。由于造山运动、大陆漂移等因素的影响，种群间均存在不同程度的地理隔离和生殖隔离。一个种群中全部个体的所有基因称为该种群的基因库。在一个种群的基因库中，某个基因占全部等位基因的比例称为基因频率；所有不同基因在种群基因库中出现的比例就组成了种群基因频率。不同种群的基因库不同，种群的基因频率可世代传递。

在自然界中，由于存在基因突变、基因重组和自然选择等因素，种群的基因频率总是在不断变化中。自然选择实际上是选择某些基因，淘汰另一些基因，所以自然选择必然会引起种群基因频率的定向改变，进而决定生物进化的方向。一个物种的不同种群间等位基因频率的差异是地理变异的基础，种群间遗传变异超过一定的范围可能导致新物种的形成。

二、种群数量动态基本模型

种群的数量取决于种群基数、出生率、死亡率和迁移率，所有能影响这些因素的环境条件都会导致种群数量的变化。种群数量的变动类型如下。

（一）种群在无限环境中的指数增长

种群在无限环境中的增长模型包括世代不相重叠种群的离散增长模型、世代重叠种群的连续增长模型。当种群所在环境的空间、食物等资源丰富，气候适宜，没有天敌等理想的"无限"条件下，种群数量通常呈指数增长。

（1）离散增长模型

若某种昆虫 1 年只生殖 1 次、寿命只有 1 年，其世代也就不相重叠，这样的昆虫种群变动或增长过程也不连续。这种世代不相重叠或世代间断明显的昆虫的种群，当处在无限环境条件下时，没有迁入和迁出，也没有年龄结构变动，其增长可用 $N_t = N_0\lambda^2$ 表示（N_0 为初始数量；t 为时间；λ 为年增长率），或用 $N_{t+1}=R_0 \cdot N_t$ 表示（t 为世代；N_t 为种群数量；R_0 为净增殖率）。由于 R_0 受 t 世代的环境影响而变化，R_0 可用 $R_0=at$、$R_0=a+bt$ 等模型表示。

图 5-3　连续增长模型

（2）连续增长模型

世代重叠的昆虫其种群变动过程及曲线为不间断的连续型（图 5-3），当环境条件对种群的增长无限制时，种群瞬时增长率 r 恒定，则

$$\mathrm{d}N/\mathrm{d}t = r \cdot N \tag{5-3}$$

$$\int_0^t (\mathrm{d}N/N) - \int_0^t (r\mathrm{d}t) = -rt - \ln N_0 - \ln N_t \tag{5-4}$$

$$\ln N_t = -\ln\mathrm{e}^{rt} - \ln N_0 \tag{5-5}$$

即

$$N_t = N_0 \mathrm{e}^{rt} \tag{5-6}$$

式中，r 为物种的潜在增殖能力。

如果 $r>0$，种群上升；$r=0$，种群稳定；$r<0$，种群下降。该模型只适用于生活史很短、繁殖快、占有生存空间小的蚜虫、蓟马等小型昆虫和螨类。实际上因常无法判定世代数 t，而以该种群出现的天数 x 表示，r 也常难准确测定，则 $N_t = N_0 \mathrm{e}^{a+bx}$。

（二）种群在有限环境中的逻辑斯谛增长

种群在有限环境中也适用于世代不相重叠的离散增长和连续增长模型。因环境资源有限，其指数增长一般仅发生在早期阶段密度很小、资源丰富的情况下；随种群密度增大、资源减少、代谢产物积累等，种群的增长率 r 势必降低。

在环境中生活资源有限的条件下，当种群数量 N_t 达到该环境资源所能容纳的最大限度（饱和密度）k、即 $N_t = K$、$\mathrm{d}N/\mathrm{d}t = 0$ 时，种群的增长率 r 为零；种群增长率随密度的增大使增长受到阻滞而降低，即新增加的每一个体将利用 $1/K$ 的空间与资源而对进一步增长产生 $1/K$ 的抑制影响，这样达到 N 个个体时，可供种群继续增长的剩余空间与资源只有（$1-N/K$）；同样也将导致 r 随着密度增大而降低，即 r 也要受到阻滞，$r=hK$（h 为阻滞系数）。因而，在时间 t 时，$\mathrm{d}N/\mathrm{d}t = (r-h \cdot N)N = r \cdot N[(k-N)/N]$，即 $N_t = k/[1+\mathrm{e}^{a-rt}]$ 或 $\mathrm{d}N/\mathrm{d}t = rN(1-N/K)$，此即用途广泛的逻辑斯谛增长模型，该模型的曲线为"S"形（图 5-4）。

逻辑斯谛曲线的主要特点：①曲线渐近于 K 值时，$N=K$，种群就停止增长，达到了饱和密度。②在指数增长方程 $\mathrm{d}N/\mathrm{d}t = rN$ 上增加了一个密度制约因子（$1-N/K$），在初期阶段因 N、N/K 均很小，由于（$1-N/K$）接近于 1，所以密度抑制效应不显著；但随着种群密度的增大，密度抑制效应逐渐凸显，因而曲线上升过程平稳。③各时段增量的累加值 $\int_0^t \Delta N_t = \Delta N_{i-1} + \Delta N_i$ 符合正态分布（$\Delta N_i = N_t - N_{t-1}$），因而可由正态模型经过数据的反转换求出其相应的极值和参数。④该曲线可根据正态模型的 $\pm 1\sigma$、$\pm 2\sigma$ 划分为 5 个阶段：开始期（潜伏期），种群数量很少，增长趋势缓慢；加速期，随种群数量的增加，增长趋势逐渐加快；转折期，当种群数量达 $K/2$ 时，增长趋势

图 5-4　逻辑斯谛增长模型

最快；减速期，种群数量超过 $K/2$ 后，增长趋势逐渐变慢；饱和期，种群数量达 K 值时而饱和。⑤参数 r 一般表示物种的潜在增殖能力，K 是环境容纳量；但 r 和 K 随环境的改变而改变，r 在不同的情况下具有不同的生物学含义。

三、影响种群动态的因素

森林昆虫种群在时间、空间上的变动既有数量的增减，也有发生面积（空间）的扩大或缩小；时间结构包括种群的年、季节、世代的变动，空间结构涉及在林分冠层与海拔上的垂直变动，以及在林分或特定栖境中分布范围的水平变动。

（一）森林昆虫种群数量变动的类型

1. 低发型

当森林害虫发生于其分布区的边缘地带或临时发生地，或因遗传特性及环境条件的影响而繁殖率低，或死亡率高、基数较小，种群数量常保持较低的水平。因此，不论环境如何，其种群数量的变幅仍不大，难以形成明显消长的现象，对森林不产生明显的危害。

2. 偶发型

有些森林害虫在气候正常年份数量较少，属于低发型；在气候等环境发生变化的个别年份偶然出现了可促使其大量发生的有利因素，或由于人为创造有利于其生长、发育的条件，遂猖獗危害。但扩展范围常较小、延续时间短，往往只经过少数几代种群数量即衰落。

3. 常发型

有些森林害虫的种群密度在上升后即持续保持较高水平，经常造成严重危害，形成发生基地或虫源地。如东亚飞蝗、杨小舟蛾等。

4. 间发型

某些森林害虫常间隔数年才大面积发生和危害一次，形成间歇消长或周期性猖獗危害的现象。如马尾松毛虫的猖獗危害间隔期为 3~5 年，大发生年份的虫口密度极大，大发生后虫口密度陡然降低至难以寻觅的程度。

在自然生态系统中，由于群落内食物链及环境因素的复杂性，害虫的低发型与常发型没有绝对性。如粗鞘双条杉天牛 *Semanotus sinoauster* Gressitt 在长江以南杉木散生林区或混交林带内属于低发型害虫，但在大面积的杉木纯林中则是常发型的毁灭性害虫。此外，还可根据大发生型森林害虫的扩散能力，将其类型划分为非扩散型大发生和扩散型大发生。而周期性猖獗暴发的食叶害虫的危害过程又可分为初始、增殖、猖獗、衰退 4 个阶段（详见第 10 章）。

（二）影响森林种群数量变动的因素

在一个生境内繁衍的种群，与周围环境的联系可分为两大类，一类是与其生存相联系的气候、土壤、水体等，即非生物因素；另一类是与该种群发生关系的各类生物，如食物、天敌等，这些关系可能是相克（如天敌）、竞争（生存空间、食物、光等）、共栖、共生、共食，这些性质不同的关系是生物协同进化过程中的阶段性特征。当然也可以按照另外的区分方式对影响种群数量的因素进行归类，如气候、食物、天敌、人类活动、林分组成与结构为环境因素，种内竞争或干扰、遗传特性、种群密度为种群内部因素。

1. 非生物因素

非生物因素对昆虫种群的作用是按照一定规律运行的。每种昆虫的生存均要求一定的环境，而该种群又是该环境的一员；昆虫种群的数量及其稳定性取决于相关因素间的平衡关系，任一因素的变动都可成为改变该种群密度的主要因子。

非生物因素包括温度、湿度(降水)、光、风、土壤、水体等。该类因素对昆虫种群中各个个体的影响基本一致(个别除外)，对种群所施加的影响与该种群的数量(即密度)无关，即非密度制约因素；而昆虫种群对该因素所施加的作用只能调整或改变自身进行适应(很少有改变环境的例子)。另外，该类因素只影响种群的死亡率而不影响出生率，其影响将作用到同一群落内的各个种群，但对不同种群所产生的影响程度不同。

天气状况同时作用于昆虫及其天敌和寄主植物，从而对昆虫产生直接或间接的影响。极端或不利的气候都会直接影响昆虫的发育、繁殖及存活。例如，灾变性天气、森林采伐或火灾均可直接引起森林昆虫死亡，或因食源和栖境的缩小而使种群缩减，但森林遭受火灾后对蛀干害虫的发生却带来有利的条件，常导致其大量发生。

2. 生物因素

生物因素包括食物、天敌，以及与该种群有竞争、共栖、共生、共食等关系的他种动植物及人类活动。生物因素对种群的影响常只涉及种群内的某些个体(很少涉及整个种群)，对种群施加的作用与种群的密度有关(密度大时接纳该类因素影响的概率增大)。该类因素对种群出生率和死亡率均产生影响，所以又称为密度或种群制约因素。该类因素与昆虫种群间的作用是存在互相适应的关系。此外，由于生物因素是种群与种群间的相互作用，所以除涉及两个种或种群外，也可能对群落内其他种群产生不同程度的影响。

(1)食物

昆虫所需食物的量、营养价值的高低对其存活和繁殖的影响十分显著。寄主植物的物候与昆虫发育的吻合度、种类、分布和密度与昆虫种群数量和分布密切相关。

(2)天敌和病原微生物

生境中的天敌种类、数量对昆虫种群的消长常有显著影响。

(3)人为活动

大面积的开荒造林、主伐和间伐、经营状况，以及化学防治和其他防治手段的应用都会对森林昆虫群落和种群的消长带来直接和间接的巨大影响。

(4)林分

组成、林龄、郁闭度、地形、地势、坡向等与森林害虫的种群动态有关。幼林阶段以食叶和嫩枝蛀干害虫为主；中、壮龄林则以食叶害虫为主；成熟林和过熟林的长势衰弱，对蛀干害虫的发生有利。疏林和林缘光照强、温度高、湿度低，利于喜欢温暖和强光的种类(如十斑吉丁甲)发生；郁闭度大的密林则适于喜阴种类(如杨裳夜蛾)的发生。

(5)种内竞争或干扰

种群达到一定密度后，个体间争夺食物和生存空间的剧烈竞争甚至自相残杀的现象，在一定程度上对种群的质量(如存活、繁殖)产生影响。

(6)遗传特性

种群密度接近环境负荷阈值后，常有遗传性衰退及基因型与表型的变化。

(7)密度

种群密集时病原微生物易传播蔓延和流行，使死亡率上升；同时，部分个体向外扩散而对种群密度产生影响。

上述各因素对于不同种群的影响有所不同。每个种群的年发生代数、性比、繁殖力、对极端气候的忍受能力、对天敌与病原微生物的防御能力及密度的自我调节的能力等也不同。各因素是互相影响综合作用于种群的，不少情况下某因素常起着关键性的作用，但一种因素不可能成为任何情况下影响种群变动的主要原因。如猖獗性害虫发生初期，食料充足时有利的气候往往可促使其大量发生；但在害虫大暴发以后，由于食物不足，天敌制衡力强大，种群质量下降，部分个体常因饥饿而死，这时即使气候对种群十分有利也不能使种群密度上升或稳定不变。研究种群动态的目的在于掌握种群数量变动的规律，找出不同立地条件下起决定性作用的主导因素，从而准确地做好虫情预测预报工作，采取适宜的防治措施，有效控制森林害虫的种群数量，使其难以成灾。

(三)林分与昆虫群落间 3 种重要关系

1. 物质转移与循环关系

上述昆虫种群的数量变动实质上属于生态系统中生物链的物质循环与相互转移的范畴。与其他生物学、生态学研究不同的是，昆虫群落内的物质转移习惯上采用计数的方式统计其转移量，而其他则常采用质量统计方式进行。

2. 能量流动关系

由于能量在生物链中迁移的不直观性，昆虫生态学偏重于进行上述数量变动规律的观察与研究，这导致了许多有实际应用价值的生态理论与技术在害虫控制上不能应用。

3. 信息联系

信息是能引起生物生理、行为反应的物理与化学刺激，生物种群与环境及种群间通过信息链所建立的关系即信息联系，它包括种群与种群、种群内个体与个体、种群与环境间的各类物理和化学信息联系。如天敌与寄主、植食性昆虫与食物间是在营养联系的基础上产生了化学信息联系，并通过拮抗而适应、相对独立进化而发展，芸香科植物的柠檬香与柑橘凤蝶间的联系就是如此；同一寄主与不同昆虫联系的信息物质是不同的，同一种物质对一种昆虫可能是有毒的或是其忌避剂，但却可能是另一昆虫的引诱剂。昆虫种群与气候间也存在信息联系，如光周期与昆虫的滞育。昆虫种群内部的联系信息则是依靠信息素完成的。

第二节　非生物因素对昆虫的影响

在生态系统中，温度、湿度和降水、光照、风，以及地理环境(如山脉、平原、土壤、水体)等非生物因素，对昆虫种群的影响是直观可见的。其中的气候因子不仅影响昆虫的生长发育，也与植被类型、土壤及其发育有关。利用这类非生物因素与昆虫群落、种群间的关系调控害虫的种群数量，是害虫的生态治理即可持续控制的重要手段。

一、温度与昆虫的关系

昆虫是变温动物，本身调节体温的能力不强，其进行生命活动所需的热量除利用新陈代谢所产生的化学能外，主要是吸收太阳辐射热。所以，外界气温的变化直接与虫体的代

拓展阅读

谢水平和发育速率相关。由于气候带间温度的差异,各昆虫种类生存的适温范围又不同,因而温度也是决定昆虫地理分布范围的一个重要因素。

(一)温度与昆虫发育的关系

1. 昆虫对极端温度的适应

面对夏季的高温与冬季的低温,昆虫是以停止生长发育的形式(停育或滞育)越夏和越冬的。个体及种群所处的发育阶段、生理状态、栖息环境中的其他因素不同,其对温度变化的适应能力也不同,但正常季节出现持续时间较长的气温突然升高或降低,对昆虫有很强的致死作用。幼虫抗寒力弱,越冬态抗寒力强。

2. 适温范围

将适合某昆虫生存的温度范围称为温区。据昆虫在温区内的发育及反应特点,可将温区由低到高划分为5个区,即致死低温区、亚致死停育低温区、适温区、亚致死停育高温区、致死高温区。昆虫发育较理想的是适温区,常将该温区又细分为低适温、最适温、高适温3个亚区(图5-5)。

Ⅰ.致死低温区;Ⅱ.亚致死停育低温区;Ⅲ.适温区;Ⅳ.亚致死停育高温区;Ⅴ.致死高温区。
1.低适温亚区;2.最适温亚区;3.高适温亚区。

图 5-5　昆虫发育的适温范围

温度不仅影响昆虫卵、幼虫及蛹的发育速率,也对成虫的生殖和寿命有直接影响,还可能通过对老龄幼虫、蛹发生作用而影响成虫的生殖。昆虫生殖与其生长发育所要求的温度范围基本一致,在适温区,成虫的产卵量随温度的升高而增加,如落叶松叶蜂,见表5-2。

表 5-2　落叶松叶蜂雌虫产卵率与温度的关系

温度(℃)	12.5	14.1	15.1	20.0	24.6
产卵量(粒)	13.29	17.67	29.09	44.44	65.00
产卵率(%)	18.16	24.15	39.75	60.73	88.82

注:雌虫体内抱卵数73.18粒。

低温引起昆虫死亡的主要原因是代谢消耗、生理失调(也适于解释高温致死)和体液结冰。当温度下降或升高时,虫体各类代谢机能下降的速率并不一致,因而加重了对某一物质的代谢消耗,致使生理失调而死亡。当低温导致体液结冰时,细胞内的原生质失水,引起原生质、膜分离,破坏了细胞与组织的结构,而引起昆虫死亡。

昆虫的抗寒性在于冬季到来前体内积累了充分的营养物质,越冬期间降低了代谢水平,提高了低温代谢的调节能力,因而增强了耐寒性。另外,一些昆虫越冬前由于体内脂肪类物质的积累,游离水分减少,结合水增多,降低了体液结冰的温度,使过冷却点明显下降,耐寒性也随之提高(当虫体温度随环境温度下降至0℃以下某一温度 T_1 时,虫体的体温又突然上升并接近于0℃,而后再继续下降至与环境温度相同的 T_2 时结冰,则 T_1 为过冷却点、T_2 为体液的冰点）。而寒带地区的一些昆虫产生了忍受体液结冰和细胞内冰晶机械损伤的生理破坏的耐寒机能，适应了这些地区冬季的恶劣环境而不死亡。

(二) 适温区温度与昆虫生长发育的关系

在适温区，随温度的升高昆虫的生长发育速率加快，若以 V 表示某种昆虫在某一发育阶段的发育速率，N 表示完成该发育阶段所需的天数，则一天所完成的发育进度为 $1/N$，$V=1/N$，即 V 与温度呈直线相关。由于昆虫体内代谢酶的活性要受到一个高温条件的限制，虫体的生长发育速率取决于代谢机能，因而在温度偏高时发育速率的增长减慢，高温时下降，其总趋势为一近"S"形的曲线（图 5-6），即温度与发育速率符合逻辑斯谛增长曲线，模式如下。

$$V=K/(1+e^{a-bx}) \qquad (5-7)$$

式中，V 为发育速率；x 为温度；K 为发育速率的上限值；a，b 为常数；$e=2.718$。

图 5-6 中落叶松叶蜂幼虫期的发育速率与温度关系的逻辑斯谛模型为：

$$V=0.056\,7/(1+e^{2.114\,1-0.204\,3T})$$

温度与产卵的关系为：

$$V=0.159\,7/(1+e^{5.023\,5-0.284\,6T})$$

昆虫发育的适温区常存在范围狭窄的最适温亚区，在该温区内常出现发育速率恒定的现象，所以常致使逻辑斯谛增长模型的符合程度降低。

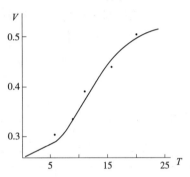

图 5-6　落叶松叶蜂幼虫的发育速率与温度的关系

(三) 积温与有效积温

生物在生长发育过程中须从外界摄取一定的热量，完成某一发育阶段，所摄入的总热量为一个常数，这个常数就是该发育阶段的积温，即

$$K=T \cdot N \qquad (5-8)$$

式中，K 为积温（$d \cdot ℃$）；T 为平均温度（$℃$）；N 为发育天数（d）。

在发育温区内，昆虫只在低适温亚区的最低限即发育起点温度以上发育，因此，从日平均温度 T 内减去发育起点 C 以下的温度所得到的积温为有效积温，即

$$K=(T-C)N \qquad (5-9)$$

若设 2 个温度（T_1 和 T_2）进行实验，可按照以下公式计算发育起点温度 C，然后再根据原公式计算有效积温 K。

$$\begin{cases} (T_1-C)N_1=K \\ (T_2-C)N_2=K \end{cases} \qquad (5-10)$$

$$(T_1-C)N_1=(T_2-C)N_2 \qquad (5-11)$$

$$C=\frac{T_1N_1-T_2N_2}{N_1-N_2} \qquad (5-12)$$

或

$$K=\left(T_1-\frac{T_1N_1-T_2N_2}{N_1-N_2}\right)N_1 \qquad (5-13)$$

$$K=\left(T_2-\frac{T_1N_1-T_2N_2}{N_1-N_2}\right)N_2 \qquad (5-14)$$

若设 n 个温度(T_1, T_2, T_3, $\cdots$, T_i)进行实验, 其发育速率依次为 V_1, V_2, V_3, $\cdots$, V_i, 可采用统计学上常用的最小二乘法计算 C 和 K, 即

$$K = \frac{n \sum VT - \sum V \sum T}{n \sum V^2 - \left(\sum V\right)^2} \tag{5-15}$$

$$C = \frac{\sum V^2 - \sum T - \sum V \sum VT}{n \sum V^2 - \left(\sum V\right)^2} \tag{5-16}$$

$S_C = \left[\sum (T_i - T_I')^2 / n\right]^{1/2}$ （S_C 是 C 的标准误差, T_I' 是 T_i 的理论值)

据此并依据实验结果, 可得到温度与落叶松叶蜂各发育阶段的发育起点温度、有效积温与发育速率, 其关系见表 5-3。

表 5-3　落叶松叶蜂各发育阶段的起点温度与有效积温

发育阶段	卵期	幼虫期	预蛹期	蛹期	卵到蛹期	成虫期
发育起点温度(℃)	4.06	2.25	0.00	4.18	0.81	4.44
有效积温(d·℃)	127.40	358.25	73.02	76.48	764.38	72.95
V 与 T 的关系	$\dfrac{0.1597}{1+e^{5.0235-0.2846T}}$	$\dfrac{0.0567}{1+e^{2.1141-0.2043T}}$	$-0.1583+0.1375\ln x$	$-0.3451+0.1829\ln x$		$\dfrac{0.2949}{1+e^{1.3764-0.1038T}}$
S_C	0.0131	0.0016	0.0154	0.0002		1.7107

有效积温有如下用途：①确定某一昆虫在某地的发生代数。若知道该地发育起点温度以上的年积温总值, 即可由该虫整个世代的有效积温推测其可能完成的世代数。②估计某一昆虫在地理上的分布界限。例如, 在北半球可依据气候等温线所在地域的某昆虫发育起点以上的年积温以及该虫完成一个世代的有效积温, 推测该虫分布的地理北限。③预测某害虫的发生期。即依据各发育阶段所需要的有效积温和当地的温度变化趋势, 预测下一阶段或整个世代的发育期。④根据发育起点温度和有效积温, 在饲养益虫和害虫时选择适宜的温度, 控制发育速率。

有效积温在实践上虽有不少用途, 但只在昆虫发育的适温区内才有实际意义。对于有滞育、越冬、越夏的昆虫, 在其停育期不适合使用有效积温进行发育状况分析。大多数有效积温是通过室内饲养和测算得到的, 而室内的恒温条件明显与外界的变温环境有较大的区别, 所以在精确性和可靠性上还存在误差。

二、湿度及降水与昆虫的关系

水是昆虫进行各种生命活动及生理代谢不可缺少的介质和成分, 不同生境中的昆虫对水分的要求程度是不一样的, 所以昆虫对水分要求的多少及其适应性也是导致不同种类昆虫出现地带性分布的因素。环境湿度常取决于温度, 因而温度、湿度对昆虫的作用是综合性的(图 5-7)。无论生活在哪一类环境中的昆虫, 其体内的水分需经常保持平衡, 虫体本身也具有保持水分不致散失的功能, 以维持其正常的生命活动。

(一)昆虫获取水分和水分散失

昆虫从自然界获取水分和散失水分的方式多种多样。其获得水分的途径主要是通过取食、饮水及体壁渗透吸水, 利用代谢水也是获取水分的一种方式。虫体水分散失的途径包

括消化道、排泄系统的排水，呼吸系统及体壁以扩散方式的失水。

(二) 部分昆虫对水分的特殊要求

水生昆虫主要依靠体壁吸水，在脱离水环境后极易死亡；钻蛀性昆虫、土栖昆虫，以及必须在土中发育的虫态或有钻蛀性生活期的虫态，要求具有 100% 的相对湿度；裸露生活在植物上的昆虫，对湿度有一个要求范围。湿度的变化与温度一样，除影响昆虫的发育速率外，也对成虫的生殖和寿命有影响(表 5-4)。

图 5-7　落叶松叶蜂幼虫存活率 l_x 与温度、湿度的关系

表 5-4　温度与相对湿度的变化对落叶松叶蜂成虫产卵量及寿命的影响

温度(℃)	相对湿度(%)	产卵量(粒)	寿命(d)	温度(℃)	相对湿度(%)	产卵量(粒)	寿命(d)
12.5	92.8	5.67	3.67	20.0	93.7	36.33	3.33
	84.4	19.00			80.7	35.67	4.33
					64.0	61.33	5.33
15.0	93.3	21.25	3.25	25.0	94.5	75.33	2.67
	81.5	31.36	4.84		78.0	70.00	4.00
					72.0	54.75	3.50

高温、低湿环境常加速虫体内水分的蒸发，使其正常的生理活动产生紊乱而不利于发育；同样高湿、低温条件因不利于虫体内水分的正常扩散，也影响其发育；这是昆虫发育要求一个较为稳定的温湿度环境的原因之一。另外，在高湿、低温季节，寄主体内水分含量增加、营养物质减少，也对植食性昆虫的发育有一定的负作用，易使昆虫感病、发生流行病；在高温、干旱季节，寄主体液浓度增高，反而利于刺吸式昆虫的发育。

降水直接影响大气的湿度和土壤的含水量，间接对昆虫的生长和发育产生作用。而降水对昆虫的直接作用取决于其强度、频率和持续时间。暴雨能将树木上的害虫冲刷掉，积水可以淹毙多种害虫，长时间的连绵雨会影响害虫幼虫的结茧、化蛹和成虫的羽化、交尾、产卵；适时的降水常促使虫卵的整齐发育而导致种群的增长，冬季降雨可引起许多越冬昆虫死亡，但降雪则可提高其生存率。

(三) 温湿度的综合作用

不同的温湿度组合引起的昆虫的生命过程不同，如发育历期、死亡与存活率、生殖率的变化；适温范围会因湿度的变化而偏移，适宜的湿度也会因温度的变化而偏移，所以在一定的温湿度范围内，相应的温湿度组合可以产生近似的生物效应。实践上常用温湿度系数和气候图表示温湿度综合作用的大小。

1. 温湿度系数

温湿度系数可用于比较和分析不同地区的气候特点，或同一地区不同年份的气候特点，以分析害虫种群数量的变化趋势。但是在应用上还存在缺陷，例如，不同地区的温湿度系数可能相同但气候差异悬殊，也可能造成分析结果与实际情况不符。3 种温湿度系数

如下(可根据具体情况使用)。

$$Q = M / \sum T \tag{5-17}$$

式中，Q 为温湿度系数；M 为降水量；$\sum T$ 为该降水期的平均温度总和。

$$Q_e = (M - P) / \sum (T - C) \tag{5-18}$$

式中，Q_e 为有效温湿度系数；P 为发育起点 C 以下期间的降水量。

$$Q_w = RH / T \tag{5-19}$$

式中，Q_w 为生态温湿度系数；RH 为相对湿度。

2. 气候图

气候图是以每月的平均温度及总降水量为变量绘制的平面坐标图，用于表示不同地区的气候特征。若两地区或同一地区不同年份的气候图基本重合，可以认为其气候条件相似，这样在分析某昆虫在新地区有无分布的可能性，比较地区、年度、季节间某害虫发生量有无差异时可作为参考(图5-8)。

部分有害生物的分布及危害除与其他因素有关外，还与地域性的温湿度综合作用关系很大。如危害花椒的 7 种陆栖螺类，在其他地区仅见零星分布且不成灾，但在甘肃陇南地区，由于土壤含钙量高、夏秋季多雨冷凉，恰好适宜其繁衍，因而危害严重。

图 5-8 某两地(年份)气候图
(1~12 代表月份)

三、光照与昆虫生长和发育的关系

光照一方面直接或间接供给昆虫生长所需要的能量，另一方面对昆虫的发育具有直接和间接的刺激、诱导和调控作用。

(一)光的特性与昆虫的行为

光照具有热辐射性，寒带及气候较冷凉地区的昆虫体色灰暗，常活动于光照充足之处借以吸收太阳的辐射热提高体温。热带地区或生活于高温季节的昆虫体色常较淡，常有强烈的反光能力或活动于阴凉处以免使体温过高。

昆虫对光照强度的变化常具有行为上的选择性，土栖性、钻蛀性、喜隐蔽生活的昆虫畏光，营裸露生活的昆虫则喜光。在增加光照强度时，多数昆虫的活动性也随之增强，但也因代谢加速而寿命缩短。部分昆虫的活动受光照强度的影响较为明显，如蚊虫喜在0.15~1.50 lx 下活动，蚜虫在光强低时不迁飞。

同样，昆虫种类之间对光的波长也有选择性，在红—紫外光的波长范围内，偏向于紫外光区(图5-9)。昼夜光强和光色的变化使昆虫在活动习性上出现分化，即日出性、夜出性及中间性(早晨及傍晚活动)。

图 5-9 人与昆虫视觉的感光力比较

(二)光周期

光周期(photoperiod)是一天日照时数在一年内所形成的变化序列。同纬度光周期的年变化稳定，光周期比温度的年变化更具规律性。所有生物包括昆虫形成了与光周期变化相适应的生物学及生理活动的节律，即生物钟。昆虫与光周期变化突出的联系是滞育与发育期相互交替，当然昆虫的滞育还与其他生态因素有关。

昆虫的滞育除生物学部分所介绍外，在这里可区分为3种类型：短日照滞育型(长日照发育型)，即日照时数短于16~17 h以下种群进入滞育，反之则继续发育，如马铃薯甲虫；长日照滞育型(短日照发育型)，即日照时数短于13~15 h以下种群正常发育，反之则进入滞育，如家蚕；中间型，即在日照为16~20 h种群发育，低于或高于该日照范围则进入滞育状态，如黄尾毒蛾(图5-10)。

图5-10　3种滞育型

滞育的意义在于协助昆虫度过不良环境以利于种群繁衍。不同种的昆虫滞育时对光周期的要求不同；即使同种昆虫如分布于不同纬度，由于温度条件的改变，滞育时所要求的临界光周期也不同；低纬度的昆虫对光周期的反应常不明显。

四、风与昆虫生栖的关系

风对昆虫的迁飞、地理分布甚至进化途径有直接影响。部分害虫常借助风力而扩大分布地域，如我国的重要害虫——黏虫、飞虱常借助春、秋季风北迁南移；长期生活于强风地区的昆虫在进化上被迫产生了适应该生境的特征，如翅退化或变小。风的间接作用表现为增强寄主及土壤的蒸发量，改变大气的温湿度，进而对昆虫产生相应的影响。但狂风暴雨常导致某些昆虫大量死亡，使其种群数量急剧下降。

以上我们在讨论昆虫与环境的关系时涉及的均是大气候因素，实际上所有昆虫的生活场所都是微气候环境，如寄主体内、水体内、土壤里、植物表面，所有这些微气候环境的变化与大气候的变化常是不同步的。由于昆虫在大气环境发生变化时常主动寻找或逃遁到条件较为适宜的场所，而微气候受地形、地势、方位、土壤、植被类型和密度、植被盖度等因素影响，所以我们在应用上述温度、湿度、光照、风等因素对昆虫影响的规律时，只有综合考虑微气候因素才能对相关的问题进行较为确切的判断。

五、土壤与昆虫的关系

土壤是生态系统中的特殊环境，地面上的昆虫及其他生物都与土壤有各种直接或间接的关系，土栖生物及地面生物也在不断改变着土壤的性质与环境；并且植被类型常与土壤的类型相关，也使昆虫的区系组成有显著的区分。

(一)土壤气候与昆虫

土壤温度由于受太阳辐射的影响有日变化和年变化规律。日变化只涉及土壤表层，而年变化在低纬度区涉及土层深度 5~10 m、中纬度 15~20 m、高纬度区达 25 m。土壤温度的日、年变化使土栖昆虫在行为上产生了在土中下迁或上升的习性,多数在土中过冬的昆虫常潜藏于一定深度或向阳的土中。冬季土壤表面覆盖积雪时常利于表层土中的昆虫越冬,否则昆虫常难以忍受极端低温(如-20℃)而大量死亡。

土栖昆虫或需要在土壤中度过某发育阶段的昆虫,其表皮保水能力弱,要求土壤的湿度达饱和状态(即相对湿度 100%),否则会因失水而影响正常的生命活动甚至死亡,如卵难以孵化,幼虫难以蜕皮,滞育不能解除等。

土壤的含水量与土壤的质地有关,常用相对含水量评价土壤的干湿状况,而绝对含水量(土壤含水量)在分析上述问题时意义不大。

土壤相对含水量=(取样时土质量-干土质量)/(土饱和质量-干土质量)×100%　　(5-20)

(二)土壤的理化性质影响昆虫的分布和种群数量

土壤的理化性质取决于土壤的成土母岩、土壤颗粒、团粒结构、有机质含量、pH 值、含盐量等。土壤的理化特性及土壤的气态(即空气)与水汽、液态(主要是水)、固态(即土壤颗粒)直接与土栖昆虫的活动性和分布相关。如大云金龟多分布于棕壤与黄棕壤地带,而华北金龟甲分布于垆土及褐土地带;叩头甲幼虫喜栖居于 pH 值为 4.0~5.2 的土壤中;甚至植食性昆虫(如铜色花椒跳甲和红胫花椒跳甲)的分布除气候因素外,基本分布于四川西北和甘肃东南部的山地褐土、棕壤和灰化土地带;而一些土栖小型动物、昆虫、微生物的分布及活动性受土壤的酸碱度、粒度的影响更大。

(三)土壤生物与土栖昆虫

土栖昆虫及部分生活史在土内完成的昆虫和其他土壤生物的数量相当大,如部分地区弹尾目昆虫的数量达 $10×10^4$ 头/m^2、金龟甲幼虫可达 10 头/m^2。土壤生物一方面能改造土壤的团粒结构及理化性质;另一方面对土栖昆虫也有相当大的影响,如土壤中的寄生性线虫、螨类、病原微生物、病毒等土栖生物均对土栖昆虫的种群数量有重要控制作用,而农林耕作及营林措施等对土栖生物的影响也不可忽视。

第三节　生物因素对昆虫的影响

昆虫栖息的生态环境内包括各种类型的生物群落,如植物群落、微生物群落、脊椎动物群落、无脊椎动物群落。所有这些生物类群都或多或少地与昆虫群落有物质和营养转移关系、能量转移关系,以及复杂的信息联系。这些关系是以食物链为基础建立的,上述各种关系中的因子均有可能影响昆虫的种群数量。

一、昆虫与食物

食物是对昆虫影响最大的生物因素之一,因为它直接决定该生境中昆虫的种群数量,又是昆虫生存、生长、发育、繁殖等生命活动的基础和保障。昆虫的食物是复杂和多样化的,即使是取食同一类型食物的昆虫,在种间也存在对某食物喜好程度上的差别,所以了解这种嗜食差别尤其重要。

(一)昆虫的食性及其特化性

在昆虫的生态占位现象中，每一种昆虫都选择并确定了其食物，即使多种昆虫选择了同一种食物，也采用生活史相互错位、取食部位不同、取食的食物成熟度(发育阶段)不同、索取的营养不同、嗜好不同的方式，以避免争夺食物资源。

按照昆虫取食食物的属性(即食性，feeding habits)，将昆虫分为 4 类：以活体植物为食的植食性(phytophagous, herbivorous)；以活体动物为食的肉食性(carnivorous)，又分为寄生性和捕食性；以动植物的尸体和排泄物为食的腐食性(saprophagy)，可再分为尸食性(carrion-breeding)与粪食性(dung-breeding)；以动植物为食的杂食性(omnivory)。

每一种昆虫在进化过程中对食物均形成了程度不同的偏食性(或称为嗜好性)，即食性的专门化，这种选择性是由遗传决定的，并与其对食物的识别方式有关。这种专门化包括：只取食一种植物或该植物的某些近缘种的单食性(monophagy)；只取食一科或与该科植物相近缘的某些种的寡食性(oligophagy)；能够取食亲缘关系不同的许多科植物的多食性(polyphagy)。该现象同样也存在于其他食性的昆虫类群中，如只有一种寄主的寄生性昆虫称为狭寄生，具有许多种寄主的则称为广寄生；实际上昆虫食性的专化程度常难以严格区分。

食物的质量对昆虫生长发育的影响是直接的。幼期进食的食料不同，为后续发育所积累的营养不同。食物质量会影响到幼虫本身的生长状态、成活率，甚至成虫期的生殖能力(表5-5)；尤其是部分对食物要求严格的植食性昆虫，当取食发育阶段不同的同一植物时，也会对其生长和发育产生较大的影响。大多数昆虫在羽化为成虫后不再取食，部分寿命长或在羽化时体内特有的器官还未发育完成或完成生殖时需要补充特殊物质的成虫还需取食，这种成虫期取食的现象称之为补充营养。

表5-5　不同松树针叶饲养下的落叶松叶蜂幼虫的死亡率 B(%)和体重 W(g)

天数(d)	冷 杉		华山松		水 杉		油 松		云 杉		落叶松	
	B	W	B	W	B	W	B	W	B	W	B	W
2	10.0	0.005	0.0	0.005	30.0	0.005	0.0	0.005	0.0	0.005	0.0	0.006
4	85.0	0.003	65.0	0.003	60.0	0.006	0.0	0.005	0.0	0.005	5.0	0.007
6	5.0	—	35.0	—	10.0	—	75.0	0.006	35.0	0.005	5.0	0.008
8	—	—	—	—	—	—	25.0	—	65.0	—	5.0	0.016
10	—	—	—	—	—	—	—	—	—	—	5.0	0.039
16	—	—	—	—	—	—	—	—	—	—	15.0	0.040
18	—	—	—	—	—	—	—	—	—	—	15.0	—

(二)昆虫与寄主的协同进化关系及寄主的抗性

自然界没有一种寄主会被所有的寄生者取食，也不存在一种寄生者会不选择地去取食所有的寄主，这是寄生者的选择性和寄主的抗性协同进化的表现。

1. 植食性昆虫对寄主的选择性表现

从昆虫的成虫开始，其建立取食过程的序列为：产卵→幼虫孵化并取食→要求营养→要求含有特殊生理物质。选择性在上述每一个环节中皆有表现。

拓展阅读

(1)产卵期的选择性要求

寄主植物的生境与昆虫的要求一致，其色、形、味能对昆虫产生刺激和招引作用，才能驱使昆虫进行选择、产卵或觅食。

(2)取食期的选择性要求

当一种昆虫选择某一种植物后，其能否使该昆虫产生食欲及取食，往往与其表面的物理性状、组织结构特征、化学物质等有关。

(3)取食后营养的选择性要求

昆虫一旦开始取食，决定其继续取食的关键是该植物的营养效应能否充分满足该昆虫生长发育的要求。

(4)发育过程对特殊生理物质的选择性要求

当普通营养物质满足昆虫生长需求后，食料植物中是否含有虫体自身不能合成的生理必需物如特殊的维生素、合成激素的前体等，就成了能否保障其完成发育过程并继续选择该植物的决定因素。

2. 植物对付昆虫选择性的抗虫性表现

植物为保护自身不被取食，也具有相应抗虫性，即下述抗虫三机制。

(1)不选择性

使昆虫难以选择的主要对策，如不具备引诱昆虫产卵、取食的物理和化学性状，或具备抗拒昆虫产卵与取食的特性，或植物的物候期与昆虫的生活史不同步。

(2)抗生性

当昆虫选择并取食后，植物的抗性可能是营养不能满足昆虫生长发育的需求，具有某种毒素，或害虫危害后产生毒素而导致其发育不良、寿命缩短、生殖力下降甚至死亡，或不具备其所需要的特殊生理活性物质(如维生素类、肌醇、固醇类等)。

(3)耐害性

当某植物一旦被某昆虫确定为食物后，其抗性常表现为忍耐被害，或再生补偿力增强，仍维持一定的生物产量不致灭绝；或在一定受害范围内能忍受昆虫的取食而不影响正常的生长，如大多数树木能忍耐食叶害虫取食其叶量的40%。

上述3类抗虫性在植物种类、品种上的表现虽然互不相同，但抗虫性是普遍存在的现象，因此提高植物的抗虫能力是治理害虫的一个重要的手段。植物的抗虫性与其形态特征、生理生化特征、发育特征有着较为密切的联系，所以通过测定与抗虫性相关的因子即可确定该植物抗虫力的强弱。例如，植物低氮高糖水平常与抗蚜性相关，落叶松针叶叶丛的紧密程度与对叶蜂的抗性相关，水稻组织硅酸盐含量高可抗螟虫危害，L-天冬氨酰含量低可抗飞虱危害，丁布含量与对玉米螟的抗性有关等。

二、昆虫的天敌

群落内具有许多捕食和寄生某一昆虫的其他昆虫、动物、微生物及植物，这些自然界的敌害称为该昆虫的天敌。昆虫的卵期、幼虫期、蛹期及成虫期均有多种天敌，其致死率达30%~90%。天敌是抑制害虫种群的重要因素，利用天敌是控制害虫常用的手段之一。

(一)病原生物

1. 病毒

全世界已从 11 个目 900 多种昆虫中发现了 1 100 余种病毒。DNA 病毒有 862 种,其中杆状病毒科 477 种,GV 虹色病毒科 128 种,昆虫痘病毒科 64 种,细小病毒科 18 种;RNA 病毒有 337 种,其中呼肠孤病毒科 231 种,弹状病毒科 6 种,微核糖核酸病毒科 9 种,松大蚕蛾 β 病毒科 6 种,野甲病毒科 3 种,非包涵体病毒 82 种。

昆虫病毒中常见的是核型多角体病毒(NPV)、颗粒体病毒(GV)、质型多角体病毒(CPV)、无包涵体病毒(ONV)等。昆虫病毒的专化性很强,是很有发展前景的生物性农药之一。例如,利用人工繁殖的落叶松叶蜂的 NPV 病毒及茶毒蛾的 NPV 病毒防治该两种害虫,可使其种群数量下降 95% 以上。当病毒粒子进入昆虫消化道后,碱性的消化液使包涵体破裂,病毒粒子侵入体腔吸附于细胞上,病毒的蛋白质与核酸分离,核酸进入细胞内开始复制、形成新的病毒粒子;新病毒充满整个细胞时细胞即破裂,释放的病毒粒子又侵入相邻的细胞,最后导致整个组织崩解,引起昆虫死亡。昆虫被不同的病毒感染后的病症是有差异的,常见的病症是体液液化浑浊,无臭味;或腹部膨胀,排出垩白色粪便;或体出现蓝、紫等晕色及彩虹色。

2. 立克次体及原生动物

立克次体是介于病毒与细菌之间的革兰阴性生物,能引起昆虫致病的如微立克次体属 *Rickettsiella* 的金龟甲微立克次体 *Rickettsiella mellolonthae*。该病原物的寄主很广,常以节肢动物与脊椎动物为交替寄主,因而在害虫的生物防治中应慎重使用。与立克次体相比,植原体缺少细胞壁,部分能寄生于脊椎动物,部分是植物的病原,并可通过媒介昆虫传播。植原体和立克次体一样,寄生于昆虫的多数能垂直传播而繁衍,或使宿主的寿命缩短,或对宿主的生殖产生不良影响。昆虫病原性原生动物以微孢子虫类最常见,如家蚕微粒子病 *Nosema bombycis* Naegeli、蜜蜂微孢子虫病 *Nosema apis* Zander 等;但有些种类可与昆虫互利共生。

3. 细菌

昆虫病原细菌包括无芽孢杆菌和芽孢杆菌。最为常见且利用较多的是无伴孢晶体芽孢杆菌,如蜡样芽孢杆菌 *Bacillus cereus* Frankland et Frankland、日本金龟芽孢杆菌 *Bacillus popilliae* Dutky,利用价值大、杀虫范围广的是伴孢晶体芽孢杆菌,如苏云金杆菌 *Bacillus thuringiensis* Berliner 及其变种。

4. 真菌

昆虫的病原真菌很多,已经生产利用的有白僵菌属 *Beauveria* 与绿僵菌属 *Metarrhizium* 的种类及其变种。白僵菌所产生的杀虫毒素为白僵菌素(beauvericin),绿僵菌的杀虫毒素为绿僵菌素(destruxins)A 和 B。

5. 线虫

线虫包括索线虫科 Mermithidae 及新线虫科 Neoaplectanidae,新线虫是目前能人工培养并作为生物防治制剂的类群,但是利用时对环境湿度常有较高的要求。

(二)天敌昆虫

能寄生或捕食其他动物与昆虫的昆虫是天敌昆虫。昆虫纲中有 18 个目近 200 多科中均有捕食性天敌昆虫,其中以植食性昆虫为食的多属于害虫的天敌。如螳螂目,脉翅目,鞘翅目的肉食亚目、多食亚目的瓢虫等,膜翅目针尾亚目大部分,双翅目的食虫虻、食蚜蝇、寄生蝇等,半翅目的猎蝽、花蝽等。引进或人工繁殖、释放捕食性、寄生性昆虫是生物防治中常用的方法,如澳洲瓢虫被从澳大利亚引入世界各地防治吹绵蚧,小红瓢虫 *Rodolia pumila* Weise 由我国引至埃及控制吹绵蚧等。

寄生性天敌昆虫包括内寄生与外寄生两类,如按寄主的发育阶段则可区分为卵期寄生、幼期寄生、蛹期寄生和成虫期寄生;当寄生性天敌在寄主上的发育期占有寄主 2 个以上的发育阶段时则为跨期寄生。寄生性天敌昆虫的寄生现象有 4 种类型:1 个寄主体内只有 1 个寄生物为单寄生;1 个寄主体内有 2 头以上的同种寄生物是多寄生;1 个寄主体内有 2 种以上的寄生物为共寄生;1 个寄主被第 1 个寄生物寄生,第 2 个寄生物又寄生于第 1 个寄生物的现象则是重寄生。

(三)捕食昆虫的其他动物

在捕食昆虫的其他动物中以蜘蛛(包括螨)类最多,它们对害虫种群数量有较强的控制力,但其食性杂、专一性差。两栖类中蟾蜍和蛙食物的 90% 以上是昆虫,蜥蜴也主要以昆虫为食,鱼类则对控制孑孓(蚊子幼虫)有重要作用。以昆虫为食在鸟类中也相当普遍,如啄木鸟等。蝙蝠是以昆虫为食的兽类代表,食虫目(如鼩鼱)常以在土壤中越冬、越夏或栖息的昆虫为食,其捕食率高达 30%~90%。此外,热带、亚热带地区某些植物需要"捕食"昆虫及其他小型动物才能完成其发育过程,这些植物的叶特化成了专门的捕食器官。

第四节 生命表及其意义

生命表(life-table)本是人寿保险公司根据不同生活环境中人类的平均寿命、年龄组、引起各年龄组死亡的因素及该因素的致死率等而制定的进行人寿系统分析的特定表格。由于该表格关注的是引起死亡的原因、死亡率及寿命,这恰好与害虫治理所关注的目标是一致的,因此特别适合用于分析整个害虫种群的生命过程,从中找到自然状态下引起害虫种群死亡的主要原因,然后将其应用于害虫种群的可持续控制;也可用于建立种群生命过程的数学模型,为害虫数量测报及控制模型的组建提供依据;还可用于选择防治对策,评价各种害虫治理措施的实施效果。

昆虫的生命表是对昆虫种群生命过程进行系统分析的重要研究技术,是把昆虫种群在各个连续的时段或发育阶段内的死亡数量、死亡原因及繁殖数量,按照一定的格式详细列成的表格。由于该表格记载系统、细致,能清晰地反映整个种群在生活周期中的数量变化过程,能够具体化、数量化地描述各因子对种群动态的作用,因此可以明确分辨影响种群的重要因素及关键因素。

一、生命表的类型及组建步骤

昆虫的生命表按其用途、内容可区分为两大类型,即特定年龄生命表(age specific life table)和特定时间生命表(time specific life table),后一类型又有自然种群与实验种群之分。生命表的组建和研究程序包括 6 个步骤:①设计和制订调查及试验研究方案,包括研究对象虫种的习性、生活史、分布状态、寄主、天敌、环境因素等;②方案的实施,其中调查取样应具有稳定性，记载必须详细；③按照一定格式绘制生命表，同时对调查数据进行处理；④对生命表中的资料的分析，确定各项参数及因素对种群动态的影响程度；⑤对关键因子与种群数量的关系进行重复试验或调查，并建立相关模型；⑥在综合分析的基础上建立种群变化规律的最优模型。

二、特定时间与特定年龄生命表

(一)特定时间生命表

该生命表是以相等的时间为间距，调查记录各个时间间距内的种群存活数和繁殖量。建立这类生命表的主要目的是了解种群的内禀增长率和周限增长率，并以此建立数量预测模型。这一类型的生命表适用于描述世代较重叠、种群年龄组配比较稳定的研究对象，尤其是适用于实验种群的研究(表5-6、表5-7)。

表5-6　自然种群生命表的结构示例

单位时间间距 x'	代表年龄 x	x 期开始时的活虫数 l_x	$x \to x+1$ 的死亡数 d_x	生态寿命 xd_x	x 期内的死亡率 q_x	$x \to x+1$ 期内的平均存活量 L_x^*	x 期后存活数累加值 T_x	x 期开始时的生命期望值 e_x^*	死亡原因 F_x
0-	1.5	100	10	15	10.0	95.0	270	2.84	降水
3-	4.5	90	10	45	11.1	85.0	170	2.00	鸟食
6-	7.5	80	10	75	12.5				天敌

注：$L_x = (l_x + l_{x+1})/2$；$e_x = T_x/l_x$。

表5-7　落叶松叶蜂试验种群生命表

年龄组 x'	代表年龄 $x(d)$	存活率 l_x	单雌平均产卵量			预期寿命 e_x	稳定年龄组配 P_x	
			m_x	$l_x m_x$	$Xl_x m_x$			
0-	1.5	1.000 0				27.367 8	20.787 3	卵期
3-	4.5	1.000 0				24.367 8	17.939 8	61.918 6
6-	7.5	1.000 0				21.367 8	13.507 3	
9-	10.5	0.745 0				25.168 2	9.684 2	
12-	13.5	0.705 0				23.511 1	7.867 8	幼虫期
15-	16.5	0.660 0				22.011 8	6.265 8	29.571 0
18-	19.5	0.600 0				21.063 0	5.107 1	
21-	22.5	0.590 0				18.394 6	4.297 7	
24-	25.5	0.570 0				15.987 4	3.370 7	
27-	28.5	0.485 0				15.526 4	2.661 9	蛹期
30-	31.5	0.480 0				12.672 5	2.264 5	7.063 3
33-	34.5	0.471 6				14.750 9	1.920 0	
36-	37.5	0.463 3				12.067 5	1.628 5	
39-	40.5	0.455 2				9.329 6	1.250 3	
42-	43.5	0.362 7				6.721 7	0.913 0	成虫期
45-	46.5	0.329 7	27.342 1	9.014 7	419.183 6	4.127 6	0.450 5	1.459 9
48-	49.5	0.065 4	14.883 7	0.973 4	48.183 3	4.327 6	0.081 9	
51-	52.5	0.017 8	0.000 0	0.000 0	0.000 0	2.086 0	0.014 5	

本生命表的基本参数为：净增殖率 $R_0 = \sum l_x m_x$；生态寿命 $xd_x = \sum xd_x / \sum d_x$；世代周期长 $T = \sum xl_x m_x / \sum l_x m_x$；内禀增长率 $r_m = \ln R_0 / T$；单位时间内的增长倍数(即周限增长率 $\lambda = e^{r_m}$；瞬时出生率 $b = r_m \beta / (e^{r_m} - 1)$，其中 $\beta = \sum l_x e^{-r_m x}$；瞬时死亡率 $d = b - r_m$；在 $x \to x+1$ 期间的个体占整个种群生命过程的比率(即稳定年龄组配) $P_x = 100\beta l_x e^{-r_m}$。

其中 r_m 可根据 $l_x R_0 / T$ 粗略计算出 r_m 的精确值按以下步骤计算：

如

$$r_m = l_x R_0 / T = a$$

令

$$\sum l_x m_x e^{-r_m x} = 1$$

则

$$\sum l_x m_x e^{-ax} = Z_1 \tag{5-21}$$

若 $Z_1 > 1$，取 $r_m = b > a$；若 $Z_1 < 1$，取 $r_m = c < a$。

由式(5-21)得 Z_2。

$$r_m = b - (1 - Z_2)(b - a)/(Z_1 - Z_2) \tag{5-22}$$

(二)特定年龄生命表

按年龄或发育阶段顺序，系统地记载种群的死亡原因和死亡数量整理而成的生命表为特定年龄生命表，表中同一年龄或发育阶段内只出现该阶段的个体。本类型的表格可反映种群在各发育阶段的变动规律，用于分析影响种群数量变动的重要因素及关键因子，估计种群的发展趋势和建立预测模型。其结构见表5-8。

表5-8 马尾松毛虫第2代自然种群生命表

发育阶段 x	x 始时存活数 l_x	死亡原因 $d_x F$	死亡数 d_x	死亡率 $100q_x$	存活率 S_x
卵	1 000	捕食性天敌	483.60	48.36	
		寄生性天敌	2.20	0.22	
		未受精卵	5.50	0.55	
		自然损失	7.90	0.79	
		合　计	499.20	49.92	50.08
孵化期	500.8	捕食性天敌	23.80	4.75	
		胚胎死亡	2.40	0.48	
		自然损失	217.30	43.39	
		合　计	243.50	48.62	51.38
幼虫期	1~2 龄幼虫	257.3	捕食性天敌	57.30	22.27
		寄生性天敌	16.40	6.37	
		自然损失	49.60	19.28	
		合　计	123.30	47.92	52.08
	3~4 龄幼虫	134.0	捕食性天敌	48.30	35.97
		寄生性天敌	6.20	4.63	
		自然损失	38.80	28.96	
		合　计	93.20	69.56	30.44

（续）

发育阶段 x		x 始时存活数 l_x	死亡原因 d_xF	死亡数 d_x	死亡率 $100q_x$	存活率 S_x
幼虫期	5~8 龄幼虫	40.8	捕食性天敌	0.00	0.00	
			寄生性天敌	17.60	43.14	
			自然死亡	12.30	30.15	
			进入 3 代幼虫	7.00	17.16	
			合　计	36.90	90.45	9.55
蛹		3.9	捕食性天敌	0.00	0.00	
			寄生性天敌	2.40	61.54	
			合　计	2.40	61.54	38.46
蛾（♀∶♂=1∶1）		1.5	性比关系	0.00	0.00	
雌蛾×2		1.5	捕食性天敌	0.60	40.00	
实际雌蛾×2		0.22	迁　移	0.68	45.33	
			合　计	1.28	85.33	

注：性比♀∶♂为50∶50；平均产卵量354；下代实际卵量39；种群趋势指数 I 为0.039。

如果对同一种群在相同地点进行多年、多次观察和研究，积累了多个性质相同的生命表，就可组建平均生命表。可将多年同一世代生命表中各栏目相同性质的数据平均作为平均生命表的数据，或将若干年内所有生命表中相同性质的数据平均作为平均生命表的数据。此外，还可根据多年或多代同一因素所积累的资料作为平均生命表的资料，建立该因素对种群影响的模型。

三、生命表的分析

（一）种群发展趋势指数

种群发展趋势指数是用来估计未来或下一代该种群数量增减的指标值，用当代某一虫态与次代同一虫态的种群数量之比表示，即 $I=N_i/N_{i+1}$。用生命表中的数据表示时：

$$I=[l_xe(f/(m+f))]^x \quad 或 \quad I=S_1S_2\cdots S_nP_\text{♀}FP_F \qquad (5\text{-}23)$$

式中，l_x 为存活率；e 为产卵量；f 为雌虫数量；m 为雄虫数量；S_n 为存活率；$P_\text{♀}$ 为雌性的比率；F 为种群的标准产卵量；P_F 为实际产卵量/标准产卵量。

在进行生命表分析时，常要假设排除某一死亡因子，以确定种群发展趋势将会增加的倍数，即控制指数 $IPC(S_i)$。

$$IPC(S_i)=1/S_i \qquad (5\text{-}24)$$

式中，S_i 为存活率。

（二）关键因子和关键虫期分析

1. K 值法

k_{ij} 值是某因子在某年份 i 的某阶段 j 引起种群死亡数的对数值，即 $k_{ij}=\lg(L_x-L_{x+1})=\lg(1/S_i)$，而 K 则是各年份同一世代相同的 k_{ij} 的和，即 $K=\sum k_{ij}$。以年份为横轴，各年的 k_{ij} 及 K 值为纵轴绘制坐标图，再比较各因子所对应的 k_{ij} 及 K 曲线的相似性，与 K 最相似的 k_{ij} 曲线所代表的因素即为影响种群数量的关键因子。

2. b 值法

以 $\lg k_{ij}$ 为自变量，$\lg K$ 为因变量，建立 $\lg K = a_j + b_j \lg k_{ij}$ 关系，计算各因素下的回归系数 b_j。与最大 b_j 值相关的 k_{ij} 所对应的因素即为关键因素。

3. 确定系数 r^2 值法

以生命表中同一致死因子作用下不同年份的存活率为自变量，各年份的种群趋势指数 I 为因变量，计算并比较 r^2，最大 r^2 所对应的因素即为关键因素。

$$决定系数 \; r^2 = \left[n \sum xy - \sum x \sum y \right]^2 / \left\{ \left[n \sum x^2 - \left(\sum x \right)^2 \right] \left[n \sum y^2 - \left(\sum y \right)^2 \right] \right\} \quad (5\text{-}25)$$

(三) 致死因子的作用与种群密度的关系

检验致死因子是否与种群的密度有关的方法如下：根据 $d_x F$ 因子的多年观察资料，建立 $d_x F$ 因子作用前种群数量 N_1 与作用后种群数量 N_2 的关系，即 $\lg N_1 = a + b \lg N_2$ 与 $\lg N_2 = a + b \lg N_1$。然后以年份为横轴，种群数量为纵轴作这两个关系式的图，若上两直线的延伸部在 $b=1$ 直线的同一侧，则该致死因子与种群的密度相关，否则不相关。

确定 $d_x F$ 与种群密度相关程度的方法：建立 $d_x F$ 对应的 k_{ij} 值及 $\lg N_1$ 两个变量的关系式，$\lg N_1 = a + b k_{ij}$，解出 b。$b=1$ 时为完全补偿（严格补偿），即该因子对种群的制约能力是受密度决定的稳定值；$b>1$ 时为过度补偿，即随种群死亡数量的增加种群密度将更快地增大；$b<1$ 时不足补偿，即随种群密度的增加种群的死亡数量将快速增大。

密度制约方式的判别：在以 $\lg N_1$ 为横轴，k_{ij} 为纵轴的坐标图中，当 k_{ij} 曲线的斜率 $b>0$ 时，则 $d_x F$ 是直接密度制约因素，死亡率 d_x 随密度的增加而增大。当 $b<0$ 时，则为逆密度制约因素，随密度的增大 d_x 减小。当 $b=0$ 时，为延滞密度制约因子，即本世代种群数量的增大将使下一代的密度减小，其坐标图是反时针往复循环图。当 $b=0$ 时，坐标图杂乱无章，为非密度制约因素。

(四) 以生命表为基础的昆虫种群动态的数学模型

昆虫种群动态的数学模型根据其用途和所包括因素的数量可划分为回归预测模型、灰色预测模型及以生命表为基础的生命过程模型，其中回归预测模型又可分为单因子模型、多因子模型。种群生命过程模型组建步骤为：

建立理论模型：

$$N_{i+1} = I \cdot N_i \quad (5\text{-}26)$$

式中，$I = S_1 S_2 S_3 \cdots S_n P_{\female} F P_F$。建立与重要因子或关键因子 d_x 对应的 S_i 的回归模型；将次要因素 d_x 对应的 S_i 视为常数并用多年的平均数或平均生命表中的数值代替；将所有的 S_i 模型或常数值代入 $N_{i+1} = I \cdot N_i$，即得到了所要组建的模型。如 S_i 的模型多而复杂，也不必将其代入 $N_{i+1} = I \cdot N_i$ 中。

第五节　森林昆虫群落及种群演替

在自然界，任何生物种的生存都不孤立，总有许多其他生物种与之同群共居，形成一个完整的生物群体，即群落(community)。群落是比种群更复杂、更高一级的生命组织层次。

森林昆虫生态系统与农业昆虫生态系统有本质的区别。森林昆虫群落的载体即植物群落相对复杂而稳定，受人为干扰程度明显较低，种群之间及其与环境的关系更为复杂，抗虫害及受害后自身恢复力较强，但一旦该关系受破坏后其恢复周期较长。农业昆虫群落则常较单纯且极不稳定，人为干扰力度大，遭受破坏后可通过耕作制度的改革在短期内得到调整和恢复。

一、森林昆虫群落及其特征

森林昆虫所涉及的宏观生态体系包括农业生态体系（可区分为纯农业与混林农业生态体系）及森林生态体系（可区分为纯森林生态体系与混农林业生态体系）。森林害虫并不在任何生态体系内都能猖獗发生成灾，只能在林分结构和环境条件对其发育极为有利时，首先形成虫源基地，再逐步猖獗成灾。

（一）森林昆虫群落的基本概念

森林昆虫群落是某一森林环境条件下昆虫种类的集合，它隶属于生物群落范畴。生物群落有主要群落（自养群落）和次要群落（异养群落）之分，作为森林生态系统中的初级生产者的植物群落，属于主要群落；而最初的起动能源来源于森林中的树木、杂灌、枯枝落叶及土壤腐殖质等的森林昆虫群落则属于次要群落。

森林昆虫群落参与森林生态系统中的物质循环和能量转换，如调节林分的组成、促进林分自然稀疏和树木的自然整枝、机械破碎枯枝落叶、加速微生物对枯枝落叶的分解和腐殖质的形成等。研究森林昆虫群落，对于合理地利用和开发森林资源，有效地实施森林害虫可持续控制具有十分重要的意义。

（二）森林昆虫群落的一般特征

森林昆虫群落并不是组成该群落的各物种的简单总和，它具有一系列可以描述和研究的、体现于群落组织水平上的如下属性。

1. 多样性

物种的丰富度指群落由多少个物种组成，均匀度指群落中各物种个体数量的分布状况，相对多度指群落中某物种个体数与群落总个体数的比例。

2. 优势种

那些深刻地影响甚至决定整个群落性质的物种称为优势种。优势种可能是数量最多、具有最高生物量、占据最多空间，对于能流和物流具有最大的贡献，或以某种其他方式控制或影响群落中其他物种的那些种。如果把群落中的优势种除去，必然导致群落发生重要变化。

3. 生态位

物种在群落中的位置或功能与角色称为生态位，可区分为理论生态位和实际生态位。它对于任何一个物种来说都将是该物种能够生存于其中的所有环境变量和机能变量的上下极限。

4. 群落的结构

群落结构包括空间结构、时间结构和营养结构，以及群落的演替特征。

二、森林昆虫群落的时空结构

昆虫群落随季节、年份、林分结构变化的时空结构，在害虫控制与森林昆虫生态学研究中，对于确定优势昆虫种类的动态规律、害虫密度的变化趋势等具有实际意义。

图 5-11　华山松上小蠹虫的分布

(一)空间结构

1. 垂直结构

不同的海拔以及植物群落的结构层次不同，分布的物种及其数量组成有差异的现象称为群落的垂直分层现象。昆虫群落的垂直结构与森林植物的层次结构密切相关。每一植被层次的生境小气候和食物资源间的差异，就提供了适合于多种昆虫生活的自然结构。如食叶害虫和枝梢害虫主要危害树冠，蛀茎的昆虫危害树干，腐食性、杂食性等昆虫多出现在枯枝落叶层，蛴螬等根系害虫生活在土壤层。如图 5-11 所示，即使在同一树干上，不同的部位，危害的种类也不一样。

2. 水平结构

昆虫群落的水平结构与各种群的分布、各物种间的竞争和取食关系有关。群落中各物种常在局部地区形成群团状分布的主要原因如下。

(1)亲代的分布习性

很多昆虫产卵并不是将其卵均匀地产在适宜的寄主上，而是按一定的分布型产卵，使某些地块卵密度高，某些地块卵密度低，因而这些卵块孵出的幼虫在林中不同位置的密度也是不一致的。

(2)对环境的选择

群落中的土壤、温度、湿度和植被等环境因子的水平变化是不均匀的，昆虫种群因其自身的生物学适应范围，随着栖境布局而有相应的水平分布格局。

(3)种间相互关系的作用

植食性昆虫依赖于它所取食的植物而分布，捕食性和寄生性昆虫则依赖于它的寄主昆虫而分布。有许多物种经常趋向于一起出现，即呈正协调状态，如蚂蚁和蚜虫；另一些物种由于竞争或对环境及资源要求有明显差异而相互排斥，即呈负协调状态，如马尾松毛虫和油松毛虫。

(4)边缘效应

两个或两个以上的不同群落相结合的地带称为群落交错区。昆虫的多样性和密度常常在这样的地区最高，这种现象称为边缘效应。

(二)时间结构

物种由于在长期自然选择的过程中受许多环境因素(如光照、温度、湿度及食物资源等)的影响,生理和习性上具有了极强的周期及节律性,这种现象即种群在时间结构上的分化。

1. 昼夜活动节律

典型的是日出性和夜出性,该节律与种群的生命过程即个体发育、发育阶段的转变、婚飞、产卵、群落内的迁移和取食等有关。但昼夜活动期的分离并不能消除有相似要求的、生活于同一群落内的种群为利用环境资源而进行的竞争。

2. 年周期变化

群落的物种组成和个体数量在一年中是不断变化的,不同年份间的这种规律能够重复(图5-12)。这种年变化规律受非生物环境因素的直接影响(如日照)。非生物因素也通过影响其他因素(如寄主)而间接影响组成群落的各物种的生活史、迁移、滞育、世代交替、多型现象等。

图 5-12　落叶松林 6 种优势食叶害虫的年动态

3. 随林分发育的变化

林分有幼苗、幼林、中龄林、近熟林到成熟林时期。在林分生长过程中由于生物和非生物环境的变化,也使昆虫群落的种类组成和结构出现了规律性的变化,这在不同林龄林分的各垂直分层中均能观察到。如6年生马尾松纯林的优势害虫为松茸毒蛾,12年生则是松茸毒蛾和思茅松毛虫 *Dendrolimus kikuchii* Matsumura,18年生为思茅松毛虫等。

(三)群落时空结构的常用数学表达式及其意义

依据生物多样性研究尺度的差异,物种多样性的测度可分为3个级别,α 为某一样方物种的多样性测度,β 为栖息地群落梯度间的多样性测度,γ 为某一地理范围内群落的多样性测度。群落的多样性是群落生态组织水平独特的可测定特征之一,多样性指数是群落中物种数及其多度的相对比例、群落的稳定性和生产力的综合反映。

1. 群落时空结构中的多度关系

(1)种数与调查面积的关系

通常当调查面积逐渐增大时,起初昆虫种类数急剧增加,然后增加的速度逐渐减慢。如果均一的群落占着极其广阔的面积,那么种类数就接近于稳定。在群落调查中常用的有Arrhenius 模式、Kylin 模式和 Fisher 模式。

(2)种—多度关系

群落中各物种的个体数量变化很大,常用"种—多度"曲线表达和描述。其中常用的是

Preston 的对数正态模型，即

$$S_R = S_0 e^{-(aR)^2} \tag{5-27}$$

式中，S_0 为分布中众数倍程的种数；S_R 为离众数倍程向左或向右的第 R 个倍程的种数；a 为描述分布展开度的常数(是分布宽度的倒数)；$e=2.718\,28$。

倍频程 R 是以 2 为底的对数数列，即 $R=1$，2，4，8，…，其中第 1 等级为 1~2 头，第 2 等级为 2~4 头，第 3 等级为 4~8 头，…，具有 2 头、4 头、8 头等级个体数的种数在两交界等级中各占 1/2，这样产生的等级就是倍频程。

2. α 多样性

α 多样性是均质群落内物种组成状况的测度指标，包括丰富度指数(species richness index)、多样性指数(species diversity index)和均匀度指数(evenness index)等。

(1)丰富度指数

物种丰富度为某一特定地区某一特定类群的物种总数。物种丰富度的数值与样本数有密切关系，样本数又与样方的面积、采集对象的种群特性和采集者花费的时间相关。当采样面积超过某一数值、物种数不再增加时，即可认为已获得的物种可以代表该地区的全部现有物种。经典的公式包括：

$$D = SD_{Gl} = S/\lg A \qquad (\text{Gleason，1962}) \tag{5-28}$$

$$D_{Ma} = (S-1)/\lg A \tag{5-29}$$

$$D = (S-1)/\ln N \qquad (\text{Margalef，1958}) \tag{5-30}$$

式中，D、D_{Gl}、D_{Ma} 为物种丰富度指数；S 为物种数；A 为样方面积；N 为物种的总个体数。

(2)多样性指数

物种多样性上包含丰富度和均匀度，该类指数即是将物种丰富度和均匀度用一个公式进行测度，常用的有 Simpson 指数和 Shannon 指数。

①Simpson 多样性指数。该指数为重复率指数，即从一样本随机抽取的 2 个个体属于同一物种的概率；2 个个体属于同一种的概率大，则认为该样本多样性低，反之则高。该公式为：

$$\lambda = \sum N_i(N_i-1)/N(N-1) \qquad (i=1,2,\cdots,S) \tag{5-31}$$

$$D = 1-\lambda = 1 - \sum N_i(N_i-1)/N(N-1) \tag{5-32}$$

式中，λ 为同种个体相遇的概率；N_i 为第 i 个物种的个体数；N 为所有物种的个体数总数；S 为物种数；D 为多样性指数。

该多样性指数对稀有种作用较小，对普遍分布种作用较大，其值域为 $0 \leqslant D \leqslant i-1/S$。

②Shannon-Wiener 多样性指数。MacArthur(1955)将 Shannon-Wiener(1948)提出的度量信息含量的公式引入生态学领域，用来测度多样性。该公式为：

$$H' = -\sum P_i \lg P_i \tag{5-33}$$

$$P_i = N_i/N \tag{5-34}$$

式中，P_i 为第 i 物种的个体数在群落总个体数中所占的比例；N 为所有物种的个体总数；N_i 为各物种的个体数 $i=1$，2，…，S；H' 为多样性指数。

（3）均匀度指数

均匀度指数用来反映物种分布广泛程度（多度，species abundance）的均匀度指标。常用的均匀度指数是假设所有物种具有同等的多度，并以此作为基准比较所有物种的多度与该基准的偏差程度，可用个体数量和生物量进行测度。物种多度的表达方式为相对多度（relative abundance）和绝对多度（absolute abundance），绝对多度常指某一地区部分或全部物种多度的实际存在量，相对多度仅为特定物种的多度相对于某一多度总量的比例。

①Pielou（1966）均匀度指数。

$$E = H'/H'_{max} = -\sum P_i \log P_i /\log S \tag{5-35}$$

$$H'_{max} = -\sum (1/S)\log(1/S) = \log S \tag{5-36}$$

式中，E 为均匀度指数；P_i 为第 i 个物种的比重；S 为物种数；H' 为实测物种多样性；H'_{max} 为多样性最大值。

②Hurlbert（1971）均匀度指数。即当集合中一个种有（$N-S+1$）个个体，其他的（$S-1$）个物种各有 1 个个体时，该集合的均匀度最小，因此该均匀度指数：

$$R = (D_{实测} - D_{min})/(D_{max} - D_{min}) \tag{5-37}$$

式中，D 为丰富度指数。

3. β 多样性

β 多样性（Whittaker，1960，1967）指环境梯度变化时物种的替代程度或物种的周转率，最简单的是测度一个梯度中的丰富度或比较群落的组成，不同环境里共有的种越少则 β 多样性越高。

（1）二元数据 β 多样性的测度

Whittaker（1960）指数：

$$\beta_w = S/m_a - 1 \tag{5-38}$$

式中，S 为物种总数；m_a 为各样方中的平均物种数。

Cody（1975）指数：

$$\beta_c = [g(H) + l(H)]/2 \tag{5-39}$$

式中，$g(H)$ 为在生境梯度变化时增加的物种数；$l(H)$ 为减少的物种数。

（2）数量数据 β 多样性的测度

Bray-Curis（1957）指数：

$$CN = 2j_N/(a_N + b_N) \tag{5-40}$$

式中，a_N 为样地 a 中的个体数；b_N 为样地 b 中的个体数；j_N 为样地 $A(j_{Na})$ 和 $B(j_{Nb})$ 共有种中个体数较小者之和。

4. γ 多样性

γ 多样性是指一个区域内各群落的 α、β 多样性集合，但各群落应均匀一致。在景观生态学中则用景观斑块代替物种为测度单位，采用 Shannon-Wiener 多样性指数进行测度。

5. 研究群落多样性的意义

①群落多样性是群落稳定性的一个重要尺度。稳定性是群落在某一阶段维持物种间相互组合、各物种间的数量关系及在受到扰动的情况下恢复到原来平衡状态的能力。它包括

现状过程的稳定、时间过程的稳定和变动后恢复原状的能力。当一个群落包含有较多的物种，且每个种类的个体数分布比较均匀时，它们之间就容易形成一个关系较为复杂的、对来自环境或群落内种群的变化反馈力较强的缓冲系统。多样性高的群落食物链和食物网更加趋于复杂，能流途径相对更多，如某一能流途径受到干扰或破坏时也有其他的途径来补偿；并且多样性指数年变化的极差或标准差也小。

②群落的多样性还反映了群落自身的发展和演替程度。群落组建初期多样性指数较低，中期较高，终极时低而稳定，原因有空间环境异质、气候稳定、生物竞争等。昆虫多样性高时优势种常不突出；反之，因物种少，种间的数量差别大，优势种突出。

③多样性可以作为群落生产力和受干扰程度的指标。多样性高的群落受人为干扰后常会降低多样性，但人为干扰也能使多样性很低的群落的多样性增加；这种干扰包括森林的开发、化学农药的使用、乱砍滥伐等，干扰的关键是改变了自然环境条件、群落中的营养和能量关系，进而引起了多样性的变化。如大面积营造人工纯林，使群落结构单纯化，易导致害虫的大暴发；而封山育林、补植阔叶树等营林技术措施，可丰富林分的层次及树种的组合成分、改变环境条件和小气候，提高昆虫群落的稳定性、增加天敌的类群和数量，抑制优势害虫的大暴发。

④多样性指数作为环境污染程度的生物指标。在土壤、水体、空气污染严重的地区，有毒物质直接对昆虫产生毒害或通过减少植物种类、改变食物的营养状况而间接影响昆虫的生长和繁育甚至群落结构，使昆虫多样性改变或下降。

⑤多样性与引进、移植和释放天敌。当群落多样性和稳定性高、抵抗外界干扰和恢复原状的能力较强时，要引进或移植一种新的天敌在该群落中定居，或者在某生态系统中天敌群落已发展到稳定期时再释放天敌，根据竞争排斥的原理，其成功率可能较低。

三、森林昆虫群落的营养结构

营养结构指群落内物质和能量的转化关系，其表现形式为群落内众多食物链所组成的食物网络结构。食物链数量与群落内种类的多少有关，食物网组成的复杂性、多食性昆虫的数量、食物链的可被代替性与昆虫群落营养结构的稳定性有关。如混交林比纯林能够提供更多样的食物资源，也具有更丰富的昆虫种类和食物链结构。

群落食物网结构发生变化的因素包括：各物种在不同发育时期对营养需求的变化，多食性昆虫对食物的选择，以及种类组成随时间的变化等。食物链的环节数一般为 3~4 个、很少超过 5~7 个，例如，在马尾松纯林的主要和次要害虫及天敌中，至少有 6 条比较稳定的食物链及与其相关的 48 条能流线。

四、森林昆虫群落的发展和演替

群落的演替显示着群落是从先锋群落经过一系列的阶段，到达中生性顶极群落。这种沿着顺序阶段向着顶极群落的演替过程称为进展演替(progressive succession)。反之，如果是由顶极群落向着先锋群落演变，则称为逆行演替(retrogressive succession)。演替是一个具有方向性的有序过程，也是群落改变物理环境的结果，最后将走向具有自我平衡(homeostasis)性质的稳态(顶极群落)，因而可以预测和控制，此即群落调控(community regulation)。

(一)群落演替的过程

了解一个群落被另一个群落所代替直至发展到顶极群落所经过的演变过程，对引进天敌、研究害虫的传播和扩散及害虫种群控制等均有重要意义。

1. 侵入定居阶段

群落的建立首先是一些先驱物种侵入，接着这些物种中仅少数个体在很小的范围内存活定居并繁衍，初步建立的种群逐渐改造了环境，为同种或异种个体的相继侵入定居创造了条件。这个阶段的特征是群落内物种稀少、种群密度低，对资源缺乏竞争性，因而种间常是互不干扰。

2. 竞争平衡阶段

随着群落的发展，种群数量的增加，栖地逐渐得到改造。其特征是通过激烈竞争分摊了资源，定居的种得以继续繁殖，部分种被排斥了，种间关系渐趋平衡。

3. 顶极平衡阶段

物种通过竞争平衡而进入了协同进化阶段，对自然资源的利用更为有效了。其特征是群落在结构上更趋完善，达到了演替的顶极状态。

(二)群落演替的特征

群落演替指一定区域内群落从较低等向较高等类型的转变过程，也是有机体和环境相互反复作用，发生在时空上的不可逆的变化过程。有原生演替和次生演替之分。

1. 演替的方向性

大多数群落的演替都有不可逆的共同趋向。其趋势是从低等生物逐渐发展到高等的大型生物，生活史由短到长，群落层次由少到多，营养阶层从低到高、由简单到复杂，食物的利用效率不断提高；竞争从无到有，进而通过激烈竞争而在动态中稳定；并在主要群落内形成众多的、获取能源方式不同的微群落。

2. 演替的速度

原生演替极其缓慢，次生演替虽较快但仍需很长时间。而其中微群落的异养演替所需时间短，便于观察和研究。

3. 演替效应

群落中的物种在自身的发展过程中，经常产生不利于自身而有利于其他物种即替代种生存的环境条件。例如，随马尾松毛虫种群数量在马尾松林中的不断增长，其天敌数量也不断增加；但当该害虫大暴发时因食物资源短缺及天敌数量的迅速增加，而使其种群数量迅速降至最低；随树势的衰弱，优势害虫则转变为危害衰弱木的小蠹虫等。

第六节　森林害虫的预测预报

森林害虫的预测预报是根据害虫发生与发展规律，以及物候、气象预报等资料进行全面分析，预测其未来的发生动态，并为森林害虫的防治、检疫性害虫管理提供虫情报告。

一、预测预报原理及方法

害虫的预测预报是以害虫自身的生物学、生理学等发生发展规律为基础，根据害虫的发生数量和发育状态、气候条件和寄主发育等资料,运用生态学、气候学、经济学及数学等知识与方法综合分析,以判断害虫未来的发生动态,并进行发生期预测、发生量预测、迁飞预测、发生范围预测、灾害程度及损失估计。

害虫预测的方法主要有统计法和实验法。统计法,即根据多年的气候学、多年观察的害虫发生规律、发生量等与植物物候等关系,运用数理统计分析方法,组建预测模型,并进行发生期、发生量以及危害程度预测;实验法,即用实验的方法获得害虫的发生与发育规律、生态条件与发生量的关系,再结合气象因子进行发生期预测。

预测预报包括预测和预报两个方面的内容。预测即在虫害发生以前,确切地推测虫害发生的可能性和未来发展的趋势。预报即及时向有关部门通报预测结果,使其对害虫的发生趋势有所了解,便于采取防治和相关准备措施。进行森林害虫发生和危害趋势的预测预报,可为经济有效地防治虫害、避免防治资源的浪费提供科学依据。因此,森林害虫的预测预报也是贯彻"预防为主,综合防治"的森林病虫害防治方针的关键环节。

二、发生期的预测

发生期预测即预测害虫某一虫期或龄期的发生期或危害期,如对卵孵化期、幼虫活动危害期、化蛹期、羽化期、成虫生殖、迁飞和危害期等,以及各阶段的始见期、始盛期、高峰期、盛末期、终见期进行预测。通常将最初见到某种害虫的时间称为始见期,最后见到的时间称为终见期,将发育进度的 16%、50%、84% 作为划分始盛期、高峰期和盛末期的数量标准。对有迁飞、扩散习性的害虫,则根据其在发生基地内的发生动态、数量及其生物、生态与生理特性,气象预测资料,以及迁出迁入地区的寄主生育期等,预测其迁飞时期、迁飞数量及发生区域等。发生期的预测常用的方法有发育进度预测法、有效积温法、物候期法等。

(一)发育进度预测法

所谓发育进度就是某虫态在某时间阶段出现的百分率,如化蛹进度 =(活蛹数+蛹壳数)÷(活虫数+活蛹数+蛹壳数)×100%,羽化进度 = 蛹壳数÷(活虫数+活蛹数+蛹壳数)×100%。发育进度预测法主要是根据害虫在林间的实际发育进度、虫态历期、当地气温预报,准确推算以后虫态的发生期。

1. 历期预测法

历期是害虫完成特定发育阶段所经历的天数。通过饲养观察或调查,获得预测对象害虫在不同温度下各代、各虫态的发育历期数据,然后在林间进行定点、定时系统调查,或利用灯诱、性诱、其他诱集调查法,在掌握该虫的林间发育进度(如成虫的始盛期、高峰期、盛末期)的基础上,根据当时气温下该虫态的发育历期,即可预测后一虫态的始盛期、高峰期、盛末期。

2. 期距预测法

该预测法是以历期预测法为基础的短、中期预测方法。期距即昆虫两个发育阶段之间相距的时间,或在一年当中从前一个世代的某一虫态发育至后一世代同一虫态的时间,或跨虫态、跨世代的时间。可根据害虫在当地的多年发生资料,总结出其任两个发育阶段间的期距,或在不同条件下通过饲养获得任两个发育阶段间的期距。期距预测即在前一虫态的发生日期上，加上将要预测的后一虫态发生期的期距，即可推算出后一虫态的发生期；或根据前一世代的发生期，加上一个世代的期距，预测出后一世代同一虫态的发生期。例如，辽宁省1985年松毛虫上树始见期为3月28日，多年的资料表明上树始见期至高峰期的平均期距约20 d，则可预测1985年的上树高峰期为4月17日。

(二)有效积温预测法

在自然界，温度的高低是害虫生长发育快慢或发生期迟早的重要因素。当确定某害虫某一虫态或龄期的发育起点和有效积温后，即可根据当地常年同期的平均气温，结合害虫发生季节的气温预报，利用有效积温对该种害虫下一虫期或龄期的发生期进行预测。

例如，已知槐尺蠖卵的发育起点温度 C 为8.5℃，卵期的有效积温 K 为84℃，卵产下时的日平均气温 T 为20℃，若气候无异常变化。由有效积温公式 $K=N(T-C)$，可得时间 $N=K/(T-C)=84/(20-8.5)=7.3(d)$，即卵的孵化期约在7 d后。

(三)物候预测法

应用物候学知识预测害虫发生期的方法称为物候预测法。物候是指在一年当中生物在不同季节出现的发育规律，自然界中害虫的生长发育阶段经常与寄主或其他植物的生育期相吻合并具有规律性，将物候学知识与害虫的发生期预测相结合即为害虫的物候预测法。例如，江南一带经多年对松毛虫发生规律观察后得出"桃花红、松毛虫出叶丛，枫叶红、松毛虫钻树缝"的物候规律，可较准确地预测马尾松毛虫出蛰和入蛰期；小地老虎的物候规律是"榆钱落、幼虫多，桃花一片红、发蛾到高峰"。通过物候现象预测某些害虫的发生期，既具有科学依据，又简单易行。东北落叶松毛虫的物候期见表5-9。

表5-9　东北落叶松毛虫的物候期

发生阶段	始　见	始　盛	高　峰	盛　末
上树	—	山杏现蕾	山杏始见	山杏始盛
化蛹	酸枣盛花	酸枣花末	酸枣花末	玉米抽穗
羽化	向日葵始花	玉米穗末	谷子盛穗	谷子穗末
产卵	玉米盛穗	谷子穗末	谷子穗末	谷子落浆
初孵	向日葵盛穗	谷子落浆	谷子盛浆	谷子浆末
下树	山杏落叶	刺槐落叶	山杏叶末	柳树落叶

(四)回归预测法

害虫的发生期与多种因素有关，因而在一定条件下可找出影响其发生期的主导因子。用相关系数 r 表示某一因子与害虫发生关系的密切程度，r 值越大表示相关性越密切，用该因子推测害虫的发生情况时准确性则越高。

例如，辽宁省北票市黄褐天幕毛虫的发生期与气象因子有着密切的联系，据此和相关数据对温度、湿度、温湿系数与天幕毛虫各虫态的发生期分析后，发现4月中下旬、6月下旬至7月上旬的平均气温，分别与天幕毛虫幼虫的始见期、羽化始盛期和产卵始盛期之间有显著相关性，相关系数均在0.8以上。其产卵始盛期的一元回归法预测回归式为 $y=$

66. 552 6-2. 340 4x，r=-0. 977 9；式中 y 在 6 月 15 日取值为 0，x 为 6 月下旬至 7 月上旬平均气温。根据该预测回归式，1998 年 6 月下旬至 7 月上旬平均气温为 24. 9℃，则 y = 66. 552 6-2. 340 4×24. 9 = 8. 28，即在 6 月 15 日之后加上 9 天可得与实际观察相吻合的成虫产卵始盛期为 6 月 24 日。

三、发生量预测、危害程度预测和损失估计

根据多年资料的积累，可以进行中、长期预报，预测害虫在未来的发生量、有虫株率或林间虫口密度，较可靠地估算其虫口数量是否将会到防治指标、造成危害，是否需要防治并进行防治准备。但暴发性害虫的数量变动幅度大，有的年份销声匿迹，有的年份猖獗，因而对其发生量进行预测十分重要。常用的发生量预测方法包括有效基数预测法、生物气候图法、经验指数预测法和形态指标预测法等。

(一)有效基数预测法

一般根据上一代有效虫口基数、生殖力、存活率推算其下一代的发生量。该方法对一化性害虫或年生活史世代数少的害虫，尤其在营林制度、气候、天敌等影响因素稳定的情况下，预测效果较准确。

常用的发生量短期预测式为：

$$P = P_0 [ef/(f+m)(1-D)] (1-M) \qquad (5-41)$$

式中，P 为下一代发生量；P_0 为当代虫口基数；f 为雌性个体数；m 为雄性个体数；$f/(f+m)$ 为性比；D 为下一代总死亡率；$1-D$ 为生存率；e 为平均单雌产卵量；M 为迁移率(对无迁移习性或无明显迁入、迁出的害虫，可忽略)。

生存率为：

$$1-D = (1-a)(1-b)(1-c)(1-d) \qquad (5-42)$$

式中，a、b、c、d 分别为卵期、幼虫期、蛹期和成虫羽化期的平均死亡率。

例：1981 年某林场 85 个林班刺蛾的平均虫口密度为 15. 2 头/株，3~5 龄幼虫死亡率 33%，蛹期死亡率 81. 2%，性比 0. 45，单雌平均产卵量 200 粒，卵期寄生率 75. 4%，越冬前 1~3 龄幼虫死亡率 82. 7%，越冬期死亡率 6. 5%。则

$$P = P_0 [ef/(f+m)(1-D)]$$
$$= 15. 2×[200×0. 45(1-0. 33)×(1-0. 812)×(1-0. 754)×(1-0. 827)×(1-0. 065)]$$
$$= 6. 9(头/株)$$

(二)生物气候图预测法

对于那些以气候条件中的温湿度为其数量变化主导因素的害虫，可通过比较其分布区与非分布区，或猖獗区(年份)和非猖獗区(年份)，或轻度危害、中度危害、重度危害的气候图，再与长期气象预报得到的当年气候图进行比较，即可对当年害虫发生量与危害程度进行估计。这种方法虽比较直观，但科学性差，用之已甚少。

(三)经验指数预测法

经验指数即根据资料的统计分析，所得到的某害虫的发生和危害与其他生物、气候的关系指标值，常用的经验指数有以下几类。

1. 温雨系数或温湿系数

温雨系数:

$$Q = M / \sum T \quad 或 \quad Q_e = (M - P) / \sum (T - C) \quad (5\text{-}43)$$

温湿系数:

$$Q_w = RH/T \quad 或 \quad RH/(T-C) \quad (5\text{-}44)$$

式中,M 为月或旬总降水量(mm);T 为月或旬平均温度(℃);RH 为月或旬平均相对湿度;P 为发育起点温度 C 以下期间的降水量。

例如,根据北京 7 年资料分析得出月平均气温及相对湿度是影响棉蚜季节性消长的主导因素后,进一步得到当 $Q_w = 2.5 \sim 3.0$(RH 为 5 日平均相对湿度,T 为 5 日平均温度)时,对棉蚜增殖有利,会造成猖獗危害。

2. 综合猖獗指数

将影响害虫发生量的气候因子和虫口密度进行综合分析,所得出的指数称为综合猖獗指数。例如,棉小绿盲蝽在陕西关中地区蕾期猖獗的预测指数为:

在发生严重年:

$$(P_4/10\,000 + R_6/S_6) > 3 \quad (5\text{-}45)$$

发生中等发生年份:

$$1 < (P_4/10\,000 + R_6/S_6) < 2 \quad (5\text{-}46)$$

较轻发生年:

$$(P_4/10\,000 + R_6/S_6) < 1 \quad (5\text{-}47)$$

式中,P_4 为 4 月中旬首蓿田每亩的虫口数;R_6 为 6 月总雨量;S_6 为 6 月日照时数;10 000 为常年调查首蓿田虫口理论数。

3. 天敌指数

天敌是影响害虫发生量的重要生物因子,天敌指数就是害虫与天敌数量之间的关系值。如华北地区棉蚜数量的消长与天敌指数的关系式为:

$$P = x / \sum (y_i e_{y_i}) \quad (5\text{-}48)$$

式中,P 为天敌指数;x 为每棉株的蚜虫数;y_i 为平均每棉株上的某种天敌数量;e_{y_i} 为某天敌的每日食蚜量。

当 $P < 1.67$ 时,则华北棉区在 4~5 d 内天敌可抑制棉蚜,不需防治。

(四)形态指标预测法

昆虫的形态特征、生理机能与环境条件密切相关。环境条件的变化直接影响昆虫的生理机能,并可引起昆虫的内、外部形态变化,甚至体重、脂肪量、生殖器官的形态变化,这些变化或多或少将影响昆虫的种群数量。形态指标预测法就是以某害虫形态变化和生理状况作为指标,通过相关回归预测害虫在未来的发生量。例如,槐尺蠖第 4、5 代产卵量 Y 与雌蛹质量 X 的关系为:$Y = -347.44 + 589.95X$。

(五)危害程度预测和损失估计

防治害虫首先要研究各类害虫对寄主植物的危害程度和造成的产量损失,以便制定合理的防治指标，从而进行适时防治。在发生期、发生量预测的基础上，可通过调查或人工模拟试验测定不同被害程度与产量损失间的关系，以及寄主植物的生长情况等，确定回归方程，预测某害虫危害程度轻重或造成损失的大小，为划分防治对象和选择防治方法提供科学依据。

例如，对食叶害虫的危害程度估算，当按照单株进行调查时，被害率 P =被害叶数/总叶数×100%或被害株数/总株数×100%。当对危害程度进行分级后，被害程度的计算式为：

$$P_i = \left[\sum (V_i \times n)/N(V_a + 1) \right] \times 100\% \tag{5-49}$$

式中，V_i 为某虫害级值；n 为某等级株数；V_a 为危害最高级值；N 为调查总株数。

例如，某地调查 50 株样树上槐尺蠖的危害程度，根据单株被害率数据得出 1 级为 15 株，2 级为 25 株，3 级 10 株，即 P_i =(1×15+2×25+3×10)/[50×(3+1)]×100%=47.5%。

四、种群动态监测

进行森林害虫种群动态的监测与调查，是为了及时准确地掌握监测对象的发生规律和动态信息，以便进行害虫的预测预报和防治。监测对象通常是当地曾大发生的害虫，或在其他地区大发生而本地区又是它的适生区的害虫或重大的检疫性害虫。

(一)森林害虫发生期监测

1. 孵化进度监测

对于卵期较长的害虫种类，可从成虫开始产卵起直至全部孵化完为止，每间隔 1 d 在所监测林分内调查一批卵，则其孵化率=初孵幼虫数/总卵数×100%。

2. 越冬幼虫蛰伏与出蛰进程监测

在越冬幼虫准备越冬或复苏时，可在监测林分内选择一定数量的样株，逐日调查其上下树的数量，直至全部结束止，然后计算其始盛期、高峰和盛末期。

3. 羽化进度监测

从结茧盛期开始直至羽化结束为止，可每天在监测林分内观察一定数量的茧，计算羽化进度。另外，可用灯光、性诱剂等监测成虫的发生进度。

(二)种群密度监测

1. 卵密度监测

从成虫产卵始见期开始，可在监测林分内根据害虫的分布型取 25~50 株样株进行详细调查，统计样株及树冠投影范围内植被上的卵数。

2. 幼虫密度监测

在幼虫暴食期，越冬前后，采用与卵密度监测相同的方法调查幼虫数。

3. 蛹密度监测

幼虫始见期后，用同样方法统计蛹的数量。

4. 成虫密度监测

用同样方法或用黑灯光、性诱剂引诱，于羽化始见期开始统计成虫数量。

(三)害虫成活率监测

1. 卵成活率监测

于幼虫孵化终见期,在监测林分内采集一定数量的卵粒,统计孵化、未孵化和被寄生的卵数,但对于卵期长的种类可在不同时期分别取样观察。

2. 幼虫存活率监测

因很多幼虫具有较强的活动性,可在样地进行观察的同时,一般在样株上选100头以上的幼虫活枝套笼或带回室内饲养观察,统计各龄期存活头数及化蛹、羽化头数。

3. 蛹存活率监测

在化蛹终见期直至羽化结束,在监测林分内采集一定数量的蛹,统计羽化蛹数、被寄生蛹数。

4. 生殖力监测

在进行蛹存活监测时,可将初羽化出的成虫20~25对,每养虫笼放入1对饲养,直至成虫全部死亡,统计产卵数和遗腹卵数。

复习思考题

1. 描述昆虫种群数量变动特征与基本模型。
2. 阐述影响昆虫种群动态的非生物因素和生物因素的作用。
3. 解释积温和有效积温及其用途。
4. 光周期与昆虫滞育有何关系?
5. 简述昆虫与寄主植物间的协同进化关系。
6. 简述昆虫的生命表类型及其用途。
7. 森林昆虫群落及其种群演替有何特点?
8. 如何应用生态学原理进行森林害虫的预测预报?

第六章

森林害虫控制与森林健康

【本章提要】主要介绍了森林生态系统的生物多样性的类型，森林害虫发生与森林环境的关系，森林害虫控制策略，森林害虫控制的原理、技术方法和程序，森林害虫的工程治理、系统分析技术和专家系统，保持和恢复森林健康的原理和方法。

森林生态系统多样性与害虫的发生有密切关系。森林害虫的控制应在充分了解森林生态系统结构与功能的基础上，将所掌握的生态调控、林业措施、生物防治、动态监测进行最优组配，合理调节森林生态系统中植物—害虫—天敌的关系，充分发挥系统内各种生物资源对害虫的调控作用，尽可能避免使用农药，以保持和恢复森林健康。

第一节 森林环境与森林害虫

拓展阅读

健康的生态系统是人类生存的环境基础，生态系统中物种的多样性及其环境条件直接影响其功能。森林是生物多样性最丰富的生态系统之一，森林昆虫是森林生态系统的组成部分。由于人类活动的影响，原始而自然的生态系统已消失，部分受到严重破坏的生态系统其多样性已丢失，这样的生态系统对一些植食性昆虫丧失了自控能力，导致森林害虫频繁发生、进一步破坏森林生态系统，影响和改变了原有的森林生态系统的功能。

一、森林系统多样性

生物多样性(biodiversity)是一定范围生态系统中的生物与其环境有规律地组合构成稳定的生态综合体，这种综合体具有生态学和生物学概念上的复杂性。

(一)生物多样性的类型

生物多样性包括不同的层次或水平，如遗传多样性、物种多样性、生态系统多样性和景观多样性等。

1. 遗传多样性

遗传多样性包括一个生态系统内由所有生物的遗传资源构成的动态遗传系统，也包括种内种群间、同一种群内的遗传变异或基因多样性。种内遗传多样性与结构、物种的特征型、生活史、种群动态等决定或影响一个物种与其他物种及环境的相互作用方式。系统与种内的遗传变异程度分别决定其进化和演替趋势。

2. 物种多样性

物种多样性即一个生态系统内物种的组成与结构水平，具体包括物种多样性的结构与胁迫现状、形成与演化、维持机制、濒危状况、灭绝速率与原因、区系特性、有效保护与持续利用等。

3. 生态系统多样性

生态系统多样性指生物圈或某区域内生境、生物群落和生态变化过程的结构与水平，包括生境、群落、生态变化过程的差异与类型等。生物群落多样性主要指群落的组成、结构、演替和波动等。生境多样性是生物群落多样性甚至整个生物多样性形成的基本条件，生境主要是指无机环境，如地貌、气候、土壤、水文等。群落指同一时间聚集在同一区域或环境内全部生物种群的集合；生态变化过程主要是指生态系统的组成、结构与功能随时间的变化，生物群体之间及其与环境之间的相互作用与关系。

4. 景观多样性

景观多样性即一个区域内由不同类型的景观要素或生态系统构成的景观在空间结构、功能机制和时间动态方面的差异与变异。自然环境变化、人类活动、植被演替或波动常导致景观多样性发生变化，因而其研究内容包括景观格局与生物多样性保护、生境及其多样性的片段化、景观的异质性、景观规划与管理等。

（二）生物多样性的评价指标

生物多样性涉及多样性的形成、现状、评价与管理对策，多样性消失的原因与后果、保护与保存方法和措施等。其中，生物多样性的评价是有效保护、合理利用、指导可持续发展的关键。

1943 年，Fisher 提出了物种多样性概念，并创用 α、β、γ 多样性指数来研究和评价群落的物种多样性，以概率论和信息论为基础的定量化生物多样性指标和数学模型达 10 余种（详见第五章）。1999 年，曾志新等在遗传、物种和生态系统多样性 3 个层面上，提出了一套包含多样性、稀有性、濒危性、稳定性、干扰性等内容的评价指标（图 6-1）。

图 6-1　生物多样性评价指标体系

二、物种多样性与生态系统的功能

生态系统是由生物群落与其所在环境组成的复合结构，生物多样性的改变必然导致生态系统功能的改变，森林昆虫的多样性及森林害虫的发生与森林生态系统的功能具有密切的关系。

（一）生态系统的功能群

物种对生态系统功能的影响，常是多个物种的共同作用。具有相同生态系统功能的物种组成的种团（集合体）称为功能群（functional group）。组成同一功能群的物种其分类地位可能相近或差异很大，但生活习性、食性、生态功能与作用具有一致性。

在自然生态系统中，可按照昆虫在生态系统中的功能与作用，将其划分为植食性、肉食性(包括捕食性、寄生性子功能群)、腐食性、杂食性等功能群，这种划分不存在绝对性。有时常根据研究和调查的需要将其划分为有害的功能群(如植物害虫功能群)、有益的功能群(如捕食性子功能群、寄生性子功能群)、中性功能群(如腐食性子功能群、杂食性子功能群等)。

(二)物种多样性与生态系统的功能

物种多样性与生态系统功能之间的关系，有许多不同的假说。由于生物群落演替至顶极群落后结构并不复杂，在演替过程中生态系统的功能或多或少都要受到物种多样性的影响或控制，生态系统的功能将随物种多样性的改变而变化，在高级群落阶段物种多样性与系统功能之间可能不存在必然联系。因此，在解释物种多样性和生态系统功能的表现形式、相互作用机制、关系模式与形成过程、模式形成原因等问题时，提出了如下机制。

1. 统计学机制

该假说依据统计学原理认为，生物多样性对生态系统功能的影响可能和某些特定的生物学过程无关。由于生态系统的生产力来自多个物种组成的混合系统，与单作或物种丰富度很低的混合系统相比较，包含高产物种的可能性更大，这样物种丰富度越高其生产力和抗害虫危害的能力也就越大。

其可能的原因是，在环境条件较均匀的生境中，竞争能力较强的物种能够更有效地利用资源、创造出更高的生产力，在多样性高的系统中这类物种出现的概率大。这样，随物种多样性的上升，系统生产力与地域害虫危害的能力呈现上升并渐接近饱和。由于将影响系统生产力的其他因素的效应与物种多样性的效应难以区分，只能得到实际的"抽样效应"；虽然丰富度高的系统的生产力更高，但这种现象可能反映的是抽样中各物种的差异，而非物种的丰富度所致。

2. 生物学机制

这类多样性机制假说来自物种的生物学效应，或认为生态系统中可能存在一定的对系统功能表现为"多余"的冗余物种，或认为各个物种对生态系统功能均具有"独特贡献"。

(1)冗余种假说(redundant species hypothesis)

一个生态系统中的物种数目达到一定程度后将饱和，存在可以维持正常功能的最小物种数、并具有一定数目的关键种，其他物种对生态系统的功能而言则是冗余物种；冗余过程的发生或因不同的物种可能占有相同的生态位，或因一个开放的生态系统中的一些物种依靠从系统外的迁入所致。冗余物种的移除或消失对群落结构和系统功能不会有关键影响，甚至可能为"表现优良"的物种提供更多的生存空间而改善系统的某些功能，因而物种丰富度与生态系统功能的关系并不非常密切。若将生态系统中的物种划分为不同的"功能群"，同一功能群的物种具有相互替代性，因而可鉴别出冗余物种；但当一个功能群只剩余一个物种时，如果该物种从系统中丢失将使系统功能遭受无法弥补的损失。实际上冗余物种对生态系统并不多余，仍然有价值，生态系统维持一定的"冗余"是物种多样性的一种长期效应。

（2）铆钉假说（rivet hypothesis）

每一个物种对生态系统功能的贡献都有独特性，任何物种的丢失都会使生态系统的功能受到一定的影响；即物种相当于这个复杂机器系统中的"铆钉"，物种的不断丢失将使系统的功能和结构受到影响。因此，生态系统中物种越多，其功能及对害虫的抗性必然越好。

（3）关键种假说（keystone species hypothesis）

物种对生态系统功能的表现过程贡献不对等，那些维持群落的物种组成、生态系统的功能、物种多样性等功能的关键种不可替代，它们可能是群落中的普通种、或是稀有种、或是优势种与建群种、或是伴生种，但它们的灭绝将导致群落中大量物种的丢失或引起整个生态系统的崩溃。如生态系统的初级生产力、分解、养分循环或蒸腾等功能过程，大部分功能由一小部分关键种完成，其余大量的物种却仅完成了一小部分。

生态系统本身具有多样性，因而不同的机制假说，虽能较形象地描述物种数和生态系统功能间的关系，但也只是从不同角度揭示和解释了生态系统的某种特征。

（三）物种多样性与生态系统的稳定性

生态系统稳定性的含义包括稳定性（stability）、弹性（resilience）、抗性（resistance）、持久性（persistence）、变异性（variability）等几个方面。

多样性和稳定性是评价群落的一个重要尺度。群落的稳定性是一个相对的概念，它指的是在远离平衡状态下群落的一种有序结构，这种结构不仅与群落中的物种数目、种群比例、种群在群落中的作用、种间关系及食物网的复杂程度有关，而且与群落的发展阶段、群落所处环境的稳定程度、寄主的生长发育阶段有关。群落的多样性反映的是群落的组织水平和发展阶段，它是群落丰富度和均匀度的一种测度，多样性在一定程度上反映了群落的稳定性，但不等于、也不可能代替稳定性。生物群落在结构不断复杂化至简单化的演替过程中，并不总是增加其稳定性，在某些发展阶段复杂性增加稳定性，而在另一些发展阶段复杂性则降低稳定性。

在群落演替的早期，随着演替及物种数目的增多，多样性也将增加；这样多样性高的群落，物种之间的相互关系、食物链和食物网更加趋于复杂，当面对来自外界环境的变化或群落内部种群的波动时，群落则具有一个较强大的反馈系统，可以获得较大的缓冲而趋于稳定、提高生产力、对害虫形成较强的抗性；从群落能量学的角度来讲，多样性高的群落能流途径更多一些，当某一条途径受到干扰被堵塞不通时，就会有其他的路线予以补充，因此多样性的增加将提高系统的稳定性和抗入侵能力，即抗性和弹性；在某些特殊情况下，多样性高的群落也可能不稳定，其原因可能是多样性高的群落，由于种间的激烈竞争和相克的作用而使群落的优势种极为突出而不稳定。因此，如将人工林作为自然生境中的一个特定层次，其稳定性则与这类林分中的多样性特征有关，可以在物种多样性与系统稳定性的角度上，依托该系统的自我调控机制探寻其自控虫害的途径。

但在群落演替的后期，当群落中出现非常强的优势种时，多样性会降低；这是系统在演替过程中，通过物种间正相互作用和生态位互补，协同进化竞争，减小冗余，提高效率的结果；因此这一阶段的多样性与稳定性并不成正比关系。

三、森林害虫与森林环境

按照生态学原理对害虫种群进行生态调控,必须了解昆虫群落和植物群落的特征及两者的相互关系。生态系统的许多特征,如空间结构、时间结构、多样性和稳定性等,都与昆虫群落的组成、种类、数量、动态有关,并且决定和影响昆虫各种群间的相互关系。

(一)群落组成与森林虫害

在生态系统中昆虫群落是一个相对独立的类群,植物群落是昆虫的栖境及害虫的食物和庇护场所,昆虫物种多样性对植物群落稳定性的影响则与昆虫的食性和营养有关。植物的物种多样性与害虫的发生则与植食性昆虫搜寻寄主植物的难易程度、植物营养对植食性昆虫取食和发育的影响、植食性昆虫天敌种类与数量、天敌的捕食效率、害虫逃避非生物因素的制约能力等有密切的关系。植物种类的多样性可以导致害虫与天敌的多样化,使物种间形成复杂的网络关系,进而增强其相互制约机制,增强群落的稳定性,使任何一种昆虫都不能大量增殖。

一般的规律是,植物群落组成越复杂,昆虫群落也越复杂,害虫大发生的机会就越少;与原始林相比,人工群落与人工林的种类组成简单易变,昆虫物种多样性较低,害虫密度相对较高。因此,植物群落多样性对昆虫的影响,常可用联合抗性进行解释。联合抗性即在种类较多的植物群落中,植物受植食性昆虫进攻的机会将比单种植物群落少,原因在于天敌多寡与资源的集中程度(天敌假说和资源集中假说)。

1. 植物多样性与害虫的营养条件

由于昆虫与植物在协同进化中建立了相对稳定的食性关系,植食性昆虫对植物有选择性、被择食的植物常不完全符合其营养需求,而植物对大部分昆虫又具有广谱抗性,使害虫不能轻易发现其嗜食的植物。当森林中不同植物呈混交状态时,因食物空间与异质气味的阻隔,形成不便于害虫发现和取食的营养环境,常使某些种类的昆虫不能在空间上无限扩展而降低其丰富度。如油松与黄栌或槲栎混交后,取食针叶的松毛虫幼虫对食物的消化利用率及生理指标均较纯林低。

2. 植物多样性与害虫的多样性

植物种类多样性的相对稳定可为占据不同生态位的昆虫提供充裕的营养源、栖息繁殖的良好环境,从而导致害虫种类的多样性,加剧不同种类的害虫对空间和食物资源的竞争,进而限制了某一种害虫的大发生。例如,在封山育林所培育的针阔叶混交林中,食叶昆虫种类达 468 种,为稀疏针叶纯林的 1.31 倍,明显制约了松毛虫的危害。

3. 植物多样性与天敌多样性

植物种类的丰富导致植食昆虫种类增多,为天敌提供了丰富的食物和转主寄主。丰富的植物种类可为多数寄生和捕食性天敌提供花粉、花蜜等营养源,当其寄主害虫密度降低时仍能繁衍延续,种群不致消失。如针阔混交林中的天敌昆虫种类和松毛虫寄生率均明显较稀疏纯林高;再如农田植被多样性的增加,将使 52.7% 的天敌数量增加,益害比增加72.2%,导致 50% 的农田害虫死亡率上升。由于天敌的生存同样需要植物群落提供食物和庇护场所,因而可从植物对天敌的调控作用出发,通过调整植物群落组成形成适宜天敌群落生存的环境。

由于昆虫物种多样性对害虫的调控作用主要表现为：天敌昆虫对植食性昆虫寄生和捕食，同一营养层且食性生态位相近的其他类群的竞争，中性昆虫为中位和顶位物种提供食物，中位和顶位物种数量增加后又对害虫种群产生一定的调控作用，因此，要通过调节植物群落中昆虫物种的多样性，影响目标害虫的种群数量，既要维护其天敌类群的稳定，也要使与害虫处于同一营养层次的其他植食性昆虫有足够的多样性，甚至也要保护和利用中性、中位及顶位昆虫。

(二)群落结构与森林虫害

当群落结构较合理时，群落中包含的种类相对较多，各个种间的个体数分布比较均衡，种间易于形成较为复杂的相互联系，群落具有相对强的缓冲能力，能够自我调节因环境变化引起的群落内种群数量的波动。

1. 群落的时空结构与森林害虫的关系

空间结构特别是垂直结构复杂的群落，更能提供多样化的空间生态位，易形成复杂稳定的环境，有利于昆虫群落多样性的形成，抑制个别植食性优势种群的大发生；复杂的群落垂直结构能够改变微气候，提高天敌的生存能力而影响虫害发生。例如，封山育林对昆虫群落垂直结构有明显的影响，稻田田埂杂草的高度和密度是影响田埂昆虫群落的主要因子，森林中蜘蛛群落具有明显的分层特征。

生物群落的空间结构和外貌具有时间属性，群落在空间的扩张与收缩总是与一定的时间过程(如季节、昼夜变化)相联系，植物群落和昆虫群落的生命周期都有一定的时间展示序列性，害虫的发生和危害与植物群落的兴衰变化难以分割，季节常是影响害虫、害虫的寄主植物、天敌的群落组成等变化的决定性因素，防控害虫、确定防治措施时必须给予足够的重视。

2. 群落的营养结构与森林害虫的关系

群落的营养联系是自然界各种生物之间相互依存、相互作用，天敌与寄主、群落反馈调节关系的综合反映，若某一环节发生变化，将会影响群落食物网的结构和物种间的相互关系。

(1)植物营养与害虫的发生

植物的营养条件关系到其生长势和抗性的强弱，营养条件好、生长健壮的植物抗虫性强，反之则弱，如立地条件较好生长迅速的杨树受天牛危害轻微。但也有例外，如干旱胁迫对取食针叶林的昆虫表现为抗性增强，而在草本植物中则表现为抗性降低。

(2)中性昆虫与害虫的发生

既非害虫又非天敌的昆虫常被称为中性昆虫，它们在生态系统中与寄主植物没有直接关系。该类昆虫常是天敌的中间寄主，能够增强天敌对害虫的调控作用，并对许多植食性昆虫上升为主要害虫具有间接的调控作用。

(3)天敌与害虫的发生

天敌在食物链中属于营养层次较高的类群，其种类与数量的稳定性主要受制于营养层次较低的植食性昆虫、害虫及中性昆虫。由于高一级营养层不能决定低一级营养阶层的发展和生产力，因此营养层次较低昆虫及害虫的生产力越高，其所支持的营养层次较高的天敌类群的总个体数和生产力越多。但天敌也易受气候变化和有害生物的影响，因此对天敌的利用不应只注意保护和盲目引进，而应着眼于增加天敌的多样性，为天敌提供复杂多样的栖境和食物，建立稳定的天敌群落。

3. 群落演替与森林害虫的关系

群落的演替阶段及其发育年龄直接体现群落内部的结构和功能状态，不同演替阶段的植物群落对昆虫群落的影响不同。一般来讲，演替早期林木消耗在生长上的能量必然大于抵抗害虫的能量，易受各种害虫危害；而处于演替晚期或发育时间较长的植物群落与林木，消耗在保护自身的能量常大于生长，故生长缓慢，其昆虫种类也较丰富，害虫发生频率较低、危害也较轻。但人工群落中昆虫演替还会受防治措施的影响。例如，同龄的天然林与人工林相比，人工林节肢动物群落中的捕食者、腐食者的物种多样性和丰富度明显较低，而自然林则较高。

4. 纯林和混交林与森林害虫的关系

纯林和混交林是两个结构不同的森林生态系统，其森林昆虫群落结构也不同。纯林树种单一，昆虫群落结构简单，天敌数量少；害虫一旦发生，增殖快，容易造成灾害。混交林树种较多，昆虫群落结构复杂，阻碍害虫食物信息传递的因素多，制衡害虫的自然力强，不易形成虫源基地；害虫一旦发生，天敌的控制力强，不易造成灾害；混交林还有阻碍单食性害虫蔓延扩散的作用。

对天敌的寄主而言，树种越多样，害虫的种类及其发生期越复杂，天敌的中间寄主和食源越丰富。如已知马尾松毛虫有寄生性天敌 110 多种，在纯林中仅见十余种，而混交林内常超过纯林内的数倍。另外混交林内蜜源植物丰富，有补充营养习性的天敌其食源充足，有利于该类天敌的存活和繁衍。

灌木林生态系统中的食叶害虫种类和危害情况很少引起人们的重视。这类林分昼夜温差较大，阳光充足，害虫种类较多、食性较杂，具有向附近森林、果园迁移危害的趋向；但也是各类天敌的补充食物源和栖息场所，对降低某些害虫种群数量、抑制虫灾有积极作用。在乔灌混交林中当灌木种类多、郁闭度大时，对抑制虫灾有明显的作用。

(三) 人为活动对生物群落及害虫发生的影响

1. 害虫防治措施对群落的影响

针对目标害虫采取的防治措施对昆虫群落特别是天敌群落的数量结构影响显著，这种影响既包括直接杀灭害虫和天敌，也包括通过食物网中的相互作用对昆虫群落关系的间接破坏，其中杀虫剂对群落多样性的影响是决定群落结构与水平的重要因素。如采取综合防治的果园天敌数量、多样性和均匀度均高于采取化学防治的果园，采取化学防治的果园的优势度高于采取综合防治的果园且多样性和均匀度的季节变化最不稳定，自然果园的天敌数量、多样性指数最大，优势度最低。

2. 栽培管理措施对群落的影响

栽培管理措施往往决定着人工群落的植物组成、结构，进而对昆虫群落施加重要影响。例如，封山育林可以使林内昆虫群落的种类与数量，尤其是天敌类群的种类数量显著增加，昆虫群落的垂直结构更为丰富；随着时间的延续，封山区昆虫种类、数量及多样性增加幅度较大，个体数量逐渐趋于平缓，群落的稳定性增强。此外，中耕除草、灌溉施肥、整枝、修剪等措施，可增强植物的生长势，使之不利害虫而有利于天敌的发生。

3. 破坏活动对群落的影响

人为破坏环境资源的行为，对生物群落有着特殊的影响。如由于过度砍伐常使林分抗风性能下降、风倒木增多，伐区及附近地区林间的环境状况恶化，导致某些次期害虫个体数量上升，形成局部危害。此外，环境污染可引起昆虫群落的结构、种类与数量发生变化，如受二氧化硫污染的森林，林中鳞翅目害虫数量明显增加，除了个别单食性小蠹虫外，小蠹虫的种类和数量在空气污染林区明显增加。

四、昆虫的生态对策

昆虫在进化过程中，经自然选择获得的对不同生境的适应方式或能力称为生态对策（bionomic strategy，又称生活史对策 life history strategy）。生态对策反映在昆虫体型的大小、繁殖周期（世代数）、生殖力、寿命、躲避天敌能力、迁飞与扩散能力、分布范围等方面，其具体形式在于最大限度地适应环境、合理地利用环境资源。昆虫和其他生物一样，在能量利用的分配上也有一定的协调性，若在生殖上耗去的能量较多，在生存机能上耗去的能量将相对减少。如某种昆虫有很好的照顾后代的能力，则其本身繁殖能力就相对较小；昆虫迁飞型个体具有远距离迁飞能力，则其繁殖能力也相对较小。

昆虫种群的大小和变化速度主要取决于昆虫种群的内禀增长率 r 和环境容量 K，r 值反映了昆虫种群的增长速率，K 值反映了昆虫种群发展的最大范围。所以，当 K 值保持一定时，r 值越大，种群增长速率越快，种群越不稳定；当 r 值保持一定时，K 值越大，种群发展的范围越大、种群越趋向稳定。根据 r 值与 K 值的大小，可将昆虫种群基本上分为两个生态对策类型。

（一）r 对策

对适应生境而采取 r 对策的种群，r 值较大，K 值相应较小，完成世代发育的时间 T 与环境有利期 H 的 $T/H \approx 1$，前一世代的种群对资源的消耗常对后代无影响，以高繁殖率及较多的个体参与生存空间的竞争。该类物种适应于在短暂的有利环境中栖息，体型常较小、寿命及世代周期较短、繁殖力强，一年发生的代数常较多，食性较广，无完善的保护后代的机制，扩散与迁移力较强，每次迁移必伴随大量个体的死亡，每年或每代需重新组建集群，死亡率高、引起种群死亡的因素多为非密度制约因素。因此，种群数量经常处于不稳定状态，易于突然上升或突然下降，当种群数量下降后，能在短期内迅速恢复。较典型的如蚜虫、螨类、飞虱类、蓟马类等。

r 对策的害虫常有暴发性，天敌在其大发生前的控制作用常比较小。故对此类害虫应采取以林业防治为基础、生物防治与化学防治并重的综合防治策略。此类昆虫繁殖能力强、种群易于在短期内迅速恢复，单纯的化学防治易导致其产生抗药性；在大发生的情况下，仅依靠生物防治措施常难以迅速压低其种群数量，生物防治应着眼于保护、利用和释放 r 对策型的天敌昆虫或生物制剂。

(二) K 对策

K 对策类种群的栖境较稳定, r 值较小、K 值较大, $T/H<1$, 种群数量超过环境负荷后将对下一代不利, 常以延长寿命、提高取食与存活率占有生存空间。适宜生存于较为持久的栖境中。体型常较大、寿命与世代周期较长、繁殖力小, 一年发生代数较少, 食性较为专一, 常有较完善的保护后代的机制, 扩散与活动能力较弱, 常以荫蔽性生活方式躲避天敌, 死亡率较低、死亡原因多是密度制约因素所引起。种群数量比较稳定, 常不需重新组建集群, 种群数量一旦下降至平衡水平以下时, 在短期内不易迅速恢复。典型的昆虫如金龟类、天牛类、十七年蝉等。

K 对策型害虫的防治, 应注重使用生态调控措施, 化学防治时应采用高效精确的局部性施药方法, 以压低其种群密度; 在其种群密度降低阶段, 应利用天敌等生物防治技术, 以达持续控制之效果。

生态对策从 K 至 r 是一个连续的变化系统, 除极端的 K 对策和 r 对策型外, 还有许多过渡的中间型, r、K 对策具有相对性。如天牛类与脊椎动物相比较, 脊椎动物肯定是 K 对策型, 天牛类则为 r 对策型; 蚜虫属于极端的 r 对策型, 但杏蚜和松蚜体型大、繁殖力小, 相对就倾向于 K 对策型。因此, 在控制害虫时, 应根据具体种类的危害与特性, 选择经实践检验、且控制效果好的方法与技术。

第二节 森林害虫控制原理与方法

森林虫害既是一个害虫问题, 又是一个生态问题, 森林虫害的控制既涉及经济效益又涉及环境资源保护, 所以, 害虫防治应摒弃以破坏环境为代价的短期行为, 注重生态与生物等无害化措施对虫害的长期控制效果。

一、害虫控制策略

随着社会发展和经济技术条件的改善, 害虫的管理策略处于不断发展变化中。人类控制害虫策略的本质上讲, 害虫管理大致经历了 3 个主要的发展阶段, 即早期的朴素综合防治阶段、化学防治阶段和害虫综合管理阶段, 不同历史阶段的治虫思想是当时对害虫的认识水平、控制水平、技术水平的综合反映。

(一) 朴素综合防治阶段

1940 年前在化学合成农药未用于农林害虫防治时, 人类被动地依靠生态体系自有的调控能力控制害虫的危害, 这个阶段也是人类防治害虫的初始阶段。当时农林业生产集约化程度低, 农林生态体系生物群落多样性较高, 制约害虫的自然因素未受人为破坏。人类对各种有害生物持以纵容态度, 除非其危害达到不能容忍的程度时才采取原始的措施防治, 其中并没有十分"高效"的、对环境和生态体系产生破坏性的措施。虽然当时并未提出明确的害虫防治策略, 但做法上是使有害生物处于一定密度或数量水平下的综合防治。随着农林业生产的发展、科技的进步, 人类在观察和研究的基础上逐渐认识了害虫, 利用了杀虫植物、有毒矿物质制剂和天敌、并研制原始的治虫器械等, 进而提出了适合当时生产条件的防治措施，但这个阶段最先进的害虫控制方式仍是以生物学为理论基础的单一防治（一种植物、一种害虫、一种防治方法）。

(二)化学防治阶段

化学防治阶段是指从 20 世纪 40 年代开始至 70 年代中期。1874 年，德国化学家 O. 钱德勒合成了二氯二苯基三氯乙烷（DDT）；1939 年，瑞士化学家 P. H. 米勒发现 DDT 具有杀虫特性；1943 年，美国农业部用 DDT 进行了杀灭马铃薯甲虫试验；1944 年 1 月，在意大利那不勒斯战役中用 DDT 杀灭人虱后，DDT 即作为一种农药广泛应用于农业生产；1945 年，英国卜内门化学工业公司生产了杀虫作用更广泛的'六六六'。与其他防治方法相比，化学农药的价格低、使用简单、效果好，能最大程度地减轻害虫的危害，提高产量，使人们形成了"农药万能"的观念，人类掀起了开发、生产、广泛使用杀虫剂控制农林害虫的热潮。受当时的社会、科技发展条件的限制，人类过分相信和依赖有机化学农药，主张消灭害虫，提出了化学治虫策略（inpest control=IC，1940—1963），即当害虫种群数量发展到有危害威胁的趋势时，应该及时采取措施进行防治，以保护生产免受损失。随之而来的单纯使用农药和不合理滥用农药在国内外十分普遍，因而产生了"农药合并症"，也称为"3R"问题，即害虫产生抗药性、害虫再猖獗以及农药在人体内的积累和环境污染。随着生态学的发展和人类对化学农药认识的加深，为减少农药的使用量，1963—1970 年提出了协调防治策略（integrated contorl，ITC），即防治害虫时化学防治要与生物防治相协调，避免主要害虫产生抗药性和再猖獗以及次要害虫的大量发生，以保护农林生产不受损失。这一策略虽然强调了害虫防治要重视混交林、营林措施、抗虫树种、天敌的作用，但仍然倚重利用杀虫剂消灭害虫。

(三)害虫综合管理阶段

害虫综合管理阶段是指从 20 世纪 70 年代至今。这个阶段是化学防治导致"3R"问题之后，学者们开始反思酝酿，并先后提出了很多害虫防治的新策略的时期，共同特点是消除单纯依赖杀虫剂所产生的副作用，主张以害虫的生物学和生态学为基础，以系统性的观点强调各种防治手段的有机配合。由于长期大量使用化学农药已酿成了威胁人类的重大社会问题，人们认识到必须科学地利用综合防治措施来控制害虫。于是 20 世纪 60 年代初提出了新的害虫防治思想，即害虫综合防治（integrated pest control，IPC）。经过 1966—1972 年的完善，1975 年后开始普遍实施，成为以后指导害虫防治的科学策略，即害虫综合管理策略（integrated pest management，IPM），并针对卫生害虫派生出了害虫全部种群管理（TPM）、农林害虫大面积种群治理（APM）等。20 世纪末，可持续发展观已成为指导人类社会发展的普遍思想，森林虫害的防治步入了新里程。1995 年在海牙召开的第 13 届国际植物保护大会以"可持续的植物保护造福于全人类"为主题，确立了害虫可持续控制（sustainable pests management，SPM）的新策略，但该策略在实际操作上仍延续了 IPM 的思路和方法，实质上是 IPM 的高级阶段，是对有害生物进行生态管理。我国著名生态学家马世骏（1979）对 IPM 的解释为："综合防治是从生物与环境的整体观念出发，本着'预防为主'的指导思想和安全、有效、经济、简易的原则，因地、因时制宜、合理运用农业的、化学的、生物的、物理的方法，以及其他有效的生态学手段，把害虫控制在不足危害的水平，以达到保证人畜健康和增加生产的目的。"这是一个全新的概念，主要是从生态学角度出发，全面考虑生态平衡、社会安全、经济效益及防治效果。

害虫综合管理理论的核心思想：依据生态学的原理和经济学的原则，选取最优的技术组配方案，将有害生物的种群数量较长时间地稳定在经济损害允许的水平以下，以获取最佳的经济、生态和社会效益。IPM 的产生是生态学研究的深入及生态学与害虫防治学进一步融合而发展起来的理论，是较完善、实践性较强的治虫策略。该策略的特点在于运用害虫生态系统管理害虫，允许害虫存在，充分发挥农林生态系统对害虫的控制作用，强调多种防治措施的协调与配合及自然控制，企图改变和消除单独依靠杀虫剂所产生的副作用。

二、森林害虫防治指标

森林生态系统中的害虫治理方式与农业害虫不同，可以区分为社会受益型，即国土整治林、生态环境建设林、城乡景观林的害虫防治工程，以及营利性用材林和经济林害虫治理。林型不同，控制害虫时的指标与要求也不同。

(一)害虫防治指标

经济损害水平(economic injury levels，EIL)是实施人工防治时的成本恰好等于防治后所得到的经济(或生态或社会)效益时的临界虫口密度，即

$$EIL = (P_i + A + B)/P_0 IE \tag{6-1}$$

式中，A 为人工成本；B 为机械成本；P_i 为消耗的物资成本；P_0 为产出物的单价；I 为每头害虫引起的产量损失；E 为防治效果。

经济阈值(防治指标 economic thresholds，ET)为防止害虫种群的密度超过 EIL，根据多方面因素及保险系数所确定的、进行防治时的一个害虫的种群密度值。种群数量平衡位置(general equilibrium position，EP)指自然条件下害虫在较长时间内种群的平均密度值。如果 EP 处于 EIL 以上或徘徊于其附近，则该害虫为主要害虫，EP 偶然达到 EIL 则为偶发性害虫，EP 长期处于 EIL 之下则为潜在害虫或有危害但不造成明显损失的害虫。

害虫的防治指标是害虫控制论中的关键。如果防治指标值确定得不恰当、远离真实指标值时，既会给防治工作带来意想不到的困难，还会使治理效益难以达到预期的目标。

(二)防治指标的类型

生态林(包括水源涵养林、防风固沙林、水土保持林、农田防护林、护岸林、护路林、其他防护林)、用材林、景观林和经济林各有其独特的生态、经济和社会价值，因而防治指标应根据防治林分的自然与社会属性，按林分的实际用途及所担负的功能区分类别，参照林分特有的生态、社会与经济效益的权重及害虫本身的发生危害特点，各循其原则来确定。

1. 生态林的防治指标

以生态效益为主导的森林体系中，对害虫治理的主要目标是维护或增强该体系的生态和社会效益，而不是谋求某种形式的经济利益，采用的任何治虫方式都不应以降低或破坏其生态功能为代价。所以害虫防治指标应该是，对害虫实施治理后重新获得的或增强的生态效益≥[害虫危害所造成的损失+防治措施所带来的生态效益损害(污染等)+防治费用)]

时的虫口密度值。

2. 景观林的防治指标

道路、城区、市内公园、森林公园、景点林木及古树名木其主要价值在于观赏和创造游憩环境，部分地兼具调节气候的社会及生态效益。所以防治指标是害虫本身及其危害后的美观损失水平、人类的恶感程度、该类林木对害虫虫口的承载力等综合水准所对应的虫口密度值。

3. 用材林的防治指标

培育用材林的主要目的是获取经济或经营效益，因害虫种类及其在林木上的危害部位、发生季节、树龄或生长阶段、轮伐期、立地条件及人们对材质的要求等，均和确定这一类型林分的防治指标有关系，多适宜用动态阈值模型来表示防治指标。多数情况下食叶害虫的防治指标是林木叶系损失量达 40%~45%时的虫口密度值；确定蛀干害虫的防治指标时，应兼顾害虫危害导致树势衰退及死亡的程度、木材的直接损失及材质降低所造成的损失等多个因素，才能保证防治指标不出现大的偏差。

4. 经济林的防治指标

这类林木包括工业及农副加工业消耗的轮伐或采割周期很短的原料型林木及果品林。由于人们对期望产物及其品质的要求不同，使这类害虫的防治指标有着显著的差异，一般该类林分的害虫防治指标较为严格。

三、森林害虫控制的可能性与途径

可持续控制策略为森林害虫的无害化防治提供了理论基础，能否利用生态学技术与生物技术防治林木害虫，关键在于摒弃百十年来人们所依赖的化学药剂杀虫观念，采用更加科学的绿色且无公害的综合防治理念。

(一) 害虫种群数量控制的可能性

在害虫可持续控制思想的指导下，努力实现林木害虫的无公害防治，避免使用农药产生"3R"问题(残留 residue、抗性 resistance、再度猖獗 resurgence)。成功的事例如下。

1. 改造东亚飞蝗的栖息生境，实现了对该害虫发生数量的控制

据记载，我国历史上发生的蝗灾达 900 余次，而蝗区的形成主要是有大面积的适于其产卵、取食、活动的湖滩地、内涝地、河泛地等荒滩区。1964 年以来，我国对蝗区实施了综合治理，通过修造农田、植树造林、增加林木覆盖度，改变了蝗区的生态面貌、生态体系，减少了蝗虫的食物来源和产卵地，实现了对蝗害的综合控制。

2. 封山育林增加树种多样性，实现了对松毛虫的可持续控制

松毛虫是我国人工松林的重要害虫，1950 年，国家就开始进行大量投资，先后进行了化学防治与综合防治。1980 年后，对生态、群落、天敌与松毛虫发生量的研究表明，人工纯林生物组成简单、天敌种类及数量少、食物链组成较少、松毛虫的食料集中丰富、林分的多样性差，是导致该类害虫连年不断发生的主要原因。因此，通过封山育林、补植阔叶树种、种草植灌等提高人工林多样性的营林措施，控制了该害虫的种群数量。

3. 引进澳洲瓢虫控制了吹绵蚧

吹绵蚧是我国南方柑橘、木麻黄等果树和林木的重要害虫，采取化学及其他治理措施均不能达到理想效果。自1955年引进繁殖、释放澳洲瓢虫,1958年其危害即得到了控制,1960年以后该害虫的危害问题已被解决。

4. 多树种配置抵御杨树天牛灾害

以光肩星天牛为主的杨树天牛是我国最重要的毁灭性林木蛀干害虫,控制难度极大。三北防护林体系建设一期、二期工程中以杨树为主的防护林许多已被其毁灭,其中以西北的陕西、甘肃、宁夏及华北地区为甚。杨树天牛灾害的主要成因是防护林树种组成过于单一、且多为易感天牛树种、抵御天牛灾害功能低下。结合三北防护林体系建设,依据生态系统稳定性、风险分散和抗性相对论为核心的多树种合理配置抗御杨树天牛灾害理论,提出了加强型二代林网建设的树种组成应包括非寄主树种(臭椿、刺槐、白蜡树、槐树、侧柏等)、抗性树种(新疆杨、河北杨、毛白杨等)和诱饵树(合作杨、箭杆杨、复叶槭等)3类,并对各类树种进行合理配置和有效管理,形成了防护林杨树天牛灾害可持续控制技术。

(二)害虫种群数量控制的途径

依据害虫的可持续控制理论,现阶段的森林害虫控制可采取以下生态学或生物学等对环境无害化的技术与方法。

1. 使用有选择性的杀虫剂及针对性的施药方法

使用广谱性杀虫剂有导致控制对象虫种再猖獗、大量杀伤天敌、次要害虫发生的问题,连续使用性质相同的药剂还会增强害虫的抗药性,会导致进一步增加用药量等不良后果。因此,在使用杀虫剂时应筛选并使用有针对性的药剂或特异性杀虫剂,在用药方法上选用对环境影响小、对天敌杀伤力弱的方法,如注射、涂茎、根埋、深施等局部施药方法,是解决上述问题的一个途径。

2. 引进外来天敌和保护当地的天敌

天敌是生态体系内抑制害虫种群数量的重要因素,保护当地的天敌、移殖或助迁天敌、人工繁育及释放协助天敌种群数量的增长,或营造混交林、改造人工纯林以丰富天敌的多样性,提高天敌对害虫控制能力。如我国繁育释放白蛾周氏啮小蜂 *Chouioia cunea* Yang、管氏肿腿蜂、松毛虫病毒等已分别用于美国白蛾、天牛幼虫和松毛虫的治理。

当地天敌是其生态体系的成员,即使人为增大其数量,对害虫的控制也只是暂时的,随害虫数量的减少其数量也会减少,且自然状态下天敌对害虫的控制均有滞后现象。而成功地引进外来天敌,改变了原有生态系统中的食物链关系及天敌区系,使害虫和天敌间的关系发生永久性的变化,可对害虫种群产生持续性的抑制,甚至可以持续控制害虫的危害,如2000年我国从欧洲引进大唼蜡甲 *Rhizophagus grandis* Gyll. 控制红脂大小蠹 *Dendroctonus valens* LeConte 就是一例。

3. 培育抗虫品种或以营林(栽培)措施提高林木的抗虫性

一个感虫品种在小范围内使用时只表现为被害率增高,但在大范围内使用时则会因害虫数量的持续积累引起灾害性虫灾,如1965—1980年在北方地区大面积栽植欧美杨系列品种导致了星天牛暴发成灾。而大面积使用抗虫品种,不仅能降低害虫的种群数量及危害程度,而且能较长时间地降低害虫的平衡位置,甚至控制其危害。随着基因工程技术的成熟和发展，抗虫品种的培育和使用已经成为森林害虫研究与防治的重要手段。

通过营林、管理措施提高现有林分的抗虫性，也是减轻害虫危害的一个途径。不同的生长环境下林木的抗虫能力有较大的差别，这一抗虫能力的差别常与栽植密度、营养状况、林龄、轮伐期、林分内植物的多样性等有关。

4. 创造不利于害虫种群数量发展的环境

害虫栖息的环境包括食物环境、活动环境、繁殖环境等。各种害虫对环境的适应能力及要求并不完全相同，当某一害虫发生危害时首先应分析是何种类型的环境所造成的结果，这样才能通过人为地改变环境而控制该害虫的种群数量，不一定非得使用农药等措施进行防治。如上述对东亚飞蝗、松毛虫种群数量的控制就是通过改变生境条件来实现的。

四、森林害虫控制的措施

森林害虫防治的方法有多种，针对某一害虫无论采取何种措施，都应注意一个前提，即对有害生物实行生态管理，使森林生态环境保持可持续发展，维护森林生态系统的健康和活力，即生物多样性、生态过程和生态平衡。森林害虫防治的主要措施如下。

（一）检疫措施

森林植物检疫是一个国家或一个地区以法律、法令的形式阻止危险性的植物病虫害人为传播、蔓延，保护本国、本地农林业健康发展的方法。确定检疫对象的原则是，危害严重、不易防治、局部分布、主要由人为传播。检疫对象的发生区划定为疫区，未发生区则为保护区。植物检疫分为对外检疫和对内检疫，检疫机构的工作包括产地检疫、调运检疫、关卡检疫、禁运、除害处理等。凡从疫区调运的各类农林植物、植物繁殖材料、植物产品、木材及植物性制品、相关物品的包装材料、运输工具等均属检疫对象。处理方式有销毁、消毒、退货、改变用途等。所有检疫必须出具相应的检疫证书。

（二）林业技术措施

林业技术措施是林木害虫治理中的基本方法，包括营林中的选种、整地、育苗、林地选择、造林、经营管理、采伐、运输、贮藏，以及林地改造、人为对林分进行更新以改变生境等，有助于林木生长，减少虫害，控制害虫种群数量的方法。

（三）生物防治

森林生态系统具有自然制衡害虫种群数量、抑制害虫危害的能力，这种能力来源于该生态体系中害虫的天敌、寄主的抗虫性、食物资源的限制、不适宜的异质信息及与害虫竞争生存资源或空间的其他生物。因此人工培殖、引进、利用天敌，有目标地培育和使用抗虫品种，营造混交林，使用有扰乱害虫生活习性的信息物质及生物制剂（如 Bt 乳剂、病毒等），均有抑制和降低害虫种群数量的效果。

（四）物理防治

使用器械、声、光、电、热、射线等防治害虫的方法为物理防治，如捕杀、诱杀、阻隔、高温或低温处理、超声波或次声波处理、红外线或放射性物质杀虫等。

（五）化学防治

化学防治是利用化学合成药剂控制害虫的方法，其特点是作用快、效果好、使用方便、费用低、能在短时间降低大范围内的虫口密度，缺点是易污染环境、杀伤天敌、使次要害虫数量上升导致被抑制了的害虫重新发生危害，因此化学防治应与生物防治方法相互协调使用。在使用化学农药时应依据下述原则：根据害虫种类和生态环境选择农药，在害虫敏感期用药，农药应合理混用及交替使用，使用选择性农药，尽量采用局部施药的方法以避免药害，不使用残效期长的农药，注意保护天敌和人畜、环境的安全，化学农药与生物防治技术相结合等。

第三节 森林害虫控制与管理

针对某一森林生态系统害虫的控制，是一项与营林生产、经济、环境保护、统计分析与设计等密切相关的系统性工作，这项工作即为森林害虫的工程治理。需要充分考虑昆虫群落与植物群落的关系、被保护资源的价值、该生态系统的状况、靶标害虫的危害及其生物学、已具备的技术条件、经济条件、人力、物力等，从而做出科学的判断和决策，采取最优化的措施，在一定时期内有目标、有计划、有步骤地对靶标害虫进行防治。

一、害虫控制的技术程序

森林害虫防治有一定的技术程序，这个程序重在制订科学性强、设计严密、便于操作、易于分析治理效果、并能对治理成效进行监控和巩固的治理方案。该方案的主要内容应包括靶标害虫、林分状况(林龄、密度等)、天敌、气候因素、地形地势等，具体有 5 个步骤。

(一)主要控制对象及其防治指标的确定

以生态意义重大的防护林、特种用途林和经济价值高的用材林、经济林为重点，防治对象应具备危害严重、发生面广、具有扩散危险性、种群保持上升势头，并具有有效的防治技术和措施的种类。防治指标确定的方法有多因素动态指标模型法、经验估计法、种群数量标准差法，这 3 种方法的差异实质上是人们对害虫种群数量大小的允许程度。只有那些种群数量在防治指标以上的才能被确定为有害种类并实施控制。

(二)害虫种群动态监测

害虫种群数量在一定的时间和空间范围内具有动态变化特征，这种变化与气候、天敌、林分环境有关，如果严重危害期处于种群数量较大阶段，当要采取措施进行防治时其种群数量因林间环境的变化而降低至防治指标之下时，就没有必要进行防治。因此，在采取措施进行防治前、后都应对其进行监测，以避免工作失误。害虫种类与危害特性不同，森林害虫种群动态监测的方式也不同，在时间上可为 1 个月至数年，在空间上可为一个栖息单元、一个林分或一片森林。监测的核心仍是监测害虫种群在时间和空间上的分布与数量变化过程，害虫对林分生物量和生长量的影响，并对种群数量的发展水平、危害状况、危害时间和地点进行测报。

(三)制订压低主要害虫平衡位置的方案

制订森林害虫的控制方案的原则是，根据所要达到的控制目标，确定降低害虫种群数量至防治指标以下的具体方法与技术。对经常性发生危害的种类，其目标应是直接降低害虫的平衡位置；对偶发性害虫，则应考虑缩小其种群数量的变动幅度；对频繁发生的害虫应减少其大发生的频率。实施方法首先应在下述措施当中进行选择，即改变害虫的环境、破坏害虫繁殖、取食、栖息的场所，增加天敌的抑制能力、或引进建立新的天敌种群，提高林分的抗虫能力或使用抗虫品种。危急情况下，应采用对生态体系综合破坏力较小的化学防治措施。在使用化学措施时应对杀虫剂的种类、使用剂量、使用方法及时间进行详细研究，尽量减少其对害虫天敌及环境质量所产生的影响。

(四) 计划方案的组织实施

目前，我国对森林害虫的治理采用工程项目管理的办法进行，即森林害虫的工程治理，任何一项森林害虫的治理工程均需严格按照相应的实施办法组织执行。

(五) 控制效果的监测

一个好的害虫防治方案包括控制后的继续监控技术与措施，这样才能巩固控制效果，阻止控制对象在短期内再次发生。调查及监控的内容包括害虫的密度变化、林分的发育状态、天敌类群动态及气象资料分析等，要依据调查资料及时对虫情动态进行预测预报，为持续稳定地控制害虫的危害提供依据。

二、森林害虫的工程治理

森林害虫的工程治理方式与农业害虫不同，包括社会受益型和经济型两类。我国从1998 年开始执行森林害虫治理的工程项目化管理，该概念认为森林害虫的治理有别于其他类型的害虫防治，是一项对森林害虫进行管理的系统工程。森林害虫治理工程的主要环节按顺序包括：提出并确认治理对象→治理方案的设计和论证→治理任务的组织和落实→治理措施的实施和完成→治理效果的检查与评定→治理效果稳定性的监测。其技术程序已如前所述，其组织管理如下。

(一) 组织管理

我国所建立的国家级、省级森林病虫害工程治理项目管理体系，主要实行分级管理、分级审批、执行实施、设计与审查、确定检查验收办法和标准的问责管理制度。高层主管部门以政策和行政为手段实施宏观调控，有目标、有重点地优化配置财力与物力。

(二) 工程治理区的划定

森林害虫工程治理区域由国家和省林业主管部门分级确定。国家林业局根据宏观控灾减灾要求，以主要森林害虫为重点，从害虫发生的区域性特点和开展联防联治的实际需要出发，确定国家级森林害虫工程治理区。省级林业主管部门应结合实际情况，确定省级工程治理区，并与国家级工程治理区配套和作为国家级工程治理区的补充。

(三) 工程治理规划的制订

森林害虫工程治理项目应进行科学的规划和设计，并应该在系统分析和科学决策的基础上完成。国家级工程治理规划由国家林业和草业局负责组织编制，各有关省份林业部门负责编制本行政区工程治理项目设计任务书或可行性报告，省级所属有关行政区林业主管部门组织编报相应的工程治理项目设计任务书或可行性报告。

(四)资金来源

森林害虫工程治理经费的筹集以地方投入为主，国家支援为辅，中央财政投入资金与省级财政配套拨款比例应为 1∶1。工程治理专项经费实行专款专用，建立严格的使用检查和专项审计制度。提倡害虫治理工程与其他林业建设工程有机结合，在治理方案中需要大面积更新改造现有林时应有造林工程或其他方面的资金来源与之配套。

(五)效果的检查与验收

各级林业主管部门应将工程治理项目纳入本地营林生产和森防年度计划，在治理季节应派人进行督察，掌握规划、计划执行进度，解决工程实施过程中存在的问题。在工程治理任务完成后，林业主管部门应组织有关单位和人员进行全面检查与验收，专项考核工程进度、质量指标、经济技术指标、经费管理指标等。若指标与设计要求不相符，应责令项目实施单位自筹资金限期整改达标。

三、森林害虫控制中的系统分析

系统(system)是由相互作用和相互依赖的若干组分按一定规律结合成的、具有特定功能的有机整体，如森林生态系统、害虫管理系统等。

(一)系统及系统分析

系统具备整体性、有序性、关联性、目的性及适应性等特征，如果将森林害虫防治视为一个完整的管理系统，利用系统分析方法进行管理，将能确保防治效果并为提高防治水准积累经验。森林害虫管理系统属于生态管理系统，该系统中的害虫与环境有着物质、能量、信息等交换，其主要特征如下。

①可测性。通过对系统的某些特征进行测量，根据数据判断和确定系统的状态，即系统的可测性。若系统在任何时候都可以观测，则称为全可测系统。森林害虫管理系统即具有全可测性。

②可控性。即对系统施加预先已知道因果关系的可控条件，将使系统达到预期的运行状态。若在每种状态下系统都可控，则为全可控系统。森林害虫管理系统不具全可控性。

③稳定性。即随时间的推移，当系统处于平衡态时其状态变化趋于零，当系统受到外部干扰而使平衡态发生变化时，系统有恢复到原来状态的能力。

④最优控制与最优化。最优控制是采取最优措施而使系统达到最优期望值，系统的最优化即使系统的某些经济、性能或参数指标达到类似于极值的最大或最小值，以使系统的结构达到最佳状态。

系统分析(system analysis)是一种广义的研究工作策略，是用系统而科学的数学技术与方法对复杂问题求解，以提供旨在帮助决策者选择一种合理、最佳路线的思路，预测一种或多种合乎决策者意图的行动路线的后果。在森林害虫防治中，系统分析就是根据预定目标，将害虫的发生实情划分为系统与环境、再细分为若干成分，然后进行调查和研究、形成并验证模型，根据模型获得控制害虫的最佳方案或途径。

系统分析是依据数据和资料有次序、有逻辑地组建通过有效性检验的可用模型，其主要步骤包括：确定模型的功能→明确系统和环境的时、空边界→确定最小功能单位→系统辨识、建立模型→验证模型→灵敏度分析→模型应用。

(二) 系统分析实例——马尾松毛虫综合管理系统分析

中国林业科学研究院等单位建立的马尾松毛虫综合管理系统，包括马尾松毛虫预测预报、针叶及材积生长预测、综合管理优化决策 3 个子系统。

1. 预测预报子系统模型

①根据松毛虫生物学特性，将其生命过程划分为卵孵化为幼虫、1 龄至 4 龄幼虫、4 龄幼虫至蛹、蛹羽化为成虫、成虫产卵 5 个生命阶段，将影响松毛虫种群动态的因子归纳为林相、植被、食料、天敌和气候，天敌的作用则用林相、植被和气象条件来体现。②子系统模型建立的背景信息和变量包括历史虫情、林相、植被、郁闭度、平均单株针叶荷载量、松林密度、光照、平均温度、平均相对湿度、平均降水量、突发性气候变化、针叶损失率、虫口密度共 13 个因子。③在分别建立 5 个生命阶段的存活率估计模型的基础上，组建了种群数量随时间延伸的动态模型；根据成虫迁飞情况，建立种群在一定空间的迁移扩散模型。④将种群动态模型与迁移扩散模型相结合，即可预测松毛虫在一定时间后的发生量和发生面积。

2. 针叶及材积生长预测子系统模型

①分别建立针叶生长模型、自然落叶模型、正常情况下针叶总量的估计模型，以及二次抽梢和修枝等特殊情况下针叶总量的估计模型、松毛虫危害时的针叶量估计模型。②模拟针叶损失与材积损失的关系。③组建总材积损失率的估计模型，以估计材积的损失量。

3. 综合管理优化决策子系统模型

①根据防治指标(或防治阈值)确定最佳的管理组合(防治、不防治、防治时间等)。②确定管理决策时涉及的因子包括防治密度界限、杀虫剂、药量、防治方法等。③根据林分背景与气象条件、木材价格等，对管理策略实施后的影响进行预测，预估防治的成本和挽回的损失，计算其净效益。

4. 模型的求解和验证

根据各个模型的求解方法，在安徽省潜山县试验区对各模型的预测和模拟结果进行了验证，结果与实际情况相符合。

5. 松毛虫综合管理系统模型合成

利用计算机技术将各子系统模型集合成松毛虫综合管理系统模型，用户仅需提供基本虫情信息即可预测虫害的发生量、发生面积以及对松林的危害，并据此做出综合管理优化决策。

四、森林害虫控制中的专家系统

(一) 专家系统

专家系统(expert system，EXS)起源于 1965 年 E. A. Feigenbaum 等开发的一个推断化学分子结构的计算机系统。专家系统就是通过模拟人类的思维推理过程(推理机)，利用经过实践检验并成熟的专门化的知识系统(知识库)，将规则、推理框架、结果等打印成图表，或以人机对话方式解答用户的问题两种形式，为用户提供切实可行的选择方案，以解决复杂的特定问题。

专家系统不同于一般的计算机应用程序，它处理的不是数据，而是非结构化的知识，是对研究者、专家积累的知识与经验进行汇集和总结，因而该系统具有启发性、透明性和灵活性。启发性是指用判断性知识进行的推理；透明性指能合理地解释自身的推理过程；灵活性是指能在应用实践中获得正确经验不断增加自身的知识。

害虫综合治理中的专家系统多使用规则化推理系统，即使用易于理解、近于人类思维和会话形式的知识结构，表示形式一致、易于操作控制和修改、高度模块化的编码规则，能根据事实正向推理而推出结论(正推)，或由假设逆向推理而推出条件或证据(反推)。因此，建立有明确使用目的、运行稳定、结果可靠的专家系统，应经过6个步骤，即确定目标和问题，进行系统的设计，广泛获取知识，使用计算机程序对问题和知识进行推理化、逻辑化、模块化编码处理，系统的模拟检验和正确性检测，通过用户反馈对系统进行修正和完善。

(二)森林害虫控制中的专家系统

森林害虫防治中成熟的专家系统较少，其主要原因在于该类系统的发展受到了网络技术的冲击、并落后于森林害虫防治的需要，但其应用主要体现在以下几个方面。

1. 害虫诊断

认识和了解目标害虫，有针对性地进行研究和管理，是害虫综合治理的前提。由于森林昆虫种类很多，非专业人员常难以对其进行分类和鉴定，因而发展害虫诊断专家系统显得尤为重要，但这种诊断系统应条目清晰、图文结合、便于使用。

2. 预测预报

用于测报的专家系统包括定性和定量两种类型。定性预测可根据用户的输入进行判断，只能做简单的趋势预测或管理咨询，难以对害虫的未来动态做比较准确的判断。定量测报与测报模型相结合，有数据输入和将处理结果输出的功能，用户可利用交互式界面获得运行结果。

3. 害虫管理辅助决策

进行害虫管理的目的是通过采取适当的措施和技术，使害虫的种群数量保持在经济损害允许水平之下。这个管理决策过程可归纳为：确定目标害虫及其数量→为害程度及未来风险性评估→选择管理方式(防治或不防治)，该3个主要过程均涉及害虫的监测→预测→预控。其中，监测害虫数量在于确定其是否达到防治指标，预测和评估在于通过模拟害虫动态、以确定现在或将来某个时段是否需要防治，最后则要确定现在或未来是否需要采取预控措施。因此，建立这种专家系统时必须考虑害虫、天敌、环境因子等众多的关系复杂的不确定因素。

4. 设计

设计型专家系统就是按照给定的要求，为待确定的问题构造一个有多种选择的模式，其目的是为测报、防治时间选择、天敌利用、生物防治技术、农药的使用、抽样方案的确定等提供参考。

5. 人员培训

人员培训专家系统不同于一般的多媒体技术，它能够根据用户提出的各种具体问题分别予以解答，但也可以与多媒体技术相结合，以解释害虫控制当中的用户提出的"为什么"和"怎样"之类的问题。

第四节　森林健康的保持与恢复

生态学家、环境学家借鉴和使用人类健康中的术语"健康"后，相应地产生了环境健康学、环境医学、森林健康（森林生态系统健康、森林保健，forest health）、景观健康等。其中，森林健康已成为森林状况评估和森林资源管理的标准和目标。

一、森林健康的概念与原理

20 世纪 90 年代初，在可持续林业思想的影响下，美国在森林病虫害综合治理的基础上提出了森林健康的理念，将森林病虫火等灾害的防治上升到融合生态学观念的森林保健的高度。早期的森林健康主要研究森林所受的各种胁迫（物理、化学、生物、社会）及其相应的反应与变化；1992 年，美国国会通过了《森林生态系统健康和恢复法》，并对其东、西部的森林、湿地等进行了评估；1993 年后，提出森林健康是一种状态，即森林生态系统是向人类提供需要并维持自身复杂性的一种状态。此后，维持森林健康已被作为森林可持续经营的主要指标。

有关森林健康的概念很多，关键在于所处的立场、观点、认识不同，因森林健康本身就是一个生态、环境、信息及资源管理与利用的复合问题，因而较难在认识标准上进行统一。

（一）利用学观点

该概念以人类经营森林的目标、人类的价值趋向为核心，认为森林生态系统理想的健康状态是生物和非生物（如病虫害、污染、经营活动、收获等）对森林的影响不会威胁现在和将来对森林的经营目标。这意味着在健康森林中并非就一定没有病虫害、没有枯立木、没有濒死木。只要满足了管理目标，森林没有病虫害、枯立木、濒死木就是健康，反之则不健康。但是如果只从人类的经营目标出发，将林中灌、草等植被也视为"不健康"并加以清除，就可能对森林生态系统、多样性、物质循环等造成严重的破坏。

（二）生态学观点

森林健康是指森林在承受自然或人为的应力或自然及人为破坏之后，具有恢复的能力。即在一个健康的森林中，不仅容许病虫害滋生和流行，而且强调森林的恢复能力。森林健康是指森林具有较好的自我调节并保持其生态系统稳定性的能力，能够最充分地持续发挥其生态、社会和经济效益。健康的森林是充分发挥植物、动物和物理环境的功能的群落，是平衡的生态系统，有抵御变化的弹性。此类概念不是首先关心木材产量，而是关心森林能否提供符合自然和人类需求的生态服务；强调森林的生态过程与状态，以保证实现对森林的多种需求；强调森林生态系统内部的秩序和组织的稳定状况，能量流动和物质循环的健康，关键生态成分的完整性，及自我调控能力(抵抗力和恢复力)。但该类概念比较抽象，常难以进行定量化的评价。

(三) 综合观点

该观点认为，森林健康是森林在能够维持其复杂性的同时，又能满足人类需求的一种森林生态系统状态。该概念强调森林生态系统不仅能够保障正常的生态服务功能、满足人类的需求，并具有维持自身发展的能力和状态。由于人类需求既包括商业产品，还包括森林游憩、野生动物保护、木材资源、放牧和水源涵养等。因此，其实质就是森林具有较好的自我调节并保持其系统稳定性的能力，并能最大、最充分地持续发挥其经济、生态和社会效益。

健康的森林生态系统的的关键资源(水、养分、光、生长空间)及更新率的供需平衡，具备多样性的演替阶段和林分结构，动植物群落多样性适宜，至少在某些阶段具有稳定的生产力；物质(水、碳、矿物质)及能流循环渠道通畅，水文体系有一定的结构；地表具有结构良好的"地皮"，具有一定群体和结构的森林动物；环境美观优雅(气象、生物、大气的物理特性和景观要素)；对病虫害暴发、剧烈的气候变化、空气污染等灾害具有持续的抵抗力与恢复力。相反，不健康的森林常表现为植物群落衰败或林分单一、砍伐过度而难以恢复、微气候恶化、资源枯竭、水匮乏、生物与自然灾害不断等。

二、森林健康评价指标与方法

由于生态系统的复杂性，生态系统健康的评定很难简单地概括为一些易测定的具体指标。对不同状态的森林生态系统进行健康评估要根据具体的社会经济因素、生物物理环境、森林生态系统的自然属性做出具体的判断、选择合适的指标体系。

(一) 评价的原则与标准

从生态系统观出发，评价森林健康应当在森林景观—群落—种群—个体多个层次上进行。一个健康的生态系统应该远离危困综合征(distress syndrome)，即第一性生产力降低、营养物流失、生物多样性损失、关键种群波动增加、生物结构衰退(正常演替逆转)。因此，评价森林生态系统是否健康可以从活力、组织结构和恢复力 3 个方面来进行。Costanza et al. (1992) 提出系统健康指数 HI。

$$HI = VOR \tag{6-2}$$

式中，V 为系统活力；O 为系统组织指数；R 为系统恢复力指数，并要求使用权重因素去比较和综合系统中不同组分。

由于生态系统是多变量的动态体系，生态系统健康标准也应是多尺度的动态指标，不同经营目的、不同类型的森林生态系统其健康标准应不一样，因而选择合适的健康指标及其标准是系统健康评价的关键。①用材林、商品林生态系统经营目的是提供高产、优质的林产品，实现可持续性经营及生态系统健康的标准应该是保证森林生态系统的稳定性、保持提高森林的长期生产力。②生态防护林、公益林经营的目的主要是实现森林的环境功能，其健康的标准是应该保证生态系统稳定地维持生态环境功能的发挥。③生态系统恢复与重建的目的是恢复系统合理的结构和完善的功能。④Schaffer et al. (1992) 提出了生态系统功能的阈值,认为人类对环境资源开发利用和对环境的胁迫不能超过此阈值,但该阈值很难用统一的标准或指标进行测量。因此,评价一个具体生态系统健康与否不应采取某一特定生态系统的标准。

(二)评价因子与指标

森林生态系统健康评价是一个综合、全面的评价过程,其评价内容和要素包括组织结构(生态要素、环境要素和气象要素)、抵抗力与恢复力(胁迫要素)、活力(生理要素)。森林生态系统健康评价框架主要包括评价标准、评价要素、评价专题和评价指标体系 4 部分(图 6-2)。

图 6-2 森林生态系统健康评价概念模型
(肖风劲,2004)

(三)评价方法

1. 森林生态系统活力测量方法

森林生态系统的活力可用光合速率、呼吸速率和植被净初级生产力等指标来度量。光合速率和呼吸速率主要是通过光合作用测定仪来测量,植被率初级生产力可通过试验、调查方法获得,或用各种生产力模型(如 Miami 模型、Thomthwaite 模型、Chikugo 模型、CASA 模型及遥感估算模型等)模拟计算。

2. 森林生态系统组织结构的测量方法

生态系统组织结构是指反映物种多样性与系统复杂性的物种组成结构、物种间关系等。因此,可通过调查用多样性指数(如 Gleason 指数、Margalef 指数、Menhinick 指数、Simpson 指数和 Shannon-Wiener 指数等)测定和描述。

3. 森林生态系统恢复力和抵抗力的测定方法

直接测量恢复力和抵抗力比较困难,一般采用间接的方法进行测定。在一定程度内,健康程度高的森林生态系统对病虫害的抵抗能力强,病虫害发生频度和强度都小,而健康程度较低的森林生态系统则易受病虫害的危害、其抵抗病虫害就弱，因而可选用研究区域森林生态系统对病虫害的抵抗能力作为森林生态系统的抵抗力。若设病虫害的发生强度为 $P(0 \leqslant P \leqslant 1)$，则定义其抵抗力：

$$R = (1-P) \times 100 \qquad (0 \leqslant R \leqslant 100) \tag{6-3}$$

三、森林健康的保持与恢复

森林健康的保持与恢复关键在于对现有森林的健康状况进行分析和区划，确定威胁不同区域森林危险因子，并制定相应的健康对策。但不同地区、不同林分，甚至同一地区的山顶与山坡或山洼的林分情况也有区别，因此，保持森林健康需要采取的措施和方法是各不相同。

(一) 森林健康的生态风险源

森林健康的风险源可分为自然风险源和人为风险源两大类。自然风险源也就是森林的自然胁迫因素，包括森林火灾、生物灾害(病虫害等)、气象灾害、污染灾害和地质灾害等。人为风险源是指干扰和危害森林生态系统的人为活动，如森林的过度采伐、林区内工程建设、环境污染等。根据其发生的概率、强度、范围以及对森林生态系统的干扰和危害程度，又可划分为主要和次要风险源。

虽然人为风险源对森林的干扰和影响很大，但由于其干扰的随意性和不确定性，很难进行定量研究。研究表明，在自然风险源中，森林火灾的概率为 6.37%，森林病虫害的概率为 87.71%，酸雨的概率为 6.62%。

1. 森林火灾

森林火灾是我国的首要风险源，且多集中在东北和西南林区。森林火灾受森林类型、森林的发展演替阶段、气候和人类活动等诸多因素的影响。1950—2000 年，全国年平均发生森林火灾 1.35×10^4 次，年平均受害森林面积 $82.2 \times 10^4 \ hm^2$，大约占世界每年火灾次数的 14%，年均森林火灾受害面积为世界的 20%。

2. 森林病虫害

森林病虫害也是我国森林的主要风险源，已成为制约我国林业可持续发展的重要因素。20 世纪 50 年代，全国森林病虫害年发生面积为 $1.0 \times 10^6 \ hm^2$，60 年代为 $1.4 \times 10^6 \ hm^2$，到了 90 年代上升至 $11 \times 10^6 \ hm^2$，平均年递增 25%，每年因森林病虫害造成的经济损失超过 50 亿元。全国森林病虫害的发生面积占总森林面积的 8.2%，占人工林面积的 23.7%。对我国森林造成重大危害的森林害虫主要是松毛虫、松材线虫、杨树害虫。

3. 酸雨

酸雨是我国森林健康的重要风险源，我国是继欧美之后的第三大酸雨沉降区，主要分布在长江以南地区，降水年均 pH 值小于 5.6 的地区覆盖了全国大约 40% 的面积。长江以南绝大部分地区降雨 pH 值小于 4.5，成为我国酸雨重污染区，酸雨每年对南方 11 个省份森林危害所造成的经济损失就高达 180.32 亿元。酸雨对森林的直接影响包括对植物的叶片表层结构和膜结构的伤害，干扰植物的正常代谢过程；间接影响是通过改变土壤性质使土壤酸化，引起盐基离子的淋溶造成养分的缺乏；土壤的铝毒作用，导致森林病虫害危害加剧等。

(二)我国生态风险区的区划

1. 一级生态风险区

一级生态风险区主要是我国天然林基地的东北林区和四川省，该风险区威胁森林健康和安全的主要风险是森林火灾、酸雨(四川)、蛀干性林木害虫，其中以森林火灾最为严重，所造成的损失巨大。

2. 二级生态风险区

二级生态风险区主要是我国的三北防护林地区，包括内蒙古中西部、新疆、甘肃、宁夏、山西、陕西、青海等地区。该风险区多是以杨树为主的人工林，主要风险源是杨树食叶害虫、蛀干害虫以及森林鼠害。该类型区气候干燥、风沙侵蚀大、生境脆弱，森林一旦遭到破坏常难以恢复。

3. 三级生态风险区

三级生态风险区主要分布在我国的亚热带地区，包括湖南、云南、福建、广东、广西等地区。该类型区多为马尾松、杉木人工纯林，主要风险源是病虫害、松毛虫危害尤其严重，该区也是酸雨重发生区。

4. 四级生态风险区

四级生态风险区主要分布在我国东部暖温带和亚热带地区，包括山东、安徽、河南、湖北、江西、浙江等省。主要风险源是森林病虫害，山东、河南等省主要以杨树害虫为主，湖北、江西、安徽等省以松毛虫为主，松材线虫也是该类型区威胁松林安全的重要风险源。

5. 五级生态风险区

五级生态风险区主要分布在贵州、海南、北京和天津等地区，这些地区由于风险源相对较少，其危害程度也相对够弱，因此其风险相对小，但该区林木食叶害虫危害甚猖獗。

6. 六级生态风险区

六级生态风险区分布在青藏高原林区，风险源类型少而且发生的概率小，风险值也最小。

(三)森林健康与风险管理

对危害森林的自然和人为风险，关键在于预防，预防在于监测。因此，森林健康与风险管理的主要任务是确定在过去一段时间内森林健康所发生的有害或有益的变化，提供威胁林分健康风险的基本情况及其变化趋势，为防控提供基本信息。监测时应将将现代化的监测系统与地面的定位监测网相结合，以便于对森林的整体健康情况进行质量和数量分析。

1. 主要监测内容

监测风险源、树木生长、树木更新、树冠、树木受害情况、树木死亡率、地衣群落、土壤地理学和化学、植被生物和植物密度等，尤其要注意病虫害等生物灾害对林分的危害。评价监测，根据监测资料，确定森林健康状况发生变化的范围、严重度和原因，找到可能的因果关系，确定森林健康与森林逆境因子间的联系。立地生态系统监测，系统地监测指示物以获得有关森林生态系统的关键组分及变化过程的详细信息。

2. 坚持预防为主、综合防控

建立完善的森林病虫害监测、预警、防治体系，在防控威胁现有森林安全的病虫害的基础上，加强植物检疫，严防外来威胁性或毁灭性病虫害的入侵、蔓延和扩展。

3. 高风险人工林改造

通过研究天然林的树种组成、树龄结构、林分密度和蓄积量等，以天然林的系统结构指导现有林的营建和改造高风险人工林，促使高风险林逐渐获得类似于天然林的多样性和对害虫的制约能力，形成持续稳定的健康森林生态系统。

同时，注重大气环境污染的综合整治，净化大气环境，以减少酸雨沉降对森林和其他生态系统的危害。提高公民的防火意识，建立完善的防火体系；在林火发生后，密切监视林木害虫的发生动态，以避免火灾后、林木长势衰弱，导致蛀干害虫大面积暴发。

复习思考题

1. 森林环境与森林害虫的发生有何关系？
2. 简述害虫控制策略的发展。
3. 解释害虫的防治指标。
4. 简述森林害虫控制的可能性与途径。
5. 控制森林害虫的措施与方法有哪些？
6. 在影响森林健康的因素中森林害虫有何作用？

第七章

中国森林害虫的地理分布

【本章提要】在初步介绍我国各个不同气候带的森林类型的基础上，概述了森林昆虫分布的特点和害虫危害区的类型。同时描述了我国各气候区与林型中的主要森林害虫种类、我国检疫性害虫及危险性害虫的分布。

森林植物和森林类型的分布具有随地理与气候特点发生相应变化的特征，每种昆虫只选择某些植物或树木作为食物，昆虫对食物的依赖和跟踪形成了昆虫的地理分布与其相应的植物类群的地理分布的高度一致性。植物和森林的地理分布形成后，森林昆虫的地理分布也就被确定了。

第一节　中国的气候与森林类型

森林昆虫食物与林木、森林类型及气候带有关，林木的质和量、林分的组成、林分的生长发育与演替阶段、林分中的微气候环境等，均与森林昆虫种类的组成和种群大小密切相关。我国位于北半球，跨越了热带到寒温带等几个气候带，不同的气候带的水、热条件决定了该区域内的植被与森林类型，也决定了森林昆虫与害虫的种类和分布；我国又是一个多山的国家，地形地势特别复杂，因而我国的森林类型与森林昆虫的多样性十分丰富。

大陆性季风气候和雨热同季，由南向北包括热带、亚热带、温带、寒温带是我国气候的基本特征。我国的年降水量自东南向西北递减，热量由南往北递减，这种水热分布规律使我国从北到南形成了寒温带针叶林带、温带针阔混交林、暖温带落叶阔叶林带、热带常绿阔叶林带、热带季雨林、雨林带地带性植被。从南沙群岛至黑龙江，从东到西大体形成内陆高原和东部季风区两部分，这两部分的分界即自大兴安岭西坡南行向西经燕山、吕梁山、子午岭、六盘山岭到青藏高原东缘为 400 mm 等降水量线；分界线东南属湿润区；分界线西北年降水量不足 400 mm，属干旱区。森林的地带性分布、内陆高原和东部季风区的气候均决定了我国森林昆虫区系的特点。

由于海拔每升高 100 m 气温约下降 0.6℃，森林类型也随高山海拔的升高呈垂直地地带性分布，不同纬度上的森林垂直地带性分布也不同(图 7-1、图 7-2)，各地林木种类的变

图 7-1　滇西高黎贡山植被垂直分布

图 7-2　植被垂直带与水平带的相关性

化也很大。所以，我国不同地区森林昆虫的垂直地带性分布也有所不同，森林害虫种类的差异也较大。

我国森林从北到南依次分布着寒温带针叶林带，温带针阔叶混交林带，暖温带落叶阔叶林带，北亚热带常绿阔叶和落叶阔叶林带，南亚热带、热带季雨林和雨林带。

各林区的气候、地形、海拔、建群树种、次生林地树种等各不相同，栽培的人工林、经济林更不同。因而，了解我国的森林类型，对于认识我国森林昆虫与害虫、经济林害虫的分布特征很有必要。

第二节　森林昆虫的地理分布

生物地理学(biogeography)是一门关于生物过去和现在在陆地分布范围的科学。地球上的每一种昆虫都有适合其生存、繁衍后代的空间和领地，即都有一定的地理分布范围。分布于同一个地理范围内的种，常常在食物类型、活动规律、栖息环境、生态分布等方面具有区别于与其他物种的特征，因而每一地区都有由一定昆虫种类组成的区系，昆虫区系研究的是某地区内的昆虫种类组成、结构和演化。昆虫这一地理分布格局和特征的形成，除与起源和进化历程有关外，还与地球板块的运动、物种所在地的气候、地理特征、植物群落的变化及人类活动有关。

一、世界陆地动物地理区划

生命被孕育后曾经在地球上生存过的许多生物已经灭绝，现在只能看到在那个年代地层中所形成的部分种类的化石。反映生物发展和分化的化石学研究表明，生物的进化趋势具有从无到有、由简单到复杂、由低级到高级的规律。

(一)生物的形成发展与陆地变迁

在距今 45 亿~10 亿年前的太古代后期出现了菌藻类。距今 6 亿~2.25 亿年前的古生代以节肢动物形成和发展,三叶虫由产生、繁盛到灭绝为主要特征;其中原始昆虫诞生于4亿~3.5亿年前的泥盆纪,有翅昆虫出现于3.5亿~2.7亿年前的石炭纪;古生代后期不少生物由海洋及淡水水域进入了陆地生活,推动了生物界的继续进化和发展。

距今2.25亿至7 000万年前的中生代以恐龙的兴起、繁盛及灭绝,大陆由原来的一个整块发生了分离为特征。本地质年代鱼类继续发展演变,产生了鸟类和胎生哺乳类。节肢动物中的昆虫纲继续分化和发展,产生了大多数昆虫纲的现存目及科级类群,现存属及种开始分化和形成。在1.8亿~1.35亿年前中生代的侏罗纪,印度、澳洲和南极板块从以欧洲、亚洲、北美及格陵兰为基础连接非洲、印度、澳洲与南美的大陆分离,从而确定了澳洲板块上生物独立发展与进化的地位;同时北美与欧亚、南美与非洲两组板块也相互分离,开始了互有区别的生物进化历程(图7-3)。

图7-3 动物地理区划示意

从7 000万年前开始的新生代是哺乳类继续发展、部分种类灭绝,3 000万年前人类祖先出现,陆地板块再次合并与分离的继续变迁时代。在6 500万年前的第三纪南美首先与非洲板块分离,在生物演化进程中形成了一些独特的目、科级类群;南极与澳洲也在这一时期分离,同时印度板块并入了亚洲大陆,由于这两个板块上生物的互相扩散和渗透,兼有喜马拉雅山的天然阻隔作用,除生物区系有相似性外,各自在个别目及科级的类群上均保留了差别。3 000万年前的第四纪北美与欧亚大陆分离,因分离的年代相对较晚,所以其生物组成上互相接近,只在生物的属、种级别上有明显差别。

如果没有陆地板块的运动、分离与合并,整个世界陆地上的生物组成应该是基本相同的。所以现存生物在地理分布上出现的差别除与其进化方式、历程有关外,也与地理阻隔、扩散与渗透道路上存在的天然屏障(如海洋、高山、沙漠等)有直接的关系。

(二)世界陆地动物区系的划分

动物地理区划按照动物区系的特点而划分,动物区系的形成与大陆的移动历史有关,也与生物起源和演化的历史有关。地球的动物区系包括大陆动物区系和海洋动物区系,大陆动物区系依据脊椎动物主要类群的分布而划分,海洋区系则是根据距离陆地的远近而划分。Wallace(1876)在《动物地理分布》一书中提出了至今仍被广泛接受的世界六大生物地理分布区(或界)(图7-3)。

1. 古北区(Palearctic Region)

欧洲全部,非洲撒哈拉沙漠以北,亚洲的喜马拉雅山向东至黄河与长江之间地带以北地区,可分为北极亚区、欧洲—西伯利亚亚区、地中海亚区、中亚亚区和中国东北亚区。面积在六个区中最大,但物种不及古热带区和东洋区丰富,本区与新北区也称为全北区(holarctic)。

2. 新北区(Nearctic Region)

本区包括墨西哥高原以北的整个北美大陆及格陵兰岛。本界在气候上与古北界相似，有相当多的动物组成与古北界相同。

3. 东洋区(Oriental Region)

本区也称印度—马来西亚区(界)，包括亚洲的喜马拉雅山脉向东至黄河与长江之间地带以南地区，可分为印度亚区、中国缅甸亚区、马来西亚区、菲律宾亚区 4 个亚区。

4. 非洲区(African Region)

本区也称非洲界、古热带界、埃塞俄比亚界，包括撒哈拉沙漠及以南的整个非洲地区、阿拉伯半岛南部和马尔加什。该区在陆地板快运动中一直与古北区有联系，与东洋区的距离较接近。

5. 新热带区(Neotropical Region)

本区包括中美、南美及其所属岛屿。昆虫区系十分丰富、与其他区差别较大。

6. 澳洲区(Australian Region)

本区也称澳新区，包括澳洲及接近澳洲大陆的岛屿，包括澳洲大陆、塔斯马尼亚、新西兰、新几内亚及其临近各岛。澳洲区从中生代就与其他大陆分离(南极洲除外)，因此目前还保存许多古老的、比较特殊的岛栖昆虫。

一些资料将南极洲列为一个独立的区，但其他观点认为该区的陆地动物只有企鹅类，企鹅类与海洋动物关系密切，没有必要放在陆地动物区系中进行讨论。

二、中国森林昆虫区系的组成

昆虫区系的地理区划隶属于动物地理区划的范畴。我国的昆虫地理区系分属于古北区与东洋区，在东部古北区与东洋区是一个连续的地带、无明显的地理隔离，因此两大区物种的相互渗透使我国的昆虫区系更为丰富。

(一)我国自然地理对森林昆虫分布的影响

我国地势西高东低，中部具有由东北向西南斜伸的大兴安岭—燕山—太行山—巫山—云贵高原东缘—南岭相接的山脉，将整个大陆分成东南、西北两大部分，形成了一条阻挡来自海洋潮湿的夏季季风屏障，将我国分成干旱、高寒和湿润的蒙新高原区、青藏高原区和季风区。

1. 季风区

该区位于我国东南半壁，随纬度不同温度有明显的变化，可分成自然植被与昆虫区系互不相同的寒温带、温带、暖温带、亚热带和热带。该区受夏季季风的影响显著，降水量大、湿润程度较高，夏季南北温差小、冬季南北温差大，使某些南方种类北扩时因冬季的严寒、北方种类南进时因夏季高温高湿而受阻，因而该地域的昆虫属于耐高温高湿的类型。除了少数种类外，该区的昆虫大多可跨越两个或以上的温度带，某些古北区种类从寒温带可一直分布至亚热带或热带，东洋区的也有从热带分布至温带的种类。

2. 蒙新高原区

该区位于我国西北部和北部，包括新疆全部、青海的柴达木盆地、内蒙古的大部(除东部大兴安岭山地外)以及甘肃、宁夏、陕西和山西的北部,本区大致以河套地区为界分东西两大部分。东部为半干旱区、年降水量在 450 mm 以下,植被为草原;西部为干旱区、年降水量在 150 mm 以下,植被向西渐变为半荒漠以至荒漠。区内森林极少,且多分布于阿尔泰山、天山、祁连山、贺兰山的亚高山、中山地带,伊犁河谷、额尔齐斯河谷以及盆地边缘的绿洲平原。昆虫种类不丰富,分布于山地针叶林内的昆虫为寒温带山地种类、与东北地区北部昆虫区系基本相似,生活在沙生灌木上的则为适应于干旱气候的中亚区系,属于耐干旱的类群。

3. 青藏高原区

该区北起阿尔金—祁连山山地,南至喜马拉雅山脉,是世界上最大的草原,平均海拔在 4 500 m 以上。这一地区空气稀薄、温度很低、风力强烈,无森林,昆虫种类相当贫乏,但该地域的昆虫属于耐寒的类群。

(二)我国昆虫区系的地理区划

昆虫的地理区划与动物的地理区划基本上一致,我国动物地理地跨古北区和东洋区,但我国东部在古北区与东洋区之间是一个连续的地带,没有明显的隔离或屏障,因而两大区之间的种类互相渗透,昆虫区系更是丰富多样。

我国昆虫区系的起源分属 5 个系统,总区系是由起源于这 5 个不同的区系互相渗透而成。①中国—喜马拉雅区系,包括喜马拉雅山脉向北延伸至沙漠,向东延伸至燕山以东。②中亚西亚区系,由西部向东部扩展包括新疆、内蒙古及青藏高原。③欧洲—西伯利亚区系,包括东北全部,及北部与西北边境地带。④马来亚区系,从云贵高原南部及广西西南山区向东南发展,包括两广、云南、福建南部及台湾等地。⑤印度区系,起源于印度,扩展及渗透于我国的云南、两广一带。我国森林害虫生态地理区划包括 2 区、3 亚区、7 个地区(表7-1)。

表 7-1　中国森林昆虫地理区划

古北区	东北亚区	Ⅰ. 东北地区	Ⅰ A. 兴安岭北部山地省　　Ⅰ B. 长白山山地省 Ⅰ C. 松辽平原省　　Ⅰ D. 大兴安岭南部山地省
		Ⅱ. 华北地区	Ⅱ A. 辽东和山东山地丘陵省 Ⅱ B. 黄淮平原省　　Ⅱ C. 黄土高原和燕山太行山山地省
	中亚亚区	Ⅲ. 蒙新地区	Ⅲ A. 东部草原省　　Ⅲ B. 西部荒漠省 Ⅲ C. 高山山地省 1. 阿尔泰山, 2. 天山, 3. 祁连山, 4. 贺兰山, 5. 阴山
		Ⅳ. 青藏地区	Ⅳ A. 羌塘高原省　　Ⅳ B. 青海藏南省
东洋区	中国缅甸亚区	Ⅴ. 西南地区	Ⅴ A. 喜马拉雅省　　1. 中段, 2. 东段 Ⅴ B. 横断山脉省
		Ⅵ. 华南地区	Ⅵ A. 滇南山地省　　Ⅵ B. 闽广沿海省　　Ⅵ C. 南海诸岛省 Ⅵ D. 海南岛省　　Ⅵ E. 台湾省
		Ⅶ. 华中地区	Ⅶ A. 西部山地高原省　　Ⅶ B. 东部丘陵平原省

我国昆虫的生态地理类型大致有 3 类:①北方型。属于古北区中国东北亚区以及部分欧洲—西伯利亚亚区的耐寒种类,主要分布于我国东北、华北地区及其他自然区的山地针

叶林和落叶阔叶林内。种群个体数较多,体色多深暗,体常较小,多数种类1年1代或2年1代,有越冬习性。影响种群消长的主要因子是气候。②西北型。属古北区中亚亚区耐干旱的种类,主要分布于我国北部和西北部干旱和半干旱地区,生活在沙生灌木和耐旱阔叶乔木上。体色多深暗,体型多较小,地栖性种类占优势,食叶种类危害期较短,常很快完成发育周期即进入滞育或休眠状态。③南方型。属东洋区中国缅甸亚区或源于印度区系耐高温高湿的种类,主要分布于我国东南部和西南部亚热带和热带雨林内,种类较多,食性较杂,但种群个体数较少,体色多艳丽,多无越冬习性,一年发生多代。影响种群消长的主要因子是天敌。

(三)我国主要森林害虫的分布

地形条件、高山、沙漠和气候往往成为森林害虫由原产地向外渗透的障碍,植物、食料的分布又决定了其分布范围。上述2区7个地区的森林害虫分布特点如下。

1. 古北区

(1)东北地区

东北地区包括大兴安岭、小兴安岭、张广才岭、长白山、松辽平原,为温带针阔叶混交林带。①本区山地昆虫多为耐高寒的种类,如落叶松球蚜指名亚种、落叶松毛虫、落叶松鞘蛾、红松球蚜、红松切梢小蠹 *Tomicus pilifer*(Spessivtsev)、松六齿小蠹 *Ips acuminatus*(Gyllenhal)等。②平原害虫主要属中国—喜马拉雅种类,主要有杨圆蚧 *Diaspidiotus gigas*(Ferris)、山杨麦蛾 *Anacampsis populella*(Clerck)、杨二尾舟蛾、杨毒蛾、白杨透翅蛾、东方木蠹蛾 *Cossus orientalis* Gaede、白杨叶甲、杨干象、青杨楔天牛 *Saperda populnea*(L.)、青杨脊虎天牛 *Xylotrechus rusticus*(L.)等。

(2)华北地区

华北地区北界东起燕山、张北台地、吕梁山、六盘山北部,向西至祁连山脉东端,南抵秦岭、淮河,东临黄河、渤海,包括黄土高原、冀北山地及黄淮平原,属暖温带落叶—阔叶林带。①天然赤松林中的主要害虫有日本松干蚧、赤松梢斑螟 *Dioryctria sylvestrella* Ratzeburg、夏梢小卷蛾 *Rhyacionia duplana*(Hübner)、赤松毛虫 *Dendrolimus spectabilis* Butler 等。②人工杨树林中的害虫区系与东北地区松辽平原基本上相同,但主要还有榆白片盾蚧 *Lopholeucaspis japonica*(Cockerell)、突笠圆盾蚧 *Quadraspidiotus slavonicus*(Green)、草履蚧、白毛蚜 *Chaitophorus populialbae*(Boyer de Fonscoloube)、黑蚱蝉、杨干透翅蛾、光肩星天牛、桑天牛 *Apriona germari*(Hope)等。③泡桐是该区常见的速生经济树种,主要害虫为大袋蛾等。④油松分布最广泛,主要害虫有松大蚜 *Cinara pinitabulaeformis* Zhang et Zhang、松实小卷蛾 *Retinia cristata*(Walsingham)、松果梢斑螟 *Dioryctria pryeri* Ragonot、油松毛虫等。

(3)蒙新地区

大兴安岭以西,大青山以北,南界为青藏高原,属于干旱、半干旱草原荒漠区。本区蛀干性害虫居多。①东部草原昆虫区系是典型的中亚型东部成分,代表为草天牛族 Dorcadionini 种类,如红缝草天牛 *Eodorcadion chinganicum chinganicum*(Suvorov)。②西部荒漠中的杨、柳、榆是本地平原区主要造林树种,主要种类有小板网蝽 *Monosteira unicostata*(Mulsant et Rey)、杨十斑吉丁、五星吉丁 *Capnodis cariosa*(Pallas)、白杨透翅蛾、榆兴透

翅蛾 *Synanthedon ulmicola* Yang et Wang、沙棘木蠹蛾 *Holcocerus hippophaecolus* Hua et al。③高山山地主要害虫有落叶松毛虫、天山重齿小蠹 *Ips hauseri* Reitter、云杉八齿小蠹、光臀八齿小蠹、云杉大小蠹 *Dendroctonus micans*（Kugclann）、云杉四眼小蠹 *Polygraphus polygraphus* L.、松树皮象 *Hylobius haroldi* Faust、泰加大树蜂、云杉蛀果斑螟 *Assara terebrella*（Zincken）、云杉梢斑螟 *Dioryctria reniculellodies* Mutuura et Munroe、云杉尺蛾 *Erannis yunshanvora* Yang、光胸幽天牛 *Tetropium castaneum*（L.）、长角灰天牛 *Acanthocinus aedilis*（L.）、云杉大墨天牛 *Monochamus urussovii*（Fisher-Waldheim）、贺兰腮扁叶蜂 *Cephalcia alashanica* Gussakovskij 等。

（4）青藏地区

青藏地区包括柴达木盆地、青藏高原、昆仑山地和藏南山地。本区昆虫大多数属中国—喜马拉雅区系的东方种、中亚细亚及本地特有种。蝗虫种类在本区非常丰富，主要种类有西藏牧草蝗 *Omocestus tibetanus* Urarov、柴达木束颈蝗 *Sphingonotus izaidamicus* Mistshenko 等，草原毛虫 *Gynaephora alpherakii*（Grum-Grshimailo）常在部分牧场上成灾。青海藏南寒温带性针叶林及温性针叶林(油松、华山松、柏类)森林害虫区系基本上与华北区相同，重要种如云杉粉蝶尺蛾 *Bupalus vestalis* Staudinger、青缘尺蛾 *Bupalus mughusaria* Gumppenberg、杉针黄叶甲 *Xanthonia collaris* Chen 等。

2. 东洋区

东洋区位于喜马拉雅—秦岭—淮河一线以南，在我国只有中国缅甸亚区，森林昆虫的热带成分从南向北由丰富到贫乏的逐渐减少。

（1）西南地区

西南地区包括四川西部，北起青海、甘肃南缘，南抵云南中北部(大抵以北纬26°为南界)。向西直达藏东喜马拉雅南坡针叶林带以下山地，属中南亚热带常绿阔叶林带。本区昆虫最丰富，半数以上是东洋区系的印度—马来亚种类，古北区系的中国—喜马拉雅种类也有一定数量，还有少数中亚区系及本地特有种。喜马拉雅山地森林害虫有喜马拉雅松毛虫 *Dendrolimus himalayanus* Tsai et Liu、材小蠹属 *Xyleborus*、锉小蠹属 *Scolytoplatypus* 等。横断山脉山地有高山小毛虫 *Cosmotriche saxosimilis* de Lajonquiére、云南松干蚧 *Matsucoccus yunnanensis* Ferris、思茅松毛虫、云南松毛虫 *Dendrolimus grisea*（Moore）、模毒蛾 *Lymantria monacha*（L.）、南华松叶蜂 *Diprion nanhuaensis* Xiao 等。

（2）华南地区

本区包括广东、广西和云南的南部、福建东南沿海、台湾、海南及南海诸岛，属中南亚热带常绿阔叶林带，植被为热带雨林。本区属于典型的东洋区，昆虫以印度—马来亚种占明显优势，其次为古北区系东方种类中的广布种。①滇南山地生态平衡尚未完全被破坏，未发现周期性大发生的食叶性害虫，但可见众多危害木材的白蚁，如截头堆沙白蚁 *Cryptotermes domesticus*（Haviland）、铲头堆砂白蚁、家白蚁及树白蚁类（如山林原白蚁等）。②在西双版纳的竹林具有特有的飞虱，如突额飞虱 *Arcofrons arcifrontalis* Ding et Yang、景洪竹飞虱 *Bambusiphaga jinghongensis* Ding et Hu 等。③该地区常绿阔叶林主要有尖尾材小蠹 *Xyleborus andrewesi* Blandford、茶材方胸小蠹 *X. fornicatus* Eichoff、光滑足距小蠹 *X. germanus* Blanford 等。④海南岛尖峰岭主要害虫有海南松毛虫 *Dendrolimus kikuchii hainanensis* Tsai et

Hou、马尾松毛虫、杨扇舟蛾、龙眼蚁舟蛾 *Stauropus alternus* Walker、桑天牛、瘤胸天牛 *Aristobia hispida* (Saunders)、双钩异翅长蠹、双棘长蠹、吹绵蚧、松突圆蚧等。

（3）华中地区

西部北起秦岭、四川盆地及长江流域各省份，为北亚热带常绿阔叶—落叶林带。本区昆虫种类繁多，多数与华南区和西南区相同，中国—喜马拉雅种类、东洋区系的种类各占一定比例，极少西伯利亚成分，绝无中亚细亚成分。①该区亚高山针叶林中的害虫主要有云杉粉蝶尺蛾、蜀云杉松球蚜 *Pineus sichuananus* Zhang、落叶松球蚜指名亚种等。②华山松主要害虫有华山松大小蠹、松巨瘤天牛 *Morimospasma paradoxum* Ganglbauer、新渡户树蜂 *Sirex nitobei* Matsumura、松树皮象等。③桤木害虫主要有桤木叶甲 *Chrysomela adamis sornaticollis* Chen、红黄半皮丝叶蜂 *Hemichroa crocea* (Geoffroy)等。④马尾松林害虫主要有马尾松干蚧 *Matsucoccus massonianae* Yang et Hu、日本单蜕盾蚧(松针蚧) *Fiorinia japonica* Kuwana、马尾松毛虫、松茸毒蛾、微红梢斑螟 *Dioryctria rubella* Hampson、松果梢斑螟、松瘤象 *Hyposipatus gigas* Fabricius、松墨天牛、横坑切梢小蠹 *Tomicus minor* Hartig、纵坑切梢小蠹 *T. piniperda* (L.)、红腹树蜂 *Sirex rufiabdominis* Xiao et Wu、黄缘阿扁叶蜂 *Acantholyda flavomarginata* Maa 等。⑤竹类害虫主要有短翅佛蝗 *Phlaeoba angustidorsis* Bolivar、黄脊竹蝗、青脊竹蝗 *Ceracris nigricornis* Walker、竹巢粉蚧、竹织叶野螟、竹小斑蛾 *Fuscartona funeralis* (Butler)、淡竹笋夜蛾 *Kumasia kumaso* (Sugi)、刚竹毒蛾 *Pantana phyllostachysae* Chao、大竹长蠹 *Bostrychopsis parallela* (Lesne)、日本竹长蠹 *Dinoderus japonicus* Lesne、竹绿虎天牛 *Chlorophorus annularis* (Fabricius)、竹红天牛 *Purpuricenus temminckii* (Guérin-Méneville)、长足大竹象 *Cyrtotrachelus buqueti* Guérin-Méneville 等。⑥樟树害虫主要有樟巢螟 *Orthaga achatina* Butler、樟叶蜂 *Moricella rufonota* Rohwer 等。⑦油茶害虫主要有油茶绵粉虱、油茶尺蛾 *Biston marginata* Shiraki、茶袋蛾、茶斑蛾、茶毒蛾等。⑧油桐害虫主要有桑白盾蚧 *Pseudaulacaspis pentagona* (Targioni-Tozzetti)、油桐尺蠖 *Biston suppressaria* Guenée、薄翅锯天牛 *Megopis sinica* White、橙斑白条天牛、云斑天牛 *Batocera lineolate* Chevrolat 等。⑨乌桕害虫主要有乌桕大蚕蛾 *Attacus atlas* L.、乌桕黄毒蛾 *Euproctis bipunctapex* (Hampson)、乌桕木蛾 *Odites xenophaea* Meyrick 等。⑩花椒害虫主要有碧凤蝶 *Papilio bianor* Cramer、花椒跳甲 *Podagricomela shirahotai* (Chûjo)、花椒窄吉丁 *Agrilus zanthoxylumi* Li、白芒锦天牛 *Acalolepta flocculata flocculata* (Gressitt)、花椒虎天牛 *Clytus validus* Fairmaire 等。

三、影响昆虫地理分布及害虫危害地带形成的条件

地球上大陆的移动、海洋的扩张或缩小、山脉升起或侵蚀、海岛出现或消失，以及地球在历史上曾经历过的剧烈气候变化，均对地球上植物、包括昆虫在内的动物分布产生了显著影响。因此，影响昆虫的分布与害虫形成危害地带的条件相同，但昆虫的分布主要取决于环境条件和生物群落形成的历史条件，害虫的危害地带主要取决于生态条件。

影响昆虫分布的内因主要涉及具有遗传性的生物学特性，外因主要是环境因素的影响。在随风、水流及交通工具等向各地扩散时，昆虫本身的扩散能力起重要作用。在亚热带和温带区，大气温湿度、光和气压，以及卵巢未发育前的食料缺乏、种群过密等，均可诱发昆虫的迁移。影响昆虫的地理分布及害虫危害地带形成的条件包括地形、气候、土

壤、生物因素及人类活动的影响。

(一) 地形条件

海洋、沙漠、高大的山脉、大面积的不同植被等自然障碍，阻隔或屏障了昆虫自原产地向周围扩散和蔓延，使昆虫不能跨越两地之间的不良环境，因此在地理上明显隔离的地方常形成不同的区系。气候条件极其相似的两个独立地区，自然屏障限制了交互传播，经过长期独立的演化、其昆虫区系与种类组成也将是不同的结果；但当这两个地区之一的昆虫传入另一地区后，则将能够在该地生存、繁衍。地形还对风、雨、寒流和暖流发生影响，在高山地区植物的垂直分布，这些环境条件都会对昆虫的分布发生影响。例如，广州与古巴两地的柑橘介壳虫有不少种类相同，这些种原产于东洋区系的种类是随柑橘苗木而传入美国南部，后又随着柑橘苗木传到了古巴；云南的高海拔地区分布不少古北区的昆虫种类，而低海拔地区却属于典型的东洋区系。

(二) 气象因子

在气候条件中，限制昆虫扩大分布范围的气候因素主要是环境的温度和湿度，当某昆虫迁移至新地区时，首先要求其温、湿度条件必须满足生长和繁育需求，如果温湿度条件不能全面满足其发育要求或超出了其可能适应的范围，则该昆虫在这个地区内就不能生存，或该地只能作为临时的栖居地(详见第五章)。

我国源于东洋区区系的昆虫向北扩展时受到的制约主要是低温限制，古北区昆虫南扩主要受到高温、高湿的限制。如栗瘿蜂 *Dryocosmus kuriphilus* Yasumatsu 在气候干燥的秦岭东段株均虫瘿 1 187 个，而在潮湿的中、西段则发生很少。

1. 温度

害虫所能忍耐最低或最高温度的程度，依种类不同而异，按其对温度忍耐程度可区分为广温性、狭温性昆虫。此外，同种昆虫又因其发育阶段、生理状况和所处的季节不同，对温度的适应范围也不同。①昆虫对低温适应机制的体现是，产生特化构造的卵、蛹以抗寒冷，增加束缚水使体液能忍受过冷却低温，进行冬眠以抵抗低温。②对高温的适应机制是，通过生理机能自调即体壁蒸发水分而使体温下降，体内脂肪溶点高，可抵抗高温，夏眠遏制体温升高；习性上自适应，如转移至阴凉场所、迁移等。

2. 湿度和降水

湿度可直接影响昆虫的生长发育速率、繁殖力和死亡率。低湿常抑制虫体新陈代谢而延滞发育，高湿则促进新陈代谢而加速发育。降水对昆虫的直接影响取决于降水的强度(详见第五章)，降水还间接改变环境湿度，影响植物的含水量、光照和温度，以及通过对害虫天敌的影响进而对害虫种群产生影响。

3. 光照

各种昆虫的发育均对光照强度和照射时间有一定的要求，否则其发育必受影响。白天和夜间活动的昆虫(如蝶、蛾类)常常对光表现出正趋向性，隐蔽活动的昆虫(如蜚蠊)则常表现为负趋向性。光所产生的辐射热，有时也能直接杀死害虫，如太阳的辐射能被物体吸收而转变为热能，对其温度超过 20~25℃时，栖息于该物体下的幼虫就可能被热死。

4. 风

风能影响水分蒸发和增大热量的散失，改变空气中温度和湿度，从而影响昆虫体内的水分和热能代谢。空气流动能帮助具有嗅觉的昆虫找寻食料和逃避敌害，大风能将某些体形小的昆虫携带至很远的地方、帮助其迁移和扩散。

(三) 生物因素

植物或其他动物对昆虫的栖息、生活、扩散常形成一定的限制，如食物不足、中间宿主的缺乏、敌害的存在、种间竞争等。因气候条件的差异，使植物产生了明显的地域性分布特征，从而也间接影响了昆虫的地理分布，如某些狭食性昆虫虽能适应广泛的气候，但因缺乏食物，仅能栖息于局部地区。

种间竞争有时对昆虫的分布限制作用也较明显，尤其是在一个物种侵入一个新地区的初期，常与当地种产生了包括食物、空间和寄生、捕食关系等竞争，使新侵入种被消灭淘汰或获胜而建立稳定的种群。

(四) 土壤因素

不同的成土母岩、气候、地形造就不同的土壤，植被及其演替历史的差别又对土壤的发育及其理化性质的形成有较重要的作用。所有这些均能直接影响土栖昆虫的地理分布，并通过对植物群落的作用而间接的影响昆虫群落(详见第五章)。

各种与土壤有关的害虫及其天敌，各有其最适于栖息的土壤环境条件。掌握昆虫生活习性与土壤环境的关系，即可通过复垦、施肥、灌溉等各种措施，改变土壤条件，达到控制害虫的目的。

(五) 人为活动

自然状态下昆虫的地理分布范围是环境与生物群落相互作用演化过程的历史产物，具有相对稳定性，一种昆虫很难借助自然力的扩散而开辟新的栖地。人类活动对昆虫及害虫的影响如下。

1. 帮助或限制昆虫的传播和蔓延

在现代条件下，许多昆虫在过去难以扩散到达的地区，都可以借助人类有意或无意的帮助而获得扩大其地理分布范围提供机会，使其扩大分布区或占据新的"殖民地"，所以实施检疫是限制有害种类入侵及扩散、抵御外来害虫危害必不可少的手段。如湿地松粉蚧 *Oracella acuta* (Lobdell)由美国随优良无性系穗条传入广东省台山市红岭种子园并迅速蔓延；相反，有目的的引进和利用益虫，又可抑制某种害虫的发生和危害。

2. 造成有利或不利昆虫栖息的环境条件

人类也可能造成不利于或有利于某种昆虫生栖的环境。如人类的植树、栽植草坪、兴建公园、引进推广新品种等生产活动，可能改变一个地区的生态系统，进而改变一个地区昆虫种类的组成，引起当地生态系统中某一昆虫种群的兴衰。

3. 直接杀死害虫或限制其繁殖

采取各种措施防治害虫(见第六章)。

四、森林害虫的危害区

在自然群落中，生物种群之间有较为稳定的相互协调及平衡生栖的关系，很少出现因某一种群的过度增大而使该群落的稳定性失去均衡状态的局面。但是当人类生产及生活活动干扰了自然生境后，其原有生态系统的关系就被改变了，原有的种间、种群与环境间的物质与能量结构的平衡也被打破了，结果可使某些植食性昆虫的种群数量成倍扩增、而其天敌及其他制衡因素削弱，那么这一种昆虫就成为了害虫。即使是已成为害虫的昆虫，其自然分布区内很少形成全面危害，只有在环境最适宜的局部地区危害较重。因此，将能满足昆虫可持续正常生存的空间称为昆虫的分布地带。分布区指可以发现害虫的所有区域，包括下述 3 个区域。

(一)危害区

分布区内种群密度大，能对农林牧生产及生态环境造成直接损失的地区，依其危害的不同又可分为下述两类。

(二)严重危害区

在危害区内种群密度最大，对农林牧生产及生态环境造成严重危害威胁的地区。该地区经常性地保持有大量的害虫群体，是向周边地区扩散和蔓延的虫害中心，也称猖獗基地。

(三)间歇性严重危害区

在危害区内条件适宜的年份种群发生量大、造成的危害重，一般年份发生量少、危害轻。

昆虫的分布并非一成不变，会随环境情况的变化而改变；例如，随着全球气候变暖，各类昆虫的分布区无疑将会渐次向北推进。更为重要的是，随人类社会的物流运输的大幅增加，许多昆虫及害虫被人为地扩散到了新的区域，部分害虫在新分布区定殖而建立了种群，并迅速扩张、形成危害。

确定昆虫的分布区和害虫的危害地带，可以对比分析害虫造成严重危害所需要的条件，为制订可持续控制策略及准确引进天敌提供依据，也是正确确定检疫对象、采取检疫措施的基础。例如，由于仓库环境在任何地方都比较相似，仓库害虫随粮食或贮藏物运输传播的机会更多，因而许多仓库害虫现已经成为世界性分布的昆虫，由于我国采取了严格的检疫措施，虽多次在进口货物中查获了谷斑皮蠹，该虫仍从印度及南亚侵入我国。

第三节　中国森林害虫主要种类

森林害虫种类很多，习性与危害特征复杂，对森林害虫的类型进行划分和科学归类，可便于认识害虫种类和进行防治。根据森林害虫在林木上的危害部位和生活方式，可将森林害虫区分为地下(根部)害虫、蛀干害虫、枝梢害虫、食叶害虫、种实害虫及木材害虫；根据森林害虫所危害的林型则可区分为生态林害虫、用材林害虫与经济林害虫；按森林害虫分布和危害区的地形及林分用途又可分为平原绿化及防护林害虫、山地林害虫、高原林害虫等。

一、平原绿化及防护林害虫

按地理林型归类，我国平原绿化及防护林主要分布于北方地区，包括三北地区的防风固沙防护林、东北地区的三江平原和华北平原地区的农田防护林，树种结构以杨树品种为主，此外还有榆树、栗类、国槐、泡桐、白蜡树等落叶阔叶树种。该类型区以蛀干害虫危害最为严重，其次是食叶害虫，重要种类如下。

(一)三北防护林主要害虫

1. 蛀干害虫

桑天牛、云斑天牛、青杨楔天牛、光肩星天牛、白杨透翅蛾、杨干透翅蛾、榆兴透翅蛾、沙棘木蠹蛾、杨十斑吉丁、五星吉丁等。

2. 食叶害虫

杨小舟蛾、杨扇舟蛾、分月扇舟蛾 *Clostera anastomosis* Scopoli、杨二尾舟蛾、春尺蠖、大袋蛾、柳蓝叶甲 *Plagiodera versicolora*（Laicharting）、杨毒蛾、柳毒蛾、灰斑古毒蛾 *Orgyia ericae* Germar、榆紫叶甲 *Ambrostoma quadriimperssum* Motschulsky、黄褐天幕毛虫、舞毒蛾等。

(二)东北三江平原主要森林害虫

1. 蛀干害虫

栗肿角天牛 *Neocerambyx raddei* Blessig、青杨楔天牛、柳蝙蝠蛾 *Phassus excrescens* Butler、栎旋木柄天牛 *Aphrodisium sauteri*（Matsushita）等。

2. 食叶害虫

栎毒蛾 *Lymantria mathura* Moore、舞毒蛾、黄褐天幕毛虫、栓皮栎尺蛾 *Erannis dira* Butler、栎粉舟蛾 *Fentonia ocypete* Bremer、栎褐舟蛾 *Phalerodonta albibasis*（Chiang）、栎黄枯叶蛾 *Trabala vishnou gigantina* Yang 等。

其他害虫还包括杨树介壳虫、白杨潜叶蛾、蒙古栗实象虫等。

(三)华北平原主要森林害虫

1. 蛀干害虫

光肩星天牛、白杨透翅蛾、桑天牛、云斑天牛、锈色粒肩天牛 *Apriona swainsoni*（Hope）等。

2. 食叶害虫

杨小舟蛾、杨扇舟蛾、大袋蛾、柳蓝叶甲、银杏大蚕蛾、杨黄卷叶螟 *Botyodes diniasalis* Walker、黄刺蛾等。

其他害虫还包括草履蚧、双棘长蠹、枣大球坚蚧（瘤大球蚧）*Eulecanium gigantea*（Shinji）、日本龟蜡蚧等。

二、经济林害虫

经济林种类繁多，以长江为界可将其害虫粗略划分为南北两大类型。北方地区经济林树种主要包括胡桃、板栗、枣树、柿树、苹果、梨、桃、杏、花椒、花红等；南方地区经济林树种主要包括竹类、咖啡、茶、杜仲、黄柏、厚朴、花椒、橡胶、柑橘类、樟类、龙眼、荔枝、枇杷、李、葡萄、石榴、肉桂、樱桃、乌桕、油茶、桑树、漆树、油桐等。

(一)北方地区经济林主要害虫

1. 种实害虫

核桃举肢蛾、核桃长足象、板栗雪片象 *Niphates castanea* Chao、栗实象、桃蠹螟、桃小食心虫、柿举肢蛾等。

2. 枝梢、蛀干害虫

云斑天牛、花椒虎天牛、黄带黑绒天牛 *Embrikstrandia unifasciata*（Ritsema）、白芒锦天牛、星天牛，核桃小吉丁 *Agrilus lewisiellus* Kerremans、花椒窄吉丁、花椒长足象 *Alcides sauteri* Heller、黄须球小蠹 *Sphaerotrypes coimbatorensis* Stebbing、东方木蠹蛾，栗瘿蜂、茶藨兴透翅蛾 *Synanthedon tipuliformis* Clerck、朝鲜毛球蚧、柿长绵粉蚧 *Phenacoccus pergandei* Cockrell、棉蚜等。

3. 主要食叶害虫

银杏大蚕蛾、枣镰翅小卷蛾、枣飞象 *Scythropus yasumatsui* Kono et Morimto、日本龟蜡蚧、黄刺蛾、花椒跳甲、柑橘凤蝶等。

（二）南方地区经济林主要害虫

1. 种实害虫

茶籽象 *Curculio chinensis* Chevrolat、桃蠹螟、梨小食心虫等。

2. 枝梢、蛀干害虫

双棘长蠹、竹绿虎天牛、咖啡豹蠹蛾、木麻黄豹蠹蛾 *Zeuzera multistrigata* Moore、榆木蠹蛾 *Holcocerus vicarius* Walker、一字笋竹象甲 *Otidognathus davidis*（Fairmaire）、大竹象 *Cyrtotrachelus longimanus* Fabricius 等。

3. 食叶害虫

六点始叶螨 *Eotetranychus sexmaculatus*（Riley）、茸毛材小蠹 *Xyleborus armipennis* Schedl、杨（杜仲）梦尼夜蛾、黄斑波纹杂毛虫 *Cyclophragma undans fasciatella*（Menetries）、银杏大蚕蛾、茶毒蛾、竹织叶野螟、刚竹毒蛾、竹笋禾夜蛾 *Bambusiphila vulgaris*（Butler）、黄脊竹蝗、青脊竹蝗。

其他害虫还有竹红天牛、竹长蠹 *Dinoderus minutus*（Fabricius）等。

三、山地林害虫

我国山地林的主要建群树种是松、杉、柏、竹、桦木及栎类。由于所处地理环境不同，各地山地林的害虫种类常有差别，但从全国范围讲，其主要害虫种类如下。

（一）杉类主要害虫

1. 种实害虫

杉木球果麦蛾 *Dichomeris bimaculatus* Liu et Qian、杉木扁长蝽、柳杉蓟长蝽 *Pylorgus colon*（Thunberg）、柳杉大痣小蜂等。

2. 枝梢、蛀干害虫

双条杉天牛 *Semanotus bifasciatus*（Motschulsky）、粗鞘双条杉天牛、星天牛、杉棕天牛 *Callidillum villosulum* Li, Chen et Lin、松墨天牛。

3. 食叶害虫

杉梢花翅小卷蛾 *Lobesia cunninghamiacola*（Liu et Pai）、大造桥虫、云南松毛虫、柳杉长卷蛾、鞭角华扁叶蜂 *Chinolyda flagellicornis*（F. Smith）等。

(二)松类(包括云、冷杉)主要害虫

1. 种实害虫

微红梢斑螟、松果梢斑螟、云南松梢斑螟 *Dioryctria yuennanella* Caradja、桃蛀螟、松实小卷蛾、油松球果小卷蛾、球果花蝇 *Strobilomyia* spp.、球果瘿蚊 *Cecidomyia* spp. 等。

2. 枝梢、蛀干害虫

云南松木蠹象 *Pissodes yunnanensis* Langer et Zhang、萧氏松茎象 *Hylobitelus xiaoi* Zhang、松墨天牛、松幽天牛 *Asemum amurense* Kraatz、华山松大小蠹、红脂大小蠹、光臀八齿小蠹、松六齿小蠹、纵坑切梢小蠹、松大蚜等。

3. 食叶害虫

油松毛虫、赤松毛虫、德昌松毛虫 *Dendrolimus punctctatus tehchangensis* Tsai et Liu、马尾松毛虫、云南松梢小卷蛾 *Rhyacionia insulariana* Liu、冷杉芽小卷蛾 *Cymolomia hartigiana* (Ratzeburg)、云杉黄卷蛾 *Archips oporanus* (L.)、松针小卷蛾 *Epinotia rubiginosana* (Herrich-Schäffer)、模毒蛾、祥云新松叶蜂 *Neodiprion xiangyunicus* Xiao et Zhou、松阿扁叶蜂、黄缘阿扁叶蜂等。

(三)栎、桦类主要害虫

1. 蛀干害虫

肿角栗山天牛、小灰长角天牛 *Acanthocinus griseus* (Fabricius)、栎红胸天牛 *Dere thoracica* White、双蔟污天牛 *Moechotypa diphysis* (Pascoe)、小木蠹蛾 *Holcocerus insularis* Staudinger et Romanoff 等。

2. 食叶害虫

舞毒蛾、黄连木尺蛾(木橑尺蠖)*Biston panterinaria* Bremer et Grey、栎粉舟蛾、黄褐天幕毛虫、小齿短肛棒䗛 *Ramulus minutidentatum* Chen et He、白桦尺蠖 *Phigalia djakonovi* Moltrecht、中带齿舟蛾 *Odontosia sieversii* Kardakoff 等。

第四节　国内检疫性林木害虫的分布

我国林木检疫性害虫包括食叶害虫 5 种、蛀干害虫 6 种、种实害虫 6 种、枝梢与根部害虫 4 种、环境害虫 1 种(红火蚁 *Solenopsis invicta* Buren),其中多数为外来林木害虫。

一、国内检疫性林木害虫的种类与分布

我国林木检疫性害虫的地理分布,可初步划分为 4 类分布区,即东北区,蒙新区,华北与华中区,华南、西南及东南沿海区。但下述检疫性害虫的分布并不是在这 4 个区内普遍分布,只分布在局部地区或很有限的小范围内。

(一)东北区

蛀干害虫包括杨干象、青杨脊虎天牛及松树蜂 *Sirex noctilio* Fabricius。

拓展阅读

(二)蒙新区

种实害虫,包括枣大球坚蚧、苹果蠹蛾,以及小范围分布的外来入侵种枣实蝇 *Carpomya vesuviana* Costa 及松树蜂。

(三)华北与华中区

食叶害虫包括美国白蛾,小范围分布的外来入侵种刺槐叶瘿蚊 *Obolodiplosis robiniae* (Haldemann)。蛀干害虫包括红脂大小蠹、杨干象。种实害虫包括枣大球坚蚧。枝梢与根部害虫,包括苹果绵蚜,以及小范围分布的外来入侵种葡萄根瘤蚜。

(四)华南、西南及东南沿海区

食叶害虫包括椰心叶甲 *Brontispa longissima* (Gestro)、松突圆蚧,小范围分布的外来入侵种为曲纹紫灰蝶 *Chilades pandava* (Horsfield)。蛀干害虫包括双钩异翅长蠹,小范围分布的外来入侵种为锈色棕榈象 *Rhynchophorus ferrugineus* (Olivier)、蔗扁蛾 *Opogona sacchari* (Bojer)。种实害虫包括小范围分布的外来入侵种杧果果肉象甲 *Sternochetus frigidus* (Fabricius)、蜜柑大实蝇 *Bactrocera tsuneonis* (Miyake)、西花蓟马 *Frankliniella occidentalis* (Pergande)。枝梢与根部局部入侵种害虫,包括小范围分布的外来入侵种刺桐姬小蜂 *Quadrastichus erythrinae* Kim。

二、林型与检疫性害虫

(一)山地森林检疫性害虫

危害山地林木的检疫性害虫有 10 种。其中,食叶害虫包括椰心叶甲、刺槐叶瘿蚊、松突圆蚧、曲纹紫灰蝶,应警惕传播的害虫包括湿地松粉蚧。蛀干害虫包括红脂大小蠹、锈色棕榈象。种实害虫包括枣大球坚蚧、西花蓟马。枝梢与根部害虫为刺桐姬小蜂。

(二)经济林检疫性害虫

经济林木检疫性害虫有 12 种。其中,食叶害虫包括椰心叶甲、曲纹紫灰蝶。蛀干害虫包括锈色棕榈象、蔗扁蛾。种实害虫包括枣大球坚蚧、苹果蠹蛾、杧果果肉象甲、蜜柑大实蝇、枣实蝇、西花蓟马。枝梢与根部害虫包括苹果绵蚜、葡萄根瘤蚜。

(三)防护林检疫性害虫

防护林检疫性害虫有 6 种。其中,食叶害虫包括椰心叶甲、美国白蛾、刺槐叶瘿蚊。蛀干害虫包括杨干象、青杨脊虎天牛。枝梢与根部害虫有刺桐姬小蜂。

三、检疫性害虫

2004 年发布的《林业检疫性有害生物名单》中有 22 种,其中外来害虫达 19 种。只有杨干象、青杨脊虎天牛及枣大球坚蚧产于我国。2014 年发布的《全国林业检疫性有害生物名单》中害虫有 10 种,包括美国白蛾、苹果蠹蛾、红脂大小蠹、双钩异翅长蠹、杨干象、锈色棕榈象、青杨脊虎天牛、扶桑绵粉蚧、红火蚁和枣实蝇,大部分为外来入侵物种。

已传入的食叶害虫包括椰心叶甲、美国白蛾、刺槐叶瘿蚊、松突圆蚧、湿地松粉蚧、曲纹紫灰蝶。值得警惕并有可能传入我国的重要种有木薯单爪螨 *Mononychellus tanajoa*

(Bondar)、苹果天幕毛虫 *Malacosoma americanum*（Fabricius）等。

已传入的蛀干害虫包括红脂大小蠹、双钩异翅长蠹、蔗扁蛾及松树蜂。有可能传入我国的重要种类包括欧洲大榆小蠹 *Scolytus multistriatus*（Marsham）、美洲榆小蠹 *Hylurgopinus rufipes*（Marsham）、山松大小蠹 *Dendroctonus ponderosae* Hopkins、紫棕象甲 *Rhynchophorus phoenicis*（Fabricius）、亚棕象甲 *Rhynchophorus vulneratus*（Panzer）、棕榈象甲 *Rhynchophorus palmarum*（L.）、暗梗天牛 *Arhopalus tristis*（Fabricius）等。

已传入的种实及枝梢害虫包括苹果绵蚜、葡萄根瘤蚜、苹果蠹蛾、杧果果肉象甲、蜜柑大实蝇、枣实蝇、刺桐姬小蜂、西花蓟马、红火蚁、扶桑绵粉蚧 *Phenacoccus solenopsis* Tinsley。有可能传入我国的重要种类包括柑橘大实蝇 *Bactrocera minax*（Enderlein）、咖啡果小蠹 *Hypothenemus hampei*（Ferrari）、杧果果核象 *Sternochetus mangiferae*（Fabricius）、椰蛀梗象 *Homalinotus coriaceus*（Gyllenhal）、苹果实蝇 *Rhagoletis pomonella*（Walsh）、地中海实蝇 *Ceratitis capitata*（Wiedemann）、橘小实蝇、墨西哥按实蝇 *Anastrepha ludens*（Loew）等。

复习思考题

1. 世界陆地动物区系有哪些？
2. 我国昆虫来源自哪几个部分？
3. 影响昆虫地理分布的因素有哪些？
4. 简述森林昆虫的危害区。
5. 我国现行森林害虫检疫对象有哪些种类？其分布有何规律？

第八章

地下害虫及其防治

【本章提要】主要介绍了我国分布广泛、危害严重的地下害虫种类、分布状况、危害特点，对一些生产上危害严重的种类进行了描述，提出适合于生产的综合治理措施、技术和方法。

地下害虫又称根部害虫，是指生活在土壤中，以成虫或幼虫取食发芽的种子、幼林与苗木的幼根、嫩茎及幼芽的害虫，危害严重时常常造成缺苗、断垄等。该类害虫种类繁多，我国地下害虫有 9 目 38 科 320 余种，包括等翅目的白蚁，直翅目的蝼蛄、蟋蟀，鞘翅目的金针虫、蛴螬、伪步行虫、芫菁、象甲、根叶甲、根天牛，鳞翅目的地老虎，半翅目的根蚜、根蚧、黑蚱蝉及双翅目的种蝇、根蛆等。危害严重且数量较大的是地老虎、蛴螬、蝼蛄和金针虫。

第一节　我国林木地下害虫的地理区划

我国南北气候差异很大，地理条件复杂，不同种类的地下害虫生活环境各异、发生期参差不齐，各地的地下害虫类群有较大的差异。土壤是地下害虫栖息、繁殖和生存的场所。土壤的理化性质（如土壤粒子大小、团粒结构、pH 值，以及有机质、水分和盐的含量等因素）对地下害虫的种群组成、地理分布和数量变动都有直接影响。因此，根据我国土壤地理及气候类型，将我国林木地下害虫区分为东北酸性土区、西北草原荒漠区、华北碱性土区、青藏高原草甸区、南方酸性土区 5 个类型区（图 8-1）。其中，我国西北地区以地老虎、蛴螬为主；秦岭、淮河以北地区以蝼蛄、蛴螬为主，以南地区以地老虎为主；江浙地区蝼蛄、蛴螬、地老虎均危害较重；华南地区则以大蟋蟀危害较突出。

一、东北酸性土区

主要种类包括：①小地老虎、大地老虎 *Agrotis tokionis* Butler、八字地老虎 *Xestia c-nigrum* L.。②大黑鳃金龟 *Holotrichia diomphalia* Bates、暗褐金龟、黄褐金龟、铜绿异丽金龟、拟异丽金龟、灰胸突鳃金龟 *Hoplosternus incanus* Motschulsky、小云鳃金龟 *Polyphylla gracicornis*

图 8-1　林木地下害虫的地理区划

Blanchard、苹毛丽金龟 *Proagopertha lucidula*（Faldermann）、白星花金龟。③东方蝼蛄、华北蝼蛄。④沟金针虫、细胸金针虫 *Agriotes subvittatus* Motschulsky。⑤蒙古土象 *Xylinophorus mongolicus* Faust、灰种蝇、网目拟地甲等。

二、西北草原荒漠区

主要种类包括：①小地老虎、黄地老虎、警纹地老虎 *A. exclamationis*（L.）。②大黑鳃金龟、暗褐金龟、拟毛黄金龟、黑皱金龟、小云鳃金龟、白云鳃金龟替代亚种 *Polyphylla alba vicaria* Semenov、斑驳云鳃金龟 *P. irrorata* Gebler、马铃薯鳃金龟东亚亚种 *Amphimallon solstitialis sibiricus*（Rritter）、塔里木鳃金龟 *Melolontha tarimensis* Semenov、苹毛丽金龟、白星花金龟。③东方蝼蛄、普通蝼蛄。④宽背金针虫。⑤蒙古土象、灰种蝇等。

三、华北碱性土区

主要种类包括：①小地老虎、黄地老虎、大地老虎。②大黑鳃金龟、铜绿金龟子、暗褐金龟子、小云鳃金龟、大云鳃金龟、黑绒鳃金龟、阔胫金龟、灰粉金龟、黄褐丽金龟、苹毛丽金龟、白星花金龟。③东方蝼蛄、华北蝼蛄。④沟金针虫、细胸金针虫、褐纹金针虫（又名褐纹梳爪叩甲）*Melanotus caudex* Lewis。⑤北京油葫芦、蒙古土象、大灰象、灰种蝇等。

四、南方酸性土区

主要种类包括：①小地老虎、大地老虎、八字地老虎。②华南大黑鳃金龟、江南大黑鳃金龟、小云鳃金龟、大云鳃金龟、黄褐丽金龟、东方绢金龟（曾用名黑绒鳃金龟）*Serica orientalis* Motschulsky、红脚异丽金龟、褐带异丽金龟 *Anomala vittata* Gebler。③东方蝼蛄、华北蝼蛄。④沟金针虫、细胸金针虫。⑤大蟋蟀、灰种蝇、黄翅大白蚁（又名台湾乳白蚁）*Macrotermes barneyi* Light、黑翅土白蚁等。

五、青藏高原草甸区

主要种类有警纹地老虎、四川大黑鳃金龟、宽背金针虫、灰种蝇等。

第二节　重要的地下害虫及其防治

我国各地苗圃用地及其周围环境、地势、土壤理化性质、茬口、施肥、苗木覆盖物等管理情况不同，各地的地下害虫种类有很大差异。

一、地老虎类

地老虎类

地老虎类是鳞翅目夜蛾科 Noctuidae 切根夜蛾亚科 Agrotinae 中切根夜蛾属 *Euxoa* 和地老虎属 *Agrotis* 幼虫总称，俗称土蚕、切根虫等，是重要的农林害虫。其食性杂、危害重，以幼虫危害林木、果树以及农作物的幼苗，常咬断或咬食幼苗根茎，主茎硬化后也能咬食生长点，使植株难以正常发育或导致幼苗枯死。

重要种类有遍布全国的小地老虎、黄地老虎（图 8-2），与小地老虎混合发生于长江流域的大地老虎，分布于西北地区的八字地老虎，分布于东北、华北以及西南地区的白边地老虎 *Euxoa karschi*（Graeser）；主要分布于新疆、内蒙古的警纹地老虎。

大地老虎　　黄地老虎

小地老虎：A.成虫；B.卵；C.茧；D.蛹；E.幼虫。

白边地老虎　　八字地老虎

图 8-2　5 种地老虎的区别特征

小地老虎 *Agrotis ipsilon*（Hüfnagel）

小地老虎属广布性种类，全国各地均有分布。该虫食性杂，能危害百余种植物。在东北地区主要危害落叶松、红松、水曲柳、胡桃楸等苗木，在南方地区主要危害马尾松、杉木、桑、茶等苗木，在西北地区危害油松、沙枣、果树等苗木。

形态特征

成虫　体长 17~23 mm、翅展 40~54 mm。头、胸部及前翅背面暗褐色，足褐色，前足胫、跗节外缘灰褐色，中后足各节末端有灰褐色环纹。前翅褐色，前缘区色较黑，具有 6 个白色小点；肾状纹、环状纹及棒状纹周围具黑边；肾纹外侧有 1 个尖端向外的黑色楔形斑，与亚外缘线上 2 个尖端向内的黑色楔形斑相对；亚外缘线和外缘线各有 1 列黑色小点。后翅灰白色，无斑纹，翅脉及边缘暗褐色；腹部灰褐色。

卵　馒头形，直径约 0.4 mm、高约 0.3 mm，表面具纵横隆线。初产乳白色，渐变黄色，孵化前卵一顶端具黑点。

幼虫　长圆筒形，老熟幼虫体长 37~50 mm。头部褐色，前胸背板暗褐色，体黄褐至灰黑色，无光泽。体表粗糙，密布大小不一的颗粒，体背中央有 2 条淡褐色纵带；腹部各节背面各有前后毛片 2 个，后 2 个比前 2 个约大 1 倍以上；臀板黄褐色，上有 2 条明显的深褐色纵带；胸足与腹足黄褐色。

蛹　红褐色，腹部第 4~7 节基部有粗大刻点，末端有短臀棘 1 对。

生物学特性

年发生代数随各地气候不同而异，在我国东部由北向南 1 年发生 2~7 代。长城以北地区 1 年 2~3 代，西北地区 1 年 2~4 代，华北地区 1 年 3~4 代，江淮地区 1 年 4 代，西南地区 1 年 4~5 代，台湾 6~7 代。长江流域一般以老熟幼虫、蛹及成虫越冬。此虫为迁飞性害虫，我国大部分地区越冬成虫都由南方迁入，各地均以第 1 代幼虫为害最重，北方一般在 5 月，南方一般在 4 月，春播苗圃、苗床及草坪被害较重。

成虫多在 15:00~22:00 羽化，喜夜间活动，对黑光灯趋性强，且有强烈的趋化性，特别喜欢酸、甜、酒味和泡桐叶。白天潜伏于杂物及缝隙等处，黄昏后开始飞行，经取食花蜜后交配、产卵。卵多产于幼苗叶背或根茬、土缝中，近地面处落卵最多，单雌产卵量 800~1 000 粒、多达 2 000 粒，卵期约 5 d。幼虫共 6 龄、个别 7~8 龄，幼虫期 30~40 d。1~2 龄幼虫昼夜均可群集于幼苗顶心嫩叶处取食危害，3 龄后分散，幼虫行动敏捷、有假死习性、对光线极为敏感、受到惊扰即卷缩成团，白天潜伏于表土的干湿层之间，夜晚出土从地面将幼苗植株咬断拖入土穴、或咬食未出土的种子，幼苗主茎硬化后改食嫩叶和叶片及生长点，食物不足或寻找越冬场所时，有迁移现象。幼虫老熟后在深约 5 cm 土室中化蛹，蛹期 9~19 d。

高温对其发育与繁殖不利，夏季数量较少，适宜温度为 15~25℃，在春季夜间气温达 8℃ 以上时即有成虫出现，但 10℃ 以上时数量较多、活动强。土壤含水量在 15%~20% 时产卵多、危害重，因而地势低湿、雨量充沛区发生较重，前一年秋雨多、土壤湿度大、管理粗放、杂草丛生利于成虫产卵和幼虫生存，来年可能大发生；若降水过多、湿度过大则初龄幼虫很易被淹而死亡；易透水、排水迅速的沙壤土适于小地老虎繁殖，重黏土和沙土区则发生较轻，此外，苗木种类、生育状况、前茬作物以及蜜源植物等都影响小地老虎的发生量和危害程度。天敌有知更鸟、鸦雀、蟾蜍、鼬鼠、步行虫、寄生蝇、寄生蜂及细菌、真菌等。在杭州寄生蜂和小茧蜂的寄生率达10%。

地老虎类的预测预报与防治

地老虎幼虫在3龄前群集于杂草或幼苗上，抗药力小，是防治的最佳时期。适时防治的关键是做好测报。

虫情调查

越冬代成虫调查　用黑光灯或糖醋液诱测。糖醋液按糖∶醋∶酒∶水＝6∶3∶1∶10的比例配置后加总量0.1%的杀虫剂混匀。使用时将药液盛入敞口容器内，液深3.3～5.0cm，黄昏时置于离地面约1m高处，翌日开始计数；每第5d加液1次，10d更换药液1次。

卵和幼虫调查　查卵和幼虫可结合进行，前期着重查卵，后期着重查幼虫。在杂草较多、发生较重处选择不同类型的样地1～3块，在每个样地均匀调查9个1m²的点，从越冬代成虫羽化开始到产卵末期为止，3～5d调查一次。可利用小地老虎喜在草茎上产卵的习性进行数量调查，将草茎从一端捆成长15cm、直径0.5cm的束，按每块地插50～10束用木棒插入田间，或将草束平插在其喜食的作物上，诱集成虫产卵，并统计。

在气温15℃情况下可根据卵色推算出孵化期。一级卵乳白色，距孵化11d；二级卵米黄色，距孵化8.5d，三级卵浅红色，距孵化6d，四级卵红紫色，距孵化3d；五级卵灰黑色，距孵化0.5d。

预测预报

发生期预测　越冬代成虫高峰期出现后的第8～14天百株卵量最高，为除草灭卵适期；第20～25天为3龄前的幼虫防治适期；或于产卵高峰日起加上卵的历期和1龄幼虫历期，即为2龄幼虫盛期；或从越冬代成虫高峰期后推29～31d即防治适期，一般在成虫高峰期后1个月左右是3龄幼虫后的危害盛期。在新疆黄地老虎越冬代的物候为：苦豆子嫩头出土始期为化蛹始期，杏花败谢、梨花盛开为化蛹盛期，马蔺花、刺槐花初开期为羽化始期，马蔺花、刺槐花盛期为羽化盛期。

发生量预测　发生量预测要依据越冬代成虫迁入数量，结合春季气候条件具体分析。江苏用上一年9～12月诱蛾量X，预测当年1代幼虫密度Y头/m²的预测式为$Y=6.0092X-0.3659\pm0.7615$。甘肃以3月小地老虎雌蛾发生量预报发生程度，轻度发生缺苗率低于10%，全月1灯1器诱蛾量低于500头；中度缺苗率10%～20%时，诱蛾量501～2000头；大发生时缺苗率大于20%时，诱蛾量2000头以上。河北用虫源与气候条件综合分析预测黄地老虎的发生程度，如3～4月平均有幼虫0.1头/m²为轻度发生，0.2～0.5头/m²为中度发生，0.5头/m²以上为重度发生。

防治技术

地老虎的防治一般应以压低第1代幼虫密度为重点，要采取管理和营林措施为主、与药剂防治相结合的方法进行综合治理。

压低越冬虫口密度　秋耕、冬灌、铲埂灭蛹。

调整播种期　春季早播，秋季晚播，春季苗木提早木质化，秋季适当晚出苗，可以有效减轻其危害。

诱杀成虫　在成虫期用黑光灯或糖醋液诱杀；也可将从泡桐树摘下的新鲜叶片于傍晚在苗圃地每亩放60~80片，于清晨进行检查捕杀，连续实施3~5 d效果可达95%，或将桐叶浸以药液后直接诱杀。

苗圃管理　杂草是地老虎产卵的主要场所及低龄幼虫的食料，清除田间杂草对防治地老虎危害有一定作用，也可将嫩草散布在地面诱捕3龄以上幼虫或用毒饵诱杀。用大水漫灌可杀死产在地面杂草上的卵及大量初龄幼虫。注意保护天敌。

人工捕杀　清晨巡视苗圃如发现断苗，可刨土捕杀幼虫；地老虎老熟幼虫多在田埂上化蛹越冬，在其化蛹率达90%时，铲松田埂表土即可杀死大量蛹。

病毒防治　应用黄地老虎颗粒体病毒粗制剂75 g/hm²，掺入22.5 kg嫩草屑制成毒饵防治幼虫。

化学防治　用2.5%溴氰菊酯乳油25 mL喷拌细土50 kg配成毒土，撒于幼苗根际附近；或每公顷用10%的溴氰菊酯乳油300~450 mL喷雾；还可用50%辛硫磷乳油100 mL兑水5 kg，拌后堆闷3 h左右即可播种；或按照种子重量的0.3%~0.7%使用70%噻虫嗪粉剂拌种（种子：噻虫嗪有效成分=1:0.003）。

二、蛴螬类

蛴螬类

蛴螬是鞘翅目金龟甲总科 Melolonthoidea 幼虫的统称，其中对林木有危害的种类属鳃金龟科 Melolonthidae、丽金龟科 Rutelidae 和花金龟科 Cetoniidae。

蛴螬种类最多，分布最广，食害多种农、林、果、牧草、药用和花卉植物的幼苗和环剥大苗、幼树的根皮。幼虫食量大，在土内取食萌发的种子，咬断根、茎，轻则缺苗断垄、重则毁圃绝苗，食害幼苗后断口整齐平截，易于识别；成虫取食叶、花蕾、嫩芽和幼果，常将叶片食成缺刻和孔洞，残留叶脉基部，严重时将叶全部吃光。除本节介绍的种类外，其他重要的种类如下。

①鳃金龟科。包括分布于我国东北、华北、华东，以及内蒙古、四川、贵州等地的灰胸突鳃金龟，分布于我国东北及内蒙古、河北、甘肃的大黑鳃金龟，除西藏外遍布全国的暗黑鳃金龟 Holotrichia parallela Motschulsky 及东方绢金龟，分布于新疆南部塔里木盆地边缘各地的塔里木鳃金龟，分布于我国西北及山西、河北、四川等地的小云鳃金龟，分布于新疆的白云鳃金龟替代亚种、斑驳云鳃金龟及马铃薯鳃金龟东亚亚种，分布于华南的中华褐栗金龟甲 Miridiba sinensis（Hope）。

②丽金龟科。包括分布于我国东北、西北、华北、华东、华南的四纹丽金龟 Popillia quadriguttata（Fabricius），分布于我国东北、华北、华东、西北及内蒙古等地的苹毛丽金龟，分布于新疆的褐带异丽金龟。

③花金龟科。包括分布于我国东北、华北、华中、华南及陕西的白星花金龟，分布于我国东北、华北、华东、华南、西南及陕西的小青花金龟。

大黑鳃金龟 *Holotrichia diomphalia* Bates

大黑鳃金龟

国内熟知的华北大黑鳃金龟、东北大黑鳃金龟和四川大黑鳃金龟现均已被证实为这一物种的同物异名。分布于我国东北、华北、西北等地。成虫取食杨、柳、榆、桑、胡桃、苹果、刺槐、栎等多种果树和林木叶片，幼虫危害阔叶树、针叶树的根部及幼苗。

形态特征(图8-3)

成虫　长椭圆形，体长17~23 mm、宽8.4~12.0 mm，黑色或黑褐色有光泽。胸、腹部生有黄色长毛，前胸背板宽为长的2倍，前缘钝角、后缘角几乎呈直角。每鞘翅3条纵隆线。前足胫节外侧3齿，中后足胫节末端2距。雄虫末节腹面中央凹陷，雌虫隆起。

卵　椭圆形，乳白色。

幼虫　体长35~45 mm，头部红褐色，前顶刚毛每侧3根(冠缝侧2根，额缝侧1根)，臀节腹面无刺毛列，只有钩状刚毛。

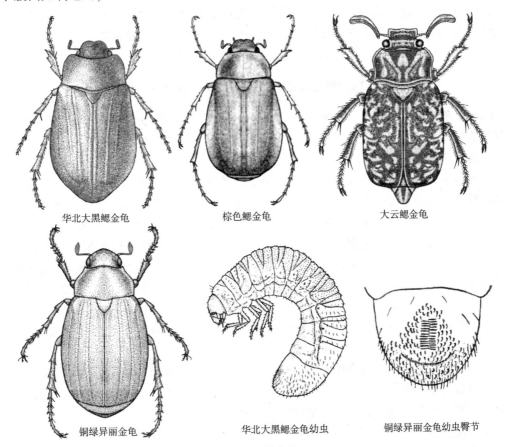

图8-3　4种金龟

蛹　预蛹体表皱缩无光泽。蛹黄白色，椭圆形，尾节具突起1对。

生物学特性

西北、东北和华东2年1代，华中及江浙等地1年1代，以成虫或幼虫越冬。在河北，越冬成虫约4月中旬左右出土活动直至9月入蛰，前后持续达5个月，5月下旬至8月中旬产卵，6月中旬幼虫陆续孵化，危害至12月以第2龄或第3龄越冬；第2年4月越冬幼虫继续发育危害，6月初开始化蛹、6月下旬进入盛期，7月始羽化为成虫后即在土中潜伏、相继越冬，直至第3年春天才出土活动。东北地区的生活史则推迟约半月余。

成虫白天潜伏土中, 黄昏活动, 20:00~21:00 为出土高峰, 有假死及趋光性; 出土后尤喜在灌木丛或杂草丛生的路旁、地旁群集取食交尾, 并在附近土壤内产卵, 故地边苗木受害较重; 成虫有多次交尾和陆续产卵习性, 产卵次数多达 8 次, 雌虫产卵后约 27 d 死亡。多喜散产卵于 6~15 cm 深的湿润土中, 单雌产卵量 32~193 粒、平均 102 粒, 卵期 19~22 d。幼虫 3 龄, 均有相互残杀习性, 常沿垄向及苗行向前移动危害, 在新鲜被害株下很易找到幼虫; 幼虫随地温升降而上下移动, 春季 10 cm 处地温约达 10℃ 时幼虫由土壤深处向上移动, 地温约 20℃ 时主要在 5~10 cm 处活动取食, 秋季地温降至 10℃ 以下时又向深处迁移, 越冬于 30~40 cm 处。土壤过湿或过于干燥都会造成幼虫大量死亡, 幼虫的适宜土壤含水量为 10.2%~25.7%, 当低于 10% 时初龄幼虫会很快死亡; 灌溉和降水对幼虫在土壤中的分布也有影响, 如遇灌溉或降水则暂停危害、下移至土壤深处, 若遭水浸则在土壤内做一穴室, 如浸渍 3 d 以上则常窒息而死, 故可灌水减轻幼虫的危害。老熟幼虫在土深 20 cm 处筑土室化蛹, 预蛹期约 22.9 d, 蛹期 15~22 d。

棕色鳃金龟 *Holotrichia titanis* Reitter

棕色鳃金龟

国内分布于东北、华北、西北、华中、华南等地; 国外分布于朝鲜、俄罗斯。幼虫取食多种植物根系, 成虫取食榆、刺槐、柳、枫杨、桑、泡桐、月季等林木。

形态特征(图 8-3)

成虫 体长 21.2~25.5 mm, 宽 11~15 mm, 长卵形, 棕黄略有丝绒光泽。唇基、额、前胸背板、鞘翅均密布刻点。唇基短宽, 其前缘中央凹入, 卷边明显。触角 10 节, 鳃叶部扁阔、7 片。前胸背板与鞘翅基部等宽, 其中央 1 隆线、侧缘中部外扩处 1 小黑斑略辨, 鞘翅较薄软, 肩疣明显; 每翅纵隆线 4 条, 第 1~2 条明显; 小盾片色较深, 约一半为前胸背板后缘淡黄长毛所覆盖; 胸部腹板密生淡黄色长绒毛。前胫节外侧 3 齿, 内侧 1 长刺, 后胫节细长其端部喇叭形膨大、内端侧端齿长短不一; 后跗第 1 节明显短于第 2 节, 爪 1 对, 爪下各 1 短齿。

卵 乳白色, 椭圆形, 长 2.8~4.5 mm, 宽 2.0~2.2 mm。孵化时体略膨大, 略呈球形。

幼虫 乳白色, 老熟幼虫体长 45~55 mm, 头宽约 6.1 mm。头部前顶刚毛每侧多为 2 根。臀节腹面复毛中区短锥状刺毛列 2 纵行、每行 16~26 根, 仅少数个体刺毛列排列整齐且常具副列, 刺毛列伸达臀节腹面前区约 1/4 处。

蛹 黄白色, 体长 23.5~25.5 mm、宽 12.5~14.5 mm。腹末端具 2 尾刺、刺端黑色; 前胸背中部至腹末有 1 条色比体深的纵隆线。

生物学特性

陕西武功 2 年 1 代, 以幼虫、成虫隔年相继在土中越冬。越冬成虫于 3 月中旬开始出土活动, 4 月中、下旬产卵, 5 月中、下旬孵化, 11 月中、下旬 2 龄末期或 3 龄初期幼虫潜入深约 30 cm 处越冬, 翌年 3 月中旬幼虫又上迁到表层土壤危害, 6 月末幼虫老熟, 下潜至 30 cm 深处营蛹室化蛹, 蛹期约 32 d, 7 月底 8 月初成虫羽化, 但不出土, 静伏于蛹室内直到第 3 年 3 月中旬才出土活动。

成虫出土活动与温度、光线有密切关系。当温度达 10.3℃ 以上时成虫于傍晚出土觅偶交尾，仅贴地低飞、很少高飞，交尾 20~30 min、天黑后又潜入土中。雄虫不取食，交尾后即死亡，雌虫可食少量榆、槐、月季等叶片。交尾后雌虫约于 27 d 后将卵散产于土壤 20~30 cm 深处，产卵 20~44 粒，卵期约 27 d，幼虫期约 406 d。

土壤中幼虫的活动与土温有密切关系，春季土温上升时幼虫即迁至表土层危害，夏季土壤表层高温干燥时即向下移动，秋季温度适宜时又上迁继续危害，11 月中旬土温下降则下迁至深层土中越冬。卵和幼虫的发育与土壤湿度有关，以含水量达 15%~20% 时最为适宜，在 5% 以下则卵和幼虫死亡较多，达 30% 时卵与幼虫均溺死。幼虫喜生活于较疏松湿润的土壤中，干旱高原的砂性土、滩地或灌溉黏重土区很少发生；此虫在荒草地密度最大，其次为小麦地、苜蓿地及果园，因此新建苗圃地时应特别注意。乌鸦、喜鹊喜啄食成虫、幼虫，为此虫的主要天敌。

大云鳃金龟 *Polyphylla laticollis* Lewis

大云鳃金龟

曾名云斑鳃金龟。国内除西藏、新疆外，各地均有分布。近似种为小云鳃金龟 *P. gracilicornis* Blanchard。危害松、杉、杨、柳、榆等林木和多种农作物。

形态特征（图 8-3）

成虫　体长 31~38 mm，宽 15.5~19.8 mm。全体黑褐色，前翅布满不规则云斑。头部有刻点，密生淡黄及白色鳞片；唇基长方形，前缘及侧缘上翘；触角 10 节，雄虫柄部 3 节、鳃片 7 节长而弯曲，雌虫柄部 4 节、鳃片 6 节短而小。前胸背板宽大于长的 2 倍，不规则的刻点浅而密，3 条淡黄或白色纵带连接成"M"状。黑色小盾片半椭圆形，被白色鳞片。胸部密生褐色长毛。前足胫节外侧雄虫有 2 齿，雌虫有 3 齿。

卵　椭圆形，乳白色，长约 4 mm。

幼虫　老熟幼虫体长 61~70 mm。头部棕褐色，背板淡黄或棕褐色，前顶毛 5~7 根，后顶长毛每侧 1 根、短小毛 2~3 根。胸足发达，腹节上有黄褐色刚毛，气门棕褐色。臀节腹面刺毛 2 列，每列 9~13 根，排列不甚整齐。

蛹　棕褐色，体长 45 mm。

生物学特性

生活史较长，需 3~4 年完成 1 代，以幼虫在土中越冬。春季土温回升至 10~20℃ 时幼虫开始活动，6 月老熟幼虫在土中 10 cm 处筑土室化蛹，7~8 月成虫羽化。成虫白天静伏，黄昏时飞出活动、求偶、取食，趋光性较弱。多产卵于林间砂土空地中腐殖质丰富的地段，单雌虫产卵量 10 多粒至数十粒。初孵幼虫以腐殖质及杂草须根为食，稍大后即能取食树根，对幼苗危害很大，致被害株生长衰弱甚至死亡。

红脚异丽金龟 *Anomala rubripes* Lin

红脚异丽金龟

又名大绿丽金龟。国内分布于华中、华南、西南；国外分布于东南亚。成虫主要取食桉、榕、凤凰木、油茶、石栎、荔枝、龙眼、杨桃、橄榄、杨梅、黄麻等叶片，幼虫危害幼苗根部。

形态特征

成虫　椭圆形，体长 18~26 mm。体背绿色、腹面紫铜色，具金属光泽；触角褐红色，前胸背板两侧边缘、小盾片后缘及鞘翅边缘紫红色光泽。触角柄节基部细小，前端肥大，外缘1列黄绒毛。前胸背板前缘呈半圆形，小盾片钝三角形。鞘翅满布小圆刻点，边缘稍向上卷起，末端各有一突起。足具黄色绒毛，前足胫节扁宽，外缘2锐齿，内侧棘状距1枚；中足各节细长，后足腿节扁宽大、侧生黄毛1列，胫节外缘横生2列刺，内侧2距。腹部2节露出翅鞘外，臀板三角形。雄虫第6腹板后缘1黑褐色带状膜。

幼虫　3龄乳白色，老熟时呈黄色，体长40~50 mm。臀节腹面复毛区刺毛列后段略宽，前段短锥状刺毛尖端微向中央弯曲、每列11~16根，后段长针状刺毛尖端相遇或交叉、每列13~19根、并常散布短锥状刺毛。

生物学特性

广东湛江及海南1年1代，以3龄幼虫在20~30 mm土中越冬。翌年3~4月筑蛹室化蛹，如破坏蛹室则可导致大量蛹的死亡。4~8月成虫羽化出土，成虫具有假死性、弱趋光性，黎明及黄昏短时间飞行后随即落回寄主，昼夜取食嫩叶或花，约1个月后在树叶浓密处交尾1次、少数2次，交尾后3~7 d于白天散产卵于土中，最喜产卵于新腐熟的堆肥中，单雌可产卵量60~80粒，产卵后4~7 d死亡。成虫期50~80 d，卵期约11~16 d。幼虫期3龄，1龄30~40 d，2龄40~60 d，3龄200~280 d，蛹期9~12 d。

铜绿异丽金龟 *Anomala corpulenta* Motschulsky

铜绿异丽金龟

又名铜绿丽金龟等。国内分布于除西藏、新疆外的各地；国外分布于朝鲜、蒙古和日本。成虫危害柳、榆、松、板栗、乌桕、油茶、油桐、胡桃、豆类等几十种植物的叶部，幼虫则食害苗木的根部。

形态特征(图8-3)

成虫　体长15~21 mm，宽8~12 mm。体长卵圆形，背腹扁圆，体背铜绿色有金属光泽，前胸背板及鞘翅侧缘黄褐色或褐色。唇基褐绿色且前缘上卷；复眼黑色；触角9节，鳃片部3节，黄褐色。前胸背板大，前缘凹入，侧缘略呈弧形，最阔点在中点之前，前侧角前伸尖锐，后侧角钝角形，后缘边框宽，前缘边框有显著膜质饰边。小盾片近半圆形。鞘翅黄铜绿色且3条纵隆脊略见，合缝隆较显，翅面上密布刻点，翅缘有膜质饰边。雄虫腹面棕黄且密生细毛、雌虫乳白色且末节横带棕黄色，臀板黑斑近三角形。足黄褐色，胫、跗节深褐色，前足胫节外侧2齿、内侧1棘刺，2附爪不等大、后足大爪不分叉。初羽化的成虫前翅淡白，后渐变黄褐、青绿到铜绿具金属光泽。

卵　白色，初产时长椭圆形，长1.65~1.94 mm，宽1.30~1.45 mm；后逐渐膨大至近球形，长2.34 mm、宽2.16 mm。卵壳光滑。

幼虫　寡足型，一般有3龄。3龄幼虫体长29~33 mm、头宽约4.8 mm。暗黄色头部近圆形，头部前顶毛排各8根，后顶毛10~14根，额中侧毛列各2~4根。腹部末端两节自背面观为泥褐色且带有微蓝色。臀腹面具刺毛列多由13~14根长锥刺组成，两列刺尖相交或相遇、其后端稍向外岔开，钩状毛分布在刺毛列周围，肛门孔横裂状。

蛹　离蛹，略呈扁椭圆形，长约18 mm、宽约9.5 mm，土黄色。气门黑色，体背中央1纵沟，腹部背面有6对发音器。雌蛹末节腹面平坦且具1细小的飞鸟形皱纹，雄蛹末节腹面中央阳基呈乳头状。临羽化时前胸背板、翅芽、足变绿。

生物学特性

1年1代,以3龄或少数以2龄幼虫在土中越冬。翌年3月中下旬越冬幼虫上升至耕作层活动危害,5月下旬至6月上旬化蛹,6~7月为成虫活动期,9月下旬多数幼虫进入3龄,即开始下潜至深土层越冬。如5~6月降水充沛,成虫羽化出土较早、盛发期提前,一般南方的发生期约比北方早月余。

成虫趋光性强,寿命约30 d,具假死、群集危害习性,对未腐熟的厩肥有强烈趋性,有多次交尾行为;白天隐伏于地被物或表土,黄昏出土后多群集于杨、柳、梨、枫杨等树上先交尾、再大量取食。气温25℃以上、相对湿度为70%~80%时活动较盛,闷热无雨、无风的夜晚活动最盛,低温或雨天较少活动;2:00~22:00为活动高峰,在翌日黎明前飞离树冠的中途如遇到高大的杨树防护林带,有猛然落地潜伏习性;食性杂、食量大,群集危害时林木叶片常被吃光。

卵多散产于果树下或农作物根系附近5~6 cm深的土壤中,单雌产卵量约40粒、卵期10 d。土壤含水量在10%~15%、土壤温度为25℃时孵化率几乎达100%。幼虫3龄,多发生在土壤疏松、厩肥多、保水力强的林地,1龄幼虫期25 d、2龄23.1 d、3龄27.9 d。初孵幼虫先取食土壤中有机质,后取食幼根,幼虫多在清晨和黄昏由土壤深层上升至表层咬食植物根系,使被害苗木根茎弯曲、叶枯黄、甚至枯死;1、2龄食量较小,9月3龄后进入暴食期,越冬后的3龄幼虫又继续危害至5月,常将根茎咬断食尽后再转移危害,因此春秋两季均为危害盛期。老熟幼虫在土深20~30 cm处筑土室经预蛹期化蛹,预蛹期13 d,蛹期9 d。

蛴螬类的预测预报与防治

虫情调查

掌握蛴螬种类、分布、发育阶段、虫口密度等,做好测报工作,为防治提供依据。

种类调查 在调查地块设1.0 m×1.0 m×0.8 m样方,以每20 cm为一层,分4层取土,分别统计、记录昆虫的种类和数量。土壤昆虫很多,其中有步甲、拟步甲等,区分种类后分别记录统计。

危害损失调查 主要掌握蛴螬的危害、造成的损失、苗木受害程度,判断虫口数量及发展趋势,为防治提供依据。

测报预报

发生趋势预测 根据上一年虫量与发生期的气候预测下年的发生趋势。如大黑鳃金龟成虫、幼虫交替越冬的习性决定了其危害呈现一年轻一年重的规律,所以上一年越冬幼虫比例占90%以上时,翌春幼虫危害严重,秋季幼虫危害则轻,否则情况相反;但是决定发生程度的重要因素是具体地块的3龄幼虫量、幼虫孵化期的降水量和气温,若干旱无雨则发生严重。不同省份幼虫孵化期有差异,西北地区为5月上旬至6月中旬,华北等地为5月上中旬,东北地区为6月中下旬。

短期预测 在幼虫危害期前进行调查,预测发生高峰期,决定防治适期。从幼虫化蛹开始,在大田内挖蛹调查,每次调查不少于30头。当化蛹率达60%以上时,再加蛹历期和成虫蛰伏期后即为成虫防治适期;如再加上产卵前期和卵历期即为孵化高峰期或幼虫防治适期。其中关键是根据雌虫卵巢的发育级别确定成虫出土后的天数(表 8-1);在成虫发生期采用随机取样法隔日捕捉雌虫 20 头,解剖雌虫检查卵巢发育级别。一般当卵巢发育到 4 级时,成虫已进入产卵后期,所产的卵多数已孵化,此时即为幼虫防治适期。

表 8-1　大黑鳃金龟卵巢发育分级标准

发育级别	发育特征	成虫出土后天数(d)
1 级(乳白透明期)	卵巢尚未发育,小管无色透明	12
2 级(卵黄沉淀期)	小管内可见乳黄、长椭圆卵细胞	18
3 级(卵待产期)	卵巢管内有成熟卵粒,管柄膨大	27
4 级(产卵始盛期)	管内有 1~2 粒成熟卵	30~32
5 级(产卵高峰期)	成熟卵少,排列松,有空段	40
6 级(产卵盛末期)	卵巢管萎缩,管内无卵或残存少量卵细胞	60

防治技术

蛴螬类的防治应成虫、幼虫防治相结合,在成虫出土活动期防治以减少其数量特别是雌虫数量,可以有效地减少幼虫数量。播种期与生长期防治相结合。因蛴螬在植物的苗期、生长期甚至生长后期均产生危害,应依据各虫种的发育和危害规律,贯彻播种期与生长期防治相结合的原则进行治理。化学与其他方法相结合,化学药剂是防治蛴螬的主要手段之一,但改变蛴螬的栖居环境、耕作制度、苗地和农事管理方式、利用成虫的趋性可直接或间接地减少虫口数量。因此要根据具体情况进行综合治理。

林业技术措施　在蛴螬密度大的宜林地,造林前应先适时整地,以降低虫口密度;精耕细作,合理轮作,以减少或消灭蛴螬的滋生繁殖场所;秋末深耕可增加蛴螬的越冬死亡率;蛴螬喜在腐殖质中生活,施厩肥时要充分腐熟,追施厩肥时避开蛴螬活动盛期,肥料要掩埋好;在蛴螬危害高峰期灌水,可溺死部分幼虫;秋末大水冬灌可减轻翌春的危害;金龟子喜在地边杂草处活动,及时清除田间及地边杂草可减少虫口数量;在成虫产卵期及时中耕也可消灭部分卵和初孵幼虫。

人工防治　利用成虫的假死习性于傍晚振落并捕杀上树的成虫;秋季耕翻时人工捕捉幼虫,可适当减少其发生数量。

生物防治　保护和利用捕食性天敌及寄生性天敌,如茶色食虫虻、步甲、金龟子黑土蜂、大黑臀土蜂、福䁍钩土蜂、白僵菌、苏云金芽孢杆菌、蛴螬乳状杆菌乳剂等,甚至可以用昆虫病原线虫来防治。利用金龟子性腺粗提物或未交配的雌活体或糖醋液诱杀成虫,种植蓖麻引诱成虫取食,借蓖麻毒素毒杀成虫,利用金龟子的趋光性使用黑光灯和频振式杀虫灯直接诱杀。

化学防治　用 50 kg 有效成分为 1.25 mg/L 的 25%吡虫啉可湿性粉剂药液,与 500 kg 种子混合搅拌,堆闷 4 h,摊开晾干拌种防治蛴螬;或用烟碱类杀虫剂(如 25%噻虫嗪可湿性粉剂)拌种。于成虫盛发期在其喜食植物上每 10 d 喷 5%吡虫啉乳油或 4.5%氯氰菊酯乳油等药剂 1 次;或取 50~70 cm 长的新鲜榆、杨、槐等带叶枝条,将基部泡在 25%噻虫嗪水分散粒剂 1 000 倍液或 1.8%阿维菌素 2 500 倍液中,10 h 后取出,以 3~5 枝捆成一把,插入或堆放在林间诱杀。

三、蝼蛄类

蝼蛄类

蝼蛄属直翅目蝼蛄科 Gryllotalpidae，是常见的地下害虫之一。该虫喜居于温暖、潮湿、多腐殖质的壤土或砂土内，昼伏夜出。成虫、若虫均喜食刚发芽的种子，危害林木、果树及农作物的幼苗根部、接近地面的嫩茎，被害部分呈丝状残缺，致使幼苗枯死；同时成虫、若虫在表土层内钻筑隧道，使幼苗根土分离失水而枯死。除本节介绍的种类外，我国常见蝼蛄还有分布于长江以北各地直至新疆、内蒙古、黑龙江的华北蝼蛄，分布于新疆的普通蝼蛄 *Gryllotalpa gryllotalpa*（L.），分布于广东、广西、台湾等地的台湾蝼蛄 *G. formosana* Shiraki。

东方蝼蛄 *Gryllotalpa orientalis* **Burmeister**

又名多刺蝼蛄。国内广泛分布；国外分布于俄罗斯、朝鲜、日本、澳大利亚，东南亚、非洲。以辽宁及长江以南等地发生量大。食性杂，对针叶树播种苗、多种农作物和经济作物苗期危害甚重。

形态特征（图 8-4）

成虫　体大型，长 29~35 mm，近纺锤形，茶褐色，密生细毛。卵圆形前胸背板长 4~5 mm，中央 1 暗红色心脏形坑斑。前翅仅覆盖腹部的 1/2。前足腿节下缘平直，后足胫节背侧内缘有棘刺 3~4 根。

卵　椭圆形，长 2.0~2.4 mm，宽 1.4~1.6 mm，初产灰白有光。后渐灰黄褐色，孵化前暗褐或暗紫色。

若虫　初孵若虫乳白色，复眼淡红色，体长约 4 mm。头、胸及足渐变暗褐色、腹部淡黄色。2~3 龄以上同成虫，6 龄若虫体长 24~28 mm。

华北蝼蛄：A.成虫；B.前足；C.后足；
东方蝼蛄：D.前足；E.后足。

图 8-4　两种蝼蛄

生物学特性

西北、华北以南 1 年 1 代, 东北 2 年 1 代。西北以成虫或 6 龄若虫越冬, 翌年 3 月下旬越冬若虫开始上升至表土取食活动, 4~5 月是危害盛期, 5~6 月羽化为成虫, 5 月中旬至 6 月下旬产卵, 若虫 7、8 月孵化。越冬成虫 4~5 月在土深 5~10 cm 深处筑扁椭圆形卵室产卵, 5 月下旬至 6 月上旬为产卵盛期、6 月下旬为末期, 单雌单室产卵量 30~60 粒; 9 月中下旬为第 2 次危害高峰。若虫孵出 3 d 后能跳动, 渐分散危害, 昼伏夜出, 以 21:00~23:00 为取食高峰, 共 6 龄。11 月上旬陆续潜至 60~120 cm 土中越冬。

有较强的趋光性, 嗜食有香、甜味的腐烂有机质, 喜马粪及湿润土壤。土壤质地与虫口密度也有关系, 在轻盐碱地虫口密度最大, 壤土次之, 黏土最少。

蝼蛄的预测预报与防治

预测预报

挖土调查法　在蝼蛄即将进入越冬休眠前, 选择有代表性地块挖土调查。样点根据具体情况设置, 每个样点 1 m², 深 60~120 cm, 根据样点内虫量推算目标区的虫量。

隧道估测法　成虫出土前在田间察看新隧道数量, 无洞口隧道为新隧道、有洞口表示蝼蛄已转移; 一般是 2 条隧道 1 头蝼蛄, 其中一条虚土圆堆而短宽为顶土、排淤、通气道, 另一条长而弯曲为活动取食道; 宽 3 cm 以下的隧道为若虫, 3 cm 以上的为成虫。也可将隧道表土铲去, 凡洞口为扁圆形、直径 2 cm 的为雌虫, 洞口为圆形、直径 1.5 cm 的为雄虫。

防治技术

诱杀　蝼蛄的趋光性很强, 在羽化期间, 19:00~22:00 可用灯光诱杀; 或在苗圃步道间每隔约 20 m 挖一小坑, 将炒香的麦麸、马粪或带水的鲜草放入坑内诱集, 再加上毒饵更好, 翌日清晨可到坑内集中捕杀。

保护天敌　鸟类是蝼蛄的天敌。可在苗圃周围栽植杨、刺槐等防风林, 招引红脚隼、戴胜、喜鹊、黑枕黄鹂和红尾伯劳等食虫鸟以利控制虫害。

林业技术措施　施用厩肥、堆肥等有机肥料要充分腐熟; 深耕、中耕也可减轻蝼蛄危害。

化学防治　做苗床(垄)时用 1.8% 阿维菌素乳油或 25% 噻虫嗪水分散粒剂 0.5 kg 加水 5 kg 拌饵料 50 kg, 傍晚将毒饵均匀撒在苗床上诱杀; 饵料可用多汁的鲜菜、鲜草以及蝼蛄喜食的块根和块茎, 或炒香的麦麸、豆饼和煮熟的谷子等。拌种方法参考地老虎、蛴螬的防治方法。

四、金针虫类

金针虫类

金针虫是鞘翅目叩头甲科 Elateridae 幼虫的通称。金针虫为土居、杂食性, 危害幼芽、幼苗的须根、主根或嫩茎; 受害苗木的主根很少被咬断, 被害部位呈丝状。金针虫种类众多, 危害严重的除本节所介绍的种类外, 还有细胸金针虫和褐纹金针虫。

沟金针虫 *Pleonomus canaliculatus* (Faldermann)

又名沟线角叩甲、沟叩头虫。为亚洲特有种, 主要分布于我国河北、山西、山东、河南、陕西、甘肃、青海、内蒙古、辽宁西部、江苏北部、安徽北部、湖北北部等地的平原旱作区。

形态特征(图8-5)

成虫　体长14~18 mm，体宽3.5~5.0 mm，扁长形、深黑色，密被金黄色细毛。头扁平，密布刻点，头顶凹陷三角形。雌虫触角11节，为前胸长度的2倍，前胸背板呈半球状隆起、后缘角外突、中央1细纵沟，鞘翅约为前胸长度的4倍。雄虫触角12节、长及鞘翅末端，鞘翅长度为头胸部长度的5倍。腹部可见腹板6节。足浅褐色。

细胸金针虫：A.成虫；B.幼虫；C.幼虫腹末；
沟金针虫：D.成虫；E.幼虫；F.幼虫腹末；G.蛹。

图8-5　两种金针虫

卵　近椭圆形，0.7 mm×0.6 mm，乳白色。

幼虫　老熟幼虫体长20~30 mm，扁长，金黄色、被黄色细毛。口器、头部前端褐色，上唇前缘突起三齿状；胸腹背面中央1细纵沟；尾节末端分二叉，各叉内侧有1小齿。

蛹　长纺锤形，乳白色，雌体长16~22 mm、雄15~19 mm。前胸背板前缘细刺1对、后缘角突出部1细刺、其两侧具小刺列；腹部末端纵裂，其两侧的角状向外略弯、尖端细齿黑褐色。

生物学特性

2~3年1代，以成虫和幼虫在土壤越冬。河南南部越冬成虫翌年于2月下旬当15 cm处地温约达8℃时出蛰活动，3月中旬至4月中旬为活动盛期。成虫有假死习性，白天静伏土中，晚上活动交尾、产卵。雄虫善飞有趋光性；雌虫无飞行能力，产卵于苗根附近的土中，单雌产卵量32~166粒，最高可达400多粒，卵期平均42 d。5月上旬幼虫大量孵化，幼虫期长达1 050 d，第3年8月下旬至9月中旬在土内15~20 cm深处筑土室化蛹，蛹期12~20 d，9月中、下旬成虫羽化后在原土室内越冬。

沟金针虫随季节在土内上下迁移。6月底表层土温超过24℃时迁入深层越夏，9月中旬至 10 月上旬 10 cm 土温约达 18℃时又迁到表层危害，11 月下旬土温下降后又至深层越冬；翌年 2 月底至 3 月上旬土温约达 7℃时又上升活动危害。该虫活动和发育要求温度较低、湿度较高，春季干旱常是限制该虫上升活动的主要因素，7~9 月降水多有利于幼虫化蛹，反之土壤过干就会影响化蛹和蛹的发育。

金针虫的防治

苗圃地精耕细作，通过机械损伤或将虫体翻出土面让鸟类捕食，以减低金针虫密度。加强苗圃管理，避免施用未腐熟的草粪等以免诱来成虫。

化学防治时，按噻虫嗪 210 g/hm² 或吡虫啉 15~30 g/hm² 有效成分，掺干燥细土 380 kg 混匀成毒土，均匀撒施并翻入 10~20 cm 深的土层里处理土壤；或苗木出土或栽植后如发现金针虫危害，可逐行在地面撒施该毒土，随即用锄掩入苗株附近的表土内。药剂拌种见地老虎、蛴螬防治方法。

五、蟋蟀类

蟋蟀类

蟋蟀属直翅目 Orthoptera 蟋蟀科 Gryllidae，全世界已知约 2 500 种，中国已知约 150 种。主要以成虫、若虫危害叶片和顶芽，或咬断刚出土的嫩茎。危害苗木的蟋蟀种类除大蟋蟀外，还有几乎遍布全国的北京油葫芦，广泛分布于黄河以南各地的棺头蟋 *Loxoblemmus doenitzi* Stein。

大蟋蟀 *Tarbinskiellus portentosus*（Lichtenstein）

国内分布于西南、华东、华南、东南沿海地区及台湾；国外分布于东南亚，日本、印度。杂食性，常咬断农林植物幼苗茎部，有时还爬上 1~2 m 高的苗木或幼树上部，咬断顶梢或侧梢，造成严重缺苗、断苗、断梢等现象。

形态特征（图 8-6）

成虫　体长 30~40 mm，暗黑色或棕褐色，头部较前胸宽，复眼间具"Y"形纹沟，触角丝状，比虫体稍长。前胸背板中央 1 纵线，两侧各 1 横向圆锥状纹。后足腿节强大，胫节粗、具 2 排刺、每排有刺 4~5 枚。腹部尾须长，雌虫产卵器短于尾须。

卵　近圆筒形，长约 4.6 mm，稍弯，表面平滑，浅黄色。

若虫　外形与成虫相似，体较小，色

油葫芦　　　　大蟋蟀

图 8-6　两种蟋蟀

较浅。若虫共 7 龄，翅芽在 2 龄后出现。

生物学特性

1 年 1 代，以 3~5 龄若虫在土穴中越冬。翌年 2~3 月恢复活动、出土危害各种苗木和农作物幼苗，5~7月羽化，6月成虫盛发，7~8月为交尾盛期，7~10月产卵，8~10月孵化，卵期20~25 d。10~11月若虫仍常出土危害，11月初若虫越冬。若虫期7~9个月，共7龄，成虫寿命2~3个月，于8~9月陆续死亡。

大蟋蟀喜在疏松的砂土地里营造土穴而居，洞穴弯曲，深度因虫龄、土温、土质而异，1龄若虫的洞深3~7 cm，2龄深10~20 cm，老龄幼虫及成虫洞穴可深达80 cm以上，在砂质土壤上可深达1.5 m。常一穴1虫，不群居，性凶猛，能自相残杀，雌雄交尾期间才同居一穴。雌虫产卵于洞穴底部，一次可产卵150~200粒，20~30粒一堆。初孵若虫常20~30头群居于母穴中，取食雌虫储备于洞中的食料，稍大后即分散营造土穴独居。大若虫及成虫多昼伏夜出，傍晚外出咬食嫩苗、将嫩茎切断或连枝叶拖回洞内贮藏，白天穴居于洞中取食。成虫、若虫喜干燥，喜食霉、酸、甜物质，通常5~7 d出穴一次，19:00~20:00出洞较多，每逢雨后或久雨不晴即移居于近地面的洞穴上段，出穴频繁，阴雨、风凉的夜晚则很少出穴，7~8月交尾盛期外出也较频繁，如遇惊扰即迅速缩回洞内，回穴后用洞内泥土在洞穴口堆积一堆松土堆塞洞口。

土质疏松、植被稀少或低洼、撂荒的砂壤旱地，或山腰以下的苗圃和全垦林地、沿海台地等发生量大。秋旱冬暖利于低龄若虫的生长发育，春旱及3~6月气温偏高利于越冬后若虫和成虫活动，6~7月为成虫交尾产卵前的大量取食期，危害严重。

蟋蟀的防治

毒饵诱杀　用90%晶体敌百虫1 kg加入适量水稀释，加入50 kg炒香的谷皮、米糠、油渣或麦麸等制成毒饵，于傍晚前撒布于有松土的洞口附近诱杀。也可在苗圃内每隔4~5步堆放禾本科植物鲜叶，堆内放少量毒饵诱杀。

坑诱捕杀　每亩挖0.3 m×0.5 m的坑3~4个，坑内放入加上毒饵的新鲜畜粪，再用鲜草覆盖，可以诱集大量蟋蟀成虫、若虫，次晨进行捕杀。

挖洞捕杀　根据洞口有松土的标志，挖掘洞穴，捕杀成虫、若虫。或直接往洞穴中灌药水。

喷药毒杀　傍晚喷洒20%氰戊菊酯乳油1 000倍液于苗木周围的土壤上，或用50%辛硫磷乳油100 mL，加适量水与25 kg细土混合，或用25%吡虫啉可湿性粉剂0.3 kg加适量水与20 kg细土拌匀，撒在苗木周围防治蟋蟀。

六、其他地下害虫

除下述种类外，还有在我国北部和中部分布较广泛的双翅目花蝇科葱地种蝇 *Delia antiqua* (Meigen)、萝卜地种蝇 *D. floralis* (Fallén)；鞘翅目象甲科分布于东北、华北、西北、华中及内蒙古等地的蒙古土象，分布于陕西、河南、福建、四川、云南、甘肃等地的核桃根颈象 *Dyscerus juglans* Chao，分布于我国南方的蔗根土天牛 *Dorysthenes granulosus* (Thomson)；等翅目白蚁科广泛分布于南方的家白蚁、黄翅大白蚁（又名台湾乳白蚁）等。

其他地下害虫

黑蚱蝉 *Cryptotympana atrata* (Fabricius)

又名黑蝉、蚱蝉，俗名"知了"。国内广泛分布。成虫用产卵器刺破林木枝条表皮，将卵产在髓心部，使枝条开裂，破坏输导组织，使产卵部位以上枝条萎蔫死亡；若虫在土壤中吸取根系汁液，破坏根系，影响林木正常发育，果树受害后引起落花落果。危害的林木达144余种，受害较重的有杨、榆、柳、二球悬铃木、苹果、梨、桃、丁香等。

形态特征(图8-7)

成虫 体长38~48 mm、翅展116~125 mm，黑色、有光泽，密生淡黄色绒毛。复眼与触角间斑纹黄褐色，中胸背板宽、中央"X"形隆起黄褐色。翅基1/3部分烟黑色、余透明，脉红褐色、端半部黑褐色；足黑色但具不规则黄褐斑。腹侧缘及其各节后缘黄褐色。雄虫腹部第1、2节有发音器，雌虫产卵器长矛形。

雄虫腹末　　成虫　　雌虫腹末

图8-7 黑蚱蝉

卵 长梭形，3.3~3.7 mm×0.5~0.9 mm，微弯，一端圆、一端尖，乳白色。

若虫 共4龄，1龄若虫乳白色，头部密生黄褐色绒毛，触角前区红棕色，头冠后缘"人"形纹黄褐色；2龄若虫前胸背板"W"形斑微弱；3龄若虫前胸背板前区"W"形斑黑褐色，翅芽前半部灰褐色、后半部黑褐色，腹部棕黑色，产卵器黄褐色；4龄体长20.2~38.6 mm，棕褐色。

生物学特性

多年发生1代，山西南部、山东北部4年1代，陕西关中5年1代，以卵和若虫分别在被害枝的木质部和土壤中越冬。老熟若虫6月底至7月初出土羽化，7月中旬至8月中旬达盛期。成虫于7月中旬开始产卵，7月下旬至8月中旬为盛期，9月中、下旬产卵结束；越冬卵于6月中、下旬至7月初孵化。

老熟若虫20:00至翌日6:00出土，21:00~22:00出土的约占78%，大雨后3~5 d出土最多。若虫出土后爬到附近杂草、禾苗、灌木、立木主干等处羽化，在树干上羽化的约占89.7%；羽化初期雌虫少、末期雄虫少，雌雄总比为1:1；成虫飞行能力很强，具群居性和短距离群迁性，夜晚受惊扰后具一定的趋光性和趋火性，寿命45~60 d；雄成虫善鸣，从6月下旬到10月初当气温在20℃以上时始鸣、26℃以上多群鸣，单蝉鸣声76 dB，群鸣时87 dB。成虫羽化后，先刺吸树木汁液补充营养、喷雾状排泄，性成熟后始交尾、产卵，羽化至产卵需15~20 d。单雌虫怀卵量500~800粒，卵产于枝条髓心部；产卵刻槽多呈梭形，卵窝在槽内互生排列；每枝有产卵槽1~11个，每槽有卵窝1~51个、空窝率6.3%，每窝有卵1~18粒，每枝产卵153~358粒、最多634粒；枝条落卵处以上很快萎蔫。

湿度对卵的孵化影响极大，降雨多且湿度大则孵化早、孵化率高，气候干燥时孵化期推迟、孵化率低，孵化率75.2%~92.7%，卵期260~345 d。若虫孵化后在枝上停留30~40 min落地，约70%的若虫选择自然孔洞和缝隙处入土；入土后在根系吸食危害，0~30 cm深处分布最多，最深可达80~90 cm；在靠近根系做土室越冬，1室1虫。翌年6~9月进入2龄、再建新室越冬，每年进1龄、历时4年。1、2龄多附着于侧根及须根，3、4龄多附着于较粗的根系分叉处。

秦岭南坡分布于海拔1 060 m以下，北坡1 270 m以下，以海拔400~600 m的江河流域及远离村镇的平原、山脚及低山丘陵地带数量最多。一般幼林受害重于成熟林、疏林重于密林。多雨高温有利于黑蚱蝉若虫出土羽化和卵的孵化，而晴天高温则有利于成虫交尾、产卵和鸣叫等活动。成虫期天敌有鸟类、螳螂、蜘蛛等，卵期天敌有蚂蚁、异色瓢虫及寄生率达 4.6%~13.0% 的寄生蜂。

防治技术

人工防治　结合剪枝，剪去产卵后的枯枝并集中烧毁。在成虫羽化盛期捕捉若虫、刚羽化的成虫。

化学防治　每10 d 喷施1次60%氟啶虫酰胺·噻虫嗪水分散粒剂3 000倍液或25%的高效氯氟氰菊酯1 000倍液保护苗木；孵化入土盛期向地面喷施10%的吡虫啉可湿性粉剂或10%氯噻啉可湿性粉剂进行防治。

第三节　地下害虫的调查与研究

地下害虫调查与研究，主要是了解当地害虫种类、分布、虫口密度、危害特性等，以掌握其发生规律，为预防和防治提供科学依据。

一、调查原理

无论对哪类地下害虫进行调查和研究，需要进行的内容或得到的结果应包括年发生代数、发生与危害季节、繁殖习性、活动与迁移规律、寄主或植被类型与取食习性、各虫态的发育历期、土壤特性与危害关系、发育及活动规律与土壤气候的关系、栽培和土壤处理与危害的关系、物候规律、趋性、天敌、预测预报技术、需要采取的防治措施等。

土壤与地下害虫的调查只使用土壤样方等人为抽样单位，而地面植被上的害虫调查多使用样枝、叶片等自然抽样单位。因此，对地下害虫进行调查和研究时既要考虑地下害虫的种类及其在土壤中的分布特性，也要考虑土壤类型、地势、植被、气候等，以决定取样方式。一般在进行地下害虫发生的概况调查（踏查）时，主要应进行土地管理与土壤状况、苗木与害虫种类、危害程度、发生面积等调查；进行详细调查时，应在明确种类的前提下，确定其危害导致的损失程度、发生与发展趋势、生物学与生态学规律。

二、调查方法

地下害虫调查和研究，关键是科学地设计取样方法。种类及其生物学特性是设计调查取样的依据，应根据调查对象生活的季节规律进行调查设计；若调查种类的季节性变化规律不清，则应按季节的不同，间隔一定的时间进行连续的调查和研究，以查清其年变动规律。地下害虫的种类、发育期、季节和入土深度有较大关系，在确定特定种类的季节性活动规律、特别是其在土壤中的上下迁移习性后，就可根据具体的调查和研究时间去确定调查时的土壤取样深度。

(一) 挖土调查

调查时间应根据调查目的确定，取样时应按不同土质、地形和地势恰当设置样点。样点的布局方式取决于调查种类在田间的分布型，如蛴螬、金针虫多属聚集分布，应采用

"Z"形或棋盘式布置样点。样点应设置在土壤类型与地形、地势基本一致的调查区，1 hm² 的调查地内设 8 个样点，每增加 1 hm² 增加 2 个样点；每样点 50 cm×50 cm，以深度为 10 cm 土层作为一个取样层，逐层取样，详细记载各样层的种类、虫态与数量，取样深度约至 80 cm 为止，但冬季调查时取样深度要达 1 m 以上。对于蝼蛄类，可先目测其隧道数量和分布规律，然后取土样进行调查；3~4 月地面可见华北蝼蛄约 10 cm 长的新鲜虚土隧道，东方蝼蛄隧道则短或洞顶有一堆新鲜虚土。若在危害期进行危害习性等调查，应每间隔 5 d 调查一次，直至其停止危害活动为止。

(二)诱集调查

对有趋光性的种类(如地老虎、蝼蛄、金龟、金针虫等成虫)，从越冬成虫开始至各代成虫羽化期，均可进行灯光诱集调查；对具有趋化性的地老虎和根蛆类成虫，可用糖醋液等诱集。对夜晚活动的种类应在傍晚开始诱集，翌日清早检查并记载种类和数量，该全部时间段即可视为一个诱集调查样本；对在白天活动的则应在清早开始诱集、傍晚检查并记载数量。使用诱集法进行调查，诱集调查样本之间的间隔天数(时间)应根据需要确定。但若要确定某一种类在一天当中的详细活动情况，则应在一天内划分时间段进行诱集和记载。调查结果记入表 8-2。

表 8-2　地下害虫野外调查表

调查日期：　　　　　　　地点：　　　　　　　　　调查人：
地形与地势：　　　　　　土壤特性：　　　　　　　样地类型或编号：

样点序号	样层序号	害虫种类	虫态与数量					
			卵	1 龄幼虫	2 龄幼虫	…	蛹	成虫
1	1-1							
	1-2							
	⋮							
2	2-1							
	2-2							
	⋮							

注：每样层深度单位为厘米(cm)。

三、数据分析

通过对地下害虫的种类、发生面积、危害程度及寄主受害程度等各项情况的调查，要掌握其规律，应对所获得的数据资料进行统计分析和比较。数据整理时常用的有平均数，表示平均数变异程度的极差、方差、标准差、变异数系数等。如果要分析和比较不同地域、样地间地下害虫分布或危害的差异，则要进行相关的方差分析或统计检验。其他常见的数据处理如下。

(一)田间药效试验

田间药效试的结果常用害虫的死亡率、虫口减退率等表示杀虫剂对害虫的防治效果。①当能准确地查清样点内所有防治对象的死虫和活虫时，死亡率(%)=(死亡个体总数/供试总虫数)×100%。②当只能确定样点内的活虫而不能找到全部死虫时，且不施药对照区的自然死亡率很低，一般用虫口减退率表示防治效果，虫口减退率(%)=(防治前的活虫数-防治后的活虫数)/防治前的活虫数×100%。③死亡率和虫口减退率包含杀虫剂所造成的死亡和自然因素所造成的死亡，如自然死亡率较高或大于5%时，则常用校正死亡率表示结果。

$$校正死亡率(\%)=(处理区死亡率-对照区死亡率)/(1-对照区死亡率)\times100\% \quad (8\text{-}1)$$

或

$$校正死亡率(\%)=(x-y)/x\times100\% \quad (8\text{-}2)$$

式中，x 为对照组生存率；y 为处理组生存率。

(二)寄主受害情况调查

①若不考虑每株寄主的受害轻重，只考虑寄主的受害普遍程度，则

$$被害率(\%)=(被害株数/调查总株数)\times100\% \quad (8\text{-}3)$$

②如果既考虑每株寄主的受害轻重，也考虑寄主的受害普遍程度，则常用被害指数表示调查结果。但在调查前应先按寄主的受害轻重区分不同等级，然后分等级进行调查和统计。

$$被害指数=(各级值\times相应级的总株数)/(调查总株数\times最高等级数值)\times100\% \quad (8\text{-}4)$$

(三)损失估计

为了可靠估计害虫所造成的损失，需要计算害虫危害所造成的产量和质量损失。但产量和质量损失受害虫的发生数量、发生期、危害方式、危害部位等多种因素的综合影响。

$$损失系数 Q=(a-e)/a\times100\% \quad (8\text{-}5)$$

式中，Q 为损失系数；a 为未受害植株单株平均产量；e 为受害植株平均产量。

$$产量损失百分率 C(\%)=QP/100 \quad (8\text{-}6)$$

式中，P 为被害率。

$$实际损失率 L(\%)=aMC/100 \quad (8\text{-}7)$$

式中，M 为单位面积总植株数。

对 Q、C、L 值均应计算标准差。

复习思考题

1. 我国常见地下害虫有哪几类？其危害各有何特点？
2. 主要地下害虫有哪些防治方法？
3. 试述地下害虫的发生与环境的关系，并分析原因。
4. 如何对地下害虫的虫情进行调查？

第九章

枝梢害虫及其防治

【本章提要】枝梢害虫主要包括刺吸类和钻蛀类两类，主要危害幼树的顶芽、嫩叶、嫩梢以及枝干，导致树干分叉、枝芽丛生、卷叶等畸形症状，严重影响林木的生长。本章介绍主要的枝梢害虫种类、寄主、形态特征、生活史及发生规律和防治策略。

枝梢害虫指危害林木枝梢及幼茎的昆虫。其中，一类为咀嚼式口器害虫，以幼虫钻蛀和啃食枝梢、嫩茎、幼芽，通常在木质部或髓部钻蛀隧道，造成嫩梢枯萎甚至死亡，影响主梢、枝条的生长和主干的形成，部分种类还在嫩梢头吐丝缀叶取食或蛀入幼果危害。常见如鳞翅目的螟蛾类、麦蛾类、卷蛾类等，鞘翅目的象甲类、天牛类及某些叶甲类，膜翅目的瘿蜂类、茎蜂类，双翅目的蝇类和瘿蚊类等。另一类为刺吸式口器害虫，主要包括半翅目蚧类、蚜虫类、叶蝉、木虱、蝽类等，部分种类还可传播病毒病害。该类害虫在取食时，常使寄主植物产生病理或生理变化，如受害部位呈现褪色的斑点、叶片卷曲或皱缩、枝叶丛生等畸形、局部膨大或形成虫瘿，危害严重时可使被害植物营养不良、嫩梢干枯、树势衰弱甚至整株死亡。

第一节　我国林木枝梢害虫的地理区划

林木枝梢害虫对于所处的环境条件，都有一定的适生范围。某一地区的枝梢害虫种类组成和发生数量，在一定程度上可以反映这个地区林业生态系统的特点。因此，根据林木枝梢害虫的地理区划，能够较全面地认识其与地形、地貌、气候、土壤以及植物组成的关系，明确每种枝梢害虫的分布范围、当地枝梢害虫的区系组成，据此可以掌握防治对象的发生特点，有利于确定防治方案和措施。

虽然我国林木枝梢害虫的分布从南到北兼有热带、亚热带、暖温带、温带、寒温带等不同的气候带，并具有古北与东洋两大动物区系的特征，但各种林木害虫都有一定的自然分布范围，每一林区的枝梢害虫种类组成也各有差异。根据我国枝梢害虫的分布现状，可将其大致划分为 7 个分布区，具体如下(图 9-1)。

一、东北山地林区

主要种类包括松大蚜、秋四脉绵蚜 *Tetraneura akinire* Sasaki、落叶松球蚜指名亚种、板

图 9-1　中国林木枝梢害虫地理区划

栗大蚜 *Lachnus tropicalis*（van der Goot）、柏长足蚜 *Cinara tujafilina*（del Guercio）（辽宁）、微红梢斑螟、赤松梢斑螟、青杨楔天牛、山杨楔天牛 *Saperda carcharias*（L.）等。

二、东北平原与丘陵林区

主要种类包括大青叶蝉、梨冠网蝽、桃蚜 *Myzus persicae*（Sulzer）、槐花球蚧 *Eulecanium kuwanai*（Kanda）、水木坚蚧（扁平球坚蚧）*Parthenolecanium corni* Borchsenius、柳蛎盾蚧 *Lepidosaphes salicina* Borchsenius、杨圆蚧、吹绵蚧、朝鲜毛球蚧、卫矛矢尖盾蚧 *Unaspis euonymi* Comstock、梨圆蚧、枣大球坚蚧、角蜡蚧 *Ceroplastes ceriferus*（Fabricius）、楸蠹野螟 *Sinomphisa plagialis*（Wileman）等。

三、华北西部山地林区

该区包括燕山、太行山、吕梁山、秦岭及四川西部山地。主要种类包括栗红蚧 *Kermes nawae* Kuwana、日本单蜕盾蚧、松大蚜、柏长足蚜、板栗大蚜、秋四脉绵蚜、落叶松球蚜指名亚种、微红梢斑螟、赤松梢斑螟、栗瘿蜂、山杨楔天牛等。

四、华北平原与丘陵林区

该区包括河北、山东、山西、陕西（关中）、河南，以及安徽和江苏的平原与丘陵林区。主要种类包括枣大球坚蚧、榆蛎盾蚧 *Lepidosaphes ulmi*（L.）、梨圆蚧、桑白盾蚧、卫矛矢尖盾蚧、朝鲜毛球蚧、草履蚧、吹绵蚧、突笠圆盾蚧、杨圆蚧、水木坚蚧、日本龟蜡蚧、红蜡蚧 *Ceroplastes rubens* Maskell、柏长足蚜、白毛蚜、桃蚜、刺槐蚜、苹果绵蚜（局部分布)、槐豆木虱 *Cyamophila willieti* (Wu)、大青叶蝉、梨冠网蝽、楸蠹野螟、桃条麦蛾 *Anarsia lineatella* Zeller 等。

五、蒙新与青藏林区

该区包括内蒙古、新疆、甘肃、青海,以及西藏山地与平原林区,由于该区地域广、山地与平原林区环境差别大,林木枝梢害虫多数为局部分布类型。主要种类有角蜡蚧、榆蛎盾蚧、蒙古杉苞蚧 *Physokermes sugonjaevi* Danzig(局部)、柳雪盾蚧 *Chionaspis salicis* (L.)、杨圆蚧、柳蛎盾蚧、日本龟蜡蚧、白毛蚜、刺槐蚜、秋四脉绵蚜、落叶松球蚜指名亚种、沙枣后个木虱 *Metatriozidus magnisetosus* (Loginova)、小板网蝽、微红梢斑螟、青杨楔天牛、山杨楔天牛等。

六、华中、华南、西南山地林区

该区包括云南及横断山脉、巴山、大别山、武陵山、武夷山及南岭林区,但不少林木枝梢害虫具有局部分布特征。主要种类有竹巢粉蚧、角蜡蚧、松白粉蚧 *Crisicoccus pini* (Kuwana)、栗红蚧、蠕须盾蚧 *Kuwanaspis vermiformis* (Takahashi)、日本松干蚧、日本单蜕盾蚧、湿地松粉蚧、松突圆蚧、柏长足蚜、秋四脉绵蚜、微红梢斑螟、赤松梢斑螟、栗瘿蜂等。

七、华中、华南平原丘陵林区

该区包括四川盆地、陕西汉中盆地、湖南、湖北及广东、广西平原与丘陵林区,该类型区林木枝梢害虫也具有局部分布特征。主要种类有竹巢粉蚧、竹秆寡链蚧 *Pauroaspis rutilan* (Wu)、梨圆蚧、桑白盾蚧、卫矛矢尖盾蚧、朝鲜毛球蚧、草履蚧、吹绵蚧、水木坚蚧、红蜡蚧、半球竹链蚧 *Bambusaspis hemisphaerica* (Kuwana)、柏长足蚜、桃蚜、槐豆木虱、大青叶蝉、梨冠网蝽、可可盲蝽 *Helopeltis fasciaticollis* Poppius、竹卵圆蝽 *Hippotiscus dorsalis* (Stål)、杉梢花翅小卷蛾、桉小卷蛾 *Stictea coriariae* Oku、竹笋禾夜蛾、咖啡豹蠹蛾、油茶织蛾 *Casmara patrona* Meyrick、竹笋泉蝇 *Pegomya kiangsuensis* Fan、一字竹笋象甲、大竹象等。

第二节　重要的林木枝梢害虫及其防治

危害林木枝梢的害虫种类甚多,重要种类及常见的类群包括蚧类、蚜虫类、蛾类等。本节主要介绍各类枝梢害虫的分布与寄主范围,生活史与发生规律,各类群的防治策略与方法。

一、蚧类

蚧类是林木的重要害虫。这类害虫刺吸树木汁液,引起植物组织褪色、死亡;该类害虫个体小,数量多,繁殖力强,在危害过程中还排泄大量蜜露诱发煤污病,影响寄主的光合作用而导致树势衰弱,少数种类还能传播植物病毒病;若对林木常年危害,常造成整株或成片枯死，甚至引发毁灭性的森林虫灾。如日本松干蚧，在我国东南沿海等地严重危害赤松、油松、马尾松等，松林被害后大面积枯死，被迫伐除的达 13.3 hm²。杨盾蚧属 *Quadraspidiotus* 的一些种类，在我国北方的发生区内常造成杨树林成片枯死。但蚧类中也有一些种类属于资源昆虫，如闻名世界的我国特产种白蜡虫、紫胶虫。

危害枝梢的蚧类除下述所介绍的种类外，常见的还有分布于华中、华南的竹巢粉蚧、竹秆寡链蚧，分布于国内各地的角蜡蚧，分布在辽宁、河南、陕西、甘肃、宁夏、青海、新疆、山东、安徽的枣大球坚蚧，广泛分布的榆蛎盾蚧，分布于东北、华北、华东、华中的梨圆蚧，分布于蒙新地区的蒙古杉苞蚧，分布于华北、华中、东南沿海及吉林、辽宁、内蒙古等地的桑白盾蚧，分布于西北、华北的柳雪盾蚧，分布于华北及辽宁、山东、广东、广西、四川的卫矛矢尖盾蚧，分布于华北、华中、华南的松白粉蚧，分布于华东、华中、西南、华北、西北、东北的朝鲜毛球蚧，分布于华东、华中、西南的栗红蚧，在竹产区分布广、危害大的蠕须盾蚧及入侵我国南方地区的检疫性害虫扶桑绵粉蚧等。

草履蚧 *Drosicha corpulenta*（Kuwana）

半翅目绵蚧科，又名日本履绵蚧。国内广泛分布；国外分布于朝鲜、韩国、日本、俄罗斯。危害泡桐、杨、悬铃木、柳、楝、刺槐、栗、胡桃、枣、柿、梨、苹果、桃、樱桃、柑橘、荔枝、无花果、栎、桑、月季等。以若虫、雌成虫密集于树干、细枝、芽基刺吸危害，使树木营养和水分损失过大、芽不能萌发，或幼枝、枝条甚至树干干枯死亡。

草履蚧

形态特征（图 9-2）

成虫　雌成虫橘色，长 7.8~10.0 mm、宽 4.0~5.5 mm，触角 8 节、少数 9 节，背部皱折隆起、扁椭圆形，似草鞋。体周缘和腹面淡黄色，触角、口器和足均黑色，体被白色蜡粉。雄虫紫红色，长 5~6 mm，翅展约 10 mm；头胸淡黑色，1 对复眼黑色；前翅淡黑色，有许多伪横脉；后翅平衡棒状，末端曲钩 4 个；触角黑色、丝状、10 节，第 3~9 节各有 2 处收缩、膨大处各有刚毛 1 圈。腹部末端树根状突起 4 根。

卵　产于白色绵状卵囊内，椭圆形。初产时黄白色，渐呈赤黄色。

若虫　形似雌成虫，略小。各龄触角节数不同，1 龄 5 节，2 龄 6 节，3 龄 7 节。

雄蛹　预蛹圆筒形，褐色，长约 5 mm。蛹长约 4 mm，可见触角 10 节，翅芽明显。

茧　长椭圆形，白色，蜡质絮状。

生物学特性

1 年发生 1 代，大多以土中的卵囊越冬。越冬卵于翌年 2 月上旬至 3 月上旬孵化，孵化后的若虫仍停留在卵囊内，越冬后孵化的若虫耐饥、耐干燥能力极强。2 月中旬后随气温升高，若虫开始出土上树，2 月底达盛期，3 月中旬基本结束；冬季气温偏高的个别年份时，12 月即有若虫孵化，翌年 1 月下旬开始

雄成虫　　雌成虫

雄成虫触角

图 9-2　草履蚧

出土。初龄若虫行动不活泼，喜在树洞、树叉、树皮缝内或背风处等隐蔽群居，10:00~14:00 在树干的向阳面活动，顺树干爬至嫩枝、幼芽等处取食。3 月底至 4 月初第 1 次蜕皮，蜕皮前体呈暗红色、白色蜡粉增多，蜕皮后虫体增大、活动力增强，开始分泌蜡质。4 月中、下旬第 2 次蜕皮，雄若虫不再取食，潜伏于树缝、皮下或土缝、杂草等处，分泌大量蜡丝缠绕化蛹。蛹期约 10 d，4 月底至 5 月上旬羽化为成虫，雄成虫不取食、寿命约 3 d、有趋光性，白天少活动，傍晚飞行或爬至树上寻找雌虫交尾，阴天可整日活动。4 月下旬至 5 月上旬雌若虫第 3 次蜕皮后变为雌成虫，并与羽化的雄成虫交尾，5 月中旬为交尾盛期，雄虫交尾后即死去。雌虫交尾后仍需吸食危害，至 6 月中、下旬开始下树，钻入树干周围石块下、土缝等处，分泌白色绵状卵囊产卵其中；产卵期 4~6 d，产卵量与取食时间长短有关，产卵后逐渐干瘪死亡。卵囊 5~8 层，每层有卵 20~30 粒，每囊有卵 100~180 粒、最多达 261 粒；卵囊初形成时为白色，后转淡黄至土黄色，卵囊内绵质物亦由疏松到消失，所以夏季土中卵囊明显可见，到冬季则不易找到。

日本松干蚧 *Matsucoccus matsumurae*（Kuwana）

半翅目松干蚧科。国内分布于东南沿海及西南部分地区；国外分布于日本、朝鲜、韩国、美国、俄罗斯、乌克兰。危害油松、赤松、马尾松、黑松和黄松等松属植物。1942 年我国首次见于辽宁大连旅顺区的老铁山，1950 年初发现于山东崂山，后在江苏、浙江、安徽、上海、四川、贵州等地相继发现。5~15 年生松树受害最重，20~30 年生被害较轻，老龄大树和 4 年生以下的松苗亦能受害。被害松生长不良、树势衰弱、针叶枯黄、芽梢枯萎，皮层形成污烂斑点，树皮增厚硬化、卷曲翘裂；生长旺盛的幼龄树受害严重时，易发生软化垂枝和树干弯曲现象，并引起次期性病虫害，如松干枯病、切梢小蠹、象甲、天牛、吉丁等的入侵。

形态特征（图 9-3）

成虫　雌成虫卵圆形，体长 2.5~3.3 mm，橙赤或橙褐色，体分节不明显；口器退化，念珠状触角 9 节、有微毛；眼 1 对，黑色；胸足 3 对，腹部末端钝圆，有一纵裂呈倒"V"

图 9-3　日本松干蚧

形的臀裂。雄成虫胸部黑褐色，腹部淡褐色；复眼大而突出、紫黑色，无口器；线形触角10节，胸足3对；前翅发达、半透明、羽状纹明显，后翅特化成平衡棍、其端部有丝状钩刺3~7根；腹部9节，第7节背面隆起成马蹄形硬片、上生有分泌白色长蜡丝的管状腺10余个；腹部末节有一向腹面弯曲的钩状交尾器。

卵　椭圆形，长约0.24 mm，宽约0.14 mm。暗黄色。包被于卵囊中。

若虫　1龄初孵若虫长椭圆形，体长0.26~0.34 mm，橙黄色；触角6节，单眼1对、突出、紫黑色；口器发达，喙圆锥形，口针卷缩于腹内；腹末有长短尾毛各1对。1龄寄生若虫梨形或心脏形，长0.42 mm，宽0.23 mm，橙黄色；体背两侧有白色蜡条，触角、胸足等附肢明显。2龄无肢若虫触角、眼等全部消失，口器发达，虫体周围有长的白色蜡丝。3龄雄若虫体长1.5 mm、橙褐色、长椭圆形，口器退化，触角和胸足发达；外形与雌成虫相似，但腹部狭窄，腹末无倒"V"形臀裂。

雄蛹　包被于椭圆形白色小茧中，长1.8 mm。预蛹与雄若虫相似，但胸部背面隆起，具翅芽。蛹为裸蛹，长1.4~1.5 mm，头、胸淡褐色，眼紫黑色，附肢和翅灰白色。

生物学特性

1年2代，以1龄寄生若虫越冬或越夏，发生时间因南北气候而有差异。南方越冬代成虫发生期比北方提早1月余，但由于夏季长，第1代1龄寄生若虫越夏期也较长，因而第1代成虫期比北方晚出现1个月。如浙江越冬代成虫期为3月下旬至5月下旬，而山东为5月上旬至6月中旬；山东的第1代成虫期为7月下旬至10月中旬，而浙江为9月下旬至11月上旬。

3龄雄若虫经结茧、化蛹，羽化为成虫，雌若虫蜕皮后即为成虫。成虫羽化后即交尾，第2天开始产卵于轮生枝节、树皮裂缝、球果鳞片、新梢基部等处，雌虫分泌丝质包裹卵形成卵囊。单雌产卵量200余粒、多者达500粒，第1代卵期9~12 d，第2代13~21 d。孵出若虫沿树干上爬活动1~2 d后，即潜于树皮裂缝和叶腋等处固定寄生，成为寄生若虫；此时虫体很小、隐蔽，很难发现和识别，即"隐蔽期"；寄生若虫蜕皮后，触角和足等附肢全部消失，雌、雄分化，虫体迅速增大而显露于皮缝外为"显露期"，这是危害最严重的时期。2龄雄若虫蜕皮后爬行于粗糙的树皮缝、球果鳞片、树根附近分泌白色蜡丝结茧化蛹，蛹期越冬代为8~15 d，第1代5~6 d。已知捕食性天敌100多种，如异色瓢虫、蒙古光瓢虫、盲蛇蛉、松干蚧花蝽等。

吹绵蚧 *Icerya purchasi* Maskell

半翅目绵蚧科。原产澳洲，又名澳州吹绵蚧，广布于热带和暖温带地区，我国除西北外各地均有发生。在浙江黄岩危害芸香科、蔷薇科、豆科、葡萄科、木槿科、天南星科及松杉科等几十种植物，在广东主要危害木麻黄、台湾相思等造林树种。群集在树木叶背、嫩梢及枝条上危害，使受害木枝枯叶落、树势衰弱、甚至全株枯死，并排泄蜜露诱发煤污病。

吹绵蚧

形态特征(图9-4)

成虫　雌成虫橘红色，椭圆形，长4~7 mm，宽3.0~3.5 mm，触角11节，腹面扁平，背面隆起，呈龟甲状；体被白而微黄的蜡粉及絮状蜡丝；腹末白色"U"形卵囊初很小，随

图 9-4 吹绵蚧

产卵而增大,囊有隆脊线 15 条。雄成虫体小细长,橘红色,长 2.9 mm,黑色前翅长而狭、翅展 6mm,口器退化;腹部 8 节,末节具肉质状突 2 个,其上各长毛 3 根;黑色触角 10 节,各节轮生刚毛。

卵 长椭圆形,0.65 mm×0.29 mm,初橙黄、后橘红色。

若虫 初孵若虫卵圆形、橘红色,长 0.66 mm,附肢与体多毛,体被淡黄色蜡粉及蜡丝;黑色触角 6 节,足黑色。2 龄后雌雄异形,雌若虫椭圆形、深橘红色,长 1.8~2.1 mm,背面隆起、散生黑色小毛,蜡粉及蜡丝减少;雄若虫体狭长,体被薄蜡粉。3 龄雌若虫长 3.0~3.5 mm,体色暗淡,仍被少量黄白色蜡粉及蜡丝,触角 9 节,口器及足均黑色。

蛹 3 龄雄虫为预蛹,长 3.6 mm,色淡,口器退化,具附肢和翅芽。椭圆形蛹橘红色,长 2.5~4.2 mm,腹末凹入呈叉状。白色茧长椭圆形,外窥可见蛹体。

生物学特性

我国南部 1 年发生 3~4 代,长江流域 2~3 代,以若虫、成虫或卵越冬。浙江 1 年 2 代,第 1 代卵 3 月上旬始见、少数早至上年 12 月,5 月为产卵盛期,卵期 13.9~26.6 d。若虫 5 月上旬至 6 月下旬发生,若虫期 48.7~54.2 d;成虫发生于 6 月中旬至 10 月上旬,7 月中旬最盛,产卵期达 31.4 d,单雌产卵量 200~679 粒。7 月上旬至 8 月中旬为第 2 代卵期,8 月上旬最盛,卵期 9.4~10.6 d;若虫 7 月中旬至 11 月下旬发生,8~9 月最盛,若虫期 49.2~106.4 d。

初孵若虫活跃,1、2 龄向树冠外层迁移,多寄居于新梢及叶背的叶脉两旁。2 龄后,渐向大枝及主干爬行。成虫喜集居于主梢阴面、枝叉、枝条及叶片上,吸取树液并营囊产卵,不再移动。2 龄雄若虫在枝条裂缝、杂草等处结茧化蛹,雄虫数不及雌虫的 1%,因此吹绵蚧既营两性生殖,又可孤雌生殖。温暖高湿气候有利于该虫发生,过于干旱及霜冻天气对其不利;在木麻黄林内多发生在林木过密、潮湿、通风透光性差的地方。由于其若虫和成虫均分泌蜜露,常导致被害林木发生煤污病。天敌有澳洲瓢虫、大红瓢虫、红缘瓢虫等。

湿地松粉蚧 *Oracella acuta*（Lobdell）

湿地松粉蚧

半翅目粉蚧科。原产美国,1988 年随湿地松无性系繁殖材料从美国佐治亚州传入我国广东台山,到 1994 年,已扩散蔓延至广东多个县(市)后向广西、湖南、江西等地扩散。该虫的寄主植物为湿地松、火炬松和马尾松等松属植物,受害松林材积生长量较健康林减少 25%~30%,由于可忍受冬季低温,危害区有继续北扩的可能性。

形态特征（图 9-5）

成虫 雄成虫有翅或无翅,有翅型体长 0.88~1.06 mm,翅展 1.50~1.66 mm,粉红色,触角基部和复眼朱红色;中胸大、黄色,前翅白色;腹末 1 对长约 0.7 mm 的白蜡丝;

无翅型浅红色，第 2 腹节一白色质环，腹末无蜡丝。雌成虫体长 1.52～1.90 mm，浅红色，梨形；复眼半球状，口针长度为体长的 1.5 倍；触角 7 节、具有细毛，端节为基节长度的 2 倍，并具数根感觉毛；气门 2 对，胸足 3 对，体背面后端 1 对背裂唇，腹面第 3、4 腹节交界处 1 脐斑。第 8 腹节的肛环有刚毛 6 根。

　　卵　长椭圆形，0.32～0.36 mm×0.17～0.19 mm，浅黄色至红褐色。

　　若虫　圆形至梨形，体长 0.44～1.52 mm，浅黄色至粉红色，足 3 对，腹末 3 条白蜡丝，中龄若虫体被颗粒状白蜡质，高龄若虫固着生活、蜡包覆盖虫体。

　　雄蛹　体长 0.89～1.03 mm，粉红色。触角可动，复眼朱红色，足 3 对、浅黄色。头、胸、腹具 2～3 倍于体长的白蜡丝。茧白色、蜡质、绒团状。

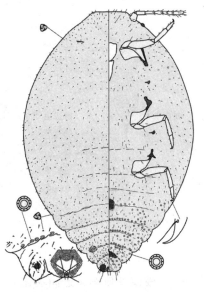

图 9-5　湿地松粉蚧雌成虫

生物学特性

　　广东 1 年 4～5 代，世代重叠，冬季发育迟缓，以初龄若虫在母体蜡包内，或以中龄若虫在针叶基部及叶鞘内度过低温期。雌成虫寄生在松针基部或叶鞘内取食，在所分泌蜡包内产卵，产卵期达 20～40 d。越冬代产卵量 213～422 粒，其他世代 52～372 粒，卵期 8～10 d。初孵若虫在蜡包内停留 2～5 d，天气适宜时爬至 2 年生梢头、嫩梢、针叶、新鲜球果上取食，并可随气流向外扩散，4 月中旬至 5 月中旬、9 月中旬至 10 月下旬为扩散高峰期，扩散距离可达 22 km。1 龄若虫期 10～13 d，2 龄若虫期 7～10 d，而后雌雄分化。雌若虫爬向嫩梢，固定于新针叶基部取食并形成蜡包。雄若虫于 2 龄末期聚集在老针叶叶鞘内或枝条、树干的裂缝等隐蔽处，虫体变长，分泌白绒团状蜡茧，并化蛹和羽化其中。成虫寿命 1～3 d。越冬代可见无翅型雄成虫。

松突圆蚧 *Hemiberlesia pitysophila* Takagi

　　半翅目盾蚧科，又名松圆盾蚧。主要分布于我国广东、福建、台湾、香港、澳门；日本。寄主为松属植物，在松树的针叶、叶鞘内、嫩梢和球果上吸食汁液，使被害处黑变、缢缩或腐烂，针叶枯黄或脱落，新抽的枝条黄变、短缩，严重时可导致全株枯死。

松突圆蚧

形态特征（图 9-6）

　　成虫　雌成虫体略呈宽梨形，淡黄色，体前端最宽，腹部第 2～4 腹节侧缘稍突出，疣状触角具刚毛 1 根，口器发达，体背于口器前在近体缘处有一个圆突，胸气门 2 对，臀板较宽。雄成虫体长约 0.78 mm，触角 10 节、各节散生数根细毛，单眼 2 对，胸足 3 对，前翅展约 1 mm。后翅棒状、棒端刚毛 1 根，腹部末端交尾器稍弯曲。雌介壳呈圆形或椭圆形隆起，直径约 2 mm，白色或浅灰黄色，被蜕皮壳 2 个；雄介壳长椭圆形，前端稍宽、后端略狭、尾端扁平，淡褐色，白色蜕皮壳 1 个、位于介壳前端中央。

　　若虫　初孵若虫椭圆形，长 0.2～0.3 mm，淡黄色。单眼 1 对，触角 4 节、端节最长，口器发达，足 3 对，臀叶 2 对，中臀叶发达、间生有长、短刚毛各 1 对。

图 9-6　松突圆蚧

生物学特性

广东 1 年 5 代，世代重叠，主要以雌蚧虫在老叶鞘内、新针叶中下部、嫩梢基部、新球果的果鳞吸食汁液危害。该蚧为卵胎生，卵产出后数分钟内即孵化，产卵前期是雌成虫大量取食和严重危害阶段。3 月中旬至 4 月中旬、6 月初至 6 月中旬、7 月底至 8 月上旬、9 月底至 11 月中旬为若虫涌散高峰期，若虫孵出涌散后即沿针叶爬动、取食，固定生活后 5~19 h 开始泌蜡，再经 2~3 d 形成圆形介壳。2 龄若虫后期雌雄分化，部分寄生在叶鞘外、球果和嫩梢上的若虫，蜡壳颜色加深、尾端伸长、体前端显眼点，发育

为预蛹、蜕皮变成蛹，进而羽化为雄成虫。另一部分虫体和蜡壳继续增大、无眼点，蜕皮后成为雌成虫。

雄成虫羽化后常在介壳内蛰伏 1~3 d，出壳后寻找雌虫多次交尾，数小时后即死亡。雌成虫交尾后 10~15 d 后产卵，产卵期 1~3 个月以上，第 1、5 代产卵量 64~78 粒，第 3 代约 39 粒。气温是影响松突圆蚧种群数量消长的主要因子，其自然传播主要靠气流。天敌有 20 余种，捕食性天敌以红点唇瓢虫为优势种，寄生性天敌以花角蚜小蜂为优势种。

突笠圆盾蚧 *Quadraspidiotus slavonicus*（Green）

半翅目盾蚧科，又名杨盾蚧、杨齿盾蚧。国内分布于陕西、甘肃、宁夏、青海、新疆、内蒙古、山西等北方地区；国外分布于中亚，伊朗、伊拉克。危害杨、柳，以箭杆杨受害最重，严重时介壳布满枝干，使树木长势衰弱、逐渐干枯。

形态特征（图 9-7）

介壳　灰白色，蜕皮黄褐色。雌介壳圆形高突，灰白色，直径 1.2~2.0 mm，壳点略偏、被白蜡壳。雄介壳鞋底形、灰白色，长 1.0 mm，宽 0.7 mm，壳点居端。

成虫　雌虫老熟时由黄褐色变为褐色，阔梨形，体壁硬化；臀叶 3 对，中臀叶大而长，各臀叶间 1 对小臀刺或缺；臀板缘密集细长背腺。雄虫淡黄色，体长 0.70~0.86 mm，丝状触角 10 节，交尾器细长。

卵　长椭圆形，淡黄色。

若虫　初孵若虫体扁长圆形，体背具对称的深点，足发达；腹末 2 根长尾毛，间生 1 对细臀刺。2 龄期若虫触角和胸足消失，雌雄分化。

图 9-7　突笠圆盾蚧

雄蛹　预蛹淡黄至黄褐色，具触角、胸足和翅芽。蛹触角和足可见分节，交尾器尖锥状。

生物学特性

新疆石河子1年1~2代，1代者以2龄若虫在寄主枝干越冬，第2代仅发育至不能越冬的1龄若虫，至翌年3月树液开始流动时越冬若虫出蛰危害。雄虫4月下旬始化蛹，5月上旬4~5 d内成虫羽化；6月初1代若虫孵化，部分发育到2龄进入休眠状态并越冬，部分发育快的于7月中旬羽化为成虫；8月上旬为2代若虫活动高峰，但该代若虫发育缓慢、不能越冬。

雌虫胎生或产卵生殖，卵期很短，单雌怀卵量14~15粒（新疆）。先孵若虫常在母体介壳尾部固定取食，后孵若虫则爬出母体寻找光滑的枝干固定取食，若虫固定1~2 d后即分泌蜡壳。第1代若虫常危害叶片，第2代仅危害枝干。

受害程度与树种有关，箭杆杨被害株率常达95%，1 cm² 树皮常有虫27头，加杨、小叶杨、合作杨、胡杨、垂柳、旱柳受害较轻，白杨派中的新疆杨、银白杨等未见受害，混交林内虫害少而轻。虫口密度与树龄、树高、树皮的粗糙、老化程度密切相关，随着树龄和树高的增加、树皮粗糙老化，该虫逐渐向树皮光滑的上部转移。寄生天敌有寡节长缨跳小蜂、斑腿花翅蚜小蜂，捕食性天敌有红点唇瓢虫、多毛原花蝽、方头甲等。

柳蛎盾蚧 *Lepidosaphes salicina* Borchsenius

半翅目盾蚧科，又名柳蛎蚧。国内分布于黄河以北各地；国外分布于东北亚。危害杨、柳、胡桃、白蜡树、忍冬、卫矛、丁香、枣、银柳、胡颓子、桦、椴、稠李、榆、蔷薇、茶藨子、红瑞木和多种果树。以若虫和雌成虫在枝、干上吸食危害，引起植株枝、干畸形和枯萎，幼树被害后常在3~5年内全株死亡，以致成片幼林枯死。

柳蛎盾蚧

形态特征（图9-8）

介壳　雌介壳牡蛎形、直或弯曲，长3.2~4.3 mm，栗褐色、边缘灰白色，被灰色蜡粉；背部突起，表面有片状横轮纹；淡褐色壳点突出于前端，第1蜕皮壳椭圆形，第2蜕皮壳小、椭圆形。雄介壳似于雌介壳、较小，壳点1个。

成虫　雌虫黄白色，长纺锤形、后端宽；体长1.45~1.80 mm，第2~4腹节两侧具叶状突，1~4腹节每侧各1硬尖齿、背侧缘具数量不等的锥状腺，臀板具臀叶2对、中臀叶大。触角粗短，先端呈锯齿状、具长毛2根。雄虫黄白色，长约1 mm，头小，眼黑色，念珠状触角10节，中胸盾片五角形，翅长0.7 mm，腹部狭，交配器长0.3 mm。

卵　椭圆形，黄白色，长0.25 mm。

介壳　雌成虫

臀板末端

臀板

图9-8　柳蛎盾蚧

若虫 1 龄若虫扁椭圆形,单眼 1 对,口器发达;触角 6 节,柄节较粗,末节细长有横纹、生有长毛;胸足发达、臀叶 2 对、中臀叶小、侧臀叶大。2 龄若虫纺锤形,板在肛门侧后方,臀叶和成虫相似,雄性常狭于雌性。

雄蛹 黄白色,长近 1 mm,口器消失,具成虫器官的雏形。

生物学特性

宁夏及辽宁沈阳 1 年 1 代,以卵在雌介壳内越冬。在宁夏翌年 5 月中旬越冬卵始孵化,5 月中、下旬为孵化盛期,孵化率常达 100%。先孵化的少数若虫固定在雌介壳下,后孵化的若虫壳沿树干、枝条向上迁移,于 1~2 d 后固定危害,6 月上旬虫体被白蜡丝,6 月中旬蜕皮进入 2 龄,若虫期 30~40 d。2 龄雌若虫于 7 月上旬蜕皮成为雌成虫,雄若虫蜕皮变为预蛹、7~10 d 后进入蛹期,7 月上旬雄成虫羽化,雌雄性比为 7.3:1。雄虫羽化后在树干上爬行寻找雌成虫交尾,以傍晚交尾最多,雌雄成虫均能多次交尾。雌成虫于 8 月初开始产卵于体下的蜡状囊膜中,虫体渐向前端收缩、卵藏于介壳下的后部,卵期长达 290~300 d。单雌产卵量 77~137 粒,卵的越冬存活率达 98% 以上。

纯林受害重于混交林,杨树重于其他树种,青杨重于黑杨,树干上部重于下部,枝条重于主干,阴面重于阳面。5 月下旬至 6 月上旬若遇大雨或暴雨,大量若虫会被冲落地面,降低虫口密度。该虫主要借助苗木远距离调运传播,天敌有龟纹瓢虫、日本方头甲、桑盾蚧黄金蚜小蜂、蒙古光瓢虫、方斑瓢虫等,以半疥螨最为重要。

日本单蜕盾蚧 *Fiorinia japonica* Kuwana

半翅目盾蚧科,又名松针蚧、日本围盾蚧。国内分布于福建、广东、四川、贵州、河南、山东、江苏、北京、陕西等地。寄主有油松、马尾松、罗汉松、樟子松、黑松、雪松、云杉、日本冷杉等。该虫在针叶上刺吸危害,受害叶初现黄色斑点,再扩大使针叶呈现黄绿相间的段斑,继而使整个针叶变黄脱落;雪松受害后常致枝条萎缩枯死。

形态特征(图 9-9)

介壳 雌第 1 壳点淡黄褐色,第 2 壳点形成长卵形隆起、黄褐或暗褐色的介壳,介壳被薄蜡层、具白蜡缘,1.0~1.5 mm×0.4~0.5 mm。雄介壳 0.8~1.0 mm×0.25 mm,白色,黄色壳点位于前端。

成虫 雌虫长卵形,0.78~0.85 mm×0.39~0.45 mm,第 3~4 腹节两侧突出,臀板淡褐色;2 对臀叶,中臀叶扼连呈拱状凹入臀板内,第 2 臀叶 2 裂、内叶大、外叶尖小。雄虫长 0.77 mm,橘红色,单眼黑色,触角和足发达,前翅透明,交尾器细长。

卵 椭圆形,长约 0.1 mm,深黄色。

若虫 卵圆形,1 龄体长 0.2~0.4 mm,浅黄色,单眼红色,触角 5 节,末节长而有螺纹。2

图 9-9 日本单蜕盾蚧

危害状
雌成虫
雌、雄介壳
臀板

龄体长约 0.7 mm。

生物学特性

北京、山东、河南 1 年 2 代，世代不整齐。以雌成虫和若虫在针叶上越冬，越冬若虫死亡率很高。翌年 4 月底至 5 月下旬产卵，单雌产卵量 10 粒。第 1 代若虫 5 月中旬至 6 月底孵化，6 月中旬为孵化盛期，初孵若虫爬行约 1d 后在两叶间针叶基部固定吸食。5 月下旬雄成虫始羽化，7 月下旬至 9 月第 2 代若虫孵化、10 月仍有个别孵出，7 月下旬至 8 月第 2 代雄成虫羽化。发生严重时几乎所有针叶遍布虫体，致使叶黄脱落，树势衰弱，易招致小蠹虫等弱寄生性害虫的危害。该蚧喜在隐蔽、潮湿的树冠内膛下部危害。

水木坚蚧 *Parthenolecanium orientalis* Borchsenius

半翅目蜡蚧科，又名扁平球坚蚧、糖槭盔蚧、东方盔蚧、东方胎球蚧等。国内分布于东北、华北、西北、华东、华南；国外分布于朝鲜。危害糖槭、白蜡树、榆、槐树、金银木、杨、柳、桑、青桐、橡树、胡桃、文冠果、杏、李、紫穗槐、树莓、合欢、玫瑰、葡萄、木槿等 100 余种双子叶植物。主要危害叶片和枝条，使其长势衰弱、叶黄而小，分泌蜜露污染招致煤菌寄生。

形态特征（图 9-10）

成虫　雌虫体红褐色、椭圆形、头盔状隆起，长 3.5~6.5 mm、宽 3.0~5.5 mm；背中央 4 纵列断续的凹陷、中间 2 列较大，背边缘横皱褶列整齐；具臀裂、肛板。雄虫体长 1.2~1.5 mm，翅展 3.0~3.5 mm，红褐色，头黑色，前翅土黄色、外缘色淡，触角丝状，腹末长蜡丝 2 根。

卵　长椭圆形，两端略尖。0.2~0.5 mm× 0.1~0.15 mm。初乳白、后黄褐色。

若虫　1 龄若虫扁椭圆形，长 0.4~0.6 mm，淡黄色，眼黑色；丝状触角 6 节，腹末白尾毛 2 根。2 龄若虫形同 1 龄，长 0.8~1.0 mm，臀裂明显。

图 9-10　水木坚蚧

雄蛹　体长 1.2~1.7 mm，暗红色，腹末交尾器"叉"字形。

生物学特性

北方 1 年 1~2 代，南方及新疆吐鲁番 1 年 3 代。以 2 龄若虫在嫩枝、树干嫩皮或树皮裂缝内越冬。日平均气温达 9.1℃时，越冬若虫开始活动，在 1~2 年生枝条固定吸食，并排出大量蜜露。雌成虫 4 月中旬至 5 月上旬产卵于母体下，产卵前向腹下分泌白色蜡粉以粘结卵粒成块，随着产卵量增多虫体渐向前皱缩，腹面向上凹陷至腹背相接、体下充满卵粒；单雌产卵 867~1 653 粒，平均为 1 260 粒。卵约 20 d 孵化，孵化若虫经 2~3 d 陆续从母壳臀裂处爬出，迁移至叶背面或嫩枝条上吸食，蜕皮发育至 2 龄后于 10 月迁到枝条皮缝等处固定越冬。在糖槭、刺槐和葡萄上发生 2 代者，在叶片寄生的若虫于 6 月中旬蜕皮为 2 龄，并迁回至嫩枝上发育为成虫，7 月中旬产卵，8 月中旬 2 代若虫盛孵，该代若虫亦爬到叶片背面危害，10 月 2 龄虫再迁回枝干皮缝等隐蔽处越冬。

水木坚蚧在东北、华北地区营孤雌生殖，在新疆的石河子地区有两性生殖，但雄虫量只是雌虫的 3.5%，大多数仍为孤雌生殖。天敌主要有黑缘红瓢虫、红点唇瓢虫、蒙古光瓢虫、寄生蜂、小黄蚂蚁、瓢虫、草蛉等。

红蜡蚧 *Ceroplastes rubens* Maskell

红蜡蚧

半翅目蜡蚧科，又名红龟蜡蚧、柑橘红蜡蚧。国内主要分布于华南、华东、华中、西南、华北；国外分布于日本、东南亚、印度、美国及大洋洲等地。危害构骨、杜英、山茶、石榴、木槿、火棘、玉兰、苏铁、月季、南天竹、栀子、石榴、柑橘、枇杷、柿等 35 科 100 余种植物。成虫和若虫密集于植物枝杆上和叶片上刺吸汁液，诱发煤污病，使植株长势衰退、树冠萎缩，甚至整株枯死。

形态特征

成虫　雌虫近椭圆状隆起，背壳顶凹，凹内常有白斑，并从凹内发出放射状的分界线，紫红色，长 1.5~5.0 mm，在针叶树上的个体较小、阔叶树上的则较大；触角 6 节，第 3 节最长，口器发达，足短小；体背厚蜡被暗红至紫红色，中部凹陷呈脐状，边缘翻卷成厚缘褶；腹面 4 条白蜡带卷至厚缘褶，头、尾和气门处在蜡带处突出，缘褶与背壳交接处具蜡芒 8 个。雄虫长椭圆形，暗紫红色，长约 1 mm；单眼 6 个，触角淡黄色、10 节。前翅白色半透明，沿翅脉常有淡紫色带纹。足细长，交尾器淡黄色。

卵　椭圆形，两端稍细，长约 0.3 mm，淡红至淡红褐色。

若虫　初孵时体扁椭圆形，淡褐或暗红色，长约 0.4 mm。触角 6 节，口器和足发达，腹末 2 根长毛。2 龄若虫体稍突起，暗红色，体被白色蜡质。雌若虫椭圆形，长约 0.9 mm；雄若虫长椭圆形，长约 1.5 mm。

生物学特性

华南 1 年 1.5~2.0 代，无明显的越冬现象；在其他地区 1 年 1 代。以受精雌成虫在枝条上越冬，翌年 4 月下旬至 5 月上旬越冬成虫开始孕卵，5 月下旬产卵(产卵习性似与水木坚蚧)，单雌产卵量 100~500 粒，卵期 2~4 d。卵孵化盛期在 6 月中旬，初孵若虫多在晴天中午爬离母体，如遇阴雨天则在母体介壳下约爬行半小时后陆续移至新梢，群集于树冠外侧新叶正面主脉和嫩枝上固着危害，但雌虫多在枝杆和叶柄上、雄虫多在叶柄和叶片上。若虫定居取食后即分泌蜡质，蜡质随着虫体逐渐长大而增厚。雌若虫 3 龄，各龄期分别为 20~25 d，23~25 d，30~35 d；雄若虫 2 龄，1 龄 20~25 d，2 龄 40~45 d；预蛹期 2~4 d，蛹期 3~5 d。8 月中、下旬成虫羽化，雄成虫寿命 1~2 d、雌成虫约 250 d，9 月上中旬以成熟雌成虫越冬。

捕食性天敌有黑缘红瓢虫，寄生性天敌主要有黑色食蚧蚜小蜂、夏威夷食蚧蚜小蜂、日本食蚧蚜小蜂、赛黄盾食蚧蚜小蜂、蜡蚧啮小蜂、双带无软鳞跳小蜂、红蜡蚧扁角跳小蜂、蜡蚧花翅跳小蜂、红帽蜡蚧扁角短尾跳小蜂、枝霉菌等，应注意保护和利用。

槐花球蚧 *Eulecanium kuwanai* (Kanda)

半翅目蜡蚧科，又名皱大球坚蜡蚧、皱大球蚧、皱球坚蚧。分布于我国北方、西北、西南；日本。危害杨、槐、柳、合欢、悬铃木、栾树、紫穗槐、榆、复叶槭、紫薇、栎类、桃、杏、苹果、紫叶李、槟子、玫瑰、山杏等，重发生区行道树受害株率高达95%~100%，受害株长势衰弱甚至死亡。

形态特征(图9-11)

成虫　雌虫体高突，半球形，光滑，红褐色，长12.5~18.0 mm，宽11.0~15.0 mm；触角7节，臀裂浅，三角形肛板2块，肛环有孔纹，肛环毛约8根；产卵前灰黑色背中带和锯齿状缘带间具8个灰黑色斑，蜡被绒毛状；产卵后体硬化、黄褐至棕褐色、无斑纹和蜡被，体为6.0 mm×6.7 mm。死体颜色暗淡，花纹消失，体壁皱缩。雄虫头黑褐色，胸腹部褐色，体长1.8~2.0 mm，腹末2条白蜡丝，触角10节，单眼5对，前翅膜质乳白色，棍棒状后翅端部2条弯钩状毛，交配器细长。

卵　长圆形，乳白色或粉红色。

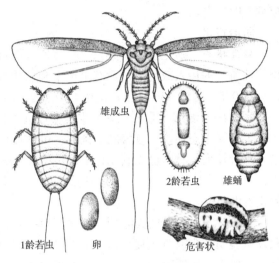

图9-11　槐花球蚧

若虫　初孵若虫椭圆形、肉红色，长0.3~0.5 mm。触角6节，足发达，臀末2根长刺毛，肛环毛6根。固定若虫扁平、草鞋形、淡黄褐色，长0.6~0.72 mm；蜡被透明。2龄若虫椭圆形、黄褐至栗褐色，长1.0~1.3 mm；被蜡龟裂状、灰白色、散布少量白蜡丝，体缘刺白色。2龄雄若虫蜡被污白色。

雄蛹　预蛹近梭形，长1.5 mm，黄褐色，具触角、足、翅芽雏形。蛹长1.7 mm，触角和足可见分节，翅芽和交配器明显。

生物学特性

宁夏、甘肃、山东1年1代，以2龄若虫固定在当年生枝条上群聚越冬，翌春继续危害。宁夏4月中旬2龄若虫雌雄分化，雌虫蜕皮为成虫；雄虫经预蛹和蛹期于5月初羽化为成虫，在光照差或高温低湿时不羽化，寿命约2 d。雌虫交配后于5月中、下旬产卵(产卵习性似于水木坚蚧)；光滑型母体产粉红色卵3 241~6 367粒、最多达9 000余粒，孵化率高；皱缩型产乳白色卵885~3 250粒，孵化率较低。5月下旬至6月中旬卵孵化。初孵若虫迁移到叶片的正反面和嫩枝上刺吸危害，10月再转移到新枝上、多固着于细枝基部的芽腋附近越冬。全年危害严重期在4月中旬至5月下旬。天敌主要有寄生若虫、蛹和雌成虫的球蚧蓝绿跳小蜂，捕食雌蚧腹下卵的北京举肢蛾，以及捕食卵和若虫的黑缘红瓢虫。

蚧类的预测预报及防治

蚧类体外有一层蜡壳，单一防治措施效果较差。应在虫情监测和测报的基础上，积极开展各种防治措施相结合的综合防治。

预测预报

调查越冬后的虫口数量作为有效虫口基数，预测下代种群的消长趋势。5月初在林间选几个有代表性的小枝，剔留 3~5 个雌虫，在小枝两端涂凡士林以防外来虫源爬入；发现样枝上有初孵若虫后，逐日统计数量，并观察天敌的作用以进行发生情况测报。6 月上旬调查叶片上的若虫数，与上年同期虫口数比较，分析种群演变规律。当种群数量足以造成危害时应防治。

防治技术

检疫措施　强化检疫措施，严禁从疫区携带有虫苗木、接穗、原木外运和引进，防止检疫性蚧类的传入或传出。对有虫苗木和植物材料，可用 6.6 g/m³、52%磷化铝片剂熏蒸 1.5~2.0 d，或 20~30 g/m³ 的溴甲烷熏蒸 24 h。

林业技术措施　采取合理密植、选育抗虫树种、营造混交林、封山育林等营林措施，可改善林区生态环境；改善肥水条件，可增加植株抗虫能力。在虫量少时，可剪去带虫枝条，虫量较大、林木已无利用价值时可清除受害株，以清除虫源。对早春有上树习性的蚧类，在树干离地约 6~100 cm 处，缠绕约 25 cm 宽的塑料薄膜带或涂 2~6 cm 宽的粘虫胶，以阻止若虫上树。

生物防治　蚧虫的天敌种类很多，对抑制蚧虫发生和危害有重要作用。因此，应在天敌发生盛期减少或避免使用农药；当天敌寄生率达 50%或羽化率达到 60%时严禁化学防治；对效果已经明确的天敌应加以保护或人工饲养释放。

化学防治　开展化学防治时掌握防治适期至关重要，幼小若蚧未形成蜡壳时是防治效果最佳期。常用的化学防治措施主要有喷雾、树干注药等。

①喷雾。若虫孵化期用 48%毒死蜱乳油 1 500 倍液、22.4%螺虫乙酯悬浮剂 4 000 倍液、2.5%高效氯氟氰菊酯乳油 1 500 倍液、或 20%噻嗪酮可湿性粉剂 1 500 倍液防治；7~10 d 再喷一次，连续 2~3 次。若虫已分泌蜡质，形成保护层时，采用 20%杀扑磷乳油和有机硅混合液(10∶1)800~1 000 倍液，进行喷雾，或用松脂合剂(配制比例为：生松香 3 份，烧碱 2 份，水 10 份)稀释 10~15 倍喷雾防治。冬春季树体休眠期喷施 3~4°Bé 的石硫合剂，杀灭越冬虫体。

②树干注药。于 5 月中下旬，树干注射甲氨基阿维菌素苯甲酸盐+吡虫啉药剂防治(1 份甲氨基阿维菌素苯甲酸盐与 2 份吡虫啉和 10 份水混合液)，注药后用黄泥或胶带堵孔。

二、蚜虫类

蚜虫属半翅目蚜总科，俗称腻虫、蜜虫。蚜虫种类繁多，世界已知约 3 000 种，主要分布于温带地区。蚜虫刺吸植物汁液，绝大多数种类是农林尤其是园林植物的重要，少数如五倍子蚜等为资源昆虫。危害常引起枝叶变色，叶卷曲皱缩或形成虫瘿，影响林木生长；还大量分泌蜜露、粘污叶面，影响正常的光合作用，常诱发煤污病的发生，使叶片变黑；一些种类是植物病毒病的传播媒介，常造成严重的间接危害。蚜虫生活周期短，发育速度快，一年可发生几代至 30 代不等，一旦气候条件适宜，常对林木造成严重危害。重要种类除下述外还有云杉大蚜 *Cinara alba* Zhang et Zhong、马尾松大蚜 *C. formosana*(Takahashi)、山核桃刻蚜 *Kurisakia sinocaryae* Zhang、桃粉大尾蚜 *Hyalopterus arundiniformis*(Ghulamullah)、竹蚜 *Melanaphis bambusae*(Fullaway)、苹果瘤蚜 *Myzus malisuctus* Matsumura、杏瘤蚜 *M. mumecola*(Matsumura)、蜀云杉球蚜 *Pineus sichuananus* Zhang 等。

(一)蚜虫的年生活史

在蚜虫的年生活史当中具有世代交替现象，即春、夏两季为孤雌生殖，秋末冬初为两性生殖。因此，不同季节和生活阶段个体的形态及其作用常有差别。

干母　由越冬卵孵化出的第1代无翅蚜均为雌性，称为干母。

干雌　干母开始进行孤雌生殖，胎生若虫，产生的有翅或无翅蚜均为雌性，称为干雌。

迁移蚜　干雌在越冬寄主上繁殖若干代后，所产生的有翅蚜，称为迁移蚜。

侨蚜　迁移蚜迁移到中间寄主后，繁殖的后代称为侨蚜。夏季高温干旱时侨蚜发育加快，4~5 d即可繁殖1代，此时由于虫口密度增大、引起食料不足，在侨蚜中出现一批能向周围扩散的有翅蚜。

性母　到秋季后由于气候和寄主营养的影响，侨蚜已不适在中间寄主存留，便又产生有翅雌蚜飞回越冬寄主，该有翅雌蚜即性母。

有性蚜　性母产下无翅雌蚜和有翅雄蚜，两性交尾后在越冬寄主上产越冬卵。

(二)蚜虫的生活周期类型

蚜虫是与寄主植物有协同进化关系的典型昆虫，对寄主具有强的倚赖特性，因而其年生活习性和年生活过程与寄主植物的季节性变化相当密切。

侨迁型　在1年中必须经过2个寄主，即春季在越冬(第1)寄主上繁殖危害，然后在中间(第2)寄主上繁殖多代，秋季又迁回原越冬寄主。越冬寄主一般是木本植物，第2寄主多是草本植物。如棉蚜夏天在棉花上，秋季、冬季和春初在花椒上。

留守型　终年只在1种或近缘种的寄主上完成生活周期，无中间寄主和迁飞现象。如苹果绵蚜、松大蚜等。

复迁型　在生活周期中有2个寄主，经过几年完成1次寄主交换过程，所以每年既有迁移蚜，也有留守蚜，如落叶松球蚜指名亚种、油松球蚜等。

(三)蚜虫与环境的关系

温湿度　蚜虫繁殖比较适宜的温度为15~22℃，相对湿度80%，因而高温干旱季节蚜虫的种群数量常很大，但大暴雨常导致蚜虫数量急剧降低。

对光的反应　蚜虫对580~600 nm的橙黄色光有趋性，因此黄色诱蚜器可用于诱集蚜虫、预测蚜虫的迁移和季节变化规律。

风　在有翅蚜迁移时期风对蚜虫迁飞和扩散起重要作用，但强大的风雨冲击可导致蚜虫种群数量的突然下降。

天敌　蚜虫的捕食性天敌有瓢虫、步甲、草蛉、食蚜蝇、螳螂等；寄生性天敌有蚜茧蜂、小蜂、细蜂等。对蚜虫种群起抑制作用的天敌主要是瓢虫，如异色瓢虫、七星瓢虫、龟纹瓢虫等。

松大蚜 *Cinara pinitabulaeformis* Zhang et Zhang

半翅目大蚜科。国内分布于华北及华南，辽宁、内蒙古、安徽等地；国外分布于欧洲，日本、朝鲜。危害红松、油松、赤松、樟子松、马尾松等。以成虫、若虫在松树干、

松大蚜

有翅成蚜

无翅成蚜

图 9-12 松大蚜

枝上刺吸危害，引起树木生长衰弱。

形态特征(图 9-12)

成蚜 体较大。触角 6 节，第 3 节最长。复眼黑色，突出于头侧。有翅孤雌蚜体长 2.8~3.0 mm，黑色，生有黑色刚毛、足上最多，腹末端稍尖，翅膜质透明，前缘黑褐色。无翅孤雌蚜体较粗壮，腹部散生黑色颗粒，被有白蜡粉，腹末端钝圆。雄成虫与无翅孤雌蚜极为相似，仅体略小，腹部稍尖。

卵 长椭圆形，1.8~2.0 mm×1.0~1.2 mm，黑色。

若蚜 与无翅成虫相似。干母胎生若虫淡棕褐色，体长 1 mm，4~5 d 后黑褐色。

生物学特性

1 年发生多代，以卵在松针上越冬。在辽宁，4 月下旬或 5 月上旬卵孵化为若虫，5 月中旬出现无翅雌成虫即干母，1 头干母能胎生 30 多头雌性若蚜，若虫长成后继续胎生繁殖，5 月中旬产生有翅胎生雌蚜(侨蚜)并进行迁移和繁殖。10 月中旬出现有翅雌、雄性蚜，性蚜交配后产卵越冬，越冬卵多 8~10 粒成行排列于松针上。若虫共 4 龄。第 1 代发育历期为 19~22 d，到 5 月由于气温升高，发育历期缩短为 16~18 d，若虫长成后，3~4 d 即可进行繁殖。5~10 月间可同时看到成蚜和各龄若蚜的群集危害。松大蚜的天敌很多，捕食性天敌主要有异色瓢虫、灰眼斑瓢虫、七星瓢虫、大灰食蚜蝇等，寄生天敌有 1 种蚜小蜂。

板栗大蚜 Lachnus tropicalis (van der Goot)

板栗大蚜

半翅目蚜科，又名栗大蚜。分布于国内各栗产区。春及初夏成虫、若虫聚集在新抽嫩梢、嫩叶上吸食汁液，此后聚集在栗苞、果梗处危害，使嫩梢枯萎、果实不能成熟、幼树生长衰弱，衰弱木常招致板栗材小蠹的寄生，造成幼林成片枯死。

形态特征

成蚜 体形肥大，长卵形，黑色或赭黑色。无翅孤雌蚜体长 3.1 mm，宽 1.8 mm，腹部第 1 节具断续横带，第 2~6 节有灰色斑，第 8 节具横带；触角有鱼鳞纹，第 3、4 节端部圆形感觉圈 2~5 个；腹管截断状，尾片末端圆形。有翅孤雌蚜体长 3.9 mm，宽 2.1 mm，与无翅孤雌蚜的区别是腹节无灰色斑，触角第 3 节圆形感觉圈 9~21 个、第 4 节 4~5 个，翅黑色，前翅 2 个透明斑。

卵 长椭圆形，长约 1.5 mm，黑色有光泽，被白色粉状物。

若蚜 初孵时体黄褐色、渐变黑色，体前部窄长、后部宽圆。有翅若蚜胸部两侧有翅芽。

生物学特性

1 年发生 10 代以上，以卵聚集排列于枝干背阴处越冬，树干近基部处常见成千上万粒密集成黑块。翌年 3 月下旬越冬卵孵化，若蚜聚集在嫩梢危害，4 月危害最重。5 月上旬有翅蚜迁飞、繁殖危害，8~9 月聚集在栗苞、果梗处危害，11 月上旬产生性蚜，交尾后集中产卵越冬。春季活动期若遇寒流可引起若蚜大量死亡，雨季气温高可致蚜群数量明显下降，暴风雨天气蚜群下降更快。

苹果绵蚜 *Eriosoma lanigerum*（Hausmann）

苹果绵蚜

半翅目瘿绵蚜科。原产北美，现已传到世界各国。自 1914 年首次传入我国山东危害，作为我国的入侵物种已有百余年历史。国内分布于辽宁、天津、河北、山东、江苏、云南、山西、河南、陕西、甘肃、新疆等地。以成蚜、若蚜密集在苹果、山荆子、花红、海棠等寄主的枝干、果实和根系处吸取汁液，使树势衰弱、树龄缩短、形成瘤状虫瘿，严重影响树木生长和花芽的分化，降低产量及品质。

形态特征（图 9-13）

有翅孤雌蚜 体椭圆形，体长 2.3~3.0 mm，被白粉，腹部长蜡丝白色。头及胸部黑色，腹部橄榄绿色，腹管、尾片、尾板、足黑色。触角 6 节，第 3 节至少约等于末端 3 节长度之和，感觉圈横带或环状。翅透明，翅脉及翅痣棕色。腹管退化为黑色环状孔。

无翅孤雌蚜 体卵圆形，长 1.7~2.2 mm，宽 0.9~1.3 mm，黄褐色至赤褐色，被棉絮状长蜡毛，体背纵列 4 条花瓣形蜡腺，棉状蜡絮堆积其上，暗红色复眼只 3 个小眼。灰黑色触角粗短、6 节，第 3 节长度超过第 2 节的 3 倍、近于末端 3 节之和，第 5、6 节等长，各生 1 个感觉圈。腹管黑色、稍隆起，馒头状尾片灰黑色、生短刚毛 1 对，尾板末端圆形。

生物学特性

该蚜在我国的年生活史为不完全型，1 年 8~16 代，以 1~2 龄若虫在树干、枝条的伤疤处、粗皮裂缝、土表下根颈部与根蘖、根瘤皱褶及不定芽中越冬，少数以成蚜、若蚜越冬。翌年当气温回升至约 8℃越冬若虫开始活动，约 11℃迁移到背光的伤口、嫩梢、叶腋、嫩芽、果实、地下根部或露出地表的根际等处吸取汁液危害，产生孤雌胎生无翅雌蚜。5~7 月上旬为繁殖盛期，11 月以若虫进入越冬状态；5~6 月有翅蚜虫量较少，8~10 月则较大，其后代即胎生有性雌雄蚜死亡率极高。虫量大时白蜡丝布满全树，枝干和根部圆滑肿瘤累累，肿瘤破裂后造成

1~3. 无翅孤雌蚜；4、5. 有翅孤雌蚜。

图 9-13 苹果绵蚜

大小、深浅不一的伤口，叶柄被害后叶早落，果实受害后易脱落，侧根受害形成肿瘤后不生须根并逐渐腐烂；近地表的根上及根蘖基部发生多，树龄大、土层薄、沙地林木受害率高。

1 月-4℃等温线是该蚜虫分布的极限。该虫自然传播能力弱，有翅孤雌蚜只能在近距

离内扩散，调运中的苗木、接穗、果实及其包装材料携带无翅孤雌蚜或 1、2 龄若虫时则造成远距离传播，因而加强检疫是防止该害虫传入新区的关键。苹果绵蚜蚜小蜂是其寄生性天敌，可以应用于生物防治。

落叶松球蚜
指名亚种

落叶松球蚜指名亚种 *Adelges laricis laricis* Vall

半翅目球蚜科。国内分布于大兴安岭、山东(泰安)、陕西、新疆(天山山脉)及四川西北部。若虫在云杉及落叶松枝干、嫩梢上吸食汁液，在枝芽处形成虫瘿，致使被害部以上枝梢枯死，影响树木生长。

形态特征(图 9-14)

干母　越冬干母幼蚜(停育若蚜)长椭圆形，被白蜡粉，竖立 6 列小蜡棒，长约 0.5 mm，棕黑至黑色。头部骨片沿中线分开，单眼生于眼板单上，触角 3 节、第 3 节最长。胸、腹部蜡片如图 9-14 所示，胸气门 2 对，但第 2~6 腹节的极不显著。前、中、后足基节具无蜡片的蜡孔群。干母成虫淡黄色，被白色厚蜡粉层。

图 9-14　落叶松球蚜指名亚种

伪干母　越冬若蚜黑褐至黑色，无蜡被，仍以第 3 触角节最长。中、后足基节有蜡孔(无骨化蜡片)，刚毛明显。头与前胸盾片中央具 1 缝，盾片具 6 列亮点。腹面各节中央各 1 对小突、上生刚毛 1 根，胸部 2 对气门，腹部气门消失。成虫棕黑色，长 1~2 mm，半球形，体背 6 纵列亮疣粒，只末端 2 节有蜡被。所产的卵分别孵为性母、侨蚜，部分卵孵化后成为停育型若虫。

性母　初孵若蚜至 2 龄无蜡被；3 龄后亮棕褐色，胸部两侧微隆；4 龄体色更淡，胸部两侧具翅芽，体背 6 纵列疣粒。成虫黄褐至褐色，腹部背面蜡片行列整齐。所产卵橘黄色，表面被蜡粉，孵化后即干母。

侨蚜　初孵若虫暗棕色，长 0.6 mm，宽 0.25 mm，无蜡被和蜡孔；单眼板独立，触角第 3 节约占全长的 2/3，头及前胸中线两侧各 1 骨片。其蜡孔处生 1 短毛，中胸向后 6 列小疣隆上各 1 短毛，第 7 腹节无侧片、第 8~9 腹节仅具缘片；2 龄具蜡被，3 龄后蜡被覆盖虫体。成虫长椭圆形，棕褐色，长 1.4 mm，宽 0.66 mm，被直径约 1.5 mm 的棉花团状蜡被,体背蜡片排列整齐。所产卵初孵化后即伪干母。

生物学特性

在黑龙江小兴安岭林区,性蚜所产受精卵8月初开始孵化,9月上旬初孵干母在云杉冬芽上越冬。翌年4月中下旬越冬干母幼蚜开始活动,虫体由黑转绿,体具蜡长丝,继而蜕皮。蜕皮后虫体迅速增大,色泽变浅,蜡被增多,再蜕皮直至成虫。6月上旬云杉冬芽萌动时在新芽基部逐渐形成虫瘿,虫瘿表面常可见暗黄褐色初孵若蚜,6月中旬后虫瘿增大、直至开裂。虫瘿小球状,长约15 mm,初为浅绿色,渐变乳白色,阳面粉红色或淡紫色,开裂前玫瑰色。

虫瘿8月初开始破裂,中旬盛裂。具翅若蚜出瘿后在附近针叶上羽化,随即飞离云杉至落叶松针叶上营孤雌产卵,单雌产卵量约30粒,卵于8月中旬孵化为伪干母,9月中旬开始在芽腋、枝条皮缝处越冬。翌年4月下旬日平均气温约达6℃时,越冬若蚜开始活动,常蜕皮3次发育为伪干母成虫。伪干母所产的卵孵化后的一部分若蚜于5月末羽化为具翅性母,迁回至云杉产卵繁殖停育型若蚜(越冬干母幼蚜);另一部分进育型若蚜,成长为无翅孤雌生殖侨蚜,在落叶松上每年可繁殖危害4~5代。

该虫多发生于郁闭度较大的林分中,但过于郁闭不利其繁衍,控制林分的郁闭度可抑制其危害。幼龄若蚜对杀虫剂敏感,早春第1代侨蚜初孵若虫阶段防治最为有利。我国东北地区,落叶松绿球蚜、落叶松梢球蚜、落叶松红瘿球蚜常与落叶松球蚜同时发生,但个体数量较少。

蚜虫的防治

蚜虫防治的关键是第1代若虫危害期及危害前期。由于蚜虫繁殖快,世代多,经常成灾的可能性大,因此,蚜虫的测报十分重要。

预测预报

越冬卵孵化期的预测预报 虫情调查应定点调查和普查相结合。定点调查时在历年蚜虫重发地选越冬卵200~300个,每1~2 d查一次孵化情况,当卵孵化率到50%~70%时,即可预报第1代若虫的药剂防治期。

发生量调查和预报 调查发生量的目的,是了解危害程度。蚜虫发生量的调查多用叶片分级法,目测分级标准为(也可根据具体情况调整):"0"表示叶片上无蚜虫;"Ⅰ"表示每叶有蚜虫20头以下;"Ⅱ"表示每叶有蚜虫20~50头;"Ⅲ"表示每叶有蚜虫50~100头;"Ⅳ"表示每叶有蚜虫100头以上。叶片有蚜率在30%左右时即需进行防治。

防治技术

蚜虫的防治,应重视早期即种群增殖期的防治,控制无翅胎生雌蚜,减少有翅迁飞蚜的数量。

林业技术措施 加强抚育管理,冬季剪除有卵枝叶,集中刮除枝干上的越冬卵。

保护和利用天敌 避免在天敌羽化期、寄生率达到50%的情况下使用农药。

化学防治 在危害期可选用生物源制剂,如用2.5%鱼藤酮乳油、25%硫酸烟碱乳油800倍液喷雾,或用0.3%苦参碱水剂、0.3%印楝素乳油1 000倍液喷雾防治,也可用10%

吡虫啉可湿性粉剂3 000倍液、20%氰戊菊酯乳油3 000倍液或25%噻嗪酮悬浮剂1 200倍液或10%氟啶虫酰胺水分散粒剂3 000倍液等化学药剂喷雾防治，也可用10%吡虫啉乳油5~10倍液树干注射防治。

三、木虱、蝉、蝽类

木虱科Psyllidae害虫刺吸树木汁液，使枝、干、叶枯萎，树势衰弱，许多种类还分泌白色蜡质物，污染叶片，影响光合作用，并招致煤污病发生，也传播多种植物病害。

除下述种类外，重要种类还有梧桐木虱、枸杞木虱 *Paratrioza sinica* Yang et Li、梨木虱、黑蚱蝉、小绿叶蝉 *Edwardsiana flavescens* (Fabricius)、葡萄斑叶蝉 *Arborida apicalis* (Nawa)、麻皮蝽、小皱蝽 *Cyclopelta parva* Distant、硕蝽 *Eurostus validus* Dallas、淡娇异蝽 *Urostylis yangi* Maa、长角岗缘蝽 *Gonocerus longicornis* Hsiao、悬铃木方翅网蝽 *Corythucha ciliate* Say等。

沙枣后个木虱 *Metatriozidus magnisetosus*（Loginova）

沙枣后个木虱

又名沙枣木虱，国内分布于陕西、甘肃、宁夏、青海、新疆及内蒙古。主要危害沙枣，但在越冬前可迁入果园危害花红、梨、李、枣或杨柳属等。沙枣被害后，梢叶卷曲干枯，当卷叶率达50%以上时，全部嫩梢和叶片即枯萎，不能形成花蕾。

形态特征（图9-15）

成虫 雌虫体长2.6~3.5 mm，雄虫体长2.2~3.0 mm，初羽化时草绿色，后黄绿或麻褐色。头浅黄色，颊锥三角形突出并稀具长毛；触角丝状，浅黄色，末端2节黑色，触角端部具黑色叉状刚毛2根。复眼灰褐色，大而突出，单眼鲜红色。胸背隆起，前胸背板弧形，前后缘黑褐色，中央具橘黄色纵带2条。中胸背板长：

成虫 　　　　若虫

图9-15　沙枣后个木虱

宽=2：1，具4条黄色纵带。后胸腹板近后缘中央1对小锥突；足浅黄色，爪黑色。腹部腹面黄白色，背面各节纵纹褐色。雌虫腹末急缩，弯向背前方的背产卵瓣尖出；雄虫腹部近末端处收缩，端部数节膨大并弯向背面。

卵 略呈纺锤形，约0.3 mm×0.1 mm，光滑透明，端部稍尖，有短附属丝1根。

若虫 体长2.0~3.4 mm，扁椭圆形。初孵化白色、后淡绿色，老熟时灰绿色，复眼红色。体和翅芽密被刚毛。

生物学特性

1年1代，以成虫在树上卷叶内、老树皮下、地面杂物内越冬。翌年3月气温达5℃以上时越冬成虫活动取食，4月上旬沙枣萌芽时至6月上旬密集产卵于树芽和叶片上，4月下旬为产卵盛期，卵期8~30 d。卵的孵化期与沙枣嫩叶萌发期一致，5月上旬若虫孵出，中旬沙枣大量发叶时为若虫孵出盛期，但6月中旬仍可见初孵若虫。若虫共5龄，历期30~50 d。6月中旬成虫羽化，6月底7月初成虫羽化盛期，10月底至11月初即以成虫越冬。

初孵若虫群集嫩梢叶背取食，使局部叶片组织畸变呈筒状弯背卷，若虫则在卷叶内取食、分泌白色蜡质，虫口密度大时白蜡散落遍地。至 3~4 龄叶片卷曲更烈，嫩梢亦开始弯曲，6 月中旬后卷叶逐渐脱落。5 龄若虫因食料不足常从卷叶内爬出，整齐排列于叶背和枝梢上猖獗吸食。成虫羽化后半小时即跳跃、取食危害，白天多栖于叶背，傍晚跳跃迁移，天黑后渐停止活动。成虫寿命很长，几乎常年可见，并有向密林迁移聚集习性，树冠中、下层多于上层。当气温降至 0℃ 以下时即进入越冬场所。天敌有蜘蛛、啮小蜂、二星瓢虫等。

大青叶蝉 *Cicadella viridis*（L.）

大青叶蝉

又称青叶跳蝉。广泛分布于世界各国，我国各地均有分布。危害杨、柳、槐、榆、桑、枣、竹、臭椿、胡桃、圆柏、梧桐、构树、沙枣、桃、李、苹果、梨等多种林木，以及农作物和花卉。以成虫、若虫刺吸植物汁液，产卵时造成机械损伤，对幼树和苗木损害较大。

形态特征（图 9-16）

成虫　雌虫体长 9.4~10.1 mm，雄虫体长 7.2~8.3 mm，头部颜面淡褐，两颊微青，颊区近唇基缝处左右各 1 小黑斑，两单眼间 1 对黑斑，复眼绿色。前胸背板淡黄绿色，其后半部深青绿色；小盾片淡黄绿色，中央横刻痕短而不达边缘。前翅青蓝绿色，前缘淡白，端部透明，脉青黄色，具淡黑色窄边。后翅烟黑色，半透明。腹部背面蓝黑色，两侧及末节灰黄色。胸、腹面及足橙黄色，跗爪及后足胫节内侧细条纹、刺列的每刺的基部黑色。

卵　长椭圆形，1.6 mm×0.4 mm，白色微黄，中间微弯，一端稍细，表面光滑。

若虫　初孵化时灰白色微带黄绿，头大腹小，复眼红色。2 龄色略深、头冠部 2 黑斑，3 龄后出现翅芽。老熟若虫体长 6~7 mm，头冠部 2 黑斑，胸背及两侧 4 条褐色纵纹直达腹端。

卵块

若虫

成虫

图 9-16　大青叶蝉

生物学特性

甘肃、新疆、内蒙古 1 年 2 代。各代发生期为 4 月下旬至 7 月中旬、6 月中旬至 11 月上旬。河北以南各地 1 年 3 代，各代发生期为 4 月上旬至 7 月上旬、6 月上旬至 8 月中旬、7 月中旬至 11 月中旬。均以卵在树木枝条皮层内越冬。

初孵若虫喜聚集取食，寄主叶面或嫩茎上常见 10~20 头若虫群聚危害，受惊后由叶面斜行或横行向叶背逃避，或跳跃而逃。若虫孵出 3 d 后大多由原来产卵寄主植物上转移到矮小的寄主（如禾本科植物）上危害。成虫遇惊如同若虫一样或跃足振翅而飞，趋光性很强，喜集中在潮湿背风、生长茂密、嫩绿多汁的寄主上昼夜刺吸危害，经 1 个多月的补充营养后才交尾产卵。

雌虫交尾后 1 d 即可产卵。产卵刻痕月牙形、卵块成排分布于表皮下，每次产卵 2~15 粒，单雌产卵量 3~10 块，夏、秋季卵期 9~15 d、越冬期达 5 个月以上。夏季卵多产于禾本科植物的茎秆和叶鞘上,越冬卵则产于木本寄主苗木、幼树及树木 3 年生以下的第 1 轮侧枝上,以直径 1.5~5.0 cm 枝条着卵密度最大,着卵枝条常在冬季枯死。天敌有螳螂、蜘蛛、小枕异绒螨、华姬猎蝽、2 种卵寄生蜂及 1 种瘿蚊。

梨冠网蝽 *Stephanitis nashi* Esaki et Takeya

梨冠网蝽

又名梨网蝽、梨军配虫。广泛分布于梨、苹果产区。危害梨、苹果、海棠、花红、桃、李、杏等。以成虫、若虫在叶背刺吸汁液,使叶片出现失绿斑点,严重时叶苍白甚至早落。虫体分泌和排泄的黑点状物,使叶背呈黑褐色,常招致煤污病发生。

图 9-17 梨冠网蝽

形态特征(图 9-17)

成虫 体长 3.5 mm,宽约 1.2 mm,黑褐色。前胸两侧呈扇状扩张并具网状花纹,前翅平覆、布满网状花纹,静止时翅上的花纹构成一“X”形斑纹。腹部金黄色,具黑斑。足黄褐色。

卵 产于叶肉内,仅在下表皮上留一用胶质封闭的圆形孔口。卵长椭圆形,长约 0.6 mm,黄褐色,向孔口的一端稍弯曲。

若虫 与成虫相似,5 龄,第 5 龄头、胸、腹侧缘有淡色刺突。

生物学特性

陕西关中 1 年 4 代,以成虫在杂草、落叶、土块下及树皮裂缝、翘皮下越冬。翌年 4 月上旬越冬成虫开始活动,4 月下旬为活动盛期。成虫出蛰后不久即交尾产卵,5 月中旬为第 1 代卵孵化盛期,6 月初孵化末期。以后出现世代重叠现象,危害至 9 月上、中旬以成虫越冬。

成虫在叶背活动取食,卵数粒至数十粒相邻产于主脉两侧叶肉内,单雌产卵量 15~60 粒,卵期约 15 d。初孵若虫群集,不善活动;2 龄后渐扩散,喜聚集于叶背主脉附近。被害处叶面出现黄白色斑点,随着不断地取食,斑点也随之扩大,同时叶背和下部的叶片常落有黑褐色黏性分泌物和排泄物。1 年中以 7~8 月危害最重。

可可盲蝽 *Helopeltis fasciaticollis* Poppius

可可盲蝽

又名茶角盲蝽。国内分布于广东、广西、海南、台湾等地。危害可可、咖啡、腰果、茶树、油梨、杧果、鸡蛋果、番石榴以及园林花卉等。成虫、若虫刺吸寄主幼嫩组织汁液,使被害后的嫩梢或幼果凋萎、皱缩、干枯,严重时被害果园呈火烧状,果实被害后表面出现黑褐色斑块、硬疤。

形态特征(图 9-18)

成虫 体长 5.0~7.9 mm,羽化初黄绿、后黄、再黄褐色,斑点黑褐色。复眼突出,触角细长 4 节、长度为体长的 2 倍,中胸小盾片后缘具竖状突略向后弯曲、其端部棒状。翅半透明,足黄褐色,散生黑褐色斑点。雌虫前胸背板橙黄色,后缘斑点三角形,雄虫前胸背板全黑色。

图 9-18　可可盲蝽

卵　初产时乳白色、后黄至黄褐色。长圆筒形略弯，卵盖的两侧附长短不一的 2 根丝状物。

若虫　共 5 龄。1 龄乳白色，体长约 1 mm，无翅芽。2 龄体长 2.0~2.3 mm，翅芽微露。3 龄体长约 2.8 mm，翅芽显露。4 龄体长 3~4 mm，翅芽达腹部第 1 节。5 龄体长 4~5 mm，翅芽达腹部第 4 节。

生物学特性

海南 1 年 10~12 代，世代重叠，无越冬现象；台湾 1 年 4~8 代，4~5 月虫口密度最大，以成虫越冬。冬季气温低于 18℃ 时，活动和取食少，喜隐蔽于温暖向阳处，反之则活跃。该虫畏光，白天阳光直射时转移至下层叶片背面，阴雨天仍活动和取食；成虫和若虫主要取食幼嫩组织内汁液，老化叶片及枝条不受害。口针刺入寄主组织 3~5 s 后周围显半透明水渍状近圆斑，随取食时间延长斑点也随之扩大；每取食一次需 1~3 min，1~5 龄及产卵前期和产卵期日均取食 81 次、104 次、178 次、266 次、281 次、299 次和 175 次；每头在 24 h 内可危害 2~3 个嫩梢，14:00 至翌日 9:00 前为取食活跃期。

成虫羽化后 3~4 d 交尾，24 h 内雄虫可交尾 2~4 次、雌虫只 1 次，交尾时间 40 min 至 3.5 h，多数约 60 min，寿命 28~40 d；产卵前期 5~8 d，主要在夜间产卵，产卵处表面具 2 根白丝，单雌产卵量 32~139 粒；气温在 26.4℃ 时卵的历期 5~9 d，多数 7 d。5 月气温 26℃、相对湿度 88.8% 时完成 1 个代需 25.5 d，但 12 月气温 19.7℃、相对湿度 87% 时完成 1 个代需 40 d。

竹卵圆蝽 *Hippotiscus dorsalis*（Stål）

竹卵圆蝽

国内分布于浙江、江西、福建；国外分布于印度等。以成虫、若虫在竹类枝梢、竹秆上刺吸危害，影响下年度出笋及竹材质量，严重危害时使被害竹枯死。

形态特征（图 9-19）

成虫　体卵圆形，长 14~16 mm、宽 7~8 mm，黄褐色，密布黑刻点及白粉。单眼红色，头钝三角形，中叶短于侧叶。触角 5 节、黄褐或黑褐色，第 5 节基半部黄白色。前胸

图 9-19　竹卵圆蝽

背板向后隆起、侧缘弓形，其前侧缘及前翅外缘基部黑色，近前缘 2 黄色月牙形斑；小盾片基缘 1 黄色横线，两基角处各 1 小黄色斑，末端 1 黄白色月牙形斑。翅膜片淡褐色，气门黑色。

卵　桶形，高 1.4 mm，直径 0.9~1.1 mm，黄白色。近孵化前卵盖一侧见三角形黑线、并被 1 黑垂线分割，两底角下方各 1 个椭圆形红点。

若虫　老熟若虫体长 9.5~14.0 mm，黄棕或青褐色，体两侧除边缘外深黑色。触角 4 节，灰黑色。前、中胸侧缘及翅芽黑色，翅芽及腹背形成"V"形黑斑。其余特征同成虫。

生物学特性

1 年 1 代，以 4 龄、少数以 3 龄若虫于地面落叶下越冬。在浙江翌年 4 月上中旬活动，晴天上午多选择 3 年生以上的老龄竹秆上爬至小枝节取食，故老龄竹被害重。遇气温下降、起风落雨则跌落地面隐蔽于落叶下，天气转好后再上爬取食；被害小枝节枯死后渐群集转至大枝及竹秆危害。若虫 5 龄，5 月下旬至 6 月上旬老熟羽化，上午羽化多，晚上次之。

成虫有假死性，群集于竹节处取食，10 d 后交尾，雌雄均可多次交尾。6 月中旬至 7 月中旬成虫产卵，8 月底卵终见。单雌产卵量 30~60 粒，卵块多分布于新竹叶背及竹秆上，每块卵 8~28 粒(少者 1~2 粒)、呈 2 行排列。卵经 4~7 d 孵化，7 月上旬出现若虫，初孵若虫围集在卵壳四周，2~6 d 后蜕皮为 2 龄、再爬至小枝节或枝叉交界处取食，3 龄可转到竹秆节下取食，11 月下竹越冬。天敌主要有黑卵蜂，8 月上旬卵的被寄生率高达 76.50%。

木虱、蝉、蜡类的防治

对上述几类刺吸式害虫，要根据种类有针对性地采取有效措施防治，但应以营林技术措施防治为基础，加强检疫，做好虫情测报工作，积极创造有利于林木生长而不利于害虫发生的条件，充分发挥天敌的控制作用。

林业技术措施　选择(育)抗虫品种，合理营造混交林；调整栽植密度，科学整形修剪，改善树冠通风透光条件(台湾角盲蜡等)；冬季清除林内枯枝落叶和杂草，消除虫源(蜡、蝉、木虱等)；及时砍除竹林中的衰老竹、濒死竹和倒伏竹(卵圆蜡)，集中剪除有卵枝条及若虫群集的嫩枝，以清除虫源。

化学防治　在防治关键期选择安全、无公害、有效的农药进行防治。在农药选择上，应尽量选择植物源、特异性、生物制剂杀虫剂，如 1.2% 苦参碱烟碱乳油、30% 松脂酸钠水乳剂 800~1 000 倍液喷洒，噻嗪酮有效成分 40 g/hm^2、20% 氰戊菊酯乳油 5 000 倍液(木虱、网蜡、蜡)、2.5% 溴氰菊酯乳油 2 500 倍液(叶蝉)等。

四、蛾类

危害树木枝梢的蛾类主要以幼虫蛀食枝条及嫩梢，造成枝梢畸形、枯死、生长衰弱、干形不良，主干分叉或多梢，某些种类也可以蛀入果实危害。除下述种类外，重要蛾类还包括分布于西北地区的云杉梢斑螟和柠条坚荚斑螟 *Asclerobia sinensis* Caradja，分布于浙江、四川、福建等地的柳杉长卷蛾，分布于华北和东北的松实小卷蛾等。

微红梢斑螟 *Dioryctria rubella* **Hampson**

微红梢斑螟

又名松梢螟。国内分布于东北、华北、西北、西南、南方；国外分布于东北亚、欧洲。幼虫蛀害松类主梢，在韧皮部及边材上蛀道，使侧梢丛生、树冠畸形；被害木当年材积增长减少60%，如连年受害则减少更多。幼虫也危害球果。

形态特征(图9-20)

成虫　雌蛾体长10~16 mm，翅展26~30 mm，灰褐色，雄蛾略小，触角丝状。前翅灰褐色，灰白色波状横带3条，中室1灰白色肾形斑，后缘近内横线内侧1黄斑，外缘黑色；径脉分4支，R_3、R_4基部合并。后翅灰白色，M_2、M_3共柄。足黑褐色。

卵　椭圆形，长约0.8 mm，一端尖，黄白色，有光泽，将孵化时樱红色。

图9-20　微红梢斑螟

幼虫　老熟幼虫体长约20.6 mm，淡褐色、少数淡绿色。头、前胸背板褐色，中、后胸及腹部各节有生短刚毛的褐色毛片4对，中胸及第8腹节背面的褐色毛片中部透明。腹足趾钩双序环式，臀足趾钩双序缺环。幼虫5龄，各龄幼虫头宽分别为0.3 mm、0.6 mm、1.1 mm、1.7 mm、2.0 mm，体长分别为2.8 mm、6.4 mm、12.7 mm、17.9 mm、20.6 mm。

蛹　长11~15 mm，宽3 mm，黄褐色，羽化前黑褐色；腹部末节背面横纹粗糙，末端深色狭横骨条1块、上生3对钩状臀棘(中央的1对较长)。

生物学特性

吉林1年1代，辽宁、北京、河南、陕西1年2代，南京1年2~3代，广西1年3代，均以幼虫在被害枯梢及球果中越冬，部分幼虫在枝干伤口皮下越冬。南京生活史极不整齐、世代重叠，越冬代成虫见于5月中旬至7月中旬，第1代8月初至9月下旬，第2代9月中旬至10月下旬。越冬幼虫于3月底4月初在被害梢内继续下蛀至2年生枝条内、并发育至老熟幼虫。老熟幼虫化蛹于被害梢蛀道的蛹室结丝茧化蛹，羽化孔由丝缀连的木屑封闭，2 d后化蛹，蛹期约15 d，羽化率达90%以上。成虫羽化后白天静伏于梢头的针叶基部，19:00~21:00飞行，有趋光性，并需补充营养。单雌怀卵量16~88粒，卵散产于被害梢已枯黄针叶的凹槽处、每梢有卵1~2粒，少部分产卵于被害球果鳞脐处或树皮伤口处。成虫寿命3~4 d，卵期约6 d，卵孵化率约81%。

初孵幼虫迅速爬至被害枯梢的旧蛀道内取食碎屑、粪便等；3~4 d后蜕皮进入2龄、爬出旧蛀道、吐丝下垂随风飘荡，常爬行于主梢、侧梢或球果危害，在危害部位形成约0.8 cm²凝有松脂的疤痕，大多从直径0.8~1.0 cm嫩梢的中部蛀入髓心，蛀口外及蛀道中有大量蛀屑及粪便堆积，新梢被蛀后钩状弯曲，3龄幼虫约47%迁移危害、因而无虫梢率约48%。部分地区幼虫蛀食幼干韧皮部及边材、坑道与天牛幼虫相似，部分地区华山松枝杈轮生处常被穿蛀成有排粪孔的肿疣。国外松及郁闭度小、4~9年生生长不良的幼林受害比重，火炬松受害最重。天敌主要有寄生于幼虫的长距茧蜂，寄生于蛹的广大腿小蜂等。

赤松梢斑螟 *Dioryctria sylvestrella* **Ratzeburg**

赤松梢斑螟

国内分布于黑龙江、辽宁、河北、江苏；国外分布于意大利、芬兰、日本。幼虫钻蛀红松、赤松球果及幼树梢头轮生枝的基部，致使被害部以上梢头枯死、侧枝代替主梢、形成分叉；危害主梢顶芽基部，致顶芽枯死，不能抽生新梢，严重影响其正常生长。

形态特征(图9-21)

成虫　体长15 mm，翅展28 mm，丝状触角密生褐色短小茸毛。银灰色前翅具黑白相

图9-21　赤松梢斑螟

间的鳞片，亚基线和内横线白色、其后缘基部相连，中横线和外横线白色波纹状，白色肾形斑斜后方在靠外横线处有一白色鳞片区，黑色外缘线内侧密覆白色鳞片，缘毛灰色。后翅灰白色，腹部背面灰褐色。足黑色，被黑白相间的鳞片。

卵　椭圆形，长约0.7 mm，暗红色。

幼虫　体长21 mm，头宽1.2 mm。淡灰褐色或灰黑色。头暗棕色，胸、腹部蜡黄而亮、生长刚毛1圈；前胸背板黑亮，背中线灰白，前胸气门前毛片刚毛2根，每节黑色毛瘤3对，近背中线的4个毛瘤上各生刚毛1根，气门线下的毛瘤生前短、后长的刚毛2根。腹足趾钩2序环式。

蛹　长椭圆形，长15 mm，宽3 mm。黄褐色，腹末臀棘6根。

生物学特性

黑龙江1年1代，以幼虫越冬。4月开始活动，5月下旬幼虫老熟开始化蛹，6月中旬到7月上旬成虫羽化，6月下旬为产卵盛期，7月上旬幼虫孵化，危害至10月越冬。

4月气温上升，幼虫始危害嫩梢基部的轮生枝干及球果，蛀害干部时均从各种伤口侵入，使被害部流脂形成瘤苞；危害球果者从球果中、下部蛀入，被害部具透明松脂和褐色虫粪。5月下旬老熟幼虫啃食枝梢木质部，咬筑蛹室及其上方的羽化孔，吐丝黏结木屑封闭羽化孔，结丝茧化蛹，预蛹期1 d，蛹期17 d。6月中旬成虫开始羽化，羽化期约20 d，6月下旬为交尾、产卵盛期。7月幼虫危害，7月底、8月上旬天热少雨时受害球果大量流脂，约74%幼虫被松脂粘死；如连续几次降雨，则停止排脂，球果被害重。10月气温下降，幼虫在瘤苞下方结茧越冬。

该虫喜光，在郁闭度0.7的阔叶树下营造的红松幼林多不被害；郁闭度在0.3时造林，红松幼林被害株率0.1%；透光度加大时受害加重，全透光时被害株率达45%。

竹笋禾夜蛾 *Bambusiphila vulgaris* **（Butler）**

竹笋禾夜蛾

又名竹笋叶蛾、笋蛀虫，异名 *Atrachea vutgaris* Butler。国内分布于秦岭淮河以南、西南；国外分布于日本。幼虫蛀害竹笋，引起退笋或竹株畸形，少数成竹者也断头折梢，虫孔累累，心腐质脆。

形态特征（图9-22）

成虫　雌虫体长 17~21 mm，翅展 36~44 mm；雄虫体长 14~19 mm，翅展 32~40 mm。体灰褐色，触角丝状、灰黄色，复眼黑褐色，下唇须向上翘；足深灰色，跗节各节末端 1 个淡黄色环。雌虫翅褐色，缘毛锯齿状，外缘线黑色，外缘线内 7~8 个黑点成列；亚外缘线、楔状纹与外缘线在顶角处组成灰黄色斑；翅基深褐色，后翅灰褐色。雄虫翅灰白色，外缘线由7~8个黑点组成。顶角倒三角形斑深褐色、肾状纹淡黄色。

成虫　　　　　　　蛹

幼虫　　　　　卵

图 9-22　竹笋禾夜蛾

卵　近圆球形，长 0.8 mm，乳白色。

幼虫　初孵幼虫体长 1.6 mm，淡紫褐色。老熟幼虫体长 36~50 mm，头橙红色，体紫褐色；白色背线很细、亚背线较宽，前胸背板及臀板黑色、橙红色纵线较宽，臀板前方背线两侧各 3 个小黑斑、近背线的 2 个斑大。

蛹　长 14~24 mm，初化蛹翠绿色，后为红褐色，臀棘 4 根、中间 2 根粗长。

生物学特性

1 年 1 代，以卵越冬。浙江 1 月底 2 月初卵始孵化，四川 1 月上、中旬孵化，幼虫 6 龄。初孵幼虫取食禾本科、莎草科植物，蜕皮 2~3 次后隐于其根部停止发育。4 月上、中旬竹笋出土时幼虫爬上竹笋，从其顶端小叶处蛀入取食、蛀孔圆形，蜕皮 1 次后下爬至笋撑最嫩处蛀入笋内纵横取食危害；随竹笋生长，幼虫咬穿竹笋节隔、上爬取食幼嫩部分。1 株毛竹笋中常有幼虫 2~3 条、多者达 22 条，3 条幼虫即可致死竹笋。老熟幼虫从笋侧咬 1 个直径 5 mm 的圆孔爬出，坠落地面，在疏松土中筑蛹室或将地面枯叶、松土黏结成茧化蛹。预蛹期 10~15 d，蛹期 19~29 d。

成虫羽化多集中在 19:00~22:00，成虫羽化后白天静伏于林间杂草、落叶下，夜晚活动，有趋光性，21:00~24:00 扑灯量占 75%，当晚或翌日晚交尾，雄成虫有多次交尾现象。交尾后当晚或翌日晚产卵于枯死草叶边缘，草叶枯死自然卷曲后卷包卵块；产卵期 4~6 d，第 1、2 天产卵最多，约占 50%，产卵 9~30 次，每次产卵 8~48 粒，单雌产卵量 112~525 粒。雄成虫寿命 3~8 d、雌成虫 5~13 d。林地禾本科及莎草科杂草多、竹笋受害严重，反之受害轻或不被害。捕食性天敌有蜘蛛、蚂蚁、蜈蚣，寄生性天敌有变异温寄蝇、绒茧蜂。

咖啡豹蠹蛾 *Zeuzera coffeae* Nietner

国内分布于华中、东南沿海、西南、华南等地。危害刺槐、悬铃木、胡桃、水杉、乌桕、咖啡、枫杨、黄檀、柑橘、板栗、马褂木、越橘等多种植物。幼虫可先环绕枝条蛀食

咖啡豹蠹蛾

一圈，再向上蛀食，严重发生时大枝枯死或树冠出现大量枯梢。

形态特征(图 9-23)

成虫 体长 11~20 mm，翅展 30~46 mm。体灰白色，具青蓝色斑点；雌蛾触角丝状，雄蛾触角基半部羽毛状、端半部丝状。胸部背面 3 对青蓝色斑点，灰白色翅面散生大小不等的青蓝色斑点，胸足胫节及跗节被青蓝色鳞片。腹部第 3~7 腹节背面及侧面各 5 个青蓝色毛斑，第 8 腹节背面几乎全为青蓝色。

成虫   蛹

幼虫

图 9-23 咖啡豹蠹蛾

卵 椭圆形，0.9 mm×0.6 mm，表面无饰纹。淡黄色，孵化前为紫黑色。

幼虫 初孵幼虫紫黑色。老熟幼虫暗紫红色，体长约 30 mm；前胸背板黑色，后缘 1 排锯齿状小刺；中胸至腹部各节均横列黑褐色小粒突。

蛹 体长 14~27 mm，褐色。头端 1 尖突，腹部第 3~9 节有小刺列，末端 6 对臀棘。

生物学特性

河南和江苏北部 1 年 1 代，江西和云南 1 年 2 代，以幼虫在被害枯枝的虫道内越冬。在河南和江苏，越冬幼虫 3 月中旬开始取食，4 月中旬后化蛹，5 月中旬至 7 月上旬成虫羽化、产卵，卵期 9~27 d。幼虫可多次转枝危害，10 月下旬至 11 月初吐丝缀合虫粪和木屑封闭虫道两端后越冬。在云南，越冬代和第 1 代成虫分别于 4~6 月和 8~10 月交尾产卵，5~7 月和 9~11 月为幼虫蛀害枝条的高峰期。

雌虫羽化后白天静伏，夜晚活动并产卵，趋光性较弱。在云南澳洲坚果上卵常产于苗木、幼树嫩梢或腋芽处，卵多聚集成块或链条状；在其他寄主上卵多单粒散产，罕呈块状分布于树皮裂缝、伤口、旧虫孔、新抽嫩梢或芽腋处。初孵幼虫取食卵壳 2~3 d 后扩散蛀食，幼虫自刺槐复叶总柄中部叶腋处蛀入，或多从石榴等植物嫩梢端部的腋芽处蛀入。转枝危害时在蛀入孔附近皮层内侧环蛀 1 周，使蛀入孔以上枝条枯死后再向上蛀害，随虫龄增大、转移危害的枝条更粗大。老熟幼虫吐丝缀合木屑堵塞蛀道两端成蛹室化蛹，羽化孔下通气孔直径约 2 mm。捕食性天敌有蚂蚁。小茧蜂对幼虫的寄生率为 9.1%~16.8%，串珠镰刀菌的寄生率为 16.6%~29.5%，在云南斑痣悬茧蜂的寄生率可达 55.3%。

油茶织蛾 *Casmara patrona* Meyrick

又名油茶蛀蛾、油茶茶枝蠖蛾。国内分布于秦岭以南、西南油茶与茶叶产区；国外分布于日本、印度。以幼虫蛀食油茶及茶树枝条，使被害枝中空、凋萎、枯死，株被害率 30%~40%。

油茶织蛾

形态特征(图 9-24)

成虫 体长 12~20 mm，翅展 32~42 mm，灰褐色。下唇须镰刀形上弯并超过头顶，第 2 节粗，第 3 节细尖、黑色。前翅黑褐色，前翅沿前缘基部 2/5 至顶角处 1 条土红色带。翅面土黄色大斑杂生 3 条灰白色带，基部竖鳞 3 丛、中区白纹处 3 丛，后翅灰黄褐色。

足、腹部褐色。

卵　扁圆形，长 1.1 mm，赭色。卵壳有花纹，略凹的中部具 7 行鱼鳞状小坑。

幼虫　末龄体长 25~30 mm，乳黄白色。头部、前胸背板黄褐色，前胸与中胸背板之间 1 乳白色肉瘤。腹末 2 节黑褐色，趾钩三序缺环。

蛹　体长 16~24 mm，黄褐色，腹部末节腹面 1 对小凸起。

图 9-24　油茶织蛾

生物学特性

1 年 1 代，以幼虫在被害枝干内越冬。翌年 3~4 月开始化蛹，4~5 月为化蛹盛期；5~6 月为成虫羽化盛期，6 月中、下旬幼虫大量发生。卵期 10~23 d，蛹期约 1 个月，成虫寿命 4~10 d。成虫夜间活动，有趋光性，卵散产于嫩梢上，以顶端 2、3 片叶的节间居多，每处产 1 粒，单雌产卵量 30~50 粒。幼虫孵化后自叶腋蛀入嫩梢，而后由上而下蛀食木质部，每隔一定距离于枝上的背阴面咬 1 圆形排泄孔，在排泄孔下方可见黄棕色颗粒状粪便。蛀食 40~50 d 后，20~40 cm 长的顶梢全部枯死。如果被害枝下方的排泄孔稍大而呈椭圆形、外部被丝结封闭，则幼虫已化蛹。

蛾类的防治

对危害枝梢的蛾类害虫，应适地适树，营造混交林，合理密植，加强幼林管理，避免乱砍滥伐，以创造适于树木生长而不利于蛀梢蛾类发生的环境；禁牧，修枝时留桩短，切口平，减少枝干伤口，以防止成虫在伤口产卵。对局部发生的蛾类害虫，实施检疫以防止其进一步蔓延。

林业技术措施　保护各种天敌，如繁殖释放跳小蜂防治桃条麦蛾幼虫等。对楸螟尽可能截干造林，去除带虫苗木；对以卵块在枯枝上越冬的蛾类，可在冬季剪除干枯枝以减少越冬卵；清除竹林杂草，及早挖除不能成竹的退笋可以减轻竹笋夜蛾危害。对有趋性的蛾类(如油茶织蛾)害虫，在成虫羽化期采用灯光、糖醋液诱杀可显著降低虫口基数。

化学防治　成虫活动期和初孵幼虫期可喷洒 20%氰戊菊酯乳油 3 000 倍液、2.5%溴氰菊酯乳油 3 000 倍液、1.8%阿维菌素乳油 3 000 倍液等药剂，还可树干注药防治。

五、瘿蚊、瘿蜂、小蜂及蝇类

瘿蜂、茎蜂、小蜂、瘿蚊和蝇类枝梢害虫主要钻蛀嫩梢、幼芽甚至枝条等，常造成不抽新梢，影响开花结实、最终影响产量。除下面要介绍的种类外，还有分布于我国梨产区和朝鲜的危害梨、棠梨和花红的梨简脉茎蜂；分布于秦岭淮河以南竹产区的竹广肩小蜂 *Aiolomorphus rhopaloides* Walker；分布于新疆吐鲁番、河北、山东、山西、河南等地枣产区的枣瘿蚊 *Contarinia* sp.；分布于甘肃陇南、陕西宁强等地的花椒波瘿蚊 *Asphondylia zanthoxyli* Bu et Zheng 等；外来入侵广西、海南、广东、江西危害桉树的桉树枝瘿姬小蜂 *Leptocybe invasa* Fisher et Lasalle；入侵台湾、广东、福建及海南的刺桐姬小蜂等。

栗瘿蜂 *Dryocosmus kuriphilus* Yasumatsu

栗瘿蜂

国内分布于秦岭以南板栗产区;国外分布于日本、朝鲜。主要危害板栗、茅栗和锥栗。幼虫由寄主芽侵入,于春季形成瘤状虫瘿,使树势衰弱,不抽新梢、甚至枝条枯死,不仅当年无果、产量也不易恢复。

形态特征(图 9-25)

成虫 体长 2.5~3.0 mm,形似小蜂,体黄褐色至黑褐色,具有金属光泽,头横阔,与胸等宽。颅顶、单眼、复眼之间及后头上部密布细小圆形纹,唇基前缘呈弧形。触角褐色,丝状,14 节,着生稀疏细毛,柄节和梗节较粗,鞭节第 1 节较细,其余各节粗细相似。胸部光滑,中胸背板侧缘略具饰边,背面近中央有 2 条对称的弧形沟。小盾片近圆形,隆起,略具饰边,表面有不规则刻点,并被有疏毛。后腹部光滑,背面近椭圆形隆起,腹面斜削。产卵管褐色。足黄褐色,末跗节及爪深褐色。翅透明,翅面有细毛,呈黄褐色。

卵 椭圆形,乳白色,长 0.1~0.2 mm。表面光滑,末端有长约 0.6 mm 的细柄,柄的末端略膨大。

图 9-25 栗瘿蜂

幼虫 老熟幼虫体长 2.5~3.0 mm,乳白色,近老熟时黄白色。头部、口器茶褐色,体光滑肥胖,无足,略呈"C"形弯曲。

蛹 长 2.5~3.0 mm,体较圆钝,胸部背面圆形突出,腹部略呈钝椭圆形。初乳白色,复眼红色,渐变为黄褐色,近羽化时为黑褐色,腹部略显白色。

生物学特性

1 年 1 代,以初孵幼虫在芽内越冬。幼虫在瘿内生活 30~70 d,翌年 4 月中下旬越冬幼虫开始活动。4 月下旬逐渐老熟,5 月上旬初见蛹,5 月下旬为化蛹盛期。成虫最早于 6 月上旬羽化,中旬为羽化高峰期,大部分个体 6 月下旬出瘿,不久即行产卵,8 月下旬大部分幼虫孵出,10 月下旬进入越冬期。

翌年春季栗芽萌动时,幼虫活动取食,被害芽逐渐形成虫瘿,略呈圆形,一般长 1.0~2.5 cm,宽 0.9~2.0 cm。其颜色初翠绿色,后逐渐变为赤褐色。每瘿内幼虫 1~16 头,以 2~5 头为多。幼虫老熟后即在虫室内化蛹。成虫羽化后在瘿内停留 10~15 d,咬宽约 1 mm 的虫道外出。成虫出瘿后大部分时间在树上爬行,飞行能力较弱。成虫寿命平均约 3.1 d,无趋光及补充营养的习性,行孤雌生殖。每次产卵 2~4 粒,单雌怀卵量约 200 粒。

竹笋泉蝇 *Pegomya kiangsuensis* Fan

竹笋泉蝇

又名江苏泉蝇、毛笋泉蝇、笋蛆。国内分布于华东一带竹产区,以幼虫蛀食竹笋,使其内部腐烂、造成退笋,以毛竹受害最重。

形态特征(图 9-26)

成虫 体暗灰色,长 5~7 mm,额灰黑色,复眼紫褐色,橙黄色单眼 3 个。胸部背面 3 条深色纵纹,体两侧纵带呈断续状,翅透明、脉淡黄色;中、后足黄褐色,后足腿节及节胫节橙黄色,基节及跗节灰褐色。各节生 1 列粗刺毛,每列 5 根。腹末尖削,产卵管针状,黑褐色。

卵 长 1.5 mm,亮乳白色,排列呈块状。

幼虫 蛆状,长 9 mm,黄白色,前端细末端呈截形,口器呈黑色钩状。1 龄幼虫乳白色,尾部 2 黑点;2 龄幼虫淡黄色、尾端多黑色,老熟幼虫尾部全黑色。

蛹 近纺锤形,深褐色或黑色,长约 7 mm。

图 9-26 竹笋泉蝇

生物学特性

1 年 1 代或 2 年 1 代,以蛹在土中越冬,越冬蛹于翌年 3~4 月出笋前 15~20 d 羽化出土。成虫对腥味、糖醋、鲜笋汁等具很强的趋性,在林间常群集于笋伤口处和断笋面取食。当笋出土 3~5 cm 时,成虫即成块产卵于笋箨内壁,每笋可产卵 10~300 粒,卵期 4~5 d,卵孵化率为 66%。初孵幼虫群集于卵壳周围取食笋肉表皮,虫道细而不规则。2 龄幼虫潜入笋肉危害 3~4 d、笋即褪色黄变,笋尖不吐水、高生长停止、笋肉开始腐烂,约 10 d 笋呈锯屑烂糊状、笋箨干枯、退笋。幼虫期 15~25 d,老熟幼虫于 5 月中旬出笋落地或随短笋一同落地,在笋周围 25 cm 范围内入土 1~6 cm,筑薄土室,经 2~4 d 化蛹越冬。

竹林卫生状况差、郁闭度大发生较重,林内比林缘、老竹林比新栽竹林发生重,地势平缓、陡坡、山顶林发生重;骤然的天气变化会引起竹笋泉蝇的大量死亡,卵和初孵幼虫的死亡率可高达 95%。天敌主要有蛹期的寄生蜂,捕食卵的蜘蛛、蚂蚁、露尾甲等。

瘿蚊、瘿蜂、小蜂及蝇类的防治

林业技术措施 加强营林管理,在春秋两季摘除虫瘿,剪去虫害枝以减少越冬虫源。栗瘿蜂是以幼虫在芽内越冬,新发展板栗区应避免在害虫发生地采集板栗接穗;根据栗瘿蜂不产卵于休眠芽的习性,对于被害严重的栗林,冬季可将 1 年生枝条休眠芽以上部分剪去,1 年后即可恢复结果。对于受毛笋泉蝇危害的竹笋,则直接挖除受害的退笋,切去被害部分、杀死幼虫。对有人为传播和危害的瘿蚊、瘿蜂、小蜂及蝇类,应杜绝带虫或未经处理的苗木出圃或运输。

诱杀 用糖醋或鱼肠、死蚯蚓、鲜竹笋等为饵料,饵料内可加入阿维菌素、吡虫啉、吡嗪酮等少量农药以诱杀成虫。

保护利用天敌 减少或避免在天敌发生盛期使用农药,保护天敌的越冬场所,为天敌的生长和繁育提供良好的条件。对效果已经明确的天敌应加以保护利用或人工饲养释放。

化学防治 成虫活动盛期,应用 2.5% 溴氰菊酯乳油 4 000 倍液、3% 氰戊菊酯乳油 3 000~4 000 倍液或 1.8% 阿维菌素乳油 3 000 倍液喷雾毒杀成虫。用 10% 吡虫啉乳油 5~10 倍液树干注射可毒杀瘿瘤内幼虫。

六、象甲及天牛类

危害林木枝梢的象甲及天牛类害虫，其种群数量虽较其他枝梢小，但其所造成的危害性常较大，危害轻者使被害林木枝条枯死、重者导致死亡。重要种类如下。

大竹象 *Cyrtotrachelus longimanus* Fabricius

大竹象

又名直锥象。国内分布于南方竹产区；国外分布于东南亚及印度。成虫、幼虫蛀食竹笋，造成腐烂退笋，成竹腐烂倒折、秃顶、节间缩短、竹材变形、纵裂等，严重影响竹材的产量和质量。

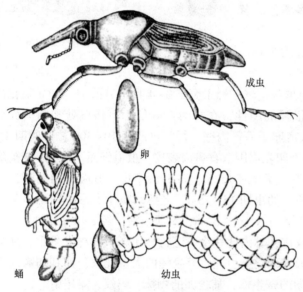

图 9-27　大竹象

形态特征（图 9-27）

成虫　体长 20~34 mm，初羽化鲜黄、出土后渐褐色，体表光滑有光泽。前胸背板后缘中央 1 黑斑。鞘翅肩部有 1 黑斑，刻点沟 9 条外缘截形，臀角钝圆，无尖刺。前足腿节、胫节与中足、后足的腿节、胫节等长，前足胫节内侧棕色毛短而稀。

卵　长椭圆形，长约 3 mm，初产乳白、后乳黄色。

幼虫　初孵白色。老熟乳黄色，长 35~48 mm，头棕色、口器黑色，背线淡灰色。

蛹　黄白色，长 34~45 mm。茧长椭圆形，53~67 mm。

生物学特性

1 年 1 代，以成虫在土内蛹室中越冬。浙江 6 月至 9 月下旬出土，6 月下旬至 9 月下旬产卵，6 月下旬至 10 月上旬为幼虫期，7 月中旬至 11 月上旬化蛹，7 月下旬至 11 月下旬越冬；广东的生活史提早约 1 月。

日均气温达 24~25℃时越冬成虫始出土，有假死性，雌、雄成虫在竹笋上取食 2 d 后交尾。雌虫产卵前在离笋尖 10~30 cm 处蛀 1 产卵孔，多 1 笋产卵 1 粒，单雌产卵量 25~30 粒。约 7 d 后卵孵化，幼虫啃食竹笋外的苞叶，并向下蛀食竹笋。约半月后幼虫老熟，在被害处咬 1 个大孔脱出，钻入土内约 10 cm 深处筑土室化蛹。12~20 d 成虫羽化，并留在土室内越冬。幼虫老熟后常咬断笋梢边缘，致使笋梢坠落；幼虫脱笋而出后亦拖部分笋梢纤维于土中，或将断笋梢拖至洞内、使笋梢竖于洞口。该虫多危害出笋早、直径 1~2 cm 的竹笋。

青杨楔天牛 *Saperda populnea*（L.）

青杨楔天牛

又名青杨天牛。国内分布于东北、西北、华北；国外分布于欧洲、北非南部及俄罗斯。主要危害杨树，以幼虫钻蛀幼树枝干和大树枝梢，被害部位形成纺锤状瘿瘤，使枝梢干枯、易遭风折，幼树主干畸型、秃头、甚至死亡。

形态特征（图9-28）

成虫　体长11~14 mm，黑色，密被金黄色绒毛，并杂有黑色长绒毛。触角黑色，鞭节各节基部2/3灰白色，余为黑色。

前胸背板两侧各1金黄色宽纵带。鞘翅满布黑色粗点刻，生淡黄色短绒毛，两鞘翅各有金黄色绒毛斑4~5个。

卵　长卵形，约2.4 mm×0.7 mm，一端稍尖，中间略弯曲。

幼虫　初孵幼虫乳白色，渐变浅黄色，老熟时深黄色，体长10~15 mm。头黄褐色、缩入前胸很深，前胸硬皮板黄褐色，气门褐色，体背1条明显中线。

蛹　长11~15 mm，褐色，腹部背中线明显。

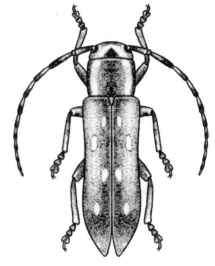

图9-28　青杨楔天牛

生物学特性

1年1代，以老熟幼虫在虫瘿内越冬。翌春，河南在3月上旬、北京3月下旬、山西雁北4月中旬、沈阳5月上旬、哈尔滨5月中旬化蛹，蛹期20~34 d。成虫在河南于3月下旬、北京4月中旬、山西雁北5月上旬、沈阳5月下旬、哈尔滨6月上旬开始出现。在北京5月上旬发现卵，5月中、下旬幼虫相继孵出并蛀入枝干内危害，至10月上、中旬开始越冬。

成虫从开始羽化出孔至结束7~10 d，圆形羽化孔直径约3.5 mm。成虫补充营养取食叶片2~5 d后交尾，交尾后1~3 d产卵于1~3年生的幼干和枝条，产卵刻槽倒马蹄形（随树木长大，刻槽形成明显的深色伤疤），每刻槽产卵1粒。产卵期5~14 d，单雌产卵量14~49粒，卵期4~15 d。幼虫孵出后先蛀食边材和韧皮部，然后绕枝干环形蛀食，被害处逐渐肿大形成纺锤形瘿瘤，排泄物堆集在坑道内。9~10月，老熟幼虫在坑道内做蛹室越冬。温暖、阳光充分的孤立木、稀疏林、林缘、树冠周围及上部枝条受害重，长势旺盛的植株较少受害。天敌有寄生于幼虫和蛹的青杨天牛蛀姬蜂，寄生于幼虫的管氏肿腿蜂对青杨楔天牛控制作用较大。

青杨楔天牛、竹象的防治

加强检疫，严把苗木关，逐株检查去除被害苗木上的虫瘿，阻止带虫苗木进入新栽植区。对青杨楔天牛应选择适地及抗虫树种营造混交林；对于已发生危害且水分条件较好的林分，可于冬春季截去干部1.3~1.5 m以上部分，使其萌芽更新恢复树冠；在每年幼虫活动以前集中剪除被害枝条并烧毁，或在成虫羽化期，于清晨或傍晚，突然摇动树干，捕杀落下的成虫。对危害甚轻的林分可释放肿腿蜂，在幼虫危害期可用吡虫啉10倍液涂干或采用树干注药的方法防治（见其他枝梢害虫的防治）。

对竹象类可采取以下方法防治。

劈山松土　在秋冬两季，结合竹园抚育对受害严重的竹林劈山松土，仔细挖掘以破坏竹象蛹室和土茧使成虫死亡，挖除被害笋以消灭笋内幼虫，促进竹林多生鞭孕笋。如能每年或隔年挖掘1次，可逐渐降低害虫数量。

人工捕捉及护笋　竹象成虫有假死及行动迟缓、极易被发现的特点，可人工捕捉卵、幼虫或成虫。将粗4~5 cm、长30 cm的竹段纵劈成刷状(不要劈得太细)，做成简易护罩套在笋尖上，可起一定保护作用。

化学防治　用2.5%溴氰菊酯乳油或20%杀灭菊酯乳油1 000倍液在出笋前喷1次，出笋后每隔7 d喷1次，连喷2~3次，对杀虫保笋可起良好作用。

第三节　林木枝梢害虫的调查与研究

枝梢害虫的调查与研究，包括害虫种类、分布、危害习性、生物学、气候与发生关系、天敌及其控制、防治方式与效果、调查取样方法、测报技术等基本内容。枝梢害虫发生和危害同样受气候、立地条件、林木组成、林分的疏密度及林龄级的影响，调查和研究时应充分考虑调查取样及结果的可靠性和代表性。

一、调查原理

枝梢害虫调查时应依据其分布方式、危害部位与特性，采取随机取样中的五点取样、棋盘式取样、对角线取样、"Z"形取样、平行线取样等方式进行调查。直接调查技术包括灯光、信息素等诱测，捕捉，阻隔(利用上树习性)，标准枝与标准树干等；间接调查包括模型推算、虫害指数推算等技术。

无论采用何种方式进行调查，一般都要设立标准地，标准地面积常为25 m×25 m、20 m×20 m、15 m×15 m或10 m×10 m。标准地的大小取决于树龄、立地环境和调查的靶标害虫。调查体型小的枝梢害虫(如蚜虫、蚧虫等)时，标准地面积应小且量大；体型大的标准地面积应较大。对树龄小的林分，在保障调查精确度的基础上，标准地面积一般小；大龄林分标准地面积应较大。

二、调查方法

枝梢害虫的调查关键是科学设计调查与取样方法，能否准确而精确地获得科学的调查数据。必须有一个简单、合理、明晰、便于调查者而不是设计者理解的调查表格，调查表格是否科学必须经过试调查的检验和修正。

(一)取样方法

对大面积分布、组成一致的林分每10 hm²至少应设立5个标准地。标准地的设立要随机，以使标准地内林木的受害程度能够代表林分的整体被害情况。每标准地应有幼树100株，或30~50穴(簇插、点播者)，或成龄立木50株以上。在标准地内应根据调查时靶标害虫的危害部位，正确确定取样方式；如属于幼树枝、干害虫的调查，应采取整株取样，取样数不少于30株；成龄木枝梢害虫的调查，应取25株以上，每株应选取至少3个标准枝。对于稀疏林或行道林的成龄木，应在至少25株以上立木的不同方位各选取1个标准枝进行调查。对于钻蛀性枝梢害虫，标准枝的长度至少包含靶标害虫的全部危害部位；对于蚜虫、蚧虫等危害嫩梢的害虫，可根据其危害部位的差异将标准枝的长度控制在20~40 cm的范围内。

(二) 种类调查

调查时间应自林木春季恢复生长至秋季逐渐停止生长为止，一般应每1~2月调查1次。对结构不同的林分，每一类型林分应设置3~5个标准地，每标准地内的取样方式和方法如上述。对于遇干扰即飞或逃离的种类，应先用套网封套标准枝、然后剪取，剪取后应将套网装入大塑料袋内，毒杀靶标害虫后，再拿出所剪取的标准枝，然后统计套网内的种类与数量；对无逃离行为的调查对象，则可直接剪取进行统计。对在当场不能确定种类的标本应编号、标记其数量，并将标本带回室内进行种类鉴定，或将幼虫饲养至成虫期后再行鉴定。

(三) 发生动态调查

①进行同种害虫在不同树种、不同林龄、不同立地环境间发生动态的比较调查与研究，只需要在靶标害虫发生的各个时期同时间进行一次同步调查，记录各种条件下靶标害虫的虫态及其数量。②调查特定林分靶标害虫的季节数量动态时，则要选定林分组成相对均一、面积为50 m×50 m标准地定期进行调查，在调查过程中应尽量不破坏标准枝、不干扰害虫的生长发育和繁殖。调查时间及其间隔期应根据靶标害虫的生活周期确定，对蚜虫、蚧虫等发育期短的害虫，应至少间隔7 d调查1次；对发育期较长的害虫，可选择候或旬为时间间隔单位。

(四) 危害程度调查

在标准地内选择有代表性的林木逐木调查，分别统计健康株数、被害株数。其中，如使用虫害指数法进行调查，大龄立木的受害分级可采用以下分级标准：0级——主、侧枝无受害；Ⅰ级——侧枝受害率10%；Ⅱ级——侧枝受害率11%~20%；Ⅲ级——侧枝受害率21%~40%；Ⅳ级——侧枝受害率41%以上。虫害指数在20%以下者为轻微，在20%~50%为中等受害，在50%以上者为严重。

同种害虫不同条件下数据处理与比较分析，均应采用方差分析和多重比较，但注意将整个数据的单位进行统一和规范。进行某种害虫的季节数量动态分析时，可以调查时间为横坐标、以害虫密度数据为纵坐标作图，即可直观地看出害虫的季节动态。

复习思考题

1. 林木刺吸性和钻蛀类枝梢害虫主要有哪些类群？其危害状有哪些形式？
2. 蚧虫的个体发育史、蚜虫的年生活史各有何特点？其危害症状有哪些？
3. 蚧虫、蚜虫、木虱类枝梢害虫如何防治？
4. 枝梢害虫中常见的螟蛾及卷蛾类害虫有哪几种？怎样防治？
5. 如何进行枝梢害虫的调查？

第十章

食叶害虫及其防治

【本章提要】主要介绍了鳞翅目所属的枯叶蛾、毒蛾、舟蛾、灯蛾、尺蛾、刺蛾、袋蛾、潜叶蛾、斑蛾、卷蛾、天蛾类等十多类常见林木食叶害虫；其中松毛虫是我国松林最严重的常发性害虫，美国白蛾是需要重点监测和防治的害虫之一。其次介绍了鞘翅目的叶甲、象甲、金龟甲类，膜翅目的叶蜂，双翅目的潜叶蝇，直翅目的蝗虫，以及螨类的重要种类等。

食叶害虫是危害针叶树、阔叶树中最为常见的重要害虫类群之一。其中，以鳞翅目所属的枯叶蛾、毒蛾、尺蛾、舟蛾、刺蛾、蓑蛾、潜叶蛾、斑蛾、卷蛾、天蛾等害虫危害最重；鞘翅目的叶甲、象甲、金龟甲类，膜翅目的叶蜂、双翅目的潜叶蝇、直翅目的蝗虫、竹节虫目的竹节虫等常暴发危害。部分食叶害虫对林木的危害具有灾害性，如常年危害面积多达数百万公顷的松毛虫类，每年所造成松林材积损失达百万立方米以上，而其中的主要种类为马尾松毛虫、油松毛虫和落叶松毛虫。

第一节　我国林木食叶害虫的地理区划

森林昆虫的分布和动物的地理区划与林分的地理分布相一致。林分的分布受气候、地形、人类活动的综合影响。我国森林食叶害虫的地理区划应该与我国的森林地理分布相符合。按照我国森林、人工林的分布特点及林木食叶害虫的分布特征，我国林木食叶害虫应划分为 11 个地理分布类型(图 10-1)。

一、东北林区

该区包括山地针阔叶林区、平原防护与绿化林区。山地针阔叶林区，包括大兴安岭、小兴安岭和长白山的山地森林(图 10-1：1)。本区林木主要是兴安落叶松林、樟子松林、红皮杉林及部分白桦林、蒙古栎林、山杨林和黑桦林。食叶害虫以落叶松毛虫为主，还包括兴安落叶松鞘蛾 *Coleophora obducta*（Meyrick）、落叶松尺蠖 *Erannis ankeraria* Staudinger、松茸毒蛾、模毒蛾、舞毒蛾、桦尺蠖 *Biston betularia* L.、落叶松叶蜂、栎粉舟蛾等，局部地区还分布有油松毛虫、赤松毛虫。平原防护与绿化林区(图 10-1：2)，食叶害虫以杨树

图 10-1 中国森林食叶害虫的地理区划

舟蛾为主，包括杨小舟蛾、杨扇舟蛾、黑带二尾舟蛾 *Cerura vinula felina*（Bulter），还有美国白蛾、杨毒蛾、柳毒蛾、榆紫叶甲、白杨枯叶蛾、黄褐天幕毛虫等。

二、华北林区

该区北临蒙新区与东北区，南抵秦岭与河南、安徽、江苏南缘，西起甘肃，东临黄海和渤海，包括山地针阔叶林区、平原防护与绿化林区。该区山地、丘陵的原始植被已被破坏怠尽，仅存少量的次生阔叶林、油松林和华北落叶松林，阔叶林树种主要以栎、杨等为主，其余为油松、侧柏、落叶松、杨、柳、榆、刺槐人工林。山地针阔叶林区（图 10-1：3），以油松毛虫为主，还包括栎黄枯叶蛾、侧柏毒蛾、刺槐眉尺蛾、栎掌舟蛾 *Phalera assimilis* Bremer et Grey、松阿扁叶蜂、落叶松叶蜂，南部地区还有赤松毛虫等。平原防护与绿化林区（图 10-1：4），主要树种为杨、柳、槐树和泡桐，食叶害虫以杨树舟蛾为主，主要害虫包括杨小舟蛾、杨扇舟蛾、槐尺蛾、槐羽舟蛾 *Pterostoma sinicum* Moore、大袋蛾、泡桐叶甲 *Basiprionota bisignata*（Boheman）等。

三、蒙新林区

该区包括内蒙古东北部高平原、鄂尔多斯高平原和阿拉善高平原，青海的柴达木盆地，新疆塔里木和准噶尔盆地、祁连山与河西走廊（图 10-1：5）。山地森林树种主要以云冷杉林、落叶松林、柏及桦灌丛为主，主要食叶害虫有云杉阿扁叶蜂 *Acantholyda piceacola* Xiao et Zhou、云杉尺蛾、云杉小卷蛾 *Epinotia aquila* Kuznetsov、松实小卷蛾等。草原与荒漠树种为沙枣、柠条、柽柳、沙柳、胡杨林，人工林树种为杨、柳、榆、白蜡树，主要食叶害虫有杨二尾舟蛾、圆黄掌舟蛾 *Phalera bucephala*（L.）、杨毒蛾、柳毒蛾、典皮夜蛾等。

四、青藏林区

该区包括青海、西藏和四川西部，东自横断山脉的北端，南自喜马拉雅山脉，北自昆仑山。林区植被垂直分布明显，天然林或原始林从低海拔到高海拔有常绿雨林、半常绿雨林、常绿阔叶林、硬叶常绿阔叶林、落叶阔叶林、针阔混交林、常绿针叶林、落叶针叶林、高山灌丛、高山草甸。人为活动较少，生态系统较稳定，食叶害虫大发生较少(图 10-1：6)。昆虫区系贫乏，主要是由适应高原的种类所组成，食叶害虫代表种有杉针黄叶甲、杨二尾舟蛾、喜马拉雅松毛虫、西藏云毛虫 *Hoenimnema sagittifera tibetana* Lajonquière、栎黄枯叶蛾、青缘尺蛾、高山毛顶蛾 *Eriocrania semipurpurella* Stephens 等。防护林和人工林树种以杨树、柳树为主，代表种有杨二尾舟蛾、河曲丝叶蜂 *Nematus hequensis* Xiao、春尺蠖、杨毒蛾、白杨叶甲等。

五、西南林区

该区包括云南及四川西南部(图 10-1：7)。该林区植被与昆虫垂直分布明显，昆虫种类比较丰富。该类型区是多种松毛虫的混合发生区。主要食叶害虫有云南松毛虫、思茅松毛虫、文山松毛虫 *Dendrolimus punctatus wenshanensis* Tsai et Liu、德昌松毛虫、高山小毛虫、栎黄枯叶蛾、云南松叶甲 *Cleoporus variabilis*（Baly）、云南松梢小卷蛾、松针斑蛾 *Soritia leptalina*（Kollar）、细角榕叶甲 *Morphosphaera gracilicornis* Chen、南华松叶蜂、广西新松叶蜂 *Neodiprion guangxiicus* Xiao et Zhou、祥云新松叶蜂等。

六、华中—华南山地林区

该区包括巴山、大别山、武夷山、武陵山、南岭、四川盆地南部、台湾及海南岛山地及丘陵(图 10-1：8)。为马尾松毛虫与松叶蜂混合发生区，主要种类还有德昌松毛虫、云南松毛虫、阿里山松毛虫 *Dendrolimus arizana* Wileman、海南松毛虫、黄斑波纹杂毛虫、鞭角华扁叶蜂、黄缘阿扁叶蜂、马尾松吉松叶蜂 *Gilpinia massoniana* Xiao、双枝黑松叶蜂 *Nesodiprion biremis*（Konow）、六万松叶蜂 *Diprion liuwanensis* Huang et Xiao、栎黄枯叶蛾、蜀柏毒蛾 *Parocneria orienta* Chao、松茸毒蛾、舞毒蛾、马尾松点尺蛾 *Abraxas flavisinuata* Warren、焦艺夜蛾 *Hyssia adusta* Draudt、栎棒䗛 *Baculum irregulariter-dentatum* Wattenwyl 等。

七、华中—华南平原林区

该区包括四川盆地(图 10-1：9)，主要食叶害虫有蜀柏毒蛾、油桐尺蠖、黄脊竹蝗、柳杉云毛虫 *Hoenimnema roesleri* Lajonquière、柑橘凤蝶、两色绿刺蛾 *Latoia bicolor*（Walker）、刚竹毒蛾、分月扇舟蛾等。华中平原林区，包括湖南、湖北及江西平原(图 10-1：10)。主要食叶害虫有油茶枯叶蛾 *Lebeda nobilis sinina* Lajonquière、杉梢花翅小卷蛾、茶毒蛾、竹镂舟蛾 *Loudonta dispar* Kiriakoff、黄刺蛾、竹织叶野螟、柳杉毛虫 *Dendrolimus houi* Lajonquière、黄脊竹蝗、青脊竹蝗等。华南平原林区，包括广东、广西、海南及台湾平原(图 10-1：11)。主要食叶害虫有黄脊竹蝗、椰心叶甲、刺桐姬小蜂、黄刺蛾、大茸毒

蛾 *Dasychira thwaitesii* Moore、葡萄天蛾 *Ampelophaga rubiginosa* Bremer et Grey、八角叶甲 *Oides duporti* Laboissier、八角尺蠖 *Pogonopygia nigralbata* Warren、油桐尺蠖、刚竹毒蛾、黛袋蛾 *Dappula tertia* Templeton、白裙赭夜蛾 *Carea subtilis* Walker、桉树枝瘿姬小蜂、乌桕黄毒蛾、木毒蛾 *Lymantria xylina* Swinboe、桉袋蛾 *Brachycyttarus subteralbata* Hampson、樟巢螟等。

第二节　食叶害虫的危害特点

食叶害虫直接危害健康林木。当树木严重受害后，尤其是在不良气象因子的影响下，长势衰退，易招致小蠹、天牛、树蜂等钻蛀性害虫及病菌的侵染而导致死亡。因而食叶害虫常称为初期性害虫，而后一类群称为次期性害虫。食叶害虫的大发生取决于害虫"种"的生物学特性和外界环境条件，只有那些种群正处于兴盛阶段，并具有强大繁殖力及适应力的种类在有利的环境因素配合下才有大发生的可能性。

一、危害特征

食叶害虫危害后的症状常较易发现和识别。叶片被食后常留下残叶、叶柄或叶脉，严重时整株立木光秃无叶；潜叶性种类则使被害叶显现各种潜痕、污斑；卷叶、缀叶或褶叶危害的种类常使叶片卷曲或缀合；袋蛾、鞘蛾则缀叶形成各种形式的袋囊，黄褐天幕毛虫、美国白蛾等则结成大丝幕。树木一旦受害，林地往往布满虫粪、残叶断梗，树间挂有虫茧、丝迹等。不少食叶害虫种类产卵集中，产卵量大，并能主动迁移和扩散。绝大多数食叶害虫营裸露生活，易受气候、天敌等外界环境条件的影响，因而食叶害虫虫口密度的变动幅度较大，具有一定的突发性、潜伏性和周期性。因此，进行食叶害虫的防治，虫情测报显得尤其重要。

二、种群动态

多数食叶害虫营裸露生活，某些种类生殖潜能较大，由于受环境因子的调节作用，其种群经常保持在较低的水平。某些重要害虫不仅具有强大的生殖和生存潜能，且对环境适应力强，能保持十分巨大的种群数量，经常猖獗成灾。另一些种类则偶尔或数年1次达到猖獗成灾的数量，这类害虫受种种不利因素的制约，使猖獗呈现间歇性有规律的波动状态，其间歇周期的长短取决于害虫的种类、天敌、寄主植物及物理环境等因素的相互作用，因此其猖獗周期常表现为4个阶段。

(一)初始阶段

又称始发期。害虫种群处于增殖最有利的初始状态。此时食料充足(质和量)，物理环境因素适宜，天敌跟随现象尚不明显，具备了充分发挥其生殖潜能的良好基础，但种群仍处于潜在的增殖初期、多不外迁，林木受害不明显。该阶段的长短随气候及其他条件而异。

(二)增殖阶段

又称征兆期。种群已达猖獗数量的前期，在上述有利条件下种群数量显著增多且继续上升，林木已显被害征兆、但种群数量仍不大，虽有局部严重受害现象、但仍易被忽视，害虫已向四周扩散，天敌也相应增多、但还不足以抑制害虫种群的继续增长。

(三) 猖獗阶段

又称猖獗期。害虫的增殖潜能得到了最大的发挥，种群数量急剧升高、危害猖獗、并迅速扩散蔓延，林木受害严重，大面积林地片叶无存、状似火焚。继而出现食料缺乏，幼虫被迫迁移造成大量死亡、或提前成熟致生殖力大为减退(雌性减少、产卵量降低、后代存活率降低、完成发育的个体变少等)；天敌显著增多、流行病蔓延，自然抑制作用明显。

(四) 衰退阶段

又称衰退期。该阶段是上一阶段的必然结果。由于种群数量得到调整、急剧减少，天敌也随之他迁，或部分被重寄生而死亡，或伴随衰退的种群而数量大减，预示一次大发生过程基本结束。

上述阶段性发生过程常重复而呈现周期性，这种周期性的间隔期及持续时间因虫种和环境因素而异，在两个猖獗期之间害虫的种群密度常较小，一旦条件适宜又会再度猖獗。一般年发生代数多的猖獗周期较短，反之则较长。初始阶段往往历时1年，增殖阶段1~3年，猖獗阶段1~2年，衰退阶段1~2年，但1年1代的其持续期约7年、2年1代的14年、1年2代约为3.5年。如马尾松毛虫在四川、湖南、江西等省1年2~3代，3~4年大发生1次；落叶松毛虫在我国东北地区及俄罗斯1年1代或2年1代，多8~13年大发生1次。由于食叶害虫的突发性很强，虫灾一旦形成即使采取应急控制措施控制了局面，也会造成巨大的经济损失，对生态环境产生不良影响，因此掌握食叶害虫的这一危害规律，对于监测、预报其种群的发展趋势、进行预防十分必要。

三、发生及其指标

食叶害虫大发生的指标可区分为直接指标与间接指标。直接指标是绝对虫口密度，如$1 m^2$落叶层下或表土层内越冬幼虫或蛹的平均数，一株树上越冬卵平均数等。相对虫口密度，即林分内害虫分布状况的平均值，如所调查的样方或标准木中被害虫寄居的样方或标准木的百分数。

(一) 繁殖系数

当年绝对虫口密度与去年绝对虫口密度之比叫繁殖系数。如这一系数小于1就意味着害虫种群数量在缩小，大于1则害虫数量在增长。如舞毒蛾在大发生的第1、2阶段，繁殖系数可达10~30，在第3阶段低于10，而衰退阶段则小于1。

(二) 分布系数

当年相对虫口密度与去年相对虫口密度之比为分布系数。若小于1，即林分内害虫的分布范围在缩小，反之则扩大。

(三) 猖獗增长系数

当年繁殖强度(或绝对虫口密度)与大发生前一年的繁殖强度(或大发生前一年的绝对虫口密度)之比。在大发生期内每年所求得的害虫猖獗增长系数可以说明害虫种群的增长速度，以及对林分的威胁程度。例如，较干旱的 1959 年舞毒蛾大发生时平均每株树上有健康卵 40 粒，但 1958 年只有 2 粒，1960 年则急剧增长到了 800 粒，那么 1959 年的猖獗增长系数为 20，1960 年为 200。

害虫大发生时的质化指标即间接指标。它包括天敌的种群数量与活动程度，害虫的雌雄性比，蛹的质量与产卵量等。雌雄幼虫龄期相同的种类，通常有固定的雌雄性比；雌性幼虫龄期较长的种类（如舞毒蛾、松毛虫等）在大发生初始阶段雌性占优势，末期雄性占优势。某些害虫的产卵量在大发生前期常显著大于末期，产卵量常用解剖虫体或称雌蛹质量的方法进行估算。

四、林木对食叶害虫的抗性

林木对食叶害虫的抗虫性表现往往与树木的种类、树龄、立地条件、生长状况、受害季节与受害频次，当时的气候条件，次期性害虫及病害侵染程度等因素有关。

一般情况下林木叶量损失 30% 甚至 45% 对其生长并不产生大的影响。但连续两年或多年的中等程度失叶，即损失 50%～70% 以上的叶量，径生长将减少 70%～100%，如受害后害虫随即消退，第 2 年林木的生长将会恢复到失叶前期的水平。连续两年严重失叶达 75% 以上时，可能使林木对次期性害虫或病害浸染的敏感性增强，严重的会引起林木的死亡。生长在贫瘠立地条件下的林木，在异常的气候条件下，如干旱或水涝等，都会增加因虫害造成的失叶而带来的不利影响。松毛虫猖獗成灾后，继之而来的干旱天气往往是引起松树大量枯死的重要原因。

就树种而言，正常条件下由于阔叶树在受害后能较多地供应其所积累的营养，萌生第 2 茬新叶，其耐害性较针叶树为强；但失叶的时间是其受害严重性的关键，展叶早期及中期受害要比晚期严重，同一年份因两种害虫在萌叶早期和晚期的严重危害常可导致林木死亡。对于针叶树（如云杉属、铁杉属），如在仲夏针叶被食尽会导致林木死亡，仲夏后由于下一年的叶芽已全部形成，即使当年的针叶被全部取食也不会死亡，但如果连续两年严重受害就可能导致死亡，但落叶松等落叶针叶树则有较强的耐害性。

第三节　重要的鳞翅目食叶害虫及其防治

鳞翅目中枯叶蛾科的多种松毛虫是我国松林最严重的害虫，常在许多地方暴发成灾，造成局部地区的松林成片枯死。危害阔叶树种的还有尺蛾、天蛾、舟蛾、毒蛾、袋蛾、灯蛾及刺蛾等。其中检疫性害虫为美国白蛾。

一、枯叶蛾类

枯叶蛾科有 7 属 82 种（亚种），包括只危害针叶树种的松毛虫属 29 种（包括亚种）以及危害阔叶树种的其他枯叶蛾类，以松毛虫的危害性最大。

（一）种类

我国的松毛虫以马尾松毛虫危害最为严重，其次是落叶松毛虫、赤松毛虫、油松毛虫、云南松毛虫、思茅松毛虫。我国松毛虫的危害及分布区如下。

①落叶松毛虫危害区。包括东北三省、内蒙古、河北北部、新疆阿尔泰林区。与油松毛虫、赤松毛虫分布北界接连，危害树种包括红松、落叶松、红皮云杉、冷杉等。

②油松毛虫危害区。呈岛状分布于河北、山西、陕西、甘肃南部的黄土高原海拔800 m 以上的山地。危害松树种类有油松、华山松、白皮松和马尾松等。

③赤松毛虫危害区。河北燕山、辽宁努鲁儿虎山以南临近勃海、黄海沿岸至江苏灌云山地。主要危害赤松和黑松，局部地区有油松毛虫、柏松毛虫发生。

④马尾松毛虫危害区。本种是典型的东洋区种类，分布于秦岭、长江以南山地及丘陵。海拔 500 m 以下林地该虫猖獗，而在海拔较高的林地还有黄山松毛虫、天幕松毛虫、室纹松毛虫、思茅松毛虫、海南松毛虫和云南松毛虫等。

⑤云南松毛虫危害区。西至昌都东部、北起四川北部山地、南至云南南部，包括云、贵、川海拔 1 600~4 000 m 的地带，该虫常伴随思茅松毛虫在云南松和思茅松林内猖獗危害，也危害柳杉。局部地区德昌松毛虫、文山松毛虫、西昌松毛虫猖獗，海拔较高的林地还发生高山松毛虫、丽江松毛虫、双波松毛虫等。

马尾松毛虫 *Dendrolimus punctatus*（Walker）

成虫　灰褐、黄褐、茶褐、或灰白，体长 20~32 mm，雌蛾体色较浅。雄成虫翅展 36.1~62.5 mm，触角羽状；雌成虫翅展 42.8~80.7 mm，触角栉齿状。前翅近长圆形的亚外缘斑列深褐或黑褐色，其内侧有 3~4 条不很明显而向外弓起的褐色横纹，中室端 1 白色小斑；后翅无斑纹(图 10-2)。

卵　椭圆形，约 1.5 mm×1.1 mm。初产淡红色，近孵化时紫褐色。

幼虫　3 龄前体色变化较大。老熟幼虫体长 38~88 mm，棕红或灰黑色，纺锤形倒伏鳞片银白或金黄色。头黄褐色，胸部 2~3 节间背面簇生蓝黑或紫黑色毒毛带，带间银白或黄白色。腹部各节毛簇杂生的片状毛窄而扁平、先端突起刺状、成对排列，体侧生有许多灰白色长毛、近头部处特别长。中胸至腹部第 8 节气门上方的纵带上各 1 白色斑点。

图 10-2　马尾松毛虫

蛹　长 22~37 mm，纺锤形，栗褐或棕褐色，密布黄色绒毛。黄褐色臀棘细长，末端钩状卷曲、排成小圈。茧长椭圆形、30~46 mm，灰白色、羽化前污褐色，被覆稀疏黑褐色毒毛。

发生代数　1 年 2~3 代，少数地区 1 年 4 代，温度高的地区年发生世代多，幼虫越冬现象不明显。完成 1 世代最短约 50 d，最长约 310 d。

油松毛虫 *Dendrolimus tabulaeformis* Tsai et Liu

成虫　翅展雌 57~75 mm、雄 45~61 mm，淡灰褐至深褐色，花纹清楚。雌蛾前翅中横线内侧和锯齿状外横线外侧 1 颇似双重的浅线纹，中室端白斑小，后翅中央弧形斑微弱。

马尾松毛虫

油松毛虫

雄虫色深，前翅亚缘斑列内侧具淡褐色斑纹（图10-3）。

卵　椭圆形，1.75 mm×1.36 mm。精孔一端淡绿色，另一端粉红色。

幼虫　老熟时体长55~72 mm，灰黑色，体侧具长毛，花纹明显。头褐黄色，额区中央1深褐色斑；胸背毛带明显，腹背无纺锤形鳞毛，各节前亚背毛簇的片状毛窄而扁平、纺锤形，毛簇基部有短刚毛。体两侧各1时有间断的纵带，丛带上白斑不显，每节前方自丛带向下1斜斑。

蛹　长20~33 mm，栗褐或棕褐。臀棘末端卷曲成近圆形。茧灰白或淡褐色，被黑毒毛。

发生代数　1年1代为主，四川1年2~3代、2代为主。以幼虫在树干基部的树皮裂缝和树干周围的土缝、枯枝落叶或石块下越冬。

赤松毛虫 *Dendrolimus spectabilis* Butler

成虫　翅展雄蛾48~69 mm、雌70~89 mm，灰白、灰褐或赤褐色。前翅中横线与外横线白色，亚外缘斑列黑色呈三角形，雌蛾亚外缘斑列内侧和雄蛾亚外缘斑列外侧的斑纹白色，雄蛾前翅中横线与外横线之间具深褐色宽带（图10-4）。

赤松毛虫

图10-3　油松毛虫

图10-4　赤松毛虫

卵　椭圆形，长1.8 mm×1.3 mm。初淡绿色，后粉红色、紫褐色。

幼虫　初孵体长4 mm，体背黄色、头黑色，体毛不明显。2龄体背现花纹，3龄后体背花纹黄褐、黑褐或黑色。老熟幼虫体长80~90 mm，体背第2、3节丛生黑毒毛，毛片束较明显。

蛹　纺锤形，长30~45 mm，暗红褐色。茧灰白色，附有毒毛。

发生代数　1年1代，辽宁有1年2代，以幼虫越冬。

落叶松毛虫 *Dendrolimus superans*（Butler）

成虫　翅展雌70~110 mm、雄55~76 mm。体色灰白至黑褐色。前翅较宽而外缘波状，内、中及外横线深褐色，外横线锯齿状，亚外缘线的8个黑斑略呈"3"形排列、最后两斑常连成一直线，中室端白斑大而明显，翅面斑纹变化大；后翅中区具淡色斑纹（图10-5）。

落叶松毛虫

成虫   蛹

图 10-5 落叶松毛虫

卵 近圆形, 1.8~2.5 mm×1.6~1.8 mm, 淡绿色至粉黄、红色。

幼虫 老熟时体长 55~90 mm, 体色烟黑、灰黑或灰褐色杂有黄斑, 被毛银白或金黄色。头褐黄色, 额区及额傍区暗褐色, 额中区 1 三角形深褐斑。中、后胸背面各 1 蓝黑色横毛带, 胸、腹部毛片束中呈纺锤形的毛长而尖, 腹背毛黑色, 腹侧毛银白色, 斑纹常不明显, 第 8 腹节背面 1 对暗蓝色毛束。

蛹 长 40~60 mm, 黄褐或黑褐色, 密被金黄色短毛。茧灰白或灰褐色, 缀毒毛。

发生代数 1 年 1 代或 2 年 1 代(跨 3 年), 以幼虫在枯枝落叶层下越冬。

云南松毛虫 *Dendrolimus grisea*(Moore)

云南松毛虫

成虫 翅展雌 110~120 mm, 雄 70~87 mm。体、翅灰褐、黄褐、棕褐等色。雌虫前翅较宽, 有深褐色弧形线 4 条, 外缘呈现弧形凸出, 亚外缘斑列褐色, 5、6 斑最大, 外横线呈稀齿状, 中室下部色浅, 中室端白斑明显; 后翅外半部色深。雄虫体色较雌虫深, 一般前翅 4 条横线不明显, 亚缘斑列黑褐色较清楚。中室端白斑较雌虫清楚(图 10-6)。

卵 椭圆形, 长 1.5~1.7 mm, 灰褐色, 表面具有黄白色环状带纹 3 条, 中间环带两侧各有 1 灰褐色圆点。

幼虫 老熟幼虫体长 90~116 mm, 体黑色, 中、后胸背面有黑色毒毛带, 两毒毛带之间竖生白色毛片。腹部各节背面有 2 丛发达的黑色毒毛束, 每节有 4 个白色小斑点、排列成四方形, 第 4~5 节之间有 1 个灰白斑。

卵   成虫

图 10-6 云南松毛虫

蛹 纺锤形, 长 33.5~50.5 mm, 各节疏生淡红色短毛, 腹末具钩状臀棘。茧长椭圆形, 长 60~80 mm, 枯黄色, 表面杂有黑色毒毛。

发生代数 1 年 1~2 代, 云南 1 年 2 代, 幼虫和卵同时越冬, 贵州 1 年 1 代, 以卵越冬。

(二)生物学特性

松毛虫及其他枯叶蛾一生经过卵、幼虫、蛹、成虫 4 个发育阶段。每一世代所需天数、一年发生的世代数因种和分布地区而异。

1. 卵期

卵主要产在针叶上或小枝上, 数十至数百粒成块状或串珠状。孵化前如变黑, 则表明多已被天敌寄生。

2. 幼虫期

虫龄、历期、食性、取食量、结茧及越冬等随虫种而异, 低龄与大龄习性也有较大差别, 一般 6 龄。

（1）1~4 龄

1~2 龄群栖、受惊即吐丝坠落，3 龄后则分散。初孵幼虫有食卵壳习性，幼龄仅食针叶边缘，被害针叶稍后即干枯弯曲。4 龄前食量小、抗逆能力弱、成活率低，常可随风飘移，暴风骤雨可使死亡率达 75%~95%。

（2）5 龄以上

5 龄进入"壮龄"阶段、取食量剧增，末龄食量约占幼虫期总食量的 60%~70%，雌性食量大于雄性。取食时常从针叶中部咬断、使端部掉落，加大林木针叶的损失量。当食料不足时，常大量爬行数十或数百米至他处继续取食；若食料严重缺乏则多数不能存活，6 龄断食时存活率约 33%，但雄性较多、雌性产卵量亦下降一半。

（3）取食与排粪

松针酸性强、幼虫则衰弱、抗病力低。低温阴雨天，土壤肥沃的松林针叶酸性增高、不利幼虫生长；干燥暖和时，瘠薄土壤上的松林针叶酸性低、糖分含量高，幼虫体内脂肪含量增高、抗性强。幼虫的排粪量虽随龄期而增加，各龄幼虫一昼夜所排粪粒数量大致为 70 粒，但颗粒大小在各龄期不同，这一参数可用于调查和估测高大树体上的幼虫数量。

（4）幼虫越冬

松毛虫和枯叶蛾多以幼虫越冬，少数以卵或蛹越冬。越冬和出蛰的数量和质量直接影响当年的种群数量。以 3~5 龄幼虫越冬者，虫龄、滞育情况、生活力强弱、冬前脂肪积累量、越冬和出蛰期参差不齐，但多数在晚秋气温连续数日下降至 3~8℃时即开始潜藏越冬，早春日平均气温连续数日达 8~10℃时开始上树取食。越冬场所随地区、冬季气温而不同，在气温较高的南方潜藏和蛰伏不甚严格，北方则需在树皮下甚至潜藏至土壤中越冬。越冬死亡率一般约为 20%，但在气候异常的年份、特别是早春气温连续数日达 8~10℃、越冬幼虫出蛰后气温又突然下降，死亡率可高达 90% 以上。

3. 茧蛹期

老熟幼虫多 2~10 头群集于树上、地面杂灌等处结茧化蛹，虫茧附有幼体毒毛、触之可诱发炎症。在南方马尾松毛虫越冬代多于地面草丛、第 1、2 代多在树冠上结茧，落叶松毛虫、赤松毛虫多数在树冠针叶丛中结茧，油松毛虫在陕西北部多在地面隐蔽物下、河北和辽宁则主要在树冠上结茧，思茅松毛虫多在松针丛和树下阔叶灌木杂草叶背结茧。云南松毛虫在云南省多结茧于小枝条、很少见于针叶丛中，在浙江柳杉林中则结茧于针叶丛、地被灌木。蛹期 15~20 d，性比常为 1：1。但在松毛虫种群数量上升或消退期间，蛹的存活率，雌蛹比及蛹重变幅较大。

4. 成虫期

成虫口器退化、不再取食，其行为基本围绕羽化、交配、产卵、扩散等繁殖活动。

（1）羽化

7~8 月成虫多在 19：00~22：00 羽化，雄蛾一般提早数日羽化。

（2）释放性信息素与交尾

雌虫羽化后分泌性信息素引诱雄虫交尾，马尾松毛虫夏季第 1 代多在 24：00 至翌日 2：00 分泌，羽化当晚 80% 即交尾，多只交配 1 次、少数 2~3 次，交尾多在 19：00 至翌日 5：00。常需交尾 7 h 以上才能完成受精过程，凡交尾 8 h 以上者，卵的孵化率可达 90% 以上；如少于 6 h 则不能孵化。采用引诱等干扰其交配活动可降低下一代的数量。

(3)寿命与产卵

卵多产于健康或受害较轻林分的松树上，产卵量随种类、世代和环境条件而变，一般产卵 300~400 粒，少者几十粒、多者 900 余粒。成虫寿命 4~5 d、最长约 15 d，寿命长则产卵次数多。例如，落叶松毛虫成虫平均寿命 10 d、产卵 2~10 次，云南松毛虫与思茅松毛虫约 10 d，产卵 2~5 次，赤松毛虫 6 d、产卵 2~5 次，油松毛虫 6 d、产卵 3~4 次。但第一次产卵最多，达总产卵量的 60%~70%。未交配的雌成虫产卵期推迟 1 d，产卵量很少，2~3 d 后卵干瘪死亡。

(4)迁飞和扩散

幼虫在缺食的情况下被迫爬行迁移觅食，但距离有限。雄蛾飞行能力较强、羽化较早，灯诱初期多系雄性。雌成虫迁飞距离受其腹中卵粒多少、风、食物、光源等因素的影响，在满腹怀卵时仅能进行短距离滑翔飞行，如腹中部分卵已产出则可飞行距离较远，如其所在松林松叶稀少则常迁飞至较远的健康或受害轻的松林产卵，但喜趋向于疏林、林缘或中龄林产卵，因而靠近光源的林分易受害。

(三)危害发生特点

松毛虫灾害的发生受其增殖能力、食物、天敌、气象、地理环境及人为因素的综合作用。气象因子直接影响松毛虫的生长发育，并通过对林分、天敌的影响而间接影响松毛虫的发育。

1. 立地类型

林分位置和类型(如山势的高差、坡向、坡位、坡度等)常导致林分的温湿度、土壤和植被出现较大差异，进而影响松毛虫种群在林间的分布和发育，阳坡的种群密度常高于阴坡、西坡高于东坡，但坡度的大小可加强或减弱坡向的作用。例如，湖南常德向阳南坡的马尾松毛虫幼虫可完成第 2 代发育的为 18.1%，北坡仅 0.45%。

2. 林分结构

松毛虫先在环境条件有利的林分中形成虫源地，经增殖、蔓延，而后逐步猖獗成灾。

(1)纯林和混交林

纯林树种单一，林分结构和昆虫群落较为简单，害虫种类少、优势种突出；松毛虫种群一旦增殖，天敌的制约作用小、易猖獗成灾。混交林的林分结构和昆虫群落复杂，害虫、天敌间的食物网络较为稳定，对松毛虫种群的自控潜能大。例如，马尾松毛虫的寄生性天敌在纯林内一般不过 10 余种，在混交林内则是纯林中的数倍；在松、阔、灌多层结构的林分内，害虫、天敌昆虫、蜘蛛、鸟类的种群数量较单层纯马尾松林、复层松—阔混交林高出 1~2 倍以上。松林的混交类型、树种和比率不同，对抑制松毛虫猖獗的作用各异，马尾松与栎类混交、且覆盖率达 90% 时对松毛虫的抑制效果最好。

(2)树龄与树势

大部分食叶害虫在猖獗危害时几乎与树龄无关，但食料充足时则有偏嗜性。例如，马尾松毛虫在树龄不整齐的松林内，喜危害 8~20 年生、树高 1~5 m 的松树；在 10 年生以下松林大部分幼虫越冬于树冠针叶丛中，在 10~20 年生的松林中部分越冬于树冠、部分越冬于树皮缝隙，在 20 年生以上的松林中大部分越冬于树皮裂缝中。

（3）蜜源植物

林分中的蜜源植物是寄生性天敌成虫补充食料的主要来源，对延长其寿命、促进性成熟、提高产卵量等具有重要作用，较复杂的混交林中蜜源植物较丰富、天敌数量也较多。

3. 海拔

林分的海拔与林分的微气候、害虫及其寄主植物分布有关。例如，马尾松毛虫在海拔400 m以下低山丘陵区最易猖獗，其亚种德昌松毛虫则发生于500~1 000 m的中山丘陵区，而另一亚种文山松毛虫的发生区则高达1 200 m。因此，可将马尾松毛虫及其亚种的危害区划分为：海拔500~700 m及以上，低温多湿，日照短，一般不成灾的深山弱害地带；海拔400~500 m，植被与林相复杂，天敌种类多，个别年份猖獗成灾，但持续时间短、发生面积小的浅山偶发地带；海拔200~300 m，植被少，人畜活动频繁，天敌较少，马尾松纯林多、长势较差而稀疏的丘陵猖獗地带。

4. 天敌的影响

松毛虫类的天敌是调控松毛虫种群数量的重要因素。例如，马尾松毛虫的天敌达250余种，其中寄生蜂61种、寄蝇11种、捕食性昆虫58种、鸟类91种、蜘蛛18种、其他捕食性动物6种、病原真菌5种、病原细菌5种及病毒3种。

各种天敌对松毛虫的危害有着明显的抑制作用。例如，广西钦州某林场马尾松毛虫第3代卵期的被寄生率达81.6%（1986年）。湖南浏阳封山区第2、3代马尾松毛虫卵的被寄生率分别为45%、68%和56%，越冬代及第1代蛹期寄生与捕食率分别为53%和44%（1985年）。吉林辽源落叶松林中赤眼卵蜂、落叶松毛虫黑卵蜂及平腹小蜂等对落叶松毛虫卵期的寄生率为53.6%，幼虫期寄生率为44.6%，幼虫—蛹的寄生率达79.3%（1981年）。蜘蛛、螳螂、蚂蚁、胡蜂、鸟类等捕食性天敌对松毛虫也有明显的控制作用，在广西，双齿多刺蚁对马尾松毛虫1~3龄幼虫的捕食率达95%以上，斜纹猫蛛捕食1~3龄幼虫12头/d、最高可达25头/d，1只大山雀在育雏期间可捕食幼虫2 000~3 000头，1只杜鹃可捕食300头/d。

此外，大面积营造的人工纯松林是松毛虫繁衍和危害的基础，林地贫瘠、松林生长不良、采樵、放牧，常致使松毛虫猖獗危害。防治决策及采取的措施不当或贻误防治时机，将坐视虫灾形成和发展；在虫灾已明显形成的情况下大面积应用杀虫剂突击防治，虽能使虫灾急剧消退、避免危害，但却大量杀伤了天敌、恶化了生态环境，将使限制松毛虫种群的自然因素丧失，导致松毛虫灾害形成恶性循环。

二、其他食叶蛾类

除松毛虫外，危害林木的蛾类还包括天蛾、尺蛾、舟蛾、目夜蛾、刺蛾、小蛾、螟蛾、蚕蛾与蝶类，重要种类如下。

（一）天蛾类

天蛾为大型种类，当环境条件适合其繁衍时仍能大量发生造成较重危害。重要的种类有分布于华北、华中、华南等地危害泡桐、梓、梧桐等树种的霜天蛾 *Psilogramma menephron*（Cramer），分布于新疆、宁夏、甘肃等地的合目天蛾 *Smerithus kindermanni* Lederer，分布于新疆、内蒙古、宁夏、山西和河南等地危害沙枣的沙枣白眉天蛾 *Celerio hippopaes* Esper，分布西北地区危害胡杨的弧目大蚕蛾 *Neoris haraldi* Schawerda 等。

天蛾类

(二) 尺蛾类

尺蛾类幼虫又称尺蠖，突发性强，常常在短期内将植物叶片吃光。除下述种类外，重要种类还有分布于河南等地危害刺槐的刺槐尺蠖 *Napocheima robiniae* Chu，分布于华北、华中、台湾、广西、四川、云南等地危害木樟、胡桃、榆、桑等的黄连木尺蛾(木樟尺蛾)，分布于华中、华南危害油桐、油茶、肉桂、板栗等的油桐尺蠖，分布于广西等地危害马尾松等松树的松尺蠖 *Ectropis bistortata* Rebel，分布于河南、陕西等地危害栎类植物的栓皮栎波尺蠖 *Larerannis filipjevi* Wehrli 和栓皮栎尺蠖 *Erannis dira* Butler，分布于河北、山西、浙江、安徽、山东、河南、陕西等地危害枣树、苹果的枣尺蠖 *Sucra jujuba* Chu，分布于甘肃冷杉林上的冷杉尺蠖 *Bupalus vestalis* Staudinger 等。

春尺蠖 *Apocheima cinerarius* Erschoff

春尺蠖

又名沙枣尺蠖。国内分布于西北、华北，山东；国外分布于俄罗斯。危害沙枣、桑、榆、杨、柳、槐、胡桃、苹果、梨、花红等，是我国北方地区主要食叶害虫之一。

形态特征(图 10-7)

成虫　雄成虫翅展 28~37 mm，体灰褐色，触角羽状。前翅淡灰褐至黑褐色，有 3 条褐色波状横纹，中间 1 条常不明显。雌成虫无翅，体长 7~19 mm，触角丝状，体灰褐色，腹部背面各节有数目不等的成排黑刺、刺尖端圆钝，臀板上有突起和黑刺列。因寄主不同体色差异较大，可由淡黄至灰黑色。

卵　椭圆形，长 0.8~1.0 mm，有珍珠光泽，卵壳刻纹整齐；灰白或赭色，孵化前深紫色。

幼虫　老熟时体长 22~40 mm，灰褐色。腹部第 2 节两侧各 1 瘤突，腹线白色，气门线淡黄色。

蛹　长 12~20 mm，灰黄褐色，臀棘分叉，雌蛹体背有翅痕。

雄成虫

雌成虫　危害状

图 10-7　春尺蠖

生物学特性

1 年 1 代，以蛹在干基周围土壤中越夏、越冬。2月底 3 月初当地表 3~5 cm 处地温达 0℃ 时开始羽化出土，3 月上中旬见卵，4 月上旬至 5 月初孵化，5 月上旬至 6 月上旬幼虫开始老熟，入土化蛹越夏、越冬。雌蛾寿命约 28 d，雌蛾发生高峰与孵化高峰期距 20~39 d，卵块始孵期至孵化峰期为 6~9 d，预蛹期 4~7 d，蛹期 9 个月，卵的发育起点温度为 1.74℃，有效积温为 235.4 d·℃，幼虫 5 龄。蛹重和幼虫期的营养有关，正常时为 0.205 g/头，食料不足时 0.097 g/头。

成虫多在下午和夜间羽化出土，雄虫有趋光性，白天多潜伏于树干缝隙及枝叉处，夜间交尾，卵成块产于树皮缝隙、枯枝、枝杈断裂等处，单雌产卵量 200~300 粒。初孵幼虫取食幼芽和花蕾，较大则食叶片；4~5 龄虫耐饥能力强，可吐丝借风飘移传播到附近林木危害，受惊扰后吐丝下坠，随即又收丝攀附上树；老熟后下地，在树冠下土壤中分泌黏液硬化土壤筑土室化蛹，入土深度 16~30 cm 者约占 65%，最深达 60 cm，多分布于树干周围，低洼处尤多。幼虫期姬蜂的寄生率为 27%，春尺蠖 NPV 病毒对防治幼虫很有效。

(三) 舟蛾类

舟蛾科 (旧称天社蛾科) 多是林木害虫,少数危害禾本科农作物。除下述种类外,重要的还有分布于河南等地的栎褐舟蛾,分布于东北、河北、山东、湖南、四川等地的栎粉舟蛾,除西藏外分布全国危害杨、柳的杨扇舟蛾,分月扇舟蛾,主要分布于山东莒南、临沭的腰带燕尾舟蛾 *Furcula lanigera* (Butler),分布于华东、华南及西南等地的竹镂舟蛾,分布于浙江、江西、台湾、湖北的山核桃舟蛾 *Quadricalcarifera cyanea* (Leech),分布于黑龙江带岭、吉林长白山的中带齿舟蛾,分布于广东、云南、台湾、香港等地的龙眼蚁舟蛾等。

竹篦舟蛾

竹篦舟蛾 *Besaia goddrica* (Schaus)

分布于陕西及长江以南各地,危害竹类,在浙江、安徽等地具有暴发危害性。

形态特征(图 10-8)

成虫 雌体长 20~25 mm、翅展 50~58 mm,雄体长 19~23 mm、翅展 43~51 mm;体灰黄至灰褐色。雌虫前翅黄白至灰黄色,斑纹色浅、缘毛色深,顶角至外横线下 1 灰褐色斜纹,臀角区灰褐色。雄虫前翅灰黄色,前缘黄白色,中区 1 暗灰褐色的纵线具浅黄白色边,外缘线脉间黑点 5~6 个,亚外缘线由 10 余个黑点组成;缘毛及外缘线处灰黄色,余为深灰褐色。

卵 卵圆形,1.4 mm×1.2 mm,乳白、平滑、无斑纹。

幼虫 初孵幼虫体长 3 mm,淡黄绿色。老熟幼虫体长 48~62 mm,粉绿色;粉青色背线、亚背线、气门上线各 1 黄色狭边,气门下线黄色,上颚、触角处至单眼下方以及气门线深棕色。前胸气门处棕红色,气门黄白色其后方各 1 黄点。

雌成虫

雄成虫

蛹

幼虫

图 10-8 竹篦舟蛾

蛹 体长 20~26 mm,红褐至深褐色。臀棘 8 根,分成 6 根、2 根两列。

生物学特性

浙江 1 年 4 代,以幼虫在竹株上越冬,冬季气温高时仍继续取食,3 月食量增大,4 月上旬幼虫老熟。成虫期为 4 月初至 6 月上旬、6 月上旬至 7 月中旬、8 月上旬至 9 月中旬、9 月中旬至 11 月上旬。幼虫期为 4 月底到 7 月初、6 月下旬到 8 月底、8 月中旬到 10 月中旬、10 月初到下年 5 月上旬。各代发生期与当年气温关系密切,常提前或退迟约 20 d。

各代幼虫龄数为 1 代 5~6 龄,3 代 6 龄,第 2、4 代为 6~7 龄;幼虫历期 24~32 d、25~35 d、26~40 d、167~188 d;预蛹期为 1~3 代 2~5 d,4 代 3~9 d;蛹期 5~14 d、6~18 d、14~18 d 及 14~23 d;各代幼虫食叶量 412 cm²、390 cm²、336 cm²、325 cm²;各代产卵量 300 粒、157.6 粒、210.2 粒、289.2 粒,卵期 6~10 d;成虫寿命雄 3~10 d,雌 5~14 d、产卵期 4~12 d。

19:00 至翌日 1:00 羽化的成虫占 85% 以上。雄成虫羽化较早。交尾 1 次, 翌日下半夜及清晨交尾最多; 白天静伏、夜间活动, 有趋光性, 常成群飞迁吸水; 散产或聚产卵于竹叶背面, 每卵块 4~10 粒, 中、下部竹叶上着卵多。雌虫怀卵多达 300 粒, 产卵后即死、但有遗腹卵。初孵幼虫约食去大半卵壳后分散静伏 4~12 h 再在竹叶边缘取食, 未取食卵壳者不能化蛹而死, 其食量为幼虫期的 0.18%~0.29%; 以后每龄食量约递增 2.0~3.5 倍, 最后两龄食叶量递增 4.8~6.0 倍, 末龄占幼虫总食量的 72%~83%、每天可食叶 15~20 片(即 120.13 cm²)。2 龄幼虫排粪为食物干重的 45%, 4 龄约 52%, 幼虫老熟 65% 以上。幼虫老熟后坠地或下地于土层疏松处入土 2~3 cm 筑土室化蛹。松毛虫赤眼蜂寄生率 5%~15%、舟蛾黑卵蜂寄生率 15%~56%, 幼虫期天敌有茧蜂、瘦姬蜂、伞裙追寄蝇、蚂蚁、蜘蛛、黄足猎蝽及鸟类; 幼虫至蛹期舟蛾啮小蜂、细颚姬蜂寄生率 5%~15%。

杨小舟蛾 *Micromelalopha sieversi* (Staudinger)

杨小舟蛾

国内分布于东北、华北、华东、华中, 陕西、四川等地, 是危害杨、柳的主要害虫之一。

形态特征(图 10-9)

成虫　翅展 24~26 mm。体黄褐色、红褐色或暗褐色。前翅 3 条灰白色横线, 每线两侧均具暗边; 基线不清, 内横线在亚中褶下分叉, 外横线波浪形, 波浪形亚外缘线由脉间黑点组成、横脉处 1 小黑点。后翅臀角 1 赭色或红褐色小斑。

卵　半球形, 0.65 mm, 初黄绿色, 渐褐色。

幼虫　共 5 龄, 各龄体长为 2.15 mm、4.92 mm、8.50 mm、14.72 mm、22.27 mm, 头宽 0.39 mm、0.65 mm、1.22 mm、1.75 mm、2.74 mm。1 龄体鲜黄色或黄褐色、头黑色; 2 龄黄绿色、头黑色, 腹背第 1、3、7、8 节红斑中具黑色毛片; 3 龄黄绿色、头顶单眼区黑色, 腹部仍具红斑; 4 龄黄色、头黄绿色但头顶具"八"字形黑纹, 各节毛瘤和毛片显著, 前胸 2 对黑纹, 腹部仍有红斑, 体侧色带灰黑色; 5 龄灰褐色、头顶具"八"字形黑纹, 体侧黄色纵带中具黑色纵纹, 前胸 2 对黑色横斑, 腹

图 10-9　杨小舟蛾

部具黑色月牙形、"V"形斑及斜纹, 各节毛瘤和毛片增大; 腹部第 1、8 节背面肉瘤较大。

蛹　黑褐、红褐、褐色, 近纺锤形, 长 12.44 mm、宽 4.39 mm; 背纵脊略见、胸部背板具横皱纹及短纵纹; 腹部节间缢缩明显, 第 4~8 节基部具刻点, 腹末臀刺短而平截。

生物学特性

吉林 1 年 2 代, 河南 1 年 3~6 代, 陕西 1 年 4~5 代, 江西 1 年 5 代, 以蛹越冬。在陕西关中以 2~3 代危害严重, 翌年 4 月中旬成虫开始羽化, 预蛹期 1~2 d, 蛹期 6~10 d, 产卵前期 1~4 d, 卵期 5~6 d, 幼虫期 17~24 d, 成虫寿命 3~12 d。各代幼虫发生期为 4 月下旬至 6 月上旬、5 月下旬至 7 月下旬、6 月下旬至 8 月上旬, 越冬代 7 月下旬至 10 月中旬缀叶或在树皮缝或地面杂物下结薄茧化蛹越冬, 局部世代 8 月中旬至 10 月上旬。成虫发

生期 5 月下旬至 6 月下旬、6 月下旬至 7 月下旬、7 月下旬至 8 月下旬，局部世代 8 月中旬至 9 月中旬。

成虫昼伏夜出，趋光，白天隐藏，有多次交尾习性，20:00 后多卵产于叶上；单雌产卵量 70~410 粒，卵块单层、有卵 70~329 粒，散产卵多不孵化。幼虫 5 龄，初孵幼虫在叶背群集取食，被害叶具箩网状透明斑，稍大后分散蚕食，仅留叶脉，4 龄后进入暴食期，7~8 月高温多雨季节危害最烈。幼虫行动迟缓，白天隐伏于树皮缝隙或枝杈间，夜出取食，黎明又潜伏；老熟后下树化蛹。各虫态发育起点温度为卵 6.18℃、幼虫 6.54℃、蛹 7.67℃、成虫 14.37℃，有效积温卵为 80.27 d·℃、幼虫 379.96 d·℃、蛹 143.56 d·℃、成虫 57.79 d·℃。各代种群消长指数为 5.47、2.35、1.24、0.39、0.13。该虫嗜食黑杨派树种，白杨派受害轻微，青杨派几乎不受害；大龄树受害重于小树，树皮粗糙者受害重，树下杂物、杂草多者受害重。天敌有蜘蛛、螳螂、毛虫追寄蝇，舟蛾赤眼蜂、杨扇舟蛾黑卵蜂与扁股小蜂在第 4 代的混合寄生率可达 85%~96%，广大腿小蜂对越冬蛹的寄生率达 70% 以上。

(四) 目夜蛾类

目夜蛾科包括原毒蛾科、灯蛾科的种类。除下述种类外，重要的种类还有分布于东北、西北及山东等地的灰斑古毒蛾，分布于河南及长江以南各地的乌桕(枇杷)黄毒蛾 *Euproctis antiquoides*（Hübner），分布于台湾、华南及西南等地的棉古毒蛾 *Orgyia postica*（Walker），主要分布于云南红河的褐顶毒蛾 *Lymantria apicebrunnea* Gaede，分布于新疆、黑龙江的缀黄毒蛾 *Euproctis karghalica* Moore，分布于江西、江苏、浙江等地的雀茸毒蛾 *Dasychira melli* Collenette，分布于东北、华北、西北等地的茸毒蛾 *Calliteara pudibunda* L.，在内蒙古—大兴安岭林区危害严重的模毒蛾等，还有褐点粉灯蛾 *Alphaea phasma*（Leech）、人纹污灯蛾 *Spilarctia subcarnea*（Walker）、星白污灯蛾 *Spilosoma menthastri* Esper、八点污灯蛾 *Creatonotos transiens*（Walker）、杨裳夜蛾 *Catocala nupta* L. 等。

茶毒蛾 *Euproctis pseudoconspersa* Strand

又名茶毛虫、茶黄青蛾。国内分布于茶产区；国外分布于日本。危害油茶、茶、乌桕、油桐、柿、枇杷、柑橘等。先食嫩梢后食叶、嫩枝皮及果皮，造成茶籽减产，影响树木生长。

茶毒蛾

形态特征（图 10-10）

成虫　翅展雄 20~26 mm，雌 30~35 mm。雄成虫翅棕褐色，布黑色鳞片；前翅橙黄色，中部 2 黄白色横带，顶角和臀角各 1 黄色斑，顶角黄斑内 2 黑色圆点；内、外横线橙黄色。雌成虫腹末有黄毛簇。春秋季体翅黑褐色。

卵　扁圆、淡黄色，0.6~0.8 mm。卵块覆盖黄色绒毛。

幼虫　老熟幼虫体长 18~25 mm，体、头黄棕色，头部具褐点；气门上线褐色，具 1 白线，第 1~8 腹节亚背线上的黑褐色毛瘤上生黄白色长毛。

蛹　长 18~20 mm，亮黄褐色，被黄褐色细毛，臀棘细钩状，20 余根。茧土黄色。

生物学特性

在江苏、浙江、安徽、四川、贵州及陕西 1 年 2 代，江西、湖南、广西 1 年 3 代，福建 1 年 3~4 代，台湾 1 年 5 代；以卵在树冠中、下层萌芽条上或叶背越冬。在湖南，卵期分别为: 越冬代 115~120 d、12~15 d、7~13 d, 幼虫期 49~52 d、24~34 d、31~35 d, 幼虫 6 龄, 蛹期 10~14 d、12~21 d、23~31 d, 成虫寿命 2~11 d。

成虫夜间活动, 有趋光性, 性诱能力强烈; 交尾当天或次晚产卵, 喜产于生长茂盛的茶林及较矮的植株、萌条上, 卵块椭圆形, 覆体毛, 2~3 层排列, 有卵 30~200 粒。3 龄前幼虫群集取食叶肉, 被害叶呈网状而枯萎, 受惊即吐丝下坠; 3 龄后成群迁至树冠食叶, 常群集结网; 老熟幼虫群集下树于枯落物下、树干间缝及表土层下结茧化蛹, 以阴暗潮湿处为多。幼虫怕光及高温干旱, 中午及蜕皮前常吐丝下坠或迁至树冠下阴凉处, 约 16:00 又上树危害。天敌以核多角体病毒最有利用价值。寄生天敌卵期有黑卵蜂、赤眼蜂, 幼虫期有绒茧蜂、日本黄茧蜂、3 种姬蜂、2 种寄蝇, 捕食天敌有步甲、螳螂、蜘蛛、两栖类等。

图 10-10　茶毒蛾

图 10-11　舞毒蛾

舞毒蛾 *Lymantria dispar*（L.）

舞毒蛾

分布于除西藏外的全国各地, 为世界性林木害虫, 取食 500 余种植物, 栎、杨、柳、榆、桦、槭、楸、油松、云杉、柳杉、柿及蔷薇科受害重。

形态特征(图 10-11)

成虫　翅展雄 37~57 mm, 雌 58~80 mm。雄虫头黑褐色, 触角栉齿褐色; 胸、腹及足褐棕色。前翅灰褐色, 翅基及中室处 1 黑点, 横脉上具黑褐色弯月纹, 波浪形内、中横线及锯齿形外横线与亚外缘线黑褐色; 后翅黄棕色, 缘毛棕黄色; 前、后翅外缘各 1 列黑褐色点, 翅反面黄褐色。雌虫前翅黄白色, 中室横脉 1 "<" 形黑褐色斑, 腹末毛丛黄褐色; 其他同雄成虫。

卵　扁圆形, 直径 1.3 mm, 初期杏黄色, 后紫褐色, 卵块被黄褐色绒毛。

幼虫　1 龄黑褐色, 刚毛长、并具泡状毛; 2 龄黑褐色, 胸腹 2 黄斑; 3 龄黑灰色, 斑纹增多; 4~5 龄褐色, 头面 2 黑条纹; 6~7 龄黄褐色, 淡褐色头部散生黑点、"八"字纹宽大; 老熟幼虫体长 50~70 mm, 头黄褐色, 体黑褐色, 亚背线、气门上线与下线处的毛瘤成 6 列, 第 1~5 和第 12 节背毛瘤蓝色, 第 6~11 节橘红色, 体侧小瘤红色; 足黄褐色。各龄头宽为 0.5 mm、1.0 mm、1.8 mm、3.0 mm、4.4 mm、5.3 mm、6.0 mm。

蛹　长 19~34 mm, 红褐或黑褐色, 各腹节背毛锈黄色。臀棘钩状。

生物学特性

1 年 1 代，以完成胚胎发育的幼虫在卵内越冬。4 月下旬至 5 月上旬孵化，初孵幼虫群集食卵壳，后上树取食嫩芽及叶，并可吐丝下垂，随风传播较长距离、体毛起"风帆"作用。2 龄后白天潜伏于落叶、树缝等处，黄昏后上树危害；食料缺乏时大龄幼虫成群爬迁。6 月中旬至 7 月上旬老熟幼虫在枝叶间、树干缝隙与孔洞、地面杂物等隐蔽处吐薄丝化蛹，6 月底开始羽化，7 月中、下旬为盛期。幼虫期约 45 d，雄幼虫 5 龄、雌 6 龄，食物不良时 7 龄，蛹期 12~17 d。

雄虫活跃，白天于林间飞舞觅偶，故称舞毒蛾；雌虫较呆滞，以性信息素吸引雄虫，交尾后在化蛹场所甚至墙壁、屋檐下、树干等处产卵；单雌产卵量 400~1 500 粒。该虫多发生在郁闭度 0.2~0.3、无林下木的通风透光或新砍伐的阔叶林中，郁闭度大的复层林很少成灾。其猖獗周期约为 8 年（准备期 1 年、增殖期 2~3 年、猖獗期 2~3 年、衰亡期 3 年）。舞毒蛾核型多角体、质型多角体病毒有利用价值；其他寄生性天敌有 3 种寄蝇、2 种寄生蜂、1 种线虫；以及步甲、蜘蛛、鸟等捕食性天敌。

刚竹毒蛾 *Pantana phyllostachysae* Chao

分布于华南、西南。危害竹类，严重时食尽竹叶，使竹节积水，被害竹死亡、竹笋减少。浙江、江西常暴发成灾。

刚竹毒蛾

形态特征（图 10-12）

成虫　翅展雌 32~35 mm、雄 26~30 mm，体黄色，复眼黑色，触角栉齿灰黑色。雌成虫前翅浅黄色，雄成虫前翅后缘中央 1 橘红色斑。足黄白色，后足胫节距 1 对。

卵　鼓形，高 0.8~0.9 mm。淡黄色。顶中略凹处 1 浅褐斑，顶缘 1 浅褐环纹。

幼虫　老熟幼虫体长 20~25 mm，灰黑色，被短黄毛和黑长毛。前胸背板两侧各 1 束前伸的灰黑色羽状毛；第 1~4、8 腹节背中央红棕色毛束长刷状。

蛹　体长 9~14 mm，黄棕或红棕色，各节被黄白色绒毛，臀棘钩刺 30 余根。薄丝茧椭圆形，长 15 mm，土黄色，附毒毛。

图 10-12　刚竹毒蛾

（成虫　危害状　蛹　幼虫）

生物学特性

浙江和福建 1 年 3 代，江西 4 代。以卵和 1~2 龄幼虫越冬；翌年 3 月中旬越冬幼虫开始活动、取食，越冬卵 4 月上旬孵化结束。浙江幼虫期为 3 月中旬至 6 月上旬、6 月下旬至 8 月上旬、8 月中旬至 10 月上旬；成虫期 5 月下旬至 7 月上旬、7 月下旬至 9 月上旬、10 月上旬至 11 月上旬。江西幼虫期 3 月中旬至 5 月上旬、5 月下旬至 6 月上旬、7 月上旬至 8 月上旬、8 月上旬至 10 月上旬，11 月上旬以 1~2 龄越冬；成虫期 5 月上旬至 6 月上旬、6 月下旬至 7 月中旬、8 月中旬至 9 月上旬、10 月上旬至 11 月上旬。

成虫多在清晨和傍晚羽化，白天静伏于竹枝叶丛，夜晚活动，趋光性强。羽化不久即交尾，约半天即产卵，持续 2~3 d。每卵块约 40 粒、单双行纵列，单雌产卵量 120~160粒，雌虫寿命 5~10 d。卵期 6~12 d，初孵幼虫食卵壳后群集叶背取食，3 龄后分散、食量渐增，5 龄在竹梢叶部取食、食量最大；各龄幼虫均有吐丝下垂、转移取食及假死习性，遇惊即弹跳坠地；冬季气温达 8℃ 以上时越冬幼虫可继续取食，低温致死率 70%~90%；夏季中午酷热时即避于阴凉处，后复上竹取食。老熟幼虫多在竹秆上部及叶丛或林下草灌及笋箨内结茧，前蛹期 2~3 d，蛹期 6~15 d。

该虫多发生于山洼、阴坡密林处，再向山脊阳坡蔓延。春天低温、夏日高温、秋天干旱不利其发生，暴风雨能使虫口密度急剧下降。捕食性天敌有蚂蚁、猎蝽；卵期寄生性天敌有黑卵蜂、旋小蜂及跳小蜂；幼虫期有绒茧蜂、黑瘤姬蜂、日本追寄蝇、白僵菌等。旋小蜂寄生率达 50.3%，黑卵蜂 73.6%，绒茧蜂 10%，寄生蝇 32.6%。

蜀柏毒蛾 *Parocneria orienta* Chao

蜀柏毒蛾

又名柏毛虫、小柏毛虫等。主要分布于浙江、湖北、四川等地，以幼虫取食柏科植物鳞叶尖端、新萌嫩叶，大发生时常将鳞叶食尽、仅留枝条，致使枝条枯死。与该种近似的为分布于华北、华中及陕西的侧柏毒蛾。

形态特征(图 10-13)

成虫　雄虫体长 12~15 mm，翅展 29~35 mm。触角淡褐、栉齿黑褐色。头和胸部灰褐色，有白毛。足灰褐色，有白斑。前翅白色或褐白色，中区和外区密布褐色或黑褐色鳞片；斑纹较模糊，褐色或黑褐色；基线不清晰；亚基线斑点状；内横线和中横线锯齿状，外横线、亚外缘线深锯齿形；外缘线由一列点组成；缘毛白色、褐色或黑褐色相间。雌虫体长 18~20 mm，翅展 33~45 mm。颜色较浅，斑纹较雄蛾清晰；后翅灰白色，外缘褐色或黑褐色。

卵　扁圆形，直径 0.6~0.8 mm，背面中央有一凹陷。初产时暗绿色，随发育逐变为灰黄色、灰褐色，孵化前为黑褐色。

成虫

卵

幼虫

蛹

图 10-13　蜀柏毒蛾

幼虫　体长 22~42 mm。头部褐黑色，体绿色，背面和侧面有灰白色和灰褐色斑纹，瘤红色，瘤上生白色和黑色毛。

蛹　长 12~20 mm，绿色或灰绿色，腹部有黄白色斑。

生物学特性

四川 1 年 2 代，以第 2 代幼虫或卵越冬。翌年 2 月上旬越冬代出蛰危害，幼虫暴食期在 4 月下旬到 5 月中旬，成虫羽化盛期在 6 月上旬至 6 月中旬。5 月下旬第 1 代幼虫危害、暴食期在 8 月中旬至 9 月中旬，10 月上旬至 10 月下旬为成虫羽化盛期。第 2 代卵 10 月至12 月陆续孵化，而后越冬。

成虫多在黄昏羽化、活动，趋光性强烈，越冬代寿命8.1 d、第1代10.9 d；白天静伏于枝叶间，多在树冠、树干上交尾。卵多聚产于树冠中或下部鳞叶背面、小枝及小枝分叉处，卵块几粒至上百粒。越冬代产卵量240~320粒、最多613粒，第1代180~260粒。第1代卵期14.3 d，发育起点温度为18.78℃±0.18℃，有效积温72.54 d·℃±2.56 d·℃；卵在22.2~26.2℃条件下，淡绿色期为2.66 d±1.1 d，灰黄色期为2.3 d±0.45 d，灰褐色期为5.50 d±1.27 d，黑褐色期为3.89 d±0.46 d。幼虫6龄，越冬代2龄18.6 d、3龄16.0 d、4龄13.5 d、5龄11.8 d、6龄12.5 d，第1代1龄12.3 d、2龄11.8 d、3龄13.9 d、4龄14.1 d、5龄12.9 d、6龄14.0 d。老熟幼虫常吐少量丝缀叶或倒悬于枝叶上化蛹，越冬代蛹发育起点温度为17.97℃±1.65℃，第1代为12.23℃±0.94℃，越冬代有效积温为68.91 d·℃±22.7 d·℃、第1代为115.53 d·℃±15.89 d·℃。

初孵幼虫多集中取食卵壳、食树叶者少，遇风干扰则吐丝下垂、随风传播；而后取食幼嫩鳞叶及小枝顶芽、使枝叶停止生长，大龄取食老叶甚至嫩枝，使其枯黄甚至死亡。该虫常在海拔400~600 m的林区成灾，纯林受害重于混交林；幼虫的空间分布型为均匀分布，在虫口密度大时有向随机分布转化的趋势。卵期天敌主要有黑卵蜂，越冬代寄生率达74%、第一代寄生率达80%；幼虫期有寄生率为20%~30%的毒蛾绒茧蜂，以及寄生蝇、蜀柏毒蛾颗粒体病毒。

木毒蛾 *Lymantria xylina* Swinboe

又名木麻黄毒蛾、黑角舞蛾。国内分布于福建、浙江、广东、台湾；国外分布于日本、印度。幼虫取食木麻黄、相思树、刺槐、栎、柳、枫杨、杧果、荔枝、龙眼、木波罗、番石榴等30余种植物叶和嫩枝，严重影响其生长乃至枯死。

木毒蛾

形态特征(图10-14)

成虫　雌成虫体长22~23 mm，翅展30~40 mm；黄白色，头顶鳞毛红白色。前翅亚基线、内横线短，外横线呈1黑棕色宽带状，外缘毛具8个近方形灰棕斑，后翅的外缘毛亦具方形斑。足黑色、仅基节端部及腿节外侧红色，中后足胫节各2距。腹部黑灰色、第1~4节背板后半部红色。雄蛾体长16~25 mm，翅展21~31 mm，灰白色，触角羽状、黑色，前翅前缘近顶角处3黑点，中横线、外横线明显，内横线明显或部分消失。

图10-14　木毒蛾

卵　扁圆形，1.0~1.2 mm×0.8~0.9 mm，灰白至微黄色。卵块长牡蛎形，灰褐至黄褐色。

幼虫　体长38~62 mm，头宽5.2~6.5 mm，黑灰或黄褐色。冠缝两侧具"八"形黑斑，单眼区具"C"形黑斑，胸、腹部各节毛瘤3对；亚背线毛瘤在胸部第1~2节蓝黑色、偶紫红色，腹部第3节黑色、第4~11节紫红色，腹末节毛瘤长牡蛎形、红褐至黑褐色。趾钩单序中列式。翻缩腺圆锥形、红褐色。

蛹　雌蛹长22~36 mm、雄蛹17~25 mm，暗红褐色。前胸背1大撮黑毛及数小撮黄毛，中胸两侧各1个黑圆毛斑，腹部各节数小撮白毛、两侧棘刺12~31根，腹端臀棘19~27根。

生物学特性

1年发生1代，以完成发育的幼虫在卵内越冬。翌年3~4月孵化，初孵幼虫群集于卵块表面，阳光强烈或风大时躲于卵块背阴或背风面；1至数天后，爬离卵块或吐丝下垂随风扩散，初取食小枝，3龄后从小枝中下部向上啃食皮层至顶端、再从顶端向基部啃食另半边，4龄后当食料缺乏时即下树向阳光方向迁移，又上树觅食，4龄幼虫停食6~10 d后死亡、5~6龄7~14 d死亡。幼虫多7龄、少数6或8龄，历期45~64 d，耐饥能力很强。老熟幼虫于5月中、下旬在木麻黄枝条上、枝干分叉处或树干上吐丝，以臀棘固定虫体进入预蛹期，经1~3 d化蛹，蛹期5~14 d。成虫5月底至6月上旬羽化。

雌、雄蛾多在12:00~18:00、18:00~24:00羽化，傍晚活动，飞舞寻偶时间长，趋光性强，寿命2~9 d。羽化14~33 h后多在20:00~2:00交尾，雄蛾可与2~3只雌蛾交尾，雌蛾常只交尾1次。交尾20 min~17 h后多在夜间产卵于枝条或树干上，单雌产1卵块、有卵354~1 517粒、平均1 019粒。当年9月卵完成胚胎发育、而后越冬。天敌有卵跳小蜂、松毛虫黑点瘤姬蜂、红尾追寄蝇、日本追寄蝇、七星瓢虫、澳洲瓢虫，以及木毒蛾核型多角体病毒、芽孢杆菌、白僵菌等。其中，病毒最有较高的利用价值。

美国白蛾 *Hyphantria cunea*（Drury）

美国白蛾

为世界检疫性害虫，1922年记录于加拿大，1940—1976年传至美洲及欧洲，1945—1979年传至亚洲的日本、朝鲜及我国。我国现分布于辽宁、山东、河北、天津、北京、内蒙古、吉林、江苏、河南、安徽、上海，以及浙江、湖北、陕西的局部地区。幼虫食害200余种植物，喜食糖槭、白蜡树、桑、泡桐、臭椿、樱花树、蔷薇科植物、杨、柳、悬铃木等。幼虫耐饥饿能力较强，利于人为传播和扩散。发生量大时幼虫所至之处植物片叶无存。

形态特征（图10-15）

成虫　翅展雌34.0~42.4 mm、雄25.8~36.4 mm，体白色，雄触角双栉齿状、雌锯齿

雌成虫　　　　　　　　　　　　　　　　　　　　　　　　蛹

雄成虫　　　　　　　　　　　　　幼虫　　　　　蛹的臀棘

图10-15　美国白蛾

状。复眼黑色,前足基节及腿节端部橘红色,前足胫节 1 对短齿、后足胫节 1 对短距。翅白色,但雄蛾前翅常有黑斑点,前翅 R_2、R_3、R_4 与 R_5 脉共柄,后翅 M_2 与 M_3 脉共柄。

卵　球形,0.4~0.5 mm,浅黄绿、灰绿、灰褐色,凹纹规则。卵块行列整齐、被鳞毛。

幼虫　分红头与黑头两种类型,我国多为黑头型。老熟幼虫体长 28~35 mm,黄绿至灰黑色;背部色深、体侧和腹面色淡,背线、气门上线、气门下线浅黄色,背部毛瘤黑色、体侧毛瘤多橙黄色,毛瘤生黑白 2 色刚毛。趾钩单序中列式(中间趾钩长,10~14 根;两端趾钩小,20~24 根)。

蛹　长 8~15 mm,暗红褐色,腹部布满凹陷刻点。臀棘 8~17 根、排成扇形,其端部呈喇叭口状,中间凹陷。茧薄,灰色杂有体毛。

生物学特性

辽宁 1 年 2 代,南部偶 1 年 3 代;陕西 1 年 2 代,有不完全的第 3 代;河南 1 年 3 代。以蛹在墙缝、7~8 cm 浅土层内、枯枝落叶层等处越冬,辽宁晚发生 30~40 d。翌年 4 月初至 5 月底越冬蛹羽化,4 月中旬到 6 月上旬为卵期;4 月下旬到 7 月下旬为幼虫期,盛期 5 月中旬至 6 月下旬,6 月上旬到 7 月下旬为蛹期。第 2 代成虫 6 月中旬至 8 月上旬、盛期 7 月中下旬,幼虫 6 月下旬至 9 月中旬、盛期 7 月中旬至 8 月中旬;8 月上旬开始下树化蛹,大多数以蛹越冬,少数羽化。第 3 代成虫 8 月下旬至 9 月下旬发生,9 月初出现幼虫并造成一定的危害,但到 4~5 龄时因不能化蛹越冬而死亡。各代卵期为 12.9 d(6~19 d)、7.8 d(6~11 d)、12 d;幼虫期 6 龄的 35 d、7 龄的 42 d,预蛹期 2~3 d,蛹期 9~20 d,越冬蛹 8~9 个月。越冬蛹发育起点温度 13.34℃,有效积温 170.02 d·℃。各代产卵量 729~1 742 粒、584~1 242 粒、360 粒。雌蛾寿命 6~8 d、雄蛾 4~6 d。

成虫羽化、卵及幼虫发育的最适温湿度分别为 19.5~24℃、RH 75%~83%,23~25℃、RH 75%~80%,24~26℃、RH 70%~80%。成虫白天静伏,可远飞约 1 km、借助风力可扩散 20~22 km,趋光性弱、灯诱者多为雄虫。0:30~1:00 交尾并持续 8~36 h,不久即产卵,单雌产 1 卵块历时约 3 d,嗜食树种树冠下部落卵最多。卵多在阴天或夜间湿度较大时孵化,孵化率常达 98% 以上,同一块卵在 1 d 内孵化。初孵幼虫在叶背吐丝缀叶 1~3 片成网幕、食叶的下表皮和叶肉使其透明,2 龄后分散为 2~4 小群再结新网,3~4 龄食量和网幕不断扩大,网幕可长达 1~3 m,常有 1~4 龄幼虫数百头;5 龄后脱离网幕分散生活,耐饥饿 5~13 d,6~7 龄食量占幼虫期的 56% 以上、蚕食叶片只留主脉,树上无叶后即转移食。第 1 代蛹多集中在树干老皮缝隙、部分在枯枝落叶层或杂物或 2~3 cm 的表土层内,越冬蛹可分散距寄主数百米的隐蔽处。越冬代成虫羽化,1、4~5 龄幼虫盛发期分别与小麦抽穗、桑椹成熟、小麦收割期吻合。捕食性天敌卵期有草蛉、瓢虫和姬蜂类;幼虫期有蜘蛛、草蛉、螳螂及蜻类,1~3 龄幼虫由蜘蛛引起的致死率 30%~90%;蛹期天敌主要为寄生蜂和寄生蝇类,白蛾周氏啮小蜂对蛹的寄生率达 80% 以上。

(五)刺蛾类

刺蛾类是行道树、园林树木及果树的常见害虫。除下述种类外,还有分布于华中、华南等地危害竹类的两色绿刺蛾,分布于华东、华南、西南及辽宁、吉林、河北等地危害胡桃、苹果、梨、乌桕等的扁刺蛾 *Thosea sinensis* Walker，分布于华中、西南及河北等地危害杨、柳、榆、槐等的丽绿刺蛾 *Parasa lepida*（Cramer），分布于除西藏、新疆、青海外各地危害柿、桑、油桐、梧桐等的中国绿刺蛾 *Latoia sinica*（Moore），分布于福建、江西等地危害杉树的建宁杉奕刺蛾 *Phlossa jianningana* Yang et Jiang。

黄刺蛾 *Monema flavescens* Walker

黄刺蛾

国内遍布除宁夏、新疆、贵州、西藏之外的地区；国外分布于日本、朝鲜、俄罗斯（西伯利亚地区）。危害杨、胡桃、苹果、石榴、枫杨、乌桕、槭类、梧桐、桤木、楝、油桐、柿、枣、板栗、茶、桑、柳、榆、梨、杏、桃、枇杷、柑橘、山楂、杧果等。

图 10-16　黄刺蛾

形态特征（图 10-16）

成虫　雌蛾翅展 35~39 mm、雄蛾翅展 30~32 mm，体橙黄色。前翅黄褐色，顶角 1 细斜线伸向中室，其内方黄色而外方褐色，褐色中 1 深褐色细线由顶角伸至后缘中部，中室 1 黄褐色圆点。后翅灰黄色。

卵　扁椭圆形，端部略尖，1.4~1.5 mm×0.9 m，淡黄色，具龟状刻纹。

幼虫　老熟幼虫体长 19~25 mm，粗大。头黄褐色、隐于前胸下，胸黄绿色；体自第 2 节起各节背线两侧 1 对枝刺，第 3、4、10 节的刺大，枝刺生黑色刺毛；体背大斑纹紫褐色、其前后宽大而中部狭细，末节背 4 个褐色小斑；体两侧各 9 个枝刺，其中部 2 条蓝色纵纹，气门上线淡青、下线淡黄色。

蛹　椭圆形，粗大。体长 13~15 mm，淡黄褐色，头、胸部背面黄色，腹部各节背板褐色。茧椭圆形，黑褐色，纵条纹灰白色、不规则，极似雀卵。

生物学特性

陕西、辽宁 1 年 1 代，北京、安徽、四川 1 年 2 代，以老熟幼虫在树干和枝丫处结茧过冬。陕西 5 月下旬化蛹，6 月中旬至 7 月上旬羽化、产卵；幼虫 7 月上、中旬孵化，9 月下旬越冬。合肥翌年 5 月中旬化蛹，5 月下旬见成虫。5 月下旬至 6 月为第 1 代卵期，6~7 月为幼虫期，6 月下旬至 8 月中旬为蛹期，7 月下旬至 8 月为成虫期；第 2 代幼虫 8 月上旬发生，10 月结茧越冬。

17:00~22:00 为羽化盛期，夜间活动、趋光性弱。卵多散产叶背或数粒聚集，单雌产卵量 49~67 粒，成虫寿命 4~7 d。幼虫多在白天孵化，初孵幼虫先食卵壳、再食叶下表皮和叶肉、形成圆形透明小斑或大斑，4 龄叶片被吃成孔洞，5、6 龄仅留叶脉。幼虫食性杂，江苏太湖地区以危害枫杨、朴树为主，哈尔滨以苹果为主，青岛以苹果、梨、桃为主，江西中部以桃为主，安徽以苹果、石榴为主；合肥第 1 代多危害枫杨、胡桃，第 2 代危害梨和栎类。幼虫 7 龄，第 1 代各龄期为 1~2 d、2~3 d、2~3 d、2~3 d、4~5 d、5~7 d、6~8 d；1 年 2 代的第 1 代茧小而薄，第 2 代则大而厚。天敌有上海青蜂、刺蛾广肩小蜂、姬蜂、螳螂、核型多角体病毒。

(六) 小蛾类

又称小鳞翅类。除下述外，重要的种类还有分布于南方柑橘产区的柑橘潜叶蛾 *Phyllocnistis citrella* Stainton，分布于华中、华南及西南的重阳木斑蛾 *Histia rhodope* Cramer，分布于华东及湖南、陕西南部、四川、台湾的茶袋蛾，分布于新疆、山西的榆潜叶蛾，分布于新疆的杨细蛾 *Lithocolletis populifoliella* Trietschke，分布于北方果区的梨星毛虫，分布于吉林、新疆、青海、河北、甘肃祁连山的松线小卷蛾 *Zeiraphera griseana*（Hübner），分布于吉林、新疆、青海、河北、甘肃祁连山的云杉线小卷蛾 *Zeiraphera canadensis* Mutuura et Freeman 等。

竹小斑蛾 *Fuscartona funeralis*（Butler）

分布于华中以南竹产区。幼虫危害毛竹、青秆竹、青皮竹及刚竹等，危害严重时竹叶被食尽。

竹小斑蛾

形态特征（图 10-17）

成虫 体长 9~11 mm、翅展 20~22 mm，体青黑蓝色，翅黑褐色、翅缘及翅脉黑色。前翅狭长，后翅顶角较尖，缘毛灰褐色。前足胫节端距 1 对，后足胫节端距 2 对、位于端部和中部。

卵 长卵形，0.7 mm×0.5 mm。初产亮乳白色，近孵化时淡蓝色。

幼虫 体长 16~19 mm，头褐色，体背、腹面砖红色，体侧少数灰黑色，结茧前黑红色。初龄幼虫前胸大，各体节背面均横列毛瘤 4 个，瘤上生灰白色长毛束。

蛹 长 9~10 mm，体扁。亮鲜黄色，近羽化时灰黑色，体背 10 节，各节前半部生黄色刺突。茧扁椭圆形，长约 13 mm，黄褐色，被白粉。

图 10-17 竹小斑蛾

生物学特性

浙江 1 年 3 代、广东 1 年 4 代，以老熟幼虫结茧越冬。翌年 4 月下旬至 5 月上旬化蛹，5 月中、下旬成虫羽化、产卵。浙江第 1 代幼虫危害期在 6 月、第 2 代为 8 月、第 3 代在 10 月；广东第 1 代为 4、5 月，第 2 代 7 月，第 3 代 9 月，第 4 代 11 月。成虫羽化后白天交尾、产卵，夜间栖息，15:00 至翌日 1:00 多在竹林上空、道旁飞舞，在金樱子、野茉莉、细叶女贞等花丛吸食花蜜。卵多单层成块产于 1 m 以下小竹嫩叶、大竹下部竹叶背面，单雌产卵量 300~400 粒。初孵幼虫喜群集，整齐排列取食叶肉，被害处显现白斑或全叶枯白；3 龄后食全叶，老龄虫可食尽竹叶仅剩残枝；幼虫老熟后下竹在枯竹筒、竹壳或其他枯落物下结茧化蛹。5 月的降水量较少对其繁殖有利，阳坡、坡度较小、山腰及山麓、稀疏透光、下木与地被少、林缘及路边的竹林发生严重。其危害多呈局部性，多发生于阳面坡度在 25° 以下、郁闭度小于 0.7 的竹林。

大袋蛾 *Eumeta variegata*（Snellen）

大袋蛾

又名大蓑蛾、大避债蛾。分布于华东、中南、西南及陕西等地，山东、河南等地发生严重。危害悬铃木、泡桐、刺槐、榆、重阳木、垂柳、月季、海棠及各种果树等 600 余种植物，大发生时食尽树叶，仅留树枝，致使枝条枯萎。

形态特征（图 10-18）

成虫
雄幼虫　雌幼虫　袋囊
图 10-18　大袋蛾

成虫　雌虫体长 22~30 mm，肥大呈蛆状，淡黄或乳白色，腹部第 7、8 节间饰环状黄色茸毛。雄虫体长 15~20 mm，翅展 35~44 mm，黑褐色，前翅 M_2 与 M_3 脉之间、R_5 与 M_1 间外缘、R_4~R_5 脉基部之间各 1 透明斑。

卵　椭圆形，0.8 mm×0.5 mm，黄白色，产于雌蛾袋囊内。

幼虫　初龄时黄色，斑纹很少。3 龄后可区分雌雄。雌幼虫头部深棕色，头顶有环状斑，胸、腹背面黑褐色，各节表面有皱纹、并具深褐和淡黄相间的斑纹，腹足趾钩呈缺环。雄虫体小，黄褐色，蜕裂线及额缝白色。袋囊丝质、坚硬、纺锤形，雄长约 52 mm，雌长约 62 mm，粘连树叶大碎片或小枝条。

蛹　雌蛹体长 22~23 mm，头、胸部附器均消失，枣红色。雄蛹体细长，17~20 mm，赤褐色，第 3~8 节背板前缘各 1 列横刺，腹末臀棘 1 对、小而弯曲。

生物学及习性

华南 1 年 2 代、其余 1 年 1 代，老熟幼虫以丝将袋囊束于小枝上越冬，南方部分年份发生的第 3 代幼虫不能过冬。陕西 4 月下旬始化蛹，5 月底始羽化、产卵，5 月下旬卵开始孵化，至 10 月下旬越冬。合肥等地的发生期约早 15 d，越冬期约后移半月。卵期、幼虫期、雄蛹期、雌蛹期及雌、雄成虫寿命为 15~21 d、210~240 d、24~33 d、13~26 d、12~19 d、2~3 d，蛹重 1.08~1.45 g，产卵量 1 400~4 500 粒，幼虫自然死亡率 32%~72%，孵化与羽化率在 90% 以上，雌雄性比 0.33∶1~0.49∶1。在泡桐上各虫态历期约缩短 20%，雌性占比较高，雌蛹增重 14%~26%，产卵量增大 15%~23%，幼虫自然死亡率降低 45% 以上。

老熟幼虫化蛹前体倒转，多在晴天羽化，雌虫羽化时袋囊排粪孔外塞有绒毛，羽化 1~2 d 后 20∶00~21∶00 交尾，雌成虫产卵于蛹壳内、卵覆黄毛。多在 14∶00~15∶00 孵化，初孵幼虫先食卵壳、约滞留 2 d，晴天中午出袋、吐丝下垂并随风飘移、爬行，吐丝围绕中后胸缀成丝环，咬取叶屑粘于丝环，历时 85~120 min 成袋囊，随即食树叶表皮和叶肉，使其显透明枯斑。2 龄后蚕食叶片，袋囊随虫体增长而增大；4~5 龄食量约占幼虫期的 90%，1 头幼虫可食泡桐叶 18.013 g 即 4.7 片叶，虫口较多时食尽叶继而剥食枝干皮层、芽梢及花果。该虫喜光，向光枝条、稀林、林缘虫口较多，初孵幼虫及大幼虫如遇大风雨、连阴雨常大批死亡，冬季低温和温差较大时越冬幼虫死亡率 20%~72%。初孵幼虫捕食天敌有瓢虫、蚂蚁、蜘蛛，大幼虫时有 5 种鸟类天敌；幼虫期有大袋蛾杆状病毒（CVSHPV），近老熟时寄蝇的寄生率常达 40%~90%。

桉袋蛾 *Brachycyttarus subteralbata* Hampson

又名小袋蛾。分布于华中、华南等地。危害悬铃木、重阳木、白杨、刺槐、三角槭、柳、榆、樟、杏、梨、紫荆、山茶等。

形态特征(图 10-19)

成虫　雌虫蛆形，体长 6~8 mm，头部咖啡色，胸、腹部黄白色。雄体长约 34 mm，翅展 11~13 mm，前翅黑色，后翅银灰色。

图 10-19　桉袋蛾

幼虫　老熟幼虫体长约 8 mm，乳白色。中、后胸背板具 4 块色斑，腹部第 10 节背板深褐色。袋囊长 7~12 mm，黏附碎叶片和小枝皮，幼虫老熟、化蛹后囊端 1 细丝索与枝条相连。

蛹　雌体长 14~20 mm，纺锤形褐色，头小、胸节略弯，臀棘分叉、叉端各 1 短刺。雄蛹体长 15~20 mm，褐至黑褐色，腹末稍向腹面弯曲，翅芽达第 3 腹节后缘，臀棘同雌。

生物学特性

江苏、上海、浙江、安徽 1 年 2 代，广西 1 年 3 代，以 3~4 龄幼虫在袋囊内越冬。在杭州，越冬幼虫第 2 年 3 月活动取食，5 月中旬开始化蛹，5 月下旬至 6 月中旬成虫羽化，6 月下旬开始产卵。单雌产卵量 109~266 粒。第 1 代幼虫 6 月中旬至 8 月中旬危害，第 2 代幼虫 9 月出现、冬前危害较轻；卵期 12~17 d，幼虫期 50~60 d、越冬代 253~289 d。雌蛹期 10~22 d，雄蛹 8~14 d，雄成虫寿命 2~5 d、雌虫 12~15 d 以上。老熟幼虫化蛹时吐长约 10 mm 的丝索 1 根，将袋囊一端黏悬于枝叶下，吐丝封闭囊口，虫体头尾倒转、化蛹。

枇杷瘤蛾 *Melanographia flexilineata*（Wileman）

又名枇杷黄毛虫。国内分布于西南，湖北、湖南、江苏、浙江、江西、福建；国外分布于印度。幼虫食害枇杷嫩芽、嫩叶，也食老叶、嫩茎表皮和花果。危害严重时整株叶片仅剩叶脉，影响结果。

图 10-20　枇杷瘤蛾

形态特征(图 10-20)

成虫　雌体长 9.0~9.5 mm、翅展 20.0~22.5 mm；雄体长 8.5~10.0 mm、翅展 19~20 mm，银灰色。前翅中室 1 小丛褐色突起鳞毛，内、外线黑色，亚外缘线为浓黑色不规则锯齿状横纹，外、亚端线间杂生黑色鳞片，外缘毛 7 个黑色锯齿形斑。后翅淡灰色，外缘和后缘镶灰色缘毛。

卵　扁圆形，0.60~6.65 mm。淡黄色，壳面有纵刻纹。

幼虫　5~6 龄。老熟幼虫体长 22~23 mm，体背黄、腹面草绿、头部黄色。腹部第 2~11 节各 3 对毛瘤，第 3 节的较大、亮蓝黑色，其余毛瘤黄色，毛瘤生黄色长毛。腹足 4 对，腹足趾钩双序中带。

蛹　体长 8~11 mm，淡褐色，第 7 节两侧瘤状凸起。茧长 15 mm，土黄色，前端有角突，底面平坦。

生物学特性

浙江 1 年 3 代，第 1 代发生在枇杷春梢抽生后至采收前的 5~6 月，第 2 代在夏梢抽生后的 7~8 月，第 3 代发生在秋梢抽生后花苞吐露前的 9~10 月。福建 1 年 5 代，以蛹在树皮缝隙或老叶背面越冬，翌年 4~5 月陆续羽化，第 1 代幼虫于 4 月上旬至 5 月下旬危害枇杷春梢；7 月中旬至 9 月上旬第 3、4 代危害夏、秋梢嫩叶，发生量最大。幼树受害较严重。

雌虫散产卵于枇杷嫩叶背面，单雌产卵量 19~90 粒、平均 30 粒，成虫寿命 2~10 d，卵期 3~7 d，幼虫期 15~31 d，蛹期 12~30 d。初孵幼虫群集于新梢、嫩叶正面毛丛下取食，被害叶呈褐色斑点，2 龄后分散，3 龄后用头部推开叶背绒毛取食、食量增大、被害嫩叶仅剩一薄膜和叶背绒毛，严重时全树嫩叶被害殆尽，随即转害老叶、嫩茎、表皮和花果。幼虫多在傍晚至清晨期间取食、其余多栖于老叶背面，老熟幼虫多在叶背主脉附近、枝条背面的荫蔽处，吐丝缀合叶片绒毛、枝条皮屑成茧化蛹，越冬代多在树干基部皮缝等处结茧化蛹。

(七) 螟蛾类

螟蛾类

螟蛾类是林木重要的害虫类群之一，钻蛀或缀叶危害，暴发时常食尽叶片。除下述种类外，重要种类还有几乎分布于全国各地均危害枫香树、合欢、女贞等的缀叶丛螟 *Locastra muscosalis* Walker，分布在秦岭以南桑蚕区的桑绢野螟 *Glyphodes pyloalis* Walker 等。危害竹类的有 10 余种，主要种类有竹绒野螟 *Sinibotys evenoralis* Walker，竹金黄绒野螟 *Circobotys aurealis* Leech，竹淡黄绒野螟 *Demobotys pervulgalis* Hampson，竹大黄绒野螟 *Eumorphobotys obscuralis* Caradja 等。

竹织叶野螟 *Crypsiptya coclesalis*（Walker）

竹织叶野螟

异名 *Algedonia coclesalis* Walker。分布于山东、河南以南至西南各地。危害竹类，新竹受害严重后可以枯死。

形态特征(图10-21)

成虫　雌虫翅展24~30 mm、雄翅
展25~30 mm，黄至黄褐色，复眼与额
面交界处，腹面银白色。前翅外横线
下半段内倾与中横线相接，后翅仅有
中横线，前、后翅外线均有褐色宽边，
后翅色浅。足银白色、外侧黄色。雌
虫后足胫节内距1长1短，雄虫1根可
见、另1根弱。

卵　扁椭圆形，0.84 mm×0.75 mm。
初产时蜡黄色。

图10-21　竹织叶野螟

幼虫　老熟幼虫体长16~25 mm，暗青色、黄褐色、橘黄色至乳白色等。前胸背板6
黑斑，中、后胸背板各2褐斑(由背线分割为4块)，腹部每节背面2褐斑，气门斜上方1
褐斑。

蛹　体长12~14 mm，橙黄色。尾端两分叉，各叉生臀棘4根、内侧2根略长。茧椭
圆形，长14~16 mm，灰褐色、内壁灰白，外黏附小土粒或小石粒。

生物学特性

浙江1年1~4代，世代重叠，以老熟幼虫越冬。翌年4月底化蛹，5月中、下旬出现
成虫，6月上旬为羽化高峰。各代成虫期分别为5月中旬到6月下旬、7月中旬到8月下
旬、8月下旬到9月中旬、9月下旬到10月上旬，各代幼虫危害期分别为5月底到7月下
旬、7月下旬到9月上旬、8月下旬到10月中旬、9月下旬到11月上旬。

成虫羽化多在晚上，羽化气温20℃以上，在25℃以上时集中在20:00~23:00羽化，
干旱很少羽化或不羽化，雨天则当晚集中羽化，白天静栖，趋光性强。羽化后展翅5~
8 min，30 min后飞行、扑灯；扑灯高峰依次为20:00~23:00、1:00~2:00，1灯1晚最多
诱蛾1万~7万只，灯下初期多为雄虫、后期雌虫渐多；灯下迁出竹林雄虫多、迁入者雌
虫多，出笋无大小年的竹林该现象不明显；群集于栎林或分散于其他蜜源植物叶背吸蜜，
未取食者不交尾、产卵、寿命短，取食10%蜜水者寿命长达15 d；取食7 d后多在清晨
3:00左右交尾，交尾后多产卵于成年竹林新竹梢头的叶背，1株新竹有卵22~65块、最多
达200块，若产于刚竹新竹秆的中、上部，每竹最多有卵21块；卵块有卵7~152粒、平
均30粒，单雌产卵量92~152粒。

卵期约7 d，幼虫7~8龄，7龄者历期26 d、8龄者31 d。幼虫多于夜间孵出，初孵幼虫
爬至放叶期的喇叭叶，吐丝缠叶成苞爬入取食上表皮，每苞有虫2~25条，平均8~9条，当
苞内叶片被食50%以上时即弃旧苞再卷新苞；2龄幼虫分散，再卷2叶，每苞有虫1~3条，
1~2龄虫苞两端略有空隙；3龄幼虫卷3~4叶，每苞有虫1条；4龄后换苞较勤，卷苞较紧，
以虫粪阻塞空隙；老熟幼虫天天换苞，每苞有叶8张以上，虫口密度大时也有卷1~2叶者。
1~2龄幼虫卷苞需4~6 h，大幼虫卷1苞需1 h以上，吐丝卷苞不成者则丝尽虫死。初龄幼虫
多危害上部竹叶，换苞时逐步向下转移，因此竹林虫苞由上至下逐渐增多；第2代初孵幼虫
多钻入第一代残留的虫苞中取食，7龄幼虫食叶量为91 cm²、8龄117 cm²。幼虫老熟后多于

半夜 3:00 吐丝下垂,多在毛竹、杂草根基土壤疏松处入土 2~5 cm 结茧,积水地及砂砾土中虫茧很少;第 1 代约 6%化蛹于虫苞中,第 2~4 代全部入土结茧;各代大部分幼虫不化蛹,滞育至下代或翌年再化蛹、羽化,因此越冬代成虫口密度最大、第 1 代危害最重。

毛竹、刚竹、淡竹及青皮竹、撑篙竹等受害最重,山顶、丛生竹、夏季月月出笋、新竹月月有嫩叶、易成虫苞的竹林被害重,出笋有大小年的毛竹林在大年被害、小年不被害,竹叶老化不易卷苞的竹林受害较轻。一般危害年份,1 株毛竹常有幼虫 300~500 条,严重危害年份 2 000~4 000 条,最多达万余条,致竹林一片枯白。天敌较多,成虫期有鸟类,卵期有赤眼蜂,幼虫期有鸟类、蛙、蜘蛛、蚂蚁、捕食性昆虫、寄生蜂和白僵菌。赤眼蜂最高寄生率为 82%、竹螟绒茧蜂为 9.4%~22.2%、长距茧蜂为 10%,白僵菌对结茧幼虫的寄生率为 14.1%~44.0%。

樟巢螟 *Orthaga achatina* Butler

樟巢螟

分布于华东等地。以 1~2 幼虫取食樟树、小胡椒叶片,3~5 龄吐丝缀合小枝与叶片成鸟巢样的虫巢。常将整株叶片食尽、影响生长和景观。

图 10-22 樟巢螟

形态特征(图 10-22)

成虫 体长 8~13 mm,翅展 22~30 mm,褐色。头部淡黄褐、触角黑褐色,雄蛾体背面淡褐、雌黑褐色,腹面淡褐色。前翅基部暗黑褐色,翅面密布深色的杂斑,翅面 3 条绿色的横带,外横带最细、波浪状外凸,褐色缘毛基部 1 排黑点。后翅除外缘具淡褐色带外,其余灰黄色。

卵 扁圆形,直径 0.6~0.8 mm,中央有不规则的红斑,卵壳有点状纹。卵块不规则。

幼虫 初孵幼虫灰黑色,2 龄后棕色。老熟幼虫体长 22~30 mm,褐色,头及前胸背板红褐色,体背 1 褐色宽带,其两侧各 2 黄褐色线;每节背面细毛 6 根。茧长 12~14 mm,黄褐色,椭圆形。

蛹 体长 9~12 mm,红褐色或深棕色,腹节有刻点,腹末有钩刺 6 根(其中长而粗 2 根,短而细 4 根)。

生物学及习性

湖北孝感 1 年 2 代,以老熟幼虫入土结茧越冬,翌年 4 月中、下旬化蛹,5 月中、下旬羽化。第 1 代幼虫期 5 月下旬到 7 月下旬,7 月上、中旬为盛期,第 2 代 8 月上旬到 10 月上旬(少数发育迟的到 10 月底),以老熟幼虫入土越冬。成虫夜间羽化,无趋光性,卵产于两叶相叠的叶片之间。幼虫 5 龄,初孵幼虫群集取食叶片,仅剩表皮,2 龄后分巢危害,每巢有虫 5~20 头,5 龄期巢内有长条状茧袋,每袋 1 条幼虫,昼伏夜出,行动敏捷,受害严重的树木挂满虫巢。

(八)大蚕蛾与蝶类

大蚕蛾是蛾类中个体最大的一类,其中有若干种已人工饲养或放养,如柞蚕、樟蚕、

�蚕等，部分种类则因幼虫食量大对林木常有较大的危害，还有部分蝶类也是常见的害虫。除下述种类外，较重要的还包括遍布全国的野蚕、柑橘凤蝶，分布于福建和江西、危害竹类的竹褐弄蝶等。

银杏大蚕蛾 *Caligula japonica* Moore

又名白果蚕、漆毛虫、核桃楸大蚕蛾等。国内分布于东北、华北、华东、华中、华南、西南及陕西南部；国外分布于日本、朝鲜、俄罗斯。食害银杏、胡桃、漆树、枫杨、栗、栎、楸、榛、榆、樟、柳、柿、李、梨、苹果、枫香树等。暴食银杏、漆树、胡桃叶，使其产量锐减或枯死。

形态特征(图 10-23)

成虫　雌虫翅展 95~150 mm，雄虫 90~125 mm。灰褐至紫褐色。前翅紫褐色内横线与外横线相接于后缘处，两线间区色淡；月牙形透明斑眼珠状，顶角处 1 半圆形黑斑，臀角月牙形纹白色。后翅基部至外横线间的红色区较宽，亚外缘线区橙黄色，外缘线灰黄色，中室端 1 大眼斑，眼珠黑色(翅反面无珠形纹)，后角 1 个牙月形白斑。前、后翅亚缘线 2 赤褐色波纹。

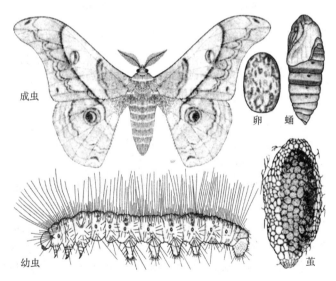

成虫　卵　蛹　幼虫　茧

图 10-23　银杏大蚕蛾

卵　椭圆形，被黑褐色胶质，2.0~2.5 mm×1.2~1.5 mm。初鲜绿、后灰白或灰褐色。

幼虫　老熟幼虫体长 65~110 mm。黑色型气门上线至腹中线两侧均为黑色，其间具有褐黄色小点；亚背部至气门上部各节毛瘤生黑色长刺毛 3~5 根和褐色短刺毛。绿色型上述部位淡绿色，毛瘤有黑色长刺毛 1~2 根，余为白色短刺毛；趾钩双序中带。

蛹　黄褐色，雌长 45~60 mm、雄 30~45 mm，第 4~6 腹节后缘具暗褐色环带，腹末两侧的臀棘束各具刺 7 枚。茧长椭圆形，40~70 mm，黄褐色，大网眼状。

生物学特性

1 年 1 代，以卵越冬。辽宁越冬卵 5 月上旬孵化，幼虫 5~6 月危害，6 月中旬至 7 月上旬化蛹，8 月中、下旬羽化、产卵。纬度减少 6°，发生期约提前 1 个月，越冬期约推迟

1个月。成虫寿命 5~7 d, 卵期 5~6 个月, 幼虫期 36~72 d, 预蛹期 5~13 d, 蛹期 115~147 d。幼虫 5~6 龄, 6 龄历期分别为 12~17 d、4~9 d、6~12 d、5~16 d、5~17 d、6~18 d。

成虫多在 17:00~20:00 羽化, 白天静伏于羽化处、傍晚活动, 飞行力弱, 但可借助风力飘散, 趋光性不强; 雌蛾腹部沉重、活动力弱。羽化当晚或翌日晚交尾产卵, 产卵量 100~600 余粒; 卵多产于茧内或蛹壳及树干的各种隐蔽处, 卵块疏松, 每块数十粒至 300 粒不等。初孵幼虫栖息于孵化地, 白天温度适宜时爬上枝条取食新叶; 1~2 龄常群集于叶背, 头向叶缘排列取食, 耐寒力较强; 3 龄较分散, 食量增加、危害状显现, 蜕皮时也常数条或十余条排列于叶背; 4~6 龄分散蚕食, 常将树叶食尽, 中午炎热时多停息于树冠下部阴凉处; 老熟时多在树冠下部或地被植物的枝叶间成串缀叶结茧化蛹, 蛹于 6 月下旬进入滞育期, 直到 8 月中旬后才羽化、交尾、产卵, 临界光周期约 13.67 h。卵期天敌有赤眼蜂、黑卵蜂、平腹小蜂、白趾平腹小蜂、柞蚕绒茧蜂。赤眼蜂寄生率在 80% 以上。幼虫期天敌有家蚕追寄蝇、寄生率达 15%, 捕食幼虫的鸟类约 33 种。蛹期有松毛虫黑点瘤姬蜂及核型多角体病毒, 该病毒对幼虫的致死率很高。

鳞翅目害虫的预测预报与防治

鳞翅目害虫的危害多从局部开始, 再向四周扩散、逐步积累虫口数量, 当虫口密度达一定水平后暴发成灾。因此, 防治应以测报为基础, 及早发现虫源地, 并采取相应的应对措施。鳞翅目害虫的测报和防治技术以松毛虫类较为系统, 其他类型的害虫防治可借鉴之。但凡涉及检疫性害虫, 应严格执行各项检疫措施。

预测预报

食叶害虫的防治指标一般是林木叶部被害量达 40%~45% 的虫口密度, 因此进行测报调查时应对所有林分进行较全面的检查, 根据树高、树龄、坡向、林型、郁闭度、植被类型、害虫的危害和习性等设计调查方案和方法, 在幼虫期进行地面或林灌调查, 在成虫期可采用灯诱和信息素引诱调查。

查越冬幼虫 越冬幼虫上树以前, 根据每株树的越冬虫数和有虫株率对越冬代的危害情况进行预测。一般 10~15 年生松林, 如果有虫株率在 30% 以下, 株虫数少于 10 条, 春季不致成灾。应在不同类型松林内随机抽查 20 株以上的松树, 并根据林分的立地条件提出相应的测报意见和防治措施。危害期的幼虫数量可根据地面落粪量估测, 如各代各龄松毛虫在 24 h 内排粪粒数为 70 粒/头, 则虫口密度=粪粒总数/70。

查茧、蛹、卵块 幼虫结茧化蛹盛期, 调查每株树的虫茧密度和有茧株率, 并任意采集 100~150 个蛹计算雌性比。如果有茧株率在 50% 以下, 株有茧数少于 10 个, 雌性比低于 40%, 下一代不致成灾。在松毛虫产卵盛期, 调查每株树的卵块数和卵块的平均卵粒数, 以及卵块的孵化率。如果株有卵 0.3 块以下, 每块卵少于 150 粒, 孵化率约 50% 时当代常不成灾。

积温与物候预测法 根据卵的发育起点温度和有效积温预测幼虫的发生期、危害期及防治适期。应依据害虫的发育与寄主或特征性指示植物的物候预测发生与防治期。

发育进度预测法 根据实际情况, 可依据前一虫态与后一虫态高峰的期距, 或该虫态始期与高峰期的期距对发生期及防治期进行预测。对其他鳞翅目害虫可利用发蛾高峰预测卵期、幼虫危害期和防治适期。

防治方法

林业技术措施　①营造混交林，合理密植，适当抚育与间伐，封山育林。例如，松毛虫多在纯林、疏林、中幼龄林猖獗成灾，在针阔叶混交林区不易成灾，可选用壳斗科、木荷、楠、樟、檫、木莲、杨梅、相思树、旱冬瓜等作为混交林树种，采用株间、带状或块状混交造林；并采取封山育林以逐步增植和保护蜜源植物、改变林分组成、保护天敌、丰富森林生物群落、抑制松毛虫的发生。②选育优良树种。火炬松、湿地松、长叶松、短叶松、晚松对马尾松毛虫有一定抗性，可选育利用有拒降落、拒产卵和拒食性的高抗树种。

人工防治　对经济林或危害面积小或小虫源基地的食叶害虫，可采取中耕以破坏蛹、幼虫的隐蔽场所；对有上下树习性的可在树干上缠绕塑料薄膜带阻止其上树，或在树干基部绑扎草环诱其入内、集中处理；对幼虫期有群集结网，形成虫袋、虫苞和虫叶，个体大，茧与卵块显见者可人工捕杀及摘除，最好将所收集的卵放入寄生蜂保护器中能使寄生蜂飞出；如在松毛虫产卵期、结茧化蛹盛期，每4~5 d摘除1次，连续进行2~3次，可控制松毛虫对松树幼林的危害。虫口密度较大的林区可用太阳能灭虫灯诱杀，1灯可控制20~26 hm^2，但必须专人负责，注意安全，诱杀兼测报时可用管状8 W、20~30 W黑光灯或太阳能黑光灯。

生物防治　各种害虫的有效天敌不同，应合理保护和利用。如松毛虫卵期赤眼蜂寄生率约达30%，若1 hm^{2}湿度与郁闭度大、植被多的松林里有1窝双齿多刺蚁种群，可使松毛虫不易成灾，胡蜂、螳螂、食虫鸟类对松毛虫也具有控制作用。还可人工繁殖周氏啮小蜂控制美国白蛾，对趋光性强或对特殊物有趋性的或用性诱剂均可诱杀害虫而保护天敌。白僵菌、苏云金杆菌、青虫菌及病毒对防治鳞翅目食叶害虫，很有效，但使用适期在广东、广西、福建、浙江南部为11月中、下旬或2~3月。

①病毒。早晨或黄昏采用间隔12 m条带式喷洒50×10^8~200×10^{8}PIB/mL质型多角体病毒(CPV)悬浮液，3~6龄松毛虫死亡率51%~100%，舞毒蛾核型多角体病毒防治毒蛾幼虫，0.13×10^{8}PIB/mL油桐尺蠖核多角体病毒NPV防治油桐尺蠖。如春尺蠖的防治阈值为2龄幼虫4~6头/50 cm枝，1~2龄或2~3龄幼虫占85%时为防治适期，用春尺蠖多角体病毒(NPV)进行防治时，当树高大于6 m时用1.75×10^6~2.00×10^{6}PIB/mL喷洒，375 kg/hm^2；当树高小于6 m时用1.50×10^6~2.00×10^{6}PIB/mL喷洒，150 kg/hm^2，但均需按150 g/hm^{2}加入活性炭作为光保护剂。

②苏云金杆菌。对3~4龄松毛虫幼虫可用0.5×10^8~1.0×10^{8}个孢子/mL的松毛虫苏云金杆菌液，以及0.35×10^8~1×10^{8}个孢子/mL武汉变种104，15×10^{8}个孢子/g粉剂，1×10^{8}个孢子/mL天门变种7216，3×10^{8}个孢子/mL菌液7402；0.5×10^8~0.7×10^{8}个孢子/mL可防治尺蛾、舟蛾、毒蛾类幼虫，100×10^{8}个孢子/g的600倍菌液防治榆黄黑蛱蝶、天蛾幼虫。

③青虫菌。1×10^8~2×10^{8}个孢子/mL菌液可防治松毛虫、尺蛾、毒蛾、袋蛾类幼虫，100×10^{8}个孢子/g的菌粉1 000倍液防治刺蛾，600倍液防治榆黄黑蛱蝶幼虫，0.5×10^{8}个孢子/mL菌液防治枣镰翅小卷蛾幼虫。

④白僵菌。防治松毛虫时常规喷洒20×10^{8}个孢子/g粉剂或0.5×10^8~2×10^{8}个孢

子/mL 菌液(加 0.01% 洗衣粉),飞机喷洒用 3.75~7.50 kg/hm² 菌粉或约 $1×10^{12}$ 个孢子/g 孢子粉,超低量喷雾用 $15×10^{12}$ 个孢子/g 的白僵菌孢子粉油剂、或 $50×10^8$~$100×10^8$ 个孢子/mL 乳剂 2 250~3 000 mL/hm²。防治尺蛾、舟蛾、毒蛾类幼虫时用 $100×10^8$ 个孢子/g 的白僵菌粉剂、$1×10^8$ 个孢子/mL 的白僵菌液。

⑤性信息素。不少鳞翅目食叶害虫的性信息素已人工合成,如美国白蛾、枣镰翅小卷蛾等,均可用其进行测报和防治。

化学防治 24.5% 甲维盐·噻嗪酮 73.5~88 g/hm²、2.5% 溴氰菊酯乳油 30~60 mL/hm²、20% 氰戊菊酯乳油 30~60 mL/hm²、20% 氯氰菊酯乳油 30~45 mL/hm²、20% 灭幼脲Ⅲ号胶悬剂 240~300 mL/hm²、30% 茚虫威水分散粒剂 80~120 g/hm²、1.8% 阿维菌素乳油 30~60 g/hm² 等喷雾防治 1~5 龄幼虫。每公顷用柴油 3 L 加 2.5% 溴氰菊酯 75 mL(或 20% 氯氰菊酯、20% 氰戊菊酯 75~150 mL)用喷烟机喷烟防治 3~4 龄幼虫。对有下树习性的种类,在树干胸径部涂上 30 cm 宽的毒环以阻止其上树;也可采取用拟除虫菊酯类药剂制成的毒笔、毒纸、毒绳等在树干上划毒环、缚毒纸、毒绳,毒杀下树越冬和上树危害的幼虫。树干注药防治对食叶害虫的控制期可达 3 个月。

第四节　其他食叶害虫及其防治

鳞翅目以外的其他食叶害虫还包括鞘翅目、膜翅目、直翅目的一些类群。鞘翅目和直翅目食叶害虫的成虫、幼虫均可危害,某些种类成虫的危害程度还要大于幼虫。

一、叶甲、象甲类

鞘翅类食叶害虫包括叶甲科和象甲科,成、幼期均危害针、阔叶树,严重时常将树叶食尽,造成枯梢。除下述种类外,其他常见种类还有分布于东北、华北、华中、华南等地危害榆树的榆黄毛萤叶甲(榆黄叶甲)*Pyrrhalta maculicollis* (Motschulsky),分布于东北、河北、山东、河南、贵州等地危害榆树的榆紫叶甲,分布于四川、甘肃及陕西毗邻山区危害花椒的铜色潜跳甲 *Podagricomela cuprea* Wang,分布于东北、华北、西北、华中、华南、西南等地危害胡桃的核桃扁叶甲 *Gastrolina depressa* Baly,分布于陕西、甘肃、华北、华中、华南、西南等地危害泡桐、楸、梓的泡桐叶甲,分布于内蒙古、新疆、甘肃等地危害柽柳林的柽柳条叶甲 *Diorhabda elongata desertieoca* Chen,分布于内蒙古、宁夏、新疆、河北、山东、福建、四川等地危害枸杞的枸杞负泥虫 *Lema decempunctata* Gebler 等。

杨毛臀萤叶甲无毛亚种 *Agelastica alni glabra* (Fischer von Waldheim)

杨毛臀萤叶甲无毛亚种

又名杨蓝叶甲、杨毛臀萤叶甲东方亚种,主要分布于西北,危害杨、柳、榆、苹果、巴旦杏等。新疆杨、银白杨、牛津杨、波兰 15A 有抗虫性。

形态特征(图 10-24)

成虫　体长 6.6~6.8 mm,蓝色,前胸背板和鞘翅蓝紫色。头顶具中凹,皱纹细、刻点细密,触角约为体长之半。前胸背板宽为长的 2 倍,四边具框,两侧缘圆形,刻点稠密。三角形小盾片无刻点,鞘翅刻点较大。臀板有毛,基部刻点细而稀、端半部则粗大而稠密。后足胫端有刺。

卵 椭圆形，初产时淡黄色，近孵化时灰黄色，顶端变黑。

幼虫 大龄 11~12 mm，黑亮、细长而较扁。胴部背面各节隆起呈横形，两侧黑色疣突 3 个，其上生黄毛 3~4 根。臀足吸盘状。

蛹 体长 6~7 mm，橙黄色，长椭圆形。

生物学特性

新疆 1 年 1 代，以成虫在枯枝落叶下或 2~4 cm 土中越冬。翌年 3 月下旬至 4 月上旬当气温达到 8~10℃时 1~3 d 内全部出蛰，4 月中旬杨、柳萌叶时上树危害。成虫飞行能力弱、有假死性、翌年的寿命约 50 d，出蛰

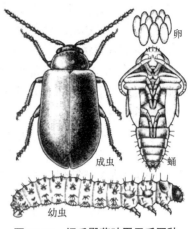

图 10-24 杨毛臀萤叶甲无毛亚种

后取食 3~4 d 即交配产卵，卵聚产于叶背呈块状竖立，单雌产卵量 170~200 粒。卵 5 月上旬开始孵化、中旬为盛期，卵期 7~11 d。初孵幼虫群集取食卵壳表面的黏液，1~2 d 后群集于叶背，5 d 后分散取食；5 月下旬为危害盛期，幼虫期约 44 d。幼虫 3 龄，1 龄幼虫仅取食局部叶肉，2 龄后食叶成网眼状并排出黑色粪便粘于叶面，受惊扰时体侧乳突分泌有臭味的深黄色液体。6 月上旬老熟幼虫开始下树入土，约经 3 d 筑长 6~7 mm 土室化蛹，中旬为化蛹盛期，蛹期 20~25 d，7 月上中旬为羽化盛期。7 月上中旬以后当气温超过 25℃时，潜伏于落叶下或土层中越夏，9 月中旬复出蛰取食，当年不交配，至 10 月下旬开始下树隐伏越冬。

椰心叶甲 *Brontispa longissima*（Gestro）

国内分布于广东、海南、香港、台湾等地；国外分布于东南亚，澳大利亚、太平洋岛国及岛屿。危害棕榈科（如椰子类、葵类、槟榔类等）18 种经济林木，幼虫和成虫均取食未展开的心叶，严重时致其枯萎下垂、坏死，甚至顶枯、树势衰弱或死亡。

椰心叶甲

形态特征（图 10-25）

成虫 体长 8.0~10.0 mm，宽约 2.0 mm，扁平狭长。头红黑色，前胸背板、鞘翅基部、足黄褐色，部分鞘翅或仅后部黑色。触角 11 节、第 1~6 节红黑色、第 7~11 节黑色、被绒毛。前胸背板方形、具刻点，两侧缘略内凹，前侧角圆而外扩，后侧角具 1 小齿。鞘翅基部两侧平行、中后部最宽、端部收窄、末端稍平截，中前部刻点 8 列，中后部 10 列。足粗短。腹面刻点细小、光滑。

卵 椭圆形，1.5 mm×1.0 mm。褐色，两端宽圆。表面有细网纹。

幼虫 体白至乳白色。触角 2 节，单眼前 3 后 2 排列。1 龄体长 1.5 mm，体表具刺，胸部两侧各具毛 1 根、腹侧突毛 2 根，尾突内角 1 大弯刺，

图 10-25 椰心叶甲

背、腹缘刚毛各 5~6 根。2 龄幼虫腹侧突毛 4 根，前胸毛 8 根、两侧各 4 根，中后胸侧毛前 2 根后 1 根。老熟幼虫体长 9.0 mm，扁平，两侧近平行，前胸和各腹节两侧各有 1 对侧突，腹末端 1 对钳状尾突，末节腹面有肛门褶。

蛹　长约 10.0 mm，浅黄至深黄色。头部 1 突起，腹部第 2~7 节背刺突 2 横列、8 个，第 8 腹节刺突 2 个，腹末 1 对钳突。

生物学特性

在海南 1 年 4~5 代，世代重叠。卵期 3~4 d，幼虫 5 龄，30~40 d，预蛹期 3 d，蛹期 5~6 d，成虫期可达 200 d 以上。雌成虫产卵前期 1~2 个月，单雌产卵量约 100 粒；卵产于寄主心叶虫道内，或 2~5 个纵列黏着于叶面、常被虫粪覆盖。若 10 头以上成虫聚集，则大量产卵，卵孵化率高；若仅有 2~3 只成虫聚集，产卵极少或仅产 2~3 粒，孵化率很低。

成虫惧光，具假死性，白天多爬行，早晚飞行。成虫和幼虫均取食寄主未展开的心叶表皮薄壁组织，被害心叶展开后出现褐色坏死条斑，或皱缩、卷曲，破碎枯萎或仅存叶脉，被害叶表面常有破裂虫道和排泄物。成年树受害后树冠整体褐变至死亡，幼树及衰弱木易受害，成虫危害期大于幼虫。幼虫、蛹寄生蜂天敌有椰心叶甲啮小蜂，幼虫有椰甲截脉姬小蜂，卵寄生有椰心叶甲刺角赤眼蜂与爪哇分索赤眼蜂和跳小蜂等，捕食性天敌有蚂蚁等，病原有绿僵菌等。

枣飞象 *Scythropus yasumatsui* Kono et Morimto

枣飞象

又名食芽象甲、小灰象鼻虫等。分布于河北、陕西、河南、山西、山东、江苏等地。危害枣、桃、苹果、梨、杨、泡桐等的嫩芽、幼叶，严重时食尽枣叶，影响正常生长和产量。

形态特征（图 10-26）

成虫　体长约 4 mm（头管除外），灰白色，前胸背中部灰棕色，雄虫色较深。喙粗，在两复眼间深陷；鞘翅弧形，各有细纵沟 10 条，沟间鳞毛黑色，翅面褐色晕斑模糊，腹面银灰色。

卵　长椭圆形，初产时乳白色，后变棕色。

幼虫　乳白色，长约 5mm，略弯曲。

蛹　灰白色，长约 4 mm。

生物学特性

1 年 1 代，以幼虫在 5~10 cm 土中越冬。翌年 3 月下旬至 4 月上旬化蛹，4 月中旬至 6 月上旬羽化、交尾、产卵。成虫有假死性，5 月前成虫在无风天暖的中午前后群集上树危害幼芽和幼叶，早晚则多在近地面潜伏；5 月以后成虫喜在早晚活动，雌虫寿命约 43.5 d，雄虫 36.5 d。产卵于枣树嫩芽、叶面、枣股翘皮下或脱落性枝痕裂缝内，每卵块 3~10 粒，1 雌约产卵 100 余粒。卵期约 12 d，幼虫孵出后沿树干下树潜入土中取食植物细根，9 月后下迁至更深处越冬；翌年春气温回升时，再上迁至 10~20 cm 处活动，化蛹时在距地面 3~5 cm 深处筑土室。

图 10-26　枣飞象

鞘翅类食叶害虫的防治

检疫措施　调运造林苗木时应进行检疫，对有虫苗木实施药剂处理；或起苗造林时采用低截干措施除去有虫枝叶，并注意选用抗虫苗木造林。

林业技术措施　如对喜光性强且只危害疏林和幼树的种类，可适当提高造林密度或营造针阔叶混交林，加速林分郁闭等以缩短虫害危害期；反之则采取相反的措施。对成虫、幼虫群集性强的种类，可采取摘除虫、卵枝叶捕杀之，并注意保护利用天敌。在老熟幼虫下树化蛹或在树冠下越冬期，翻耕树冠下土壤，如同时在土中施用 210 g/hm² 的噻虫嗪有效成分可有效杀灭幼虫及蛹。

生物防治　对部分种类在湿度较大的季节施用白僵菌、苏云金杆菌等微生物杀虫制剂，可防治上树成虫和地下越冬老熟幼虫和成虫。

化学防治　危害期喷洒 2.5% 溴氰菊酯乳油 2 000~3 000 倍液，郁闭度较大林分可施用杀虫烟雾剂，或用吡虫啉+敌敌畏在树干基部打孔注药，每株注药 3~8 mL，或用拟除虫菊酯：防雨剂：水：石膏粉：滑石粉 = 1：2：42：40：5 制成毒笔、毒绳等涂扎于树干基部，阻杀上树及下树的成虫、幼虫。

二、叶蜂类

膜翅目叶蜂类食叶害虫种类较多，对针阔叶树均产生危害。大多为裸露生活，扁叶蜂则织网结巢，潜叶类潜食叶肉、部分可形成虫瘿，其种群增长不稳定、具突发性。除下述种类外，重要的还有分布于河北丰宁、甘肃天水的丰宁新松叶蜂 *Neodiprion fengningensis* Xiao et Zhou，分布于东北及新疆、内蒙古等地的杨黄褐锉叶蜂，分布于西北主要发生于新疆的杨扁角叶蜂 *Stauronematus compressicornis* (Fabricius)，分布于广东、福建、浙江、江西、湖南、广西及四川等地的樟叶蜂，分布于华北及辽宁、吉林、内蒙古、陕西、四川等地危害柳树的柳厚壁叶蜂 *Pontania bridgmanii* (Cameron)，分布于内蒙古赤峰市的白音阿扁叶蜂 *Acantholyda peiyingaopaoa* Hsiao，分布于浙江德清等地的毛竹黑叶蜂 *Eutomostethus nigritus* Xiao，分布于重庆、四川松树林区的马尾松腮扁叶蜂 *Cephalcia pinivora* Xiao et Zeng 等。

松黄新松叶蜂 *Neodiprion sertifer* (Geoffroy)

分布于黑龙江、辽宁、陕西等。危害油松、红松、华山松等地。幼虫食害叶肉留下中脉或食尽针叶，致其长势衰弱、蛀干害虫入侵。

松黄新松叶蜂

形态特征（图 10-27）

成虫　体长 7~11 mm、翅展 15~22 mm，黄褐色。雌触角 23 节、单栉齿状，基部 2 节红、余黑色，头与胸红褐、上颚基部黑红色；翅痣淡黄褐色，脉暗黄色，腹部黄褐色，中、后胸盾板后缘黑色，足褐色。雄触角 27 节、双栉齿状，头、翅基片、翅痣、脉褐色，下颚及下唇须黄褐色，足基节基部、腹部黑褐色，胸黑色。小盾片前缘缺口狭倒"V"形。各足胫节 2 端距。

卵　香蕉形，长 1.8 mm，白色、紫色。

幼虫　初孵时头乳白、体黄白色，胸足黑色。老熟时体长 25~28mm，头深黑有光，

图 10-27　松黄新松叶蜂

胴部淡黄绿色，背部暗色纵纹条数，气门线浅绿色，首尾 2 节多黑色；体壁多褶皱，褶顶 1 横列带刚毛之黑点。腹足 8 对。

蛹　预蛹灰绿色、体宽扁，背部 2 土灰色纵带。蛹淡黄色，体长约 10 mm，触角达前足基节，前翅达后足基节，后足达腹部第 6 节末端。茧圆筒形，灰褐色，长 8.0 ~ 10 mm。

生物学特性

1 年 1 代，以卵在当年生针叶内越冬。4 月上、中旬幼虫孵化，5 月上、中旬为危害盛期，幼虫 6 龄，5 ~ 6 月初幼虫老熟潜入枯落物中结茧以预蛹越夏，9 月上、中旬化蛹，9 月底至 10 月初成虫羽化产卵、越冬。雌虫寿命 4 ~ 7 d，雄 2 ~ 6 d。

初孵幼虫群集于针叶顶部向下食害针叶，3 龄后渐自树冠外围向内部及中下部扩散取食，5 龄每叶有幼虫 1 ~ 2 头，当全株针叶被食尽时则成群转株危害；如遇惊扰即将尾部翘起，吐出黄绿色液体以示警戒。老熟幼虫主要在树冠垂直投影下的枯枝落叶层内结茧化蛹，少数在干基树皮缝内化蛹。成虫多在 11:00 ~ 15:00 羽化、交尾、绕树冠飞行，早晚则静伏于针叶内。卵多成排产于树冠阳面枝梢顶端的枝叶中，1 针叶有卵 5 ~ 23 粒，单雌产卵量约 31 粒。郁闭度小、阳坡、林缘、坡上位及树冠阳面受害严重。

祥云新松叶蜂 *Neodiprion xiangyunicus* Xiao et Zhou

分布于四川、云南、贵州等地。严重危害 10 ~ 60 年云南松，林分针叶常被食尽而呈火烧状，有虫株率达 100%，幼虫达 4 000 ~ 5 000 头/株。

形态特征（图 10-28）

成虫　雌虫体长 9.5 mm，黄褐色，触角 27 节。上颚前端，中胸盾片前、侧缘，腹 2 ~ 7 节背板及第 8 背板小部分、第 9 ~ 10 腹节背面黑褐色，腹部第 3 ~ 8 节侧面白色，足胫节除基端外与跗节均暗褐色；翅透明具暗黄色云斑、脉和翅痣暗黄色。刻点额区粗而密皱，胸背则稍小，小盾片较稀，第 1 ~ 8 节腹以第 1 背板中部及第 5 ~ 7 背板两侧较密。唇基前缘弧形凹入，中窝长圆形，头、胸部黄柔毛密。雄虫体长 9 mm，亮黑色，触角 32 节；触角 1 ~ 2 节，上唇、唇基前缘、上颚基部、须、前中足除基节外、后足、腹部背板侧缘及腹板红褐色，翅脉和痣亮黑褐色；其余如雌虫。

卵　船底形，0.20 mm×0.80 mm，初鹅黄色。

幼虫　大幼虫体长 20 ~ 25 mm，头亮深褐色，体

图 10-28　祥云新松叶蜂

深墨绿或橘红、黄色，两侧具暗纵纹，背线狭，各节 3 小环节、每小环具成列刺毛，足基部 2 组黑刺毛；腹面黄绿或红色，腹足绿或红色。

蛹　长 7.0~10.0 mm、宽 4.0~5.0 mm。茧初白色，后褐黄色。

生物学特性

四川西昌 1 年 1 代，以预蛹越冬。越冬预蛹在茧中约 130d 进入蛹期，蛹期约 20 d。5 月下旬至 8 月中旬成虫始羽化、高峰在 7 月上旬；6 月下旬至 8 月中旬产卵、7 月下旬为高峰期，卵期 15 d，7 月中旬至 9 月初幼虫孵化、8 月中、下旬为高峰期，9 月上、中旬为幼虫下树高峰。幼虫 8 龄，幼虫期约 160 d。在云南楚雄无明显越冬现象。

成虫 10:00~15:00 羽化最盛，中午常在树冠上层飞行，早晚伏于松针丛中，对糖醋有趋性。卵成 2 列产于针叶刻槽中，落卵处叶面呈黄褐色泡状鼓起，多产于郁闭度<0.5 的疏林、孤立木、林缘及林冠上层针叶内、落卵处先受害，单雌产卵量 120~250 粒。1~4 龄 9:00~18:00 聚集当年生嫩针叶基部食表皮和叶肉、食量占幼虫期的 20%，傍晚及早晨的食量占一天的 75%，受惊时释放白色黏液；5~8 龄分散且食整个针叶，栖所无食料时成群迁至邻枝或邻树，受害林分常呈团块状或片状，老熟幼虫沿树干下爬或落地后在树冠投影区落叶层至 6 cm 土中结茧越冬。海拔 1 800 m 以上的林分常成灾，孤立木、林缘、山顶、山脊林受害重。低龄幼虫期、茧期降水多即湿度 60% 以上、温度小于 12℃ 或大于 25℃ 时死亡率高。幼期天敌有蚂蚁、僵菌、蟥、猎蟥和病毒；蛹期有霉菌、寄生蝇 2 种、小蜂 1 种，寄生率高达 41.84%；成虫期天敌有蜘蛛、蚂蚁及鸟类。

双枝黑松叶蜂 *Nesodiprion biremis*（Konow）

双枝黑松叶蜂

又名浙江黑松叶蜂。分布于浙江、江西、湖南、湖北、四川及西南等地。幼虫食害湿地松、马尾松等松叶，严重危害时仅留叶基部，翌年萌芽短小、长势衰弱。

形态特征（图 10-29）

成虫　雌成虫体长 6.5~7.8 mm，黑色。触角第 1、2 节及下颚、下唇须暗黄色；前胸背侧后缘，中胸小盾片前缘之后，第 7、8 腹节背板两侧缘斑，足基节、腿节尖端，转节，胫节（后足胫节顶端除外）与附节均黄白色；翅痣、脉黑褐色，腹部微蓝色。头、胸粗刻点密，第 1 腹节背板中部刻点粗。雄成虫体长 5.8~7.5 mm；中胸小盾片黑色，中胸小盾片刻点较密，其余同雌虫。

卵　船底形，长 1.2~1.5 mm，淡黄色。

幼虫　老熟幼虫体长 20~25 mm；头亮蓝色，触角 3 节、黑色，单眼区、胸足基节及转节基部、腿节、胫节、附节外侧亮黑色，头、胸部黄绿色，背线近白色、亚背线褐色、气

图 10-29　双枝黑松叶蜂

门上线黑色。胸部各节 4 小横褶，腹部第 1~9 节各 6 小横格。初孵幼虫体黑褐色，3 龄幼虫头部眼区 1 黑色倒"U"形纹。丝茧圆筒形，初乳白色、后棕黄色。

蛹　黄白色。触角、足为白色。雌蛹体长约 7 mm，额区 3 个近三角形深色突起。雄

蛹体长 5~6 mm，额区突起 4 个、对称排列。

生物学特性

湖南长沙 1 年 3~4 代，以预蛹越冬。翌年 4 月下旬出现成虫，各代幼虫期为 5 月上旬、7 月、8 月、9 月下旬，10 月中旬老熟幼虫在针叶上结茧越冬，世代重叠，有孤雌生殖现象。成虫以夜间羽化为多，翌日 8：00 可见交尾，交尾后即产卵。雌成虫以产卵器刺破针叶、产于针叶表皮的锯痕内，1 叶产卵 2~3 粒，5~6 d 后落卵处膨大、8~10 d 后开裂、可见将孵化的黑褐幼虫。成虫寿命 3~5 d，单雌产卵量 14~18 粒，幼虫 5~6 龄、历期 24~40 d，蜕皮时死亡率约 20%，老熟幼虫 1~2 h 即完成结茧，夏季高温时幼虫停食约 10 d 而越夏。幼虫喜食 2~3 年生火炬松，1~2 年生湿地松、火炬松、黑松苗木与幼林嫩针叶，虫量大、虫龄增大时食尽其针叶。第 1、2 代危害严重，第 3、4 代虫口密度显著下降。蛹期第 2 代天敌寄生率为 27.8%~54.7%，天敌主要有青蜂和 2 种姬蜂。

落叶松叶蜂 *Pristiphora erichsonii* (Hartig)

落叶松叶蜂

分布于东北及陕西、甘肃、内蒙古、山西等地，危害落叶松。失叶率达 50% 以上时胸径增长下降 16.6%，失叶率 70%~100% 时材积损失 4.65~6 m³/hm²。

形态特征(图 10-30)

成虫　雌虫体长 8.5~10.0 mm。头部刻点小、被白短毛，上唇黄、上颚深褐色，触角褐色具短毛；前胸背板两侧、翅基片黄褐色，中后胸黑色、翅黄、痣黑色；腹部第 2~5、6 节背板前缘、第 2~7 节腹板中央橘黄色，第 1、6 节大部及第 7~9 节背片黑色。足黄色，

图 10-30　落叶松叶蜂

前、中足基节、中足胫节端部、后足基节基部和胫节端部及跗节黑色，爪褐色、内齿小；锯鞘黑褐色有长毛。雄虫体长 7.5~8.7 mm，腹部第 3~6 节缩狭，足基节、中足胫节、后足腿节及胫节端部、跗节黑色，余同雌。

卵　梭形，0.4 mm×1.3 mm。初产黄白色，渐变黄色，孵化前黄绿色。

幼虫　1 龄幼虫体长 2.4~3.1 mm。老熟幼虫体长 12.0~20.9 mm，黑褐色；前胸背板、气门线至足基灰黄色，胸、腹背面黑绿色，腹面浅灰色，除臀节外各体节均 2 浅灰色具毛的横纹及 3 小环节，胸足黑褐、腹足黄白色，气门扁椭圆形。

蛹　体长 9~10 mm，初乳白色，羽化前棕黑色。茧长椭圆形，5 mm×11 mm，棕黑色。

生物学特性

1 年 1 代，以老熟幼虫结茧于落叶层下越冬。在秦岭翌春当平均气温达 0℃ 以上时越冬幼虫开始化蛹。在海拔 1 600 m 处 4 月下旬为化蛹盛期，蛹期 16.7~40 d；成虫羽化高峰期为 5 月上旬，羽化后 3~4 h 产卵，卵期 10~20 d，5 月下旬孵化。幼虫期 18~25 d、5 龄，6 月中旬后为落地结茧盛期。山西、东北的发生期比秦岭约晚 1 个月。

雌成虫营孤雌生殖，雄虫的作用不明。初羽化的雌成虫爬行约 1 h 后、多在 11：00~

14:00 飞行于阳光下，阴雨天静伏于针叶；卵成纵列集产于落叶松当年生嫩枝一侧的表皮下，落卵新梢弯卷或枯死；每枝卵量 2~110 粒、平均 12.9 粒，卵量的多少和新梢长度有关；单雌产卵量 52 粒，预蛹重<0.02 g、0.03~0.04 g、0.05~0.06 g、0.06~0.07 g、>0.07 g 时产卵量分别为 0 粒、15 粒、22~50 粒、44~70 粒、70~130 粒；同一林分中初发种群的蛹重均>0.07 g，连续发生至第 4 年时蛹重 0.07 g 的占 60%、0.04~0.06 g 占 20%、0.03 g 占 18%。1 龄幼虫咬食针叶成缺刻、使其干枯变黄，2 龄以后食尽针叶，4 龄后食量剧增，5 龄后分散取食，老熟幼虫下树在落叶层中结茧休眠；各龄食量分别占幼虫期总食量的 0.69%、2.16%、5.64%、21.19%、70.32%，100 头幼虫的总食量为 14.099 9 g。当年茧从高山移至低山时部分可化蛹、羽化，整个群体中约 5% 个体为 2 年 1 代，海拔每升高 100 m、发育期推迟 2~4 d；郁闭度为 0.5、0.6、0.8 时蛹历期分别为 11 d、15 d、17 d。

土壤含水量<6% 时预蛹死亡率达 18.6%，幼期持续高温干旱可致虫口数量明显下降，但促使成虫产卵量增加，日本落叶松对该蜂的抗性>华北落叶松>朝鲜落叶松。该虫在林内为均匀分布，卵期的序贯抽样式为 $T_0(N)_1 = 0.927\ 3\ N \pm 1.96(1.607\ 2N - 0.027\ 2)^{1/2}$，$T_0(N)_2 = 1.597\ 5\ N \pm 1.96(1.428\ 4\ N - 0.027\ 7)^{1/2}$，$T_0(N)_3 = 0.243\ 7\ N \pm 1.96(0.077\ 5\ N - 0.013\ 5)^{1/2}$。海拔 1 600~2 200 m 为发生中心区，季节消长符合斜坡型，内禀增长力 $r_{max} = 0.035\ 63$；种群数量达平衡时直径 0.4~0.8 cm 枝条有卵梢 1.316 7~1.660 7 个，饱和状态时 3.873 6 卵梢/枝。在 15℃±1℃ 实验条件下，种群内禀增长力 $r_{max} = 0.049\ 14$，平均世代周期长 $T = 46.792\ 4$ d，卵、幼虫、蛹、成虫期的稳定年龄组配为 61.918 6%、29.571 0%、7.063 3%、1.459 9%。卵、幼虫、预蛹、蛹期的发育起点温度分别为 4.06℃、2.25℃、0.00℃、4.18℃，其有效积温为 127.40 d·℃、358.25 d·℃、73.02 d·℃、76.48 d·℃。天敌有黄腿透翅寄蝇、2 种姬蜂、核型多角体病毒、白僵菌、日本弓背蚁、2 种叩甲幼虫、6 种蜘蛛、鼩鼱和鸟类。其中以核多角体病毒最具利用价值，鼩鼱对预蛹的捕食率可达 89%。

油茶史氏叶蜂 *Dasmithius camellia* (Zhou et Huang)

分布于江西、湖南、福建等地。危害油茶，突发性强，严重时幼虫 400~3 000 条/株，油茶叶被食殆尽、茶籽颗粒无收、枯枝满树、长势衰弱。

油茶史氏叶蜂

形态特征(图 10-31)

成虫　雌虫体长 6.5~8.5 mm，亮黑色。触角、足基节、腿节黑色，下唇须及下颚须尖端 3 节、胫、跗节褐色，前胸背板后缘、翅基片、淡膜叶、翅黄色，痣、脉黑褐色，转节白色；触角尖端稍扁，单眼后区凸出，无额脊，侧、横缝明显，中窝深；唇基刻点粗，头其余部位及腹部无刻点。雄虫体长 5.8~7.5 mm，体较细瘦。

卵　长 1.0~1.2 mm。长卵形，初乳白、后淡黄色。

幼虫　初孵淡黄色，3 龄后绿色。老熟幼虫体长 20~22 mm，蓝灰色，头部额至单眼区蓝黑色，气门线及足白色。

蛹　长 6~8 mm，初淡绿色，后淡黄色至黄褐色。

生物学特性

1 年 1 代，以预蛹在土室中越冬。翌年 2 月底至 3 月初始羽化、3 月上旬为盛期，性比约 1 : 1。3 月上旬卵开始孵化、中旬为盛期,卵期 6~12 d,孵化率达 95% 以上。幼虫期 22~29 d,5 龄,取食盛期只有 9~11 d;老熟后于 4 月下旬至 5 月中旬下树入土筑土室越夏,12 月中旬到翌年 1 月化蛹,少数幼虫有滞育现象。

　　成虫羽化后如遇阴雨及大风天则停留在土室中,出土成虫 8:00~18:00 活动、交尾、产卵,偶交尾 2 次,后栖息于枝叶、枝芽或芽叶的交叉处及叶背,天气不良则不活动,飞行距离多不足 10 m。卵只产于萌动膨大的芽苞中,1 芽苞有卵 1~5 粒、1 粒者占 60%,严重时 82% 新芽均被产卵。幼虫仅白天取食,晴热天中午、傍晚及雨天均不取食,有假死性。初孵幼虫在芽苞内取食并常将新叶咬透、排出红色或黄褐色粪便,1~2 龄均在未开放的叶芽内食心叶;3 龄时嫩叶初展、外露幼虫食嫩叶尖端,并常在尚未脱落的苞片中栖息;4 龄时新叶全展、食叶量大增、尽食叶肉仅留主脉;嫩叶食尽时幼虫基本老熟,虫口数量大时少数幼虫也食老叶但发育不良。老熟幼虫在树冠垂直投影范围内越冬,以树冠下坡为多,入土 7~20 cm 者占 90%。

图 10-31　油茶史氏叶蜂

图 10-32　松阿扁叶蜂

松阿扁叶蜂 *Acantholyda posticalis*(Matsumura)

松阿扁叶蜂

　　分布于黑龙江、山东、山西、河南、陕西等地。危害油松、赤松、樟子松,常成灾。

形态特征(图 10-32)

　　成虫　雌虫体长 13~15 mm,黄色。唇基大部、触角侧区上部、中窝 2 侧斑、侧缝斑、眼内上侧斑、眼后区横纹、额与后颊小部、前胸背板侧后角、翅基片、中胸盾片侧斑与部分小盾片、后胸小盾片之部分、腹部背板两侧黄色,中胸前盾片后部、颈片腹面、前胸背板侧下部、中胸前侧片大部、足基节大部、腹板均淡黄白色,触角柄节与尖端数节、足基节、转节、腿节后部、头、胸、腹其余均亮黑;翅淡灰黄而透明,痣黄而脉黑褐色,顶角及外缘凸饰暗紫色。额脊突起,中窝深圆,具横缝、冠缝、侧缝,后颊有脊,头部、盾片刻点疏浅、触角侧区、中胸前盾片与前侧片几光滑。雄虫体长 10~11 mm;抱器黄色;眼内上侧斑无狭线,侧缝无斑,触角柄节背面、中胸盾片及小盾片黑色;头、中胸前侧片刻点稍密而粗,触角 33~36 节,其余同雌虫。

　　卵　长 3.5~4.0 mm,半月形,初乳白、后污白色,孵化前肉红色,尖端变黑。

　　幼虫　体长 15~23 mm。初孵头黄绿,胸、腹部乳红白、后污白色;4 龄背线和气门线紫红色,老熟时为浅黄至褐黄色,肛下板大。

蛹　雌蛹褐黄色，长 15~19 mm。雄蛹浅黄色，长 10~11 mm，羽化前黑色。

生物学特性

陕西秦岭北坡及山西壶关 1 年 1 代，以预蛹越冬。陕西的翌年 3 月下旬化蛹、4 月中旬为盛期，同时羽化并产卵、5 月上旬为盛期；4 月下旬幼虫孵化，5 月上旬为危害盛期，6 月上、中旬老熟幼虫下树入土结茧越夏越冬。越冬幼虫化蛹率为 84.1%，蛹期 14~17 d；卵期 15~17 d，孵化率 68%~90%；幼虫 5~7 龄(在黑龙江为 6 龄)，历期约 40 d；雌蜂寿命 10~15 d、产卵期 3~4 d，雄寿命 7~13 d。在山西该虫的生活史约晚 1 个月，黑龙江则比山西约晚 10 d。

成虫多在晴天羽化，出土约半天后多在晴天 10:00~16:00 在树冠中上部飞行，多次交尾产卵，阴雨天停息于枝条上，受惊后跌落地面飞跑。卵散产于 1~2 年生针叶背面、极少产于在 3 年生针叶；单雌产卵量约 23 粒、最高 51 粒，有孤雌生殖能力。初孵幼虫在叶基部吐丝 3~5 条结网，半天后咬断针叶拖回网内取食；3 龄后转移至当年生新梢基部吐丝做 27 mm×3~4 mm 的圆筒形巢、其大口为取食口而小口为排粪口，每巢 1 虫，4 龄后期食量大增；1 幼虫一生约取食 2.5 g 即 25 束鲜针叶，受惊后即退入巢内或吐丝下垂。老熟幼虫从巢的大口爬出落地，在树冠投影下 5~15 cm 的土中筑 10~15 mm×5~8 mm 土室变预蛹越冬。在黑龙江 1~3 龄死亡率 16.5%、老熟幼虫 13.9%，樟子松人工林失叶率为 40% 即 50 cm 长标准枝幼虫达 4 头时为防治阈值。林相整齐、生长势旺盛、郁闭度大的林分发生轻，反之则重，白皮松不受其害。卵期赤眼蜂的寄生率为 2.3%，蚂蚁食卵率达 21.3%；幼虫期寄蝇的寄生率达 21.6%，宫氏凹头蚁捕食成虫和幼虫。

叶蜂的防治

林业技术措施　叶蜂的危害既与林分的郁闭度有关，也和林分的结构有关，所以在选用抗虫树种造林时应尽可能营造混交林。对喜光性强的种类应采取相应的管理措施，促使林分提早郁闭；相反则强化抚育间伐措施，以减轻其危害。对在林冠下土层中结茧化蛹的零星林或经济林可采用秋季人工搂树盘，破坏越冬或化蛹场所的方法防治。对有群集或假死习性的可酌情考虑振落捕杀。

保护和利用天敌　注意利用自然感染或寄生或捕食效果明显的天敌及微生物。

化学防治　在叶蜂类成虫期和幼虫 2~3 龄期用 2.5% 溴氰菊酯乳油 3 000 倍液或 2.5% 高效氯氟氰菊酯乳油 3 000~4 000 倍液、1.8% 阿维菌素乳油 3 000 倍液或 0.6% 的苦参碱水剂 1 000 倍液喷雾防治。也可用 8% 氯氰菊酯微胶囊剂 300~500 倍液地面喷雾毒杀下树结茧幼虫及羽化出土成虫，还也可采用飞机施药防治。

三、蝗虫

蝗虫是禾本科植物及牧草等的重要害虫类群之一，对林业上造成的损失相对的较少。但竹蝗等近年在一些地区已造成灾害。除下述种类外，重要的还有分布于广东、广西、湖北、湖南、台湾、福建等地区危害竹类的异歧蔗蝗 *Hieroglyphus tonkinensis* Carl。

黄脊竹蝗 *Ceracris kiangsu* Tsai

分布于我国华东、华中、华南及西南地区。危害 20 余种竹类，常在毛竹林猖獗成灾，致使竹林成片枯死、竹材利用价值降低。

黄脊竹蝗

形态特征（图10-33）

成虫 雄虫体长29~35 mm，雌虫31~40 mm，绿或黄绿色。头背中央、前胸背板常具淡黄色中纵纹，后足腿节端部、胫节基部暗黑色，腿节近端部处有黑色环。侧观头较前胸背板高，颜面倾斜，头顶略前突；触角丝状，末端淡黄色；前胸背板上中隆线低、无侧隆线，具横沟3条。前翅顶端超过后足腿节顶端，前缘及中域暗褐色，

成虫　　　　　　　卵　　　卵块

图10-33 黄脊竹蝗

臀域绿色。后足胫节有刺2排，外排14个、内排15个，刺基浅黄、端部深黑。

卵 长椭圆形，6.0~8.0 mm×2.0~2.5 mm，略弯曲，赭黄色，有网纹。卵囊筒形，长19~28 mm，宽6.5~8.7 mm，有卵22~24粒。

若虫 共5龄，3~5龄若虫体赭黄或黑黄色，将羽化时翠绿色。

生物学特性

1年1代，以卵于土中越冬。在浙江，卵于5月下旬至6月上旬孵化，5月下旬至8月中旬为若虫期，7月中旬至11月上旬为成虫期，8月上旬开始产卵越冬。初孵跳蝻多群集于小竹及禾本科杂草上，于翌日开始取食，多在1龄末至2龄初上大竹取食，3龄后全部上竹危害；初集中梢头取食，后渐分散活动，天黑至晨露未干前不活跃，天气炎热时常于8:00下竹栖息、17:00后再上竹活动。成虫也有群集性，多在性器官成熟前喜飞行。

卵多成块产于柴草稀少、土质较松向阳的山腰或山窝斜坡，土壤含水约20%时适宜产卵；卵块覆圆形黑色卵盖，产卵场所地面常见卵盖及成虫尸体。

竹蝗的调查与防治

竹蝗调查

查卵 成虫喜产卵的场所、地面存成虫残骸，小竹及杂草被害严重及竹梢叶片被害处，有红头芫菁活动的地方都可能有卵块。查卵后应对有卵地块进行标记，以便查蝻。

查蝻 定期检查标记地点（室内可设对照）的卵块，卵壳外见到眼点后约2周孵化，跳蝻孵出后10 d左右及上竹危害前是施药适期。

查成虫 及时掌握虫口密度及产卵场所，以便来年准确查卵。

防治技术

林间栽植泡桐利于竹蝗卵期天敌红头芫菁的繁殖，对控制该虫有效。根据竹蝗产卵后地面上的标志，可在小满时节挖除卵块、并处理。竹蝗发生期可利用150 mL/hm² 的2.5%高效氯氟氰菊酯乳油2 000倍液、有效成分为75~200 g/hm² 的25%噻嗪酮悬浮剂、有效成分为15~30 g/hm² 的10%吡虫啉可湿性粉剂喷雾防治或施用烟剂防治。

四、螨类

螨类属蛛形纲蜱螨目，危害林木及果树的害螨多属于真螨目和蜱螨目。害螨以成螨、若螨在寄主的叶、芽、嫩茎、花及幼果上吸食危害，被害处初显褪绿小斑点，后出现褐或

红褐色斑块或叶面卷曲，严重时造成叶、花、果脱落，影响严重。部分害螨(如竹缺爪螨 *Aponychus corpuzae* Rimando)还传播病毒病害，造成竹叶枯黄、脱落、竹冠稀疏，重则使竹叶呈火烧状焦枯脱落、秃枝、秃梢、竹秆部灰变、枯死，出笋量减少。除下述种类外，重要的还有南京裂爪螨 *Schizotetranychus nanjingensis* Ma et Yuan、竹裂爪螨 *Schizotetranychus bambusae* Reck、竹缺爪螨、枣瘿螨 *Tegolophus zizyphagus*（Keifer）、果苔螨 *Bryobia rubrioculus*（Scheuten）、李始叶螨 *Eotetranychus pruni*（Oudemans）、枸杞瘿螨 *Eriophyes macrodonis*（Keifer）、杨始叶螨 *Eotetranychus populi*（Koch）等。

山楂叶螨 *Tetranychus veinnensis*（Zacher）

山楂叶螨

又名山楂红蜘蛛。分布于华北、华东、西北部分地区。危害苹果、梨、桃、杏、李、山楂等。成螨、若螨吸食花、芽、叶液汁，造成果树焦叶、烧膛、二次开花，严重影响产量。

形态特征（图 10-34）

成螨 雌成螨，冬型虫体微小，仅 0.4 mm，体色鲜红；夏型体长约 0.7 mm，椭圆形，体色红或深红。背两侧有黑色纹，背面隆起、有皱纹，后半体纹横向无菱纹；须肢端感器锥形、其长与基部宽略等，背感器小枝状，于口针鞘两侧形成数室；背毛序为 2、6、4、4、4、2 根，背长刚毛具绒毛、不生在疣突上。雄性体菱形、末端略尖，浅绿色，长 0.31~0.43 mm，体背两侧有褐斑纹。

卵 圆球形，半透明。初黄白或浅黄色、后橙红色具 2 红斑。

幼虫 初孵体近圆形，长约 0.19 mm，足 3 对；未取食前淡黄白色，取食后黄绿色；体侧颗粒斑深绿色，单眼红色。2 龄若螨体长约 0.4 mm，足 4 对，似于成螨。

雌成螨　雄成螨

图 10-34 山楂叶螨

生物学特性

年发生世代数受气候、营养影响大，在辽宁 1 年 3~7 代，甘肃 4~7 代，陕西关中 5~6 代，山东 7~8 代，济南 9~10 代，河南 12~13 代，以交配滞育雌螨群集于树干缝隙、树皮、枯枝落叶内等缝隙内越冬，抗寒能力很强、在-30℃下 1 d 死亡。翌年春平均气温 9~11℃、树芽膨大时出蛰危害嫩叶，遇阴雨或倒春寒则潜回树缝内；4 月上、中旬陆续产卵，卵产于叶背主脉两侧或蛛丝上，产卵高峰与苹果、梨的盛花期吻合；在 18~20℃时雌成螨的寿命约 40 d，产卵历期 13.1~22.3 d，平均产卵 43.9~83.9 粒、最多 146 粒。卵期 8~10 d，第 2 代卵出现于 6 月上旬，7~8 月繁殖最快、危害最严重，9 月下旬至 11 月上旬进入越冬态。卵期、幼若螨及世代的发育起点温度为 13.41℃、16.6℃、9.2℃，有效积温为 78.3 d·℃±16.9 d·℃、12.3 d·℃±6.72 d·℃、250.8 d·℃±42.8 d·℃。

该螨属长日照发育型，在短日照低温下产生鲜红色的能交尾的滞育雌螨。以两性生殖为主，雌雄比 3∶1~5∶1，部分为孤雌生殖、其后代全为雄性。初孵幼螨较活泼，前若螨吐丝结网，雌幼螨 4 龄、雄 3 龄；雄成螨羽化后守候在雌性旁待其羽化后即与之交尾，雄螨可交尾 5~68 次。为聚集型分布，在树冠上、中、下及内膛各占 10%、17.7%、40%、

32.3%。喜高温干旱，降水对螨类除有直接冲刷作用、也制约其发育历期和繁殖；6月上旬前种群增长缓慢、中旬激增，进入雨季后数量骤降，雨季后出现危害第2次小高峰，传播方式有爬行、风力及人、畜活动传带等。天敌在中、后期可有效地抑制该螨的繁殖，束管食螨瓢虫、深点食螨瓢虫食量分别为20.7~22.6头/d、20.8~21.8头/d，此外还有陕西食螨瓢虫、肉食蓟马、小花蝽、草蛉、粉蛉和捕食螨等。

针叶小爪螨 *Oligonychus ununguis*（Jacobi）

针叶小爪螨

国内分布于宁夏、陕西、山西、河北、山东、湖南、安徽、江苏、浙江等；国外也有分布。危害杉木、水杉、云杉、落叶松、多种松类、侧柏、栎类等。被害杉木针叶初见褪绿斑点、后黄褐或紫褐色，如炭疽病斑；受害栗叶主脉两侧显苍白斑点，严重受害叶黄褐而干枯。

形态特征（图10-35）

成螨　雌椭圆形，长0.42~0.55 mm、宽0.26~0.32 mm，褐红色；须肢跗节端感器略长方形，背感器小枝状，气门沟末端膨大，背刚毛具绒毛，背毛序为2、4、6、4、4、4、2根。足Ⅰ跗节双刚毛1对、其腹面刚毛1根，条状爪各具粘毛1对；爪状爪间突的腹侧基5对针状毛。雄体菱形，长0.32~0.35 mm。

卵　圆球形，约0.10 mm。初淡黄色，后紫红色。半透明。

幼、若螨　幼螨近圆形，取食后淡绿色。若螨微红褐色。

图10-35　针叶小爪螨

生物学特性

湖南1年20~22代，河北4~9代，以紫红色越冬卵在寄主的针叶、叶柄、叶痕、小枝条及粗皮缝隙等处越冬，极少数以雌螨在树缝或土块内越冬。翌年气温达10℃以上或栗芽萌发时越冬卵孵化，若螨上爬嫩叶吸食危害直至成螨产卵繁殖；越冬雌螨出蛰至新叶吸食产卵。南方杉木林危害区的防治适期是春末，北方板栗林的防治适期为6~7月。

该螨喜在叶面吸食、繁殖，螨量大时也在叶背危害和产卵。以两性生殖为主，其次为孤雌生殖；雌螨羽化后即交尾，1~2 d后产卵，每螨产卵19~72粒、平均43.6粒。成螨、若螨均具吐丝习性。温暖、干燥有利于其发育和繁殖，久雨或暴雨能使螨量下降。危害与坡向、树龄、郁闭度、海拔、品种密切相关，阳坡比阴坡、中坡比下坡、东西坡比南北坡发生早、危害重，4~5年生的杉木受害重；郁闭度及海拔低的杉林比郁闭度与海拔高、油杉比芒杉和灰枝杉的受害重。

螨类的防治

防治螨类应合理使用农药，保护利用天敌，充分发挥生态系统的自然控制作用。

检疫措施　对苗木、接穗、插条等进行严格检查和除螨处理。处理时可用75%益赛昂1 000~2 000倍液、25%杀虫脒600~1 000倍加0.1~0.5°Bé的石硫合剂，其杀螨率达

90%，而杀卵率也达80%以上，如隔周再施药1次就能基本消灭害螨。用45~50℃的热水浸渍虫瘿或卷叶5 min即能杀死其内的害螨。

　　栽培措施　选栽抗螨品种对控制害螨种群很有效。①越冬期剪除病、虫枝条，树干束草诱集越冬雌成螨、翌春收集烧毁，冬季灌水，及时清除枯枝落叶和杂草。②生长期不施高氮化肥，增施有机肥、增强树势，提高植株的抗虫能力；及时摘除和处理虫瘿和卷叶，高温干旱季节及时灌水，可减轻螨类的危害。③对有趋嫩性的害螨，如适时除净无效或多余的嫩叶、萌生枝芽，可大幅度降低害螨的密度。

　　生物防治　螨类天敌很多，包括寄生性的病原微生物和捕食性天敌。①已知100余种食螨昆虫中重要的有10余种食螨瓢虫，但以深点食螨瓢虫的捕螨效果最好，其1头幼虫一生能捕食各种虫态的个体136~830头，成虫的日食量为20.8~21.8头；肉食蓟马类中常见的有六点塔蓟马，花蝽类最常见的小花蝽和暗花蝽，当食料缺乏时草蛉类才捕猎害螨，但草蛉科的末龄幼虫、粉蛉科的啮粉蛉、小黑隐翅虫 Oligota sp. 均可不同程度地捕食各种害螨。②捕食性螨类是近20多年来新开发利用的天敌，包括赤螨科、大赤螨科、绒螨科、长须螨科和植绥螨总科等中的许多种类，但目前的研究和利用还局限于植绥螨科中的种类，如植绥螨捕食各种叶螨和瘿螨，西方盲走螨捕食榆全爪螨、李始叶螨和山楂叶螨，尼氏钝绥螨、纽氏钝绥螨、德氏钝绥螨和拟长毛钝绥螨等用于防治柑橘全爪螨、柑橘始叶螨、柑橘皱叶刺瘿螨、朱砂叶螨、斯氏尖叶瘿螨、卵形短须螨、侧多食跗线螨、石榴小爪螨和咖啡小爪螨。③病原微生物中虫生藻菌和牙枝霉感染柑橘全爪螨，白僵菌可用于防治叶螨、苔螨和跗线螨，其对普通叶螨的致死率可达85.9%~100%，与农药混用后可显著提高杀螨率。

　　化学防治　①发芽前结合防治其他害虫，喷石硫合剂或含油量为3%~5%的柴油乳剂，刮皮后喷施效果更好。②生长期进行药剂防治，产卵期可喷杀卵作用较好的20%四螨嗪悬浮剂2 000~3 000倍液或5%噻螨酮乳油1 000~1 500倍液等药剂，四螨嗪、噻螨酮、螺螨酯、乙螨唑等药剂对卵、幼螨、若螨防治效果较好。③混合发生期用药种类及浓度为1.8%齐螨素4 000~6 000倍液、15%扫螨净2 000倍液、5%浏阳霉素1 000倍液、73%克螨特2 500~3 000倍液等，多种杀螨剂交替使用。

第五节　食叶害虫的调查与研究

　　食叶害虫的调查和研究，包括种类与分布、危害习性、生物学、气候与危害关系、发生区的环境特征与范围、各种天敌及其控制作用、防治技术与效果、调查取样方法、测报技术等基本内容。进一步的调查和研究还包括幼虫对寄主的选择与寄主的抗性、取食行为、食量变化规律及其对寄主生长的影响、对环境温湿度变化的反应、迁移与活动特性、排粪规律与密度估计、越冬特点等，化蛹场所与环境的关系，成虫羽化与行为及释放性外激素与交尾、趋性、寿命、产卵场所与规律、迁飞和扩散规律等，以及林分结构、树龄与种群密度、立地与危害的关系，发育起点温度与有效积温、分布型、滞育特性、生命表等。

一、调查原理

　　食叶害虫的调查与研究应依据其生活史、分布方式、危害特性，采取随机取样的方式进行调查，标准地的设置基本与枝梢害虫相同。但因种类和习性的不同，取样时直接调查技术包括灯光、信息素等诱测，人工捕捉如利用在树皮缝结茧阻隔调查、幼虫危害期标准枝与标准叶调查、利用在土壤中化蛹取土样调查等；间接调查包括排粪量、模型、虫害指数推算等。

二、调查方法

常用的调查包括出蛰期调查，灯光与信息素等诱测，幼虫危害期调查，标准枝与标准叶调查，茧、蛹和卵期调查，航天航空监测等。土壤中化蛹调查方法见地下害虫的调查。

（一）出蛰期调查

例如，对越冬雌成螨，在有代表性的林内选择 3 株被害较重的树木，每株标定 10 个顶芽，逐一登记编号。从标定样株开始，1 d 观察、记载 1 次上芽的雌螨数量，并随即剔除上芽的雌螨。当发现有雌螨开始上芽时，立即发出蛰预报。上芽雌螨数量剧增时即可发出蛰盛期预报，并根据虫口数量调查结果酌情组织防治。

（二）灯光与信息素等诱测

①灯光诱集成虫。如在松毛虫羽化期，根据地理类型设置黑光灯诱捕，灯光一般要设置于地势开阔处，距林缘 30~100 m，不宜设于山顶、林内和风口。用于虫情测报的黑光灯需数年固定于一个位置，在发蛾季节，应每天在天黑时开灯，翌日凌晨闭灯，逐日统计雌、雄蛾数、雌蛾怀卵数。

②信息素诱集。成虫羽化期应在不同的林地设置诱捕器若干，诱捕器应悬挂于 1.5 m 高度处，四周也应较空旷，每日清晨检查记载各个诱捕器中的数量。

（三）幼虫危害期调查

凡发现有松毛虫危害时，可分别选择有代表性的林地，随机取样 25 株，调查虫口密度和有虫株率。松毛虫各龄幼虫一昼夜所排的粪粒数量大致为 70 粒，在调查高大树木虫口密度时，只需在树下铺以一定面积的白塑料收集虫粪即可估算出，需要精确时应考虑到枝干截留和其他因素对排粪量的影响。在全面掌握发生地的分布和面积后，可依地势地形和虫口密度等，建立面积为 25×25 m~40×40 m 的标准地，在其中取样 20 株，依次编号，每间隔 3 d 观测 1 次幼虫的发育状态和危害特性；若 1 年发生多代，各代均应进行观察。对山楂叶螨在苹果树开花前，采用对角线取样法在调查地中选定 5 株，3 d 调查 1 次；每株在树冠内膛、主枝中段各随机取 10 个样点，每样点调查 10 个芽，统计上芽的越冬雌成螨数。在果树落花后，每间隔 2 d 再调查 1 次，在每样株的东、西、南、北、中方位随机各取叶 4 片，调查叶螨种类与数量，当活动螨数平均达 4~5 头/叶时即可进行防治。进入 7 月中旬以后，山楂叶螨已扩散到树冠外围，取样部位应移到主枝中段和外围枝条上；这时树体的花芽分化基本结束，害螨的种群量已进入下降阶段，防治指标可放宽到 7~8 头/叶。

（四）标准枝与标准叶调查

需要以标准枝为取样单位行调查时，小叶树种（如针叶树）食叶害虫的标准枝长度应为 50 cm、大叶树种的标准枝长度不应小于 30 cm，应根据害虫在嫩枝或老枝条上的分布行为，正确选取标准枝。如需要以标准叶为取样单位时，应根据害虫对新老叶的嗜好选择样叶，针叶树种应以叶簇为基本调查单元，每样株应选取不少于 30 簇样叶，阔叶树每样株应选取不少于 50 个样叶。调查和取样的注意事项见枝梢害虫调查方法。

（五）茧、蛹和卵期调查

茧蛹和卵期是松毛虫静止时期，取样和调查较方便。可将调查株、标准枝与叶、其他取样单元上的茧、蛹或卵全部收集，统计数量，饲养观察寄生与死亡率、雌雄比、雌蛹重（100 枚）、羽化率和产卵量，以及寄生天敌种类和数量。卵期调查可将卵块置于玻管或纸袋内，观测卵期寄生性天敌的种类和数量数。对于松毛虫，如果有茧株率在 50% 以下、株有茧数少于 10 个、雌性比低于 40%，则下一代将不致成灾；如果株有卵 0.3 块以下，每块卵少于 150 粒，孵化率约 50% 时，当代常不成灾。越冬螨卵孵化期调查，可选择有代表性的易感品种或主栽品种，标定不少于 500 粒的越冬卵后用细针挑除灰白色的死卵，然后在所标定的螨卵周围涂以虫胶或凡士林，以免幼螨孵出时爬失。从越冬卵孵化开始，1 d 观察 1 次、并及时剔除所孵化的幼螨，直至孵化结束。

日孵化率：

$$y_i(\%)=[X_i/a]\times100 \tag{10-1}$$

累计孵化率：

$$Y=\sum y_i \tag{10-2}$$

式中，X_i 为调查日孵化幼螨数；a 为标定卵数。

当螨卵进入孵化盛期后应立即发出预报，并根据虫口数量调查结果酌情组织防治。

（六）航天航空监测

在松林面积辽阔、山高路远人稀的林区，可采用卫星遥感图像监测技术和航空摄影技术进行监测，然后进行地面调查和核实，可比较及时而准确地确定虫情。

复习思考题

1. 我国食叶害虫的地理分布有何特点？
2. 食叶害虫的发生分哪几个阶段？特点是什么？
3. 我国重要的食叶害虫有哪几类？重要种各有哪些？
4. 食叶害虫的防治有哪些方法？
5. 蛾类食叶害虫的测报方法有哪些？

第十一章

种实害虫及其防治

【**本章提要**】简要介绍了我国林木种实害虫的地理区划及其在各气候带及林区内的分布；重点介绍了螟蛾类、象虫类、小蜂类中重要林木种实害虫的分布、形态特征及其生物学特性，并提出了相应的预测预报及防治方法，最后对林木种实害虫的调查方法、数据分析作了介绍。

种实害虫指危害各种林木的花、果实和种子的害虫和螨类。该类害虫大多属于鳞翅目卷蛾科、螟蛾科、麦蛾科、举肢蛾科；鞘翅目象甲科、叶甲科；双翅目瘿蚊科、花蝇科、实蝇科；半翅目的缘蝽科、长蝽科、球蚜科、蚧总科；膜翅目松叶蜂科、广肩小蜂科、大痣小蜂科等。种实害虫一般体小色暗，幼虫绝大多数营隐蔽性钻蛀危害，不易引起人们的注意；同时种实害虫成虫羽化高峰期和幼虫孵化期基本上与被害寄主花期、幼果期同步，一旦大发生则往往造成较大危害。

由于大多数种实害虫是躲在花蕊或钻蛀种、果危害，与其他森林害虫相比其防治难度较大，防治必须建立在预测预报的基础上，我国种实害虫测报工作自 1980 年后已逐步开展。种实害虫防治策略应根据其生物学特性和林分实际情况区别对待，如在种子园和母树林，为确保种子的质量和产量，防治措施应以化学防治和生物防治为主，以营林技术措施为辅；而大面积人工纯林和天然林，采取营林技术和生物防治措施效果较理想。

近年来，种实害虫的生物防治研究取得较大进展。例如，在生物和物理防治方面，利用松毛虫赤眼蜂防治油松球果小卷蛾等针叶树种实害虫均取得较好效果，利用油松球果小卷蛾性信息素诱杀防治，利用黑光灯诱杀鳞翅目的蛾类，利用高频加热设备杀死种子内的小蜂幼虫，利用黄色胶板诱杀落叶松花蝇等；在营林技术防治方面，主要通过选种、育苗、造林、施肥、抚育间伐、种子贮藏等一系列林业技术措施，为林木生长创造有利条件，抑制种实害虫的大发生和危害。加强植物检疫工作也是防治种实害虫的有效途径，随着我国农林业生产和国际贸易的不断发展，种子、苗木、接穗、包装材料、果品等农林产品进出口的种类和数量也在不断增加，所有这一切都为种实害虫的远距离传播创造了有利条件，只有重视和加强植物检疫工作，才能防止局部分布的危险性种实害虫扩散蔓延。

第一节　我国林木种实害虫的地理区划

　　我国林木种实害虫较多，仅危害针叶树的种实害虫已记载约 120 种。由于林木害虫的地理分布与森林环境尤其是林分结构、树种组成关系密切，林分类型的形成取决于气候带及地理特征，因而根据我国气候带及昆虫的地理区划，按照林分的分布可将林木种实害虫区分为北方针阔叶种、北方局域分布种、东南针阔叶种、南方局域种、中低山针阔叶种；按照分布区的气候可区分为广适种、热带种、暖温种、温性种、耐寒种。我国常见林木种实害虫的地理区划及气候区划见表 11-1 和表 11-2。

表 11-1　33 种林木种实害虫的地理区划

区划类型	种　类	区系属性	地理分布					
			蒙新	东北	华北	华中	华南	西南
北方针阔叶种	松果梢斑螟	古北区	+	+	+	+	+	
	桃蛀果蛾	古北区	+	+	+	+		
	油松球果小卷蛾	古北区	+	+	+	+		+
	落叶松实小卷蛾	古北区	+	+	+			+
	柞栎象	古北区	+	+	+			
	紫穗槐豆象	古北区	+	+	+			
	落叶松球果花蝇	古北区	+	+	+			
	云杉球果小卷蛾	古北区	+	+	+			
	落叶松种子小蜂	古北区		+	+			
	赤松梢斑螟	古北区		+	+	+		
	樟子松木蠹象	古北区	+	+	+			
	桃仁蜂	古北区		+	+	+		
北方局域种	核桃举肢蛾	古北区			+	+		+
	柠条豆象	古北区	+		+			
	苹果蠹蛾	古北区	+					
	花椒蛀果叶甲	古北区			+			
	槐树种子小蜂	古北区			+			
东南针阔叶种	杉木扁长蝽	东洋区				+	+	+
	柑橘小实蝇	东洋区				+	+	
	柑橘大实蝇	东洋区				+	+	+
	油茶象	东洋区				+	+	+
	枇杷瘤蛾	东洋区				+	+	
	杉木球果麦蛾	东洋区				+	+	
	马尾松角胫象	东洋区				+	+	
	球果角胫象	东洋区			+			+
	松实小卷蛾	东洋区		+	+	+	+	+

(续)

区划类型	种 类	区系属性	地理分布					
			蒙新	东北	华北	华中	华南	西南
南方局域种	红脉穗螟	东洋区					+	
	柏木丽松叶蜂	东洋区				+		
	核桃长足象	东洋区				+		
中低山阔叶种	桃蛀螟	跨 界	+	+	+	+	+	+
	豆荚螟	跨 界	+	+	+	+	+	+
	微红梢斑螟	跨 界		+	+	+	+	
	柿举肢蛾	跨 界		+	+	+	+	
	剪枝栗实象	跨 界		+	+	+	+	
	栗实象	跨 界			+	+	+	+
	冷杉梢斑螟跨界	跨 界	+	+	+	+	+	

表 11-2　22 种林木种实害虫的气候区划

类型	种 类	热带	南亚热带	中亚热带	北亚热带	暖温带	中温带	寒温带
广适种	松果梢斑螟	+	+	+	+	+	+	+
	桃蛀螟	+	+	+	+	+	+	+
	柑橘大实蝇	+	+	+	+	+		
热带种	柑橘小实蝇	+	+	+				
	杉木扁长蝽	+	+	+				
	枇杷瘤蛾	+	+	+				
	红脉穗螟	+	+					
暖温种	油茶象		+	+	+			
	球果角胫象		+	+				
	马尾松角胫象		+	+				
	核桃长足豆象		+	+		+	+	
	剪枝栗实象		+	+		+	+	
	杉木球果麦蛾		+	+				
	柏木丽松叶蜂			+				
温性种	桃蛀果蛾			+	+	+	+	
	核桃举肢蛾			+	+	+	+	
	油松球果小卷蛾			+	+	+		+
	柿举肢蛾			+	+	+		
	栗实象			+	+	+		
耐寒种	落叶松球果花蝇					+	+	+
	云杉球果小卷蛾					+	+	
	落叶松实小卷蛾				+			+

第二节 重要的林木种实害虫及其防治

20世纪60年代以来，我国相继开展了落叶松、樟子松、马尾松、油松、华山松、杉木等主要针叶树造林树种和部分阔叶树种实害虫的研究，共记述了我国针叶树种实害虫117种，约占全世界针叶树种实害虫种类的1/3；有27个新种及新亚种。主要类群有蛾类、螟蛾类（卷蛾、螟蛾等）、象甲类、小蜂类等。

一、蛾类

蛾类种实害虫主要危害林木球果，部分种类也危害林木嫩梢，对树种常有较严格的选择性和专一性，部分种类同时危害同一种林木的果实或种子而混合发生，危害严重时常致使种子产量锐减、品质下降。除下述种类外，重要的种类还包括分布于华北、东北、西北、西南、华东、华南的微红梢斑螟，分布于黑龙江、辽宁、河北、江苏等地的赤松梢斑螟，分布于北方地区及江苏、江西等地的梨小食心虫，分布于国内诸多省份以及朝鲜、日本、蒙古、俄罗斯等的桃蛀果蛾 *Carposina sasakii* Matsumura，分布于北京、陕西、山西、河北、四川等地的核桃举肢蛾，分布于北京、河北、山东等地的柿举肢蛾，以及广布国内外危害豆科的豆荚螟等。

油松球果小卷蛾 *Gravitarmata margarotana*（Heinemann）

鳞翅目卷蛾科。国内分布于华中、陕西、甘肃、宁夏、河南、山西、河北、辽宁、重庆、安徽、江苏、浙江、江西、广东、四川、贵州、云南等地；国外分布于欧洲，日本、朝鲜、俄罗斯等。以幼虫危害油松、赤松、红松、马尾松、白皮松、马尾松等多种松树球果和枝梢。该种常与松果梢斑螟混合发生，导致种子严重歉收。

油松球果小卷蛾

形态特征（图11-1）

成虫 体长6~8 mm、翅展16~20 mm，体灰褐色。下唇须细长前伸、末节长而略下垂；丝状触角各节密生灰白色短绒毛、具环带。前翅有灰褐、赤褐、黑褐3色鳞毛相间的不规则云状斑，顶角处1弧形白斑纹；灰褐色后翅的外缘暗褐色，缘毛淡灰色。

卵 扁椭圆形，0.9 mm×0.7 mm。初产乳白色，孵化前黑褐色。

幼虫 初孵污黄色。老熟幼虫体长12~20 mm。头及前胸背板暗褐色，胸、腹肉红色。

蛹 赤褐色，长6.5~8.5 mm，腹部末端呈叉状、具钩状臀棘4对。丝质茧黄褐色。

生物学特性

各地均1年1代，以蛹在枯枝落叶层及杂

图11-1 油松球果小卷蛾

草下越夏过冬。陕西乔山林区成虫4月中旬羽化、产卵,4月下旬至5月上旬为盛期;5月上、中旬幼虫孵化;6月上旬至7月初开始老熟吐丝坠地结茧化蛹,6月中、下旬为盛期。四川的发生期约比陕西早1.5个月,贵州则早1个月。

卵散产于球果、嫩梢及头年生针叶上,单雌产卵量3~125粒,多为50粒,每果常有卵2~3粒、多达19粒,卵期14~22 d;初孵幼虫裸露,取食嫩梢表皮、针叶及当年生球果,2~5 d后蛀入先年生球果、嫩梢皮层和髓心危害,老熟后坠地在枯枝落叶层及杂草丛等处结茧,6~14 d后化蛹,蛹期约达310 d,幼虫由孵出至老熟坠地历时约30 d。当年生球果被害后会提早脱落,2年生球果被害后多干缩枯死;嫩梢被害后成枯梢,幼虫蛀入松梢期与春季抽梢期一致、对树木生长发育影响较大。在海拔1 900 m以下的松林内,低海拔重于高海拔,山下部重于山的中上部,纯林重于混交林,幼中林重于成熟林,人工林重于天然林。天敌有松毛虫赤眼蜂、悬腹广肩小蜂、白翅扁股小蜂等。该虫的性信息素已人工合成。

松实小卷蛾 *Retinia cristata*(Walsingham)

松实小卷蛾

鳞翅目卷蛾科,又名松梢小卷蛾、马尾松小卷蛾。国内分布于西南、华南、华中、东北、华北,陕西;国外分布于朝鲜、日本。危害松类及侧柏。春季第1代幼虫蛀食当年嫩梢,使芽梢钩状弯曲、逐渐枯死、影响高生长,夏季第2代后的幼虫蛀食球果,使大量球果枯死、种子减产。

形态特征(图11-2)

成虫 体长4.6~8.7 mm,翅展11~19 mm,黄褐色。头深黄色、冠丛土黄色;复眼赭红色,下唇须黄色,前翅黄褐色,中央1银色宽横斑,臀角处1肾形银色斑内有3个小黑点,翅基1/3处银色横纹3~4条,顶角处短银色横纹3~4条。后翅暗灰色,无斑纹。

卵 椭圆形,长约0.8 mm,黄白色,半透明,将孵化时红褐色。

幼虫 老熟时长约10 mm,淡黄,光滑,无斑纹。头与前胸背板黄褐色,趾钩单序环式。

蛹 纺锤形,长6~9 mm,宽2~3 mm,茶褐色,腹末3小齿突。

生物学特性

辽宁1年2代,结薄茧以蛹在枯梢和球果中越冬,翌年5月上旬至6月上旬为成虫期,5月中旬

成虫
蛹
幼虫

图11-2 松实小卷蛾

始见第1代幼虫危害松梢和刚膨大的2年生球果,在被害梢基部凝结松脂成套并越夏其中;6月下旬至8月上旬发生第1代成虫,7月中旬始见第2代幼虫危害膨大后期至成熟期的球果,9月中旬始见化蛹越冬。浙江及南京1年4代,各代成虫出现时期分别为3月上旬至4月下旬、5月下旬至7月中旬、7月下旬至8月下旬、9月初至9月下旬。

成虫多在8:00~20:00羽化,蛹壳露出于羽化孔外;夜晚活动、白天隐伏,飞行迅速,阴而闷热时成群在林冠上空飞行,有趋光性,寿命3~9 d;羽化当天傍晚就交尾,交尾时间可长达20 h。卵散产在针叶上及球果基部的鳞片上,每球果有卵数粒,单雌产卵量30

多粒、最多约 80 粒；卵四周于次日显红斑、5 d 后孵化。

　　初龄幼虫爬至当年生嫩梢的上半部吐丝、蛀咬表皮并粘碎屑于丝上，3~4 d 后渐向内蛀髓心，蛀道长约 10 cm、直径约 0.4 cm；每梢有幼虫 1~3 头、最多 8 头，被害梢自蛀孔以上黄萎并钩状弯曲。5 月初第 1 代幼虫常部分转移至 2 年生球果、蛀入取食果轴和种鳞，虫丝、碎屑、虫粪和流脂在蛀孔处粘集成漏斗状，褐色虫粪与白色凝脂充塞蛀道，每球果有幼虫 1~3 头不等，被害球果自蛀入后 3~4 d 开始变黄、后枯死。第 1 代幼虫期约 30 d，蛀果率达 26.8%、为侵害球果严重期；第 3 代主要蛀食球果的种鳞，第 4 代蛀食球果后对种子的产量和质量影响很大。1~3 代老熟幼虫在果轴中结茧化蛹，10 月中旬后第 4 代老熟幼虫在被害梢、果中化蛹越冬。

　　在温度较高、发育不良的林分中发生较严重，并以南方的松林受害最重；该虫常与油松球果小卷蛾、微红梢斑螟、芽梢斑螟等相伴发生，使松林嫩梢大量枯死。天敌对控制该虫的种群数量有重要作用，主要有卷蛾缺沟姬蜂、考氏白茧蜂、白翅扁股小蜂、松小卷蛾寄蝇等，其中茧蜂的寄生率高达 26.4%。

松果梢斑螟 *Dioryctria pryeri* Ragonot

松果梢斑螟

　　鳞翅目螟蛾科，又名球果螟、油松球果螟、松小梢斑螟。国内分布于东北、华北、西北、安徽、江苏、浙江、四川和台湾等地；国外分布于朝鲜、日本、巴基斯坦、土耳其、法国、西班牙、意大利。危害油松、马尾松、华山松、白皮松、落叶松、云杉等多种松类球果及嫩梢，导致球果畸形扭曲、干缩枯死，枝梢枯死，影响树木生长和种子产量。

形态特征（图 11-3）

　　成虫　体长 9~13 mm，翅展 20~26 mm，体灰色具鱼鳞状白斑。前翅赤褐色，近翅基 1 灰色短横线，波状内、外横线银灰色，两横线间有暗赤褐色斑，中室端部 1 新月形白斑，缘毛灰褐色。后翅浅灰褐色，前、外、后缘暗褐色，翅中灰白色。

　　卵　扁椭圆形，1.0 mm×0.7~0.8 mm。初产卵乳白、后黑褐色，具不规则的橙红色弯曲条纹。

　　幼虫　1~5 龄幼虫头宽分别为 0.6 mm、1.0 mm、1.1 mm、1.2 mm、1.45 mm。老熟幼

成虫　　　　　　　　蛹

幼虫

图 11-3　松果梢斑螟

虫体长 14~22 mm，体漆黑或亮蓝黑色，头部红褐色，前胸背板及腹部第 9~10 节背板黄褐色，体生刚毛。腹足趾钩为双序环，臀足趾钩为双序缺环。

　　蛹　赤褐或暗赤褐色，体长 9~14 mm。复眼黑色，尾端 6 根钩状臀棘排成弧形。

生物学特性

　　1 年 1 代，初龄幼虫在雄花序内、有少数在被害果或梢或树皮缝内越冬。在陕西和辽宁，越冬幼虫翌年 5 月中旬前后（浙江 4 月中旬）始转移危害当年生嫩梢、幼果及渐膨大的 2 年生球果，5 月中旬至 6 月初为盛期；6 月中旬在被害组织内化蛹，蛹期 14~28 d、平均 20 d；6 月底或 7 月初成虫羽化、产卵，7 月中旬当年幼虫孵化后主要取食雄花序，发育至

2龄时于9月下旬越冬。浙江发生期比陕西约提早1个月。

成虫多在白天8:00~12:00羽化,静止约3d后飞行、取食花蜜补充营养、交尾;交尾4d后单产卵于嫩梢叶鞘的基部、针叶凹面、球果鳞片、树皮或皮缝里,单雌产卵量22~201粒、平均61粒,雌蛾寿命4~14d、雄蛾3~12d。

多数越冬幼虫4~5月从被害雄花序基部蛀入嫩梢基部、继而多自嫩梢向下取食,由于雄花序发达,危害状不易发现,蛀孔外有丝与雄花序粘连;5月幼虫发育至4龄后转移危害主梢、有雌花的侧梢、2年生球果(球果外有薄丝网松脂虫粪黏着),1梢或1果1虫、极少2虫;蛀果者从球果基部呈螺旋型上蛀、再下蛀、最后整个球果被蛀空或仅余中轴;发育至5龄后微受惊即吐丝跳离寄生部位,老熟后停食5~9d即化蛹。

先年生球果受害后,轻者局部组织枯死致果形弯曲,严重时球果被毁;当年生球果受害后,干缩枯死、提前脱落;当年生嫩梢受害后大量枯死。40年以上、21~40年和21年以下树龄的球果被害率分别为43.7%、30.1%和4.6%,原因在于大龄树进入了生殖生长期、雄花序增多、为其取食和越冬提供了条件,当结实情况好时该虫主要危害球果、反之才危害嫩梢。天敌主要有松毛虫赤眼蜂、球果卷蛾长体茧蜂、卷蛾黑瘤姬蜂、球孢白僵菌、苏云金杆菌及其他茧蜂。

桃蛀螟 *Conogethes punctiferalis*(Guenée)

桃蛀螟

又名桃蛀螟、桃野螟蛾、豹纹螟、桃斑螟,鳞翅目草螟科。国内分布于东北南部、华北、华中、华南、西北、西南;国外分布于东南亚,日本、朝鲜、印度、巴基斯坦、澳大利亚、巴布亚新几内亚。危害农作物、果树的种子及柳杉、雪松、云杉等球果的种群为蛀果型;危害马尾松、黑松等松科针叶的为食叶型。

形态特征(图11-4)

成虫 体长10~14mm,翅展25~30mm,体翅均黄色。丝状触角长达前翅之半,下唇须发达上弯、两侧黑色且似镰刀状,喙基段背面黑色。胸部颈片中央1黑斑,肩板前端外侧及近中央处各1黑斑,胸部背面中央2黑斑。前翅基部,内、中、外及亚缘线、中室端部分布黑点21~28个,后翅黑点15~16个,缘毛褐色。腹部背面第1、3、4、5节各3个黑斑,第6节常只1黑斑,第2、7节无黑斑,第8节末端有时黑色。

卵 椭圆形,0.6~0.7mm×0.5mm。初产白色,最后鲜红色。

幼虫 老熟幼虫体长22~25mm,体色淡灰褐或淡灰蓝色、背面紫红色。头暗褐色,前胸背板、臀板褐色,中、后胸及第1~8腹节具两排前6后2的褐色毛片,腹足趾钩双序缺环。3龄后腹部第5节背面灰褐色斑下具2暗褐色性腺者为雄性,否则为雌性。

蛹 长13~15mm,宽4mm,褐色。下颚、中足及触角长度超过第5腹节的1/2,下颚较中足略长,而中足又略长于触角。腹部末端6根卷曲的臀棘。茧白色。

生物学特性

辽宁1年1~2代,河北、山东、陕西1

成虫 蛹 幼虫

图11-4 桃蛀螟

年3代，河南、重庆、浙江、江苏1年4代，江西、湖北1年4~5代。在浙江，食叶型的桃蛀螟1年2代，以4龄幼虫在缀叶虫苞内越冬，翌年4月下旬至5月上旬化蛹，成虫5月上、中旬羽化。蛀果型1年3代，以蛹在蛀道、树皮下、板栗果堆里越冬，翌年4月下旬至5月上旬成虫羽化，第1~2代幼虫6~7月发生。在武昌，越冬代幼虫于4月中旬开始化蛹，成虫于4月下旬至6月上旬羽化；第1代卵产于5月上旬至6月上旬；第2代为6月中旬至7月下旬；第3代为7月下旬至9月中旬；第4代为8月下旬至9月下旬；第5代(越冬代)为9月中旬至10月下旬，后以中、老龄幼虫在各种堆积物、缝隙内、秸秆内越冬，少数以蛹越冬。

成虫大多于夜间20:00~22:00羽化，白天静伏于叶背，清晨活动，取食花蜜补充营养，有趋光性。雌虫补充营养后交尾，卵散产于(或2、3、5粒相连成块)枝叶茂盛处的果面、两果连接处、松梢、栗类球果针刺间等处。初孵幼虫短距离爬行后即蛀入果、梢等植物器官内危害，随即从蛀孔排出粪便；桃果受害后蛀孔处具虫粪及黄色透明胶质，松梢受害后渐枯萎死亡，多数幼虫于受害板栗采收后7~10 d才蛀食种子。天敌有黄眶离缘姬蜂等。

红脉穗螟 *Tirathaba rufivena* Walker

鳞翅目螟蛾科。国内分布于海南；国外分布于马来西亚、印度尼西亚、斯里兰卡。以幼虫钻蛀槟榔花穗、果实和心叶，影响产量。幼虫钻食心叶，蛀坏生长点，约引起5%槟榔树死亡，也危害椰子和油棕等棕榈科植物。

形态特征(图11-5)

成虫 雌虫体长约12 mm，翅展23~26 mm。前翅灰绿色，中脉、肘脉、臀脉和后缘具玫瑰红色鳞片，中室1白色纵带，外缘1列小黑点，中室端、中部各1大黑点，翅面微见小黑点散生。后翅、腹部背面橘黄色，腹面灰白色。雄虫体长约11 mm，翅展21~25 mm。

卵 椭圆形、略扁，0.5~0.7 mm×0.4~0.5 mm，表面有网状纹，初产乳白色、后淡黄至橘红色。

图11-5 红脉穗螟

幼虫 体长18~23 mm，灰褐色，头及前胸背板黑褐色，臀板黑褐至黄褐色。中、后胸背板各3对，腹部各节亚背线、背线、气门上下线处各1对黑褐色大毛片，其上生刚毛1~2根。腹足趾钩为双序环，臀足三序横带。

蛹 长9~14 mm，棕黄色，背面密布黑色颗粒，背中线1褐色纵脊；前、后翅分别抵腹部第4、3节后缘，腹末臀棘4枚。雄蛹生殖孔两侧各1乳状突起，雌蛹则无。

生物学特性

1年8~9代。成虫于18:00~21:00羽化、羽化率95.2%，雌雄性比1.25:1，羽化2~3 d后多于3:00~5:00、少数于当夜交尾，交尾持续20~90 min。交尾后翌日晚多于21:00~24:00产卵，产卵期3~9 d。卵初产于槟榔佛焰苞基部缝隙或伤口处，开花结果期产于花梗、苞片、花瓣内侧等缝隙、皱折处，果期产卵于果蒂部，收果后可产卵于心叶(箭叶)处。卵多为数粒、几十粒聚产，产卵量为81~220粒、平均125粒。卵约在29℃、相对湿度 90% 下昼夜孵化,但尤以 9:00~11:00 孵化最盛,孵化率为 86.2%~98.3%。幼虫行动敏捷、畏光,老熟幼虫在被害部位吐丝结缀虫粪作茧,1~2 d 后化蛹。

初孵幼虫于佛焰苞开放前钻入花穗、危害持续至幼果至中果期,一个花苞内幼虫多至几十头、百头幼虫,被害花苞常在未开放前即发黑腐烂;幼果和中等果受害尤重,一个被害果常有 1 头幼虫、偶 2 头,幼虫食尽种子和部分内果皮、而易使被害果脱落;果实长大后幼虫常啃食果皮,造成流胶或形成木栓化硬皮,影响其质量;秋季收果后至春季开花前,幼虫食害心叶和邻近的羽状复叶,严重影响其生长或导致植株秃顶或死亡。

杉木球果麦蛾 *Dichomeris bimaculatus* Liu et Qian

鳞翅目麦蛾科,又名杉木球果棕麦蛾。分布于湖南、湖北、安徽、福建、贵州、浙江、广东、广西、江西等地。以幼虫危害杉木球果及种子,球果被害率 7%~50%。

形态特征(图 11-6)

成虫　体长 4~7 mm,翅展 10~13 mm,灰褐色。触角黄褐色,具暗褐色环。下唇须向前直立、超过头顶,外侧暗褐、内侧黄褐色。胸部暗褐色,前翅灰黑色,中室处 2 互相分离的小黑斑,内侧黑斑斜下方 1 较小的黑斑。后翅菜刀形,缘毛暗灰色。

卵　椭圆形,半透明,0.6 mm×0.4 mm。

幼虫　老熟幼虫体长 8~12 mm,头宽 0.8 mm。头部棕褐、前胸背板及臀板褐色,胸腹各节近前缘的硬皮板红褐色,其余部位白色,致虫体具红白相间环状。腹足趾钩单序环,臀足趾钩单序半环。

图 11-6　杉木球果麦蛾

蛹　长 4.5~6.2 mm,黄褐色。腹背第 1~3 节后缘中部波形凹入,边缘密生黄色短毛;第 2~4 节前缘中部具成对突起,密生短黄毛。腹末节近肛门孔两侧各 2 根黄色细棘,黄色臀棘 8 根。

生物学特性

1 年 1 代,以幼虫在当年生枯萎的雄花序及被害球果内越冬。翌年 3 月老熟幼虫在越冬场所化蛹,蛹期平均 14 d。3 月下旬至 6 月下旬为成虫发生期,羽化多在傍晚前后,羽化 2 d 后于翌日凌晨交尾,而后雌虫于当天散产卵于针叶背面、雄花序及幼果基部短针叶等处;成虫多白天活动,晚上及阴雨天常静伏针叶背面,飞行能力不强,有趋光性,平均寿命 6 d。4 月幼虫孵化、蛀害雄花序使其枯萎,6~7 月转钻蛀球果;4~5 月尚有部分越冬幼虫自上年枯萎的雄花序转至当年枯萎的雄花序中化蛹,11 月幼虫在被害球果及当年枯萎雄花序中越冬。幼虫危害时自球果苞鳞缝隙处蛀入,先危害苞鳞基部,后围绕果轴危害苞鳞及种子。被害果初无被害状,而后苞鳞局部变红褐色、再后全部褐变,进而球果变色、畸形弯曲、停止发育、形成小枯果,苞鳞缝隙可见少量褐色虫粪外露。杉木无性系之间球果被害率无差异,一般山坡下部球果虫害率高于上部。

苹果蠹蛾 *Cydia pomonella*（L.）

鳞翅卷蛾科，又名苹果小卷蛾。分布于新疆、甘肃等地。该虫原产欧亚大陆，现已传至北纬30°~60°除我国东部、日本和朝鲜半岛以外的北半球及南半球30°纬带以南的大部分苹果产区。危害苹果、胡桃、樱桃、杏、石榴、山楂、楒梓、李及梨，为全国林业检疫性有害生物。

苹果蠹蛾

形态特征（图11-7）

成虫　体长8 mm，翅展15~22 mm，灰褐色、有紫光。下唇须外侧淡灰褐、内侧黄白色。前翅臀斑大、深褐色，具3条青铜色条纹及4~5条褐条纹；翅基斑褐色，该斑外缘三角形突出，斑内具斜行波状纹；翅中部淡褐色、杂有褐色的斜纹。雄成虫前翅反面中室后缘1黑褐色条纹，后翅黄褐色。雌成虫翅僵4根、雄1根。

卵　扁椭圆形，1.1~1.2 mm×0.9~1.0 mm，卵壳细皱纹不规则。

幼虫　老熟幼虫体长14~20 mm，淡红色。头部黄褐、单眼区深褐色，每侧单眼6个，上颚5齿；体红色、但背面色深，前胸盾淡黄、斑点褐色，前胸气门前毛片刚毛3根，胸部其余无毛片；臀板具淡褐色小斑点，无臀栉；腹足趾钩单序缺环，尾足趾钩单序新月形。雄幼虫第5腹节背面体内1对紫红色丸状组织。

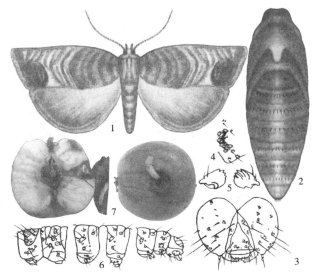

1.成虫；2.蛹；3.幼虫头部；4.幼虫单眼；5.幼虫上颚；6.幼虫体节；7.危害状（2~6仿张学祖）。

图11-7　苹果蠹蛾

蛹　黄褐色，体长7~10 mm。雌蛹触角未达中足末端，雄蛹触角接近中足末端，体末端肛门两侧各2根钩状刺，末端腹面4根、背面2根钩刺。

生物学特性

新疆1年2~3代（南疆阿克苏1年3代，具不完整的第4代；北疆伊犁等地1年2代，具不完整的第3代）。南疆3月下旬气温超过9℃时化蛹，蛹期22.3~30.6 d，5月中下旬羽化并产卵、卵期5~24 d，5月下旬至6月初幼虫孵化，6月底至7月初化蛹；7月上旬第2代成虫羽化，7月初至7月中旬产卵，卵期5~10 d，7月中旬幼虫孵化，8月中、下旬化蛹；9月下旬第3代成虫羽化，9月底至10月初产卵，10月上旬幼虫孵化，10月下旬越冬。在北疆伊犁、伊宁完成1代需45~54 d，各虫态的发育期比南疆约晚20 d，第1代幼虫结束时50%以上的幼虫即滞育。

成虫有趋光性。羽化3~6 d后多散产卵于果面或靠近果实的叶面，树冠上层落卵最多，中层次之，下层较少；雌蛾平均产卵量约40粒，最多可达140余粒。初孵幼虫在果面上爬行后蛀入果内（在苹果上多从果面处蛀入，香梨上多从萼洼处蛀入，杏果上多从梗洼处蛀入)、并将果皮碎屑排出蛀孔，蛀入果心后偏嗜种子；苹果被蛀食后堆积于蛀孔外的粪便和碎屑呈褐色，香梨为黑色，杏果为黄褐色、但多留在杏果内。幼虫从孵化至老熟脱离被害果需 25.5~31.2 d，老熟脱果后在树皮、枝干等缝隙、隐蔽处，或树干、树根附近的隐蔽处，吐丝结茧化蛹、越冬，或在采收和运送果品的包装材料、果品贮藏场所、蛀果内结薄茧越冬；但在野外越冬幼虫以在离地面 0~50 cm 处的树干最多，达 50%~60%，50~100 cm 处占 25%~30%，100 cm 以上占 10%~15%。新疆伊犁幼虫和蛹期有赤眼蜂等 5 种寄生蜂。

蛾类的防治

蛾类种实害虫的防治以测报为基础，测报包括发生期测报、发生量测报、危害程度测报。危害针叶树种实害虫的测报方法如下，其他林木种实害虫的测报可参考之。

预测预报

发生期测报　种实害虫的防治适期为幼虫孵化高峰期，发生期的预测关键是要确定防治适期。①气象指标法。根据卷蛾羽化与温湿度的关系，使用连续多年的观察资料、总结出经验性气象指标能预测其发生期。如当 4 月下旬至 5 月上旬连续两旬的平均气温超过 5℃时，落叶松实小卷蛾在其后 1 旬开始羽化，由此即可预测幼虫发生期。②物候法预测。如落叶松雄花开始凋谢时落叶松实小卷蛾成虫开始羽化、落叶松果鳞开始分开时其成虫开始产卵等，油松球果小卷蛾的卵孵化率达 20%~30%、油松雌球花开放时为防治适期。③有效积温预测法。例如，当 9℃(发育起点温度) 以上的有效积温达 230 d·℃ 时为苹果蠹蛾第 1 代幼虫孵化时的喷药适期，第 2、3 代喷药适期则应按发育进度进行预测。此外，也可采用性信息素进行监测预测。

发生量测报　由于前一代或发育阶段的害虫发生量大，下一代或下一发育阶段的发生量可能多；反之则少。因此可利用能够描述种群变动的数学模型，由前一阶段的虫口数预测下一阶段的虫口数。同时，因林木的结实量是种实害虫种群波动的主导因素，种实害虫发生量预测应以林间虫口密度调查结果与结实量指标相结合而进行。如 Roques 应用结实量 X 这个因素，对落叶松球果花蝇提出了 2 个发生量预测模型，即每果平均卵量 $Y_1 = 7.92(X+1)^{-0.82}-1$；每受害果内 3 龄幼虫量 $Y_2 = 3.62(X+1)^{-0.38}-1$。

危害程度测报　例如，落叶松球果被害率、种子损失率与落叶松结实量 X 呈负相关，由此可建立落叶松种子损失率 $Y_1(\%) = 1\,341.0-13.57X$、球果被害率 $Y_2(\%) = 5\,290.7-51.94X$ 预测模型。油松球果小卷蛾的危害程度，可用油松球果被害率 Y、种子损失率 P 与油松球果小卷蛾平均落卵量 X 模型预测，即 $Y = 0.342\,5 + 1.461\,0X$，$P = 0.234\,9 + 1.336\,8X$。

防治技术

检疫措施　对人工传播型害虫应强化检疫措施，以阻止其进一步扩散蔓延。

林业技术措施　①选育抗虫树种，营造混交林，加强抚育管理。在纯林内补植其他种植物和树木使之尽快变成针阔混交林，以抑制害虫发生。根据虫害的喜光性加强幼林抚育，促使幼林提前郁闭。②适时合理修剪，以减少虫源。适时剪去被害梢、虫蛀果、枝，除去越冬虫苞、虫瘿、落果，以减少虫源，但留茬要短、刀口要平滑，不能乱砍滥伐及过度放牧，以减少引诱成虫产卵的伤口。③适当减少雄花序，压低越冬虫源基数。营建油松种子园时，在保证油松雌花正常受粉的条件下，减少偏雄植株，剪除雄花序或用风力灭火机袭落残留在松树上的雄花序，以压低越冬虫口密度。

物理防治　高温致死等处理杀死种子害虫，对有趋光性的小卷蛾、螟蛾在种子园、母树林设立黑光灯、高频杀虫灯，或用性诱捕器、糖醋液盘诱杀成虫。对有下树习性、在树皮裂缝内越冬的，可在树干基部捆绑诱集草、然后清除。刮除老树皮，以压低虫口密度。

生物防治　①利用寄生、捕食性天敌防治油松球果小卷蛾、微红梢斑螟、杉梢花翅小卷蛾、苹果蠹蛾等种实害虫。②利用微生物制剂防治幼虫，如白僵菌和苏云金杆菌及其变种制剂，可采用飞机或地面常规喷粉、喷雾，例如，幼虫孵化始、盛期可喷洒 25% Bt 乳剂（苏云金杆菌）200 倍液，或 1×10^8 个孢子/mL 的苏云金杆菌液。③注意保护天敌、益鸟，创造适合天敌生存的栖境。④利用性信息素防治成虫，如苹果蠹蛾的性信息素为法尼烯及 E,E-8,10-十二碳二烯-1-醇，测报时每亩设置 1 个诱捕器，防治时则应设置 2~4 个。

化学防治　应把握防治适期，合理选择并使用药剂。烟剂法熏杀成虫：对郁闭度在 0.6 以上的虫口密度过大林分，在成虫羽化盛期，当早晚出现气温逆增现象时施放烟剂 15 kg/hm²。在幼虫初孵期、越冬幼虫转移危害期或防治关键期，飞机防治时可用有效成分用量为 60 g/hm² 的 2.5% 高效氯氟氰菊酯乳油，地面喷雾时可选喷 25% 苯氧威·吡嗪酮悬浮剂、5% 高效氯氰菊酯乳油或超低容量喷 2.5% 溴氰菊酯乳油 100 倍液。此外，也可采用树干注药等方法防治。

二、象虫类

除下述种类外，重要的种类还包括遍及国内各栗产区危害板栗等栎类果实的栗实象、剪枝栎实象 Cyllorhynchites ursulus（Roelofs），分布于秦岭以南至西南茶产区危害油茶、茶树和山茶科多种植物果实的油茶象 Curculio chinensis Chevrolat，分布于陕西、河南、江西、甘肃陇南等地的板栗雪片象等。

球果角胫象 Shirahoshizo coniferae Chao

鞘翅目象甲科，又名华山松球果象。分布于陕西、四川、云南等地。幼虫蛀食华山松、云南油杉种子及果鳞，成虫取食嫩梢，严重影响林木正常生长、天然更新及造林用种。

球果角胫象

形态特征（图 11-8）

成虫　体长 5.2~6.5 mm，宽 2.8~3.0 mm，长椭圆形，体黑褐或红褐色。被黑褐色鳞片多集中额区，前胸背板前端、中线两侧、外缘及鞘翅行间。前胸背板中部白斑点 4 个，鞘翅第 4、5 刻点行间的中前方各 1 白斑，前胸背板及鞘翅还散生白小斑若干。前胸背板向前渐收窄，刻点密，中隆线细，小盾片近菱形；鞘翅自 2/3 处向后收窄，中后足腿节具齿。第 2~4 节腹板各 2 列刻点，两侧各 1 撮毛。

卵　椭圆形，0.75 mm×0.45 mm，淡黄，半透明。

图 11-8 球果角胫象

幼虫　老熟幼虫长 6 ~ 8 mm，体呈马蹄形，黄白色，头淡褐色。

蛹　裸蛹体长约 7 mm，黄白色，复眼紫色。

生物学特性

陕西 1 年 1 代，以成虫在土内或球果的种子内及果鳞内侧越冬。翌年 5 月中旬成虫大量出现，取食嫩梢补充营养。6 月上旬始产卵，卵堆产于 2 年生球果鳞片上缘的皮下组织、外观蜡黄色、有流脂溢出。被害球果一般有卵 1 ~ 3 堆，多者达 6 堆，每堆卵约 10 粒，最多达 28 粒。6 月下旬孵出幼虫，群集于球果鳞片上缘皮下组织处自上而下蛀食，至鳞片基部再分头蛀入种子及其他鳞片内侧，至 8 月间化蛹于其中。受害球果灰褐色，表皮皱缩，组织枯死，松软易碎；种子受害后，种仁被食空，种壳可见近圆形的蛀孔，孔口堵以丝状木屑。该虫主要分布于海拔 1 200 ~ 1 650 m，球果被害率常达 30% ~ 70%。

核桃长足象 *Alcidodes juglans* Chao

核桃长足象

鞘翅目象甲科，又名果实象。分布于四川、云南、陕西、河南、湖北、广西、重庆等地。以成虫、幼虫危害胡桃类果实。

形态特征(图 11-9)

成虫　体长 9 ~ 12 mm，喙长 3.4 ~ 4.8 mm，雌虫略大，体墨黑略有光泽，稀被分裂成 2 ~ 5 叉的白色鳞片。喙粗而长，密布刻点；膝状触角 11 节，端部 4 节纺锤形；复眼黑色，头和前胸相连处呈圆形。前胸宽大于长，近圆锥形，密布较大的小瘤突，近方形小盾片具中纵沟；鞘翅基部宽于前胸，端部钝圆，各有刻点沟 10 条；腿节膨大具 1 齿，齿端又分出 2 小齿，胫节外缘顶端 1 钩状齿，内缘有 2 根直刺。

卵　长椭圆形，1.2 ~ 1.4 mm×0.9 mm。初产乳白或淡黄色、半透明。后黄褐或褐色。

幼虫　体长 9 ~ 14 mm，乳白色，头黄褐或褐色，胸、腹部弯曲呈镰刀状，体侧气门明显。

蛹　体长 12 ~ 14 mm，黄褐色，胸、腹背面散生许多小刺，腹末具 1 对褐色臀刺。

生物学特性

四川和陕西 1 年 1 代，以成虫越冬。四川于翌年 4 月上旬当日平均气温约达 10℃时开始上树取食幼果、芽、嫩枝及叶柄补充营养，5 月上旬为盛期，多次交尾、产卵。5 月上旬至 8 月下旬在果皮上咬孔产卵，5 月下旬为盛期，产卵期 38 ~ 102 d，平均 62 d，每果产卵 1 粒、极少产 2

图 11-9　核桃长足象

粒，单雌产卵量 105~183 粒，平均产 124 粒，成虫产卵后于 9~10 月落地死亡，寿命 497~505 d。5 月中旬卵始孵化，6 月上旬为盛期，卵期 3~8 d，平均 5 d。初孵幼虫于翌日开始取食果皮，3~5 d 后蛀入果内，不转果危害，幼虫期 16~26 d，平均 21 d；老熟幼虫于 5 月中旬开始在树上僵果和落果中化蛹、6 月下旬为化蛹盛期，蛹期 6~7 d，化蛹率约 85%。6 月下旬至 7 月上旬为成虫羽化盛期，羽化率 80%，羽化孔直径 6~7 mm，雌雄比接近 1∶1；成虫出果上树危害，但不交尾、产卵，于 11 月在树干下部粗皮缝中越冬。

越冬成虫飞行力弱，有假死性，喜光，停息于小枝上时很像芽苞；多白天在阳面取食，且晴天取食量大于阴雨天，严重时每果有取食孔 40~50 个、并流出褐色汁液，以至种仁发育不良。产卵前多在果实阳面咬成 2.0~4.0 mm×2.5 mm 的椭圆形孔，产卵于孔内后用喙将卵推至孔底再用果屑封闭孔口。初孵幼虫先食果皮，入蛀后在内果皮硬化前取食种仁，向外排出黑褐色粪便，早期落果达 30%；内果皮硬化后取食中果皮，果实外具条形水浸状下凹的黑褐色虫疤，种仁不饱满；幼虫期达 3~4 个月，9 月核桃采收时仍有部分幼虫未出果。一般随海拔升高，成虫出现期推迟，危害减轻；树冠阳面受害重于阴面，上部重于下部，果实重于芽、嫩枝、叶柄，果的阳面蛀食孔比阴面多 2~5 倍。已知天敌有红尾伯劳啄食成虫，1 种寄生蝇对幼虫的寄生率达 10%~20%，1 种黄蚂蚁对落果中幼虫和蛹的取食率为 5%。

象甲类的防治

检疫措施　对带有害虫的种子、果实，25℃ 条件下用 30 g/m³ 碘甲烷密封熏蒸 2~3 d，或用水漂浮除去水面上的有虫种子集中销毁；有虫种苗用 30% 茚虫威 4 000 倍液、40% 氰戊菊酯 3 000 倍液喷干。

林业技术措施　加强管理，适时采种，摘除和剪除虫害果、叶、枝，用丰产抗虫品种建园。

物理防治　成虫出现盛期根据其趋性或设置黑光灯或用糖醋诱液诱杀，也可用饵木诱集成虫产卵集中处理、种植开花植物诱集成虫、利用性诱剂诱杀或利用假死性人工捕捉集中杀死。

生物防治　注意保护和利用天敌，人工饲养释放天敌或在林内种植蜜源植物增加天敌食源，使用药剂时尽量避免杀伤天敌。

化学防治　低龄幼虫期，可用吡虫啉 8 份+敌敌畏 2 份，1~2 mL 注入树干；对有蛀芽习性的可用上述药剂 2 000 倍液喷杀；对有沿树干下树的可用药剂涂干；对有在土内化蛹的可在整地时撒施噻虫嗪或噻虫啉粉剂。成虫期用 2.5% 溴氰菊酯乳油 3 000 倍液、5% 高效氯氟氰菊酯乳油 3 000 倍液、5% 啶虫脒乳油 2 000 倍液喷雾；或用烟雾剂熏杀成虫。

三、小蜂类

危害林木种子的小蜂类除下述外，还包括刺槐种子小蜂、柠条广肩小蜂 *Bruchophagus neocaraganae*（Liao）、黄连木种子小蜂、杏仁蜂 *Eurytoma samaonovi* Wassiliew、大痣小蜂等。

落叶松种子小蜂 *Eurytoma laricis* **Yano**

落叶松种
子小蜂

膜翅目广肩小蜂科。国内分布于东北，山西、内蒙古；国外分布于俄罗斯、蒙古、日本。以幼虫危害落叶松种子，可借助种子调运而传播。

形态特征（图 11-10）

成虫

幼虫

图 11-10　落叶松种子小蜂

成虫　雌蜂体长约 3 mm，黑色。复眼赭褐色，口器、腿节末端、胫节、跗节黄褐色。头、胸、腹末端及足和触角密生细白毛。头球形、略宽于胸，3 个单眼呈三角形排列；触角 11 节；柄节长而梗节短、环节小、5 索节均长大于宽，3 棒节几乎愈合。胸长大于宽，前胸略窄于中胸，卵圆形小盾片膨起。前翅匀布细毛，缘脉长约为痣脉的 2 倍、后缘脉略长于痣脉、痣脉末端鸟头状膨大；后翅缘脉末端具翅钩 3 个。后足胫节背侧方及第 1、2 跗节刚毛银灰色。腹部侧扁，长于头胸之和，第 4 腹节最长，腹末犁状上翘。雄蜂略小于雌蜂，体长约 2 mm，触角 10 节、5 个索节均呈斧状向一侧突出、2 棒节几乎愈合，腹部第 1 节长柄状，余近球形。

卵　乳白色，长椭圆形，长约 0.1 mm。1 根白色卵柄略长于卵。

幼虫　白色蛆状、"C"形弯曲，体长 2~3 mm，无足，头极小，上颚前端红褐色。

蛹　体长 2~3 mm，乳白色，复眼红色，羽化时蛹体黑色。

生物学特性

生活史复杂，1 年 1 代、2 年 1 代或 3 年 1 代，以老熟幼虫在种子内滞育越冬，部分个体滞育约 2 年。翌年 5 月上旬幼虫开始化蛹，继续滞育者不化蛹；6 月上旬成虫始羽化，6 月中、下旬为羽化盛期；6 月中旬成虫产卵于幼嫩的球果上，7 月中旬幼虫孵化后蛀入种子内取食种仁，食完种仁后即老熟、并在种子内越冬。

成虫以早晨羽化居多，在种子内羽化的成虫有少部分无力咬破种皮而死亡；羽化初期雄蜂多于雌蜂，后期雌蜂多于雄蜂；室内以糖水饲养成虫时其寿命较长，雌蜂为 17~34 d，雄蜂为 14~18 d。每粒种子内只 1 条幼虫，每幼虫只食害种子 1 粒，无转移危害习性；被害种子外表无被害状，成虫羽出时方可见到圆形羽化孔。山腰林比山底和山顶林、阳坡比阴坡、成熟林比幼林受害重。

小蜂类的防治

检疫措施　加强种子检疫，禁止带虫种子调运。对需调运种子进行熏蒸处理；或播种时用开水烫种以杀死种内幼虫。

林业技术措施　加强种子园的经营管理以保证种子的产量和质量。尽可能采尽种子以杜绝越冬虫源，及时采摘虫果并碾碎。虫害严重的林地，可于秋后深翻土、深埋落地有虫果实或种子。在结果小年、无采收价值时摘净花果，使种子小蜂失去寄主；对无利用途径的第二寄主，可除净其花果以杜绝虫源；在结果小年保留便于管理的部分果实作为诱饵，待适当时除净以清除虫源。

化学防治　成虫羽化期可间隔 5~7 d 施放烟雾剂 2~3 次，也可用 20% 灭扫利乳油 4 000~5 000 倍液、5% 高效氯氟氰菊酯 3 000 倍液等喷洒果穗。

四、其他种实害虫

林木种实害虫还有双翅目的花蝇类、实蝇类等。除下述种类外，重要的种类还有分布于秦岭以南柑橘产区的柑橘大实蝇，分布于长江以南大部分地区及亚洲其他国家、摩洛哥、毛里求斯及美国等国家的柑橘小实蝇，危害落叶松球果的花蝇还有贝加尔花蝇 *Strobilomyia baicalensis*（Elberg）、黑胸球果花蝇 *S. viaria*（Huckett）、稀球果花蝇 *S. infrequens*（Ackland）、黄尾球果花蝇 *S. luteoforceps*（Fan et Fang），以及危害云杉球果的炭色球果花蝇 *S. anthracinum*（Czerny）等。

落叶松球果花蝇 *Strobilomyia laricicola*（Karl）

落叶松球果花蝇

双翅目花蝇科。国内分布于东北，内蒙古、山西、新疆；国外分布于欧洲，俄罗斯、日本。幼虫危害落叶松球果和种子，球果被害率 80% 以上，种子被害率约 60%，严重影响落叶松产种量。

形态特征（图 11-11）

成虫　体长 4~5 mm。雄虫眼裸，触角芒基部 2/5 裸，上侧口缘鬃 3 或 2 行，中喙略短，被薄粉的前颊长约为高的 2 倍。翅基淡灰褐色，前缘脉下毛止于与第 1 胫脉相接处，腋瓣白。腹部背面粉被弱，除具正中黑色纵条外尚有狭的暗色前缘带，第 5 腹板侧叶端部狭、外缘内卷，后观肛尾叶略心脏形。雌蝇间额微棕色、向后色渐暗，具额间鬃，粉被灰色的侧额狭，胸背无明显纵条，腹全黑，略具光泽。

卵　纺锤形，乳白色，1.4~1.6 mm×0.5~0.6 mm，卵壳表面网纹六角形。

幼虫　老熟幼虫圆锥形，体长 6~9 mm，淡黄而不透明。黑色口钩 1 对。胸部第 1 节两侧 1 对前气门扁形，体各节边缘具成排的短刺。腹末截面具 7 对乳头状突起，后气门褐色而突出。

图 11-11　落叶松球果花蝇

蛹　长椭圆形，长 3.0~5.5 mm，红褐色。

生物学特性

大兴安岭 1 年 1 代或 2 年 1 代，以蛹越冬。成虫 5 月上旬始羽化，5 月中、下旬产卵、卵期 7~10 d，5 月下旬卵始孵化；危害 25~30 d 后于 6 月下旬至 7 月上旬老熟幼虫出果坠地化蛹越冬。

成虫在白天日平均气温约 10℃ 时开始羽化，气温高羽化多，反之则少，6:00~12:00 的羽化数占 90% 以上；初羽成虫静伏地面约 30 min 后开始活动，夜间、清晨和傍晚则躲于树皮裂缝或枯枝落叶内，日出后活动并补充营养、中午最活跃，2~3 d 后始产卵。中午产卵也最多，卵单产于球果基部的针叶或苞鳞上、鳞片间近种子部，1 果卵 1~2 粒，少见 3~5 粒，结实少时最多 18~24 粒。雌虫寿命 6~44 d、雄虫 5~22 d。

幼虫孵出后即蛀入鳞片基部取食幼嫩种子，食完1粒后再转移危害邻近种子、有时可连种壳一起吃掉，1个球果1虫时能食害全部种子的80%，2虫时可将全部种子食尽；球果受害初症状不明显，后期变色枯干、弯曲畸形。幼虫老熟后即出果坠地，在枯枝落叶层或地下1~3 cm处化蛹越冬，个别在球果内化蛹越冬；老熟幼虫落地与当时降水量密切相关，如遇阵雨老熟幼虫则纷纷落地化蛹；蛹有滞育现象，同一年越冬的蛹18%~53%至第3年羽化。

危害性阳坡大于阴坡，落叶松纯林大于落叶松草类林和落叶松杜鹃林，郁闭度较小的落叶松纯林大于郁闭度较大的混交林，树冠阳面大于树冠阴面。花蝇蛹姬蜂、粗角姬蜂、反颚茧蜂、环腹瘿蜂、姬小蜂的总寄生率15%~32%；其中花蝇蛹姬蜂寄生率达10%~19%。

测报与防治

4月上旬树冠投影范围内平均每株有蛹5头以上即达到中等被害程度，10头以上时可能大发生。根据4月上、中旬的积温及落叶松的物候期，还可预测成虫羽化始期及产卵始期。当年结实为中等偏上年份，防治指标为平均每果上有卵或幼虫0.5粒(头)。

林业技术措施　加强种子园管理，在种子园内深翻土、埋蛹于5 cm以下可阻止成虫出土；清理林地上枯枝、落叶、落果，减少虫源。

物理防治　1 hm²挂放60块黄色黏胶板诱杀成虫；或每公顷设置15个糖醋液诱捕器诱杀成虫，糖醋液配方为白糖40 g、白醋30 mL、白酒30 mL、水200 mL，或白酒1份、白醋4份、白糖3份、水5份、0.1%杀虫剂。

化学防治　成虫羽化期，用"741"插管烟剂按1.5~2.5 kg/hm²薰杀。种子园、母树林内采用地面、树冠喷洒20%杀灭菊酯乳油2 000倍液。喷洒1.8%阿维菌素乳油2 000倍液、5%高效氯氰菊酯乳油2 000倍液、2.5%三氟氯氰酯乳油3 000倍液等防治。

第三节　林木种实害虫的调查与研究

林木种实害虫的调查和基础研究，包括幼虫发育特性及危害期和危害习性、果实被害症状、结茧化蛹与越冬场所、成虫习性与趋性、产卵部位与产卵量、温湿度与发育的关系、传播与扩散行为、种子与果实产量及被害率与虫口数量的关系、林分类型与被害率、天敌及其利用价值、信息素等引诱物质、生物与化学防治技术、测报技术等。

一、调查目的和原理

林木种实害虫的调查和基础研究应首先明确种子园、母树林或采种基地种实害虫的发生种类、危害程度和面积；采取符合种实害虫危害习性与发生规律的调查研究方法，调查和掌握其在林分内的分布特征、发生与危害规律、评价各种措施的防治效果，在对调查资料进行数量统计和分析的基础上，进行预测预报、种群动态监测，进而制定出相应的防治措施、确定具体的防治方式和时间，以保障获得优质高产的种子。

二、调查方法

在调查时，首先应搜集和了解当地林木种实害虫发生历史、地理分布，以及有关林木种子生产区的营建、栽培、管理、其他病虫害发生和防治等情况，以便为拟订调查方案提供依据。应根据不同的调查和研究目的、内容，拟订具体的调查计划，选择或确定相应的调查方法。

(一)样地选择与抽样方法

林木种实害虫的调查研究样地应选择于种子生产林地，但对于为了解当地林木种实害虫的种类与组成等情况调查和研究时，调查样地应根据具体的需要选择。样地、样地内取样单位(株、树冠、枝、小样方等)均应采取随机抽样进行设置，以避免人为因素所造成的抽样误差。

由于多数林木种实害虫的卵和幼虫在林地的空间分布主要是聚集型分布，如松实小卷蛾卵在黄杉树冠上的分布、油松球果小卷蛾卵和幼虫在油松母树林的分布、松果梢斑螟幼虫在樟子松母树林中的分布等，因而林地中抽样一般多采用单对角线、双对角线式、分行(平行线)、"Z"形抽样。采用对角线式、"Z"形抽样时，若样地较小，样点间的间距一般为 3~5 株即 12~15 m；若样地面积较大，间距可适当增大。采用分行抽样时，取样的行间距一般为 5~7 行即 25 m 或更多，但也要根据林地的大小确定行间距。例如，在调查樟子松实小卷蛾幼虫对樟子松侧梢、花芽的危害时，按平行线方式在林地可设置面积为 0.15 hm^2 的标准地 10 块，每标准地抽取 42~57 株，每样株按南北方向各取 2 样枝进行芽数及有虫芽数的统计，以 2 个样枝平均有芽 300 个作为基准数，统计有虫数。

(二)树冠抽样法

林木种子园或其他形式的种子生产区，因为母树在树冠的不同层次、部位的结果量不同，种实害虫在树冠的分布也有很大差异，一般树冠的向阳面结果多、害虫的分布也多，阴面结果量少、害虫分布亦少。因此，在进行种实害虫树冠上的分布情况调查时，常采用整株果实调查和树冠分层取样法。

整株果实取样法　在研究种实害虫生物学特性、生态学习性、防治技术采用后效果等，可将样地中确定的样株进行标记、编号，准备主编号顺序与样株相同的尼龙纱网袋，选择合适的调查时间，全部采摘样株上的果实，单个放入对应袋中、编号顺序应能够区分果实在树冠上位置，然后带回室内统计果实总数、对受害果实按照受害程度进行分级，统计各级的果实数、种实害虫的种类及虫口数量。

树冠分层取样法　①树冠分层取枝法。对于果实较小而结实量不大的种实，可将树冠划分为不同层次和方位，在各取样单元上抽取 30~50 cm 长的枝条，分别统计其害虫种类、数量等。②树冠分层取果法。如果实和结实量也大，可将样株树冠分成上、中、下 3 层及阳面、阴面(或南、北两区)6 个取样单元，在各取样单元抽取一定数量的果实，分别调查记载样果上害虫种类、落卵量、受害情况、受害果内的虫数，然后进行统计分析。

(三)果实危害程度调查

在林木种子生产区，根据林地类型、林龄、郁闭度、树高等确定样地，在各样地中随机选取一定数量生长和结实正常的样株，在每样株上按照东、南、西、北及上、中、下层选择 12 个样枝，分别编号，标记和记载各样枝上的雌雄花序及果实数，定期检查各果实的受害情况、害虫种类与数量，可通过分析确定危害果实的主要害虫及其危害程度等。

三、数据分析

种实害虫与其他害虫的调查数据分析相同，首先要对数据进行标准化处理，然后可根据需要进行相关的统计分析。数据的标准化除使用有虫株率，以及与有虫株率相类似的虫果率、虫梢率、好果率外，其虫口密度也常用平均每果虫口密度＝调查总虫数/调查总种实数，株虫口密度＝调查总虫数/调查总样株数等表示。

危害程度和损失估计常用种实被害率(P)、种实损失系数(Q)、种实损失百分率(C)表示。

$$P=n/N\times100\% \tag{11-1}$$

式中，N 为调查的总种实数。

$$Q=(A-E)/A\times100\% \tag{11-2}$$

式中，A 为未受害种实的平均重或出种量；E 为受害种实的平均重或出种量。

$$C=QP/100 \tag{11-3}$$

种实受害程度的划分，则常用种实(或嫩梢)被害百分率来表示。其中，轻度受害，果实的被害率在 20% 以下，表示符号为"+"；中等受害，球果的被害率在 21%～40%，表示符号为"++"；严重受害，球果的被害率在 41% 以上，表示符号为"+++"。

复习思考题

1. 列举林木种实害虫的主要类型。
2. 试述蛾类种实害虫的主要测报及防治方法。
3. 试述象虫类种实害虫的主要防治方法。
4. 试述小蜂类和花蝇类种实害虫的主要防治方法。
5. 阐述林木种实害虫的主要调查方法。

第十二章

蛀干害虫及其防治

【本章提要】主要介绍了我国林木蛀干害虫的地理区划、危害特点，重点介绍了天牛类、小蠹类、吉丁类、象甲类、透翅蛾类、木蠹蛾类、其他蛾类、树蜂类等主要蛀干害虫的分布、形态特征、生物学习性，以及各类蛀干害虫的测报和防治方法，并简要介绍了蛀干害虫的调查与研究技术。

蛀干害虫钻蛀树干及枝丫、取食韧皮部和木质部，造成林木的生理损伤，致其死亡。该类害虫仅成虫期在树体外活动，其余虫态均在寄主的木质部或韧皮部内生活，其生境受外界气候变化的影响较小，天敌种类相对较少，种群数量也相对稳定，所以多数蛀干害虫的生态对策属于 K 类。该类害虫包括鞘翅目的小蠹类、天牛类、吉丁类、象甲类；鳞翅目的木蠹蛾、拟木蠹蛾、透翅蛾、螟蛾、小卷蛾、蝙蝠蛾、织蛾类；膜翅目的树蜂类等。

第一节　我国林木蛀干害虫的地理区划

我国林木蛀干害虫在北方以天牛为主、中部地区以小蠹虫为主、南方以蠹蛾类较多，其危害特点也因地理环境、种类、林分而有较大的差异。

我国山地森林包括东北林区、华北林区、西南林区、南方林区，平原林区包括东北、华北、华中（包括四川盆地）、华南、西北荒漠防护林，青藏高原山地与平原林（图 12-1）。这 11 类林分在纬度和海陆分布等地理位置、地势轮廓、气候特征、自然历史演变、人类开发利用等方面均有较大差异，因而我国林木蛀干害虫的分布差异也很大。

一、东北林区

该区包括大兴安岭、小兴安岭和长白山山地林，以及东北平原林。山地林主要蛀干害虫有云杉大墨天牛 Monochamus urussovii（Fischer-Waldheim）、云杉小墨天牛 M. sutor（L.）、云杉花墨天牛 M. saltuarius Gebler、栗肿角天牛、纵坑切梢小蠹、横坑切梢小蠹、落叶松八齿小蠹 Ips subelongatus（Motschulsky）、松树皮象、泰加大树蜂等（图 12-1：1）。平原林蛀干害虫主要包括杨干象、白杨透翅蛾、白蜡窄吉丁 Agrilus planipennis Fairmaire、光肩星天牛、柳蝙蝠蛾等（图 12-1：2）。

图 12-1 中国林木蛀干害虫的地理区划

二、华北林区

山地林包括燕山、太行山、吕梁山、祁连山、秦岭、巴山四川盆地西部及横断山脉北段，平原林包括河南、安徽、江苏南部山区、上海以北及陕西关中平原与汉中盆地、山西晋中平原。山地林蛀干害虫以小蠹虫为主，主要种类有华山松大小蠹、红脂大小蠹、光臂八齿小蠹、松十二齿小蠹 *Ips sexdentatus* Börner、松六齿小蠹、松墨天牛、云杉大墨天牛、松树皮象、泰加大树蜂等(图 12-1：3)。平原防护及绿化林以天牛及蠹蛾类为主，主要种类包括光肩星天牛、星天牛、桑天牛、锈色粒肩天牛、云斑天牛、橙斑白条天牛、双条杉天牛、桃红颈天牛、桑脊虎天牛 *Xylotrechus chinensis*（Chevrolat）、白杨透翅蛾、杨干透翅蛾、杨干象、臭椿沟眶象 *Eucryptorrhynchus brandti*（Harold）、柳缘吉丁 *Meliboeus cerskyi* Obenberger、东方木蠹蛾(图 12-1：4)。

三、蒙新林区

该区包括内蒙古、宁夏、甘肃、新疆、青海(蛀干害虫区系与蒙新区相似)山地林及平原防护林，山地林树种包括云杉、冷杉、柏、桦，平原林树种以杨、柳为主(图 12-1：5)。山地林主要蛀干害虫是光臂八齿小蠹、云杉八齿小蠹、云杉大小蠹、横坑切梢小蠹等。平原林蛀干害虫主要包括光肩星天牛、青杨楔天牛、柳脊虎天牛 *Turanoclytus namaganensis*（Heyden）、杨十斑吉丁、杨锦纹截尾吉丁 *Poecilonota variolosa* Payk、苹果小吉丁 *Agrilus mali* Matsumura、沙棘木蠹蛾、沙柳木蠹蛾 *Holcocerus arenicola* Staudinger、东方木蠹蛾、杨干透翅蛾、白杨透翅蛾等。

四、青藏林区

主要包括四川、云南和西藏3省份交界处的横断山区、雅鲁藏布江大拐弯地区，以及青藏高原东南部的喜马拉雅山南坡等地区。因青海林木蛀干害虫区系相似于蒙新林区，该区仅包括西藏。主要蛀干害虫包括云杉断眼天牛 *Tetropium oreinum* Gahan、尖角喜马象 *Leptomias acutus acutus* Aslam、半圆喜马象 *Leptomias semicirularis* Chao、瘤额四眼小蠹 *Polygraphus verrucifrons* Tsai et Yin、云斑天牛、光肩星天牛等（图12-1：6）。

五、西南林区

该区蛀干害虫以小蠹虫为主，主要种类有纵坑切梢小蠹、横坑切梢小蠹、华山松木蠹象 *Pissodes punctatus* Langer et Zhang、云南松木蠹象、萧氏松茎象、松树皮象、马尾松角胫象 *Shirahoshizo patruelis* Voss、松墨天牛、星天牛、桑天牛等（图12-1：7）。

六、华中—华南林区

山地林区包括武陵山、大别山、武夷山、南岭、海南及台湾山地，平原林区包括四川盆地及湖南、湖北、江西、广东、广西、海南、台湾平原。山地林以松墨天牛为主，其他蛀干害虫还有华山松大小蠹、萧氏松茎象、松树皮象、纵坑切梢小蠹等（图12-1：8）。四川盆地主要蛀干害虫包括双条杉天牛、云斑天牛、桑天牛、核桃长足象、桑脊虎天牛等（图12-1：9）。华中平原林区的蛀干害虫包括粗鞘双条杉天牛、星天牛、光肩星天牛、桑脊虎天牛、橘褐天牛 *Nadezhdiella cantori*（Hope）、多豹纹木蠹蛾 *Zeuzera multistrigata* Moore、咖啡豹蠹蛾等（图12-1：10）。华南平原林区以蠹蛾类为特色，主要蛀干害虫包括荔枝拟木蠹蛾 *Indarbela dea* Swinhoe、相思拟木蠹蛾 *Indarbela baibarana* Matsumura、咖啡豹蠹蛾、锈色棕榈象、橡胶材小蠹 *Xyleborus aquilus* Blandford、星天牛、橘褐天牛、灭字脊虎天牛 *Xylotrechus quadripes* Chevrolat、桑天牛、脊胸天牛 *Rhytidodera bowringi* White 等。

第二节　蛀干害虫的危害特点

影响林木死亡与衰退的主要因素：①林木衰退直至枯死的全过程，贯穿气候不适、土壤水分失调、营养障碍、大气污染等促进因素。②继发因素，包括食叶害虫、霜害、干旱、盐碱害、火灾及机械损伤等。③促进因素，包括蛀干害虫、根腐病、溃疡病等，即蛀干害虫是引起林木死亡和衰退原因之一。

蛀干害虫的危害导致林木死亡的类型可区分为以下4类。①干基型。即林木干枯始自树干下部，因干旱、地下水位变化、土壤板结等诱发，使树干基部为蛀干害虫所危害而枯死。②树冠型。即因食叶害虫、速行火、有毒物质等导致林木长势衰弱，树冠枝丫为蛀干害虫所危害，树冠部先枯死、树干部后死亡。③偏枯型。即因他种因素导致树势衰弱、蛀干害虫侵害，部分枯死。④全株型。即因各种不利环境因素与蛀干害虫的危害，导致林木整株枯死。

蛀干害虫并非在所有林分都能成灾，只有在有利于其发生的生态条件下，某些优势种或先锋种先发生于局部林分，经一定的种群数量积累、由点到面而逐步发展。因而，其危害和发生林的类型可区分为以下3种。①偶然发生地(地方性发生地)。即在干旱、山洪、食叶害虫、火灾、风雪害、乱砍乱伐等影响下，小面积或局部林分蛀干害虫突然产生，在比较短暂的时间内造成林木大批枯死。②迁移发生地。即健康林分内的蛀干害虫，由偶然发生地或未清理的采伐或火灾迹地迁移而来。③慢性发生地。即蛀干害虫在发生林地与病虫协同危害，并不迅速大批地引起林木死亡，而是较缓地导致个别或群团状枯死。

在蛀干害虫发生的诱因中，火灾等导致林木长势削弱的因素一般起主要作用。火烧迹地的松林，当年常发生小蠹类、墨天牛类蛀干害虫的侵害，翌年其他蛀干害虫再寄居；若在火灾等自然灾害发生前蛀干害虫就积累有一定量的种群密度，自然灾害发生后蛀干害虫的危害将更严重。但寄主的健康状况和抗性能力等对天牛的生长发育有较大的影响，不良条件常引起其滞育而使生活周期延长，如木器家具内的天牛幼虫可存活10~20年，甚至40~50年。此外，该类害虫在树木上对取食部位的选择性和食性与其消化酶有关。第一类是幼虫消化道没有砂囊，不分泌纤维素酶、不能消化纤维，如合欢双条天牛 *Xystrocera globosa* (Olivier) 等，因而只危害韧皮部，蛀道很长，排泄物呈木丝状。第二类是幼虫消化道有砂囊，能分泌纤维素酶，可以充分消化纤维素，如密齿锯天牛 *Macrotoma fisheri* Waterhouse 等，所以主要在木质部内取食危害，蛀道较短，排出物呈细粉状。

第三节　重要的林木蛀干害虫及其防治

拓展阅读

蛀干害虫的绝大多数种类侵害因衰老或生长衰退的树木，但部分种类直接侵害健康木而被称为先锋种。蛀干害虫中的先锋虫种是导致林木死亡的初期种类，其危害致使林木长势进一步衰弱，招致其他虫种接踵危害，最终导致被害树木枯死。这类先锋种类包括天牛、小蠹、小蠹蛾等部分种类。

一、天牛类

天牛属鞘翅目天牛科 Cerambycidae，是我国目前发生面积最大的蛀干害虫。如危害杨树并持续发生30多年的光肩星天牛、桑天牛、云斑天牛等，使以杨树为主的三北防护林林网遭到了多次毁灭性破坏；长江下游杉木速生丰产林遭到粗鞘双条杉天牛等的毁灭性破坏，由松墨天牛传播的松材线虫病已蔓延至数十几个省份。

天牛主要危害树木，少数种类危害草本植物。危害部位具有种间或属间的特异性，如土天牛属 *Dorysthenes* 危害树木干、干基和根部，白条天牛属 *Batocera* 主要危害树干下部，星天牛属 *Anoplophora* 危害整个树木，筒天牛属 *Oberea*、楔天牛属 *Saperda* 主要危害枝条，并脊天牛属 *Glenea* 则主要危害伐倒木和干材。其生活史有1年1~2代、2~3年或4~5年1代等众多类型，多以幼虫或成虫在树干内越冬，成虫寿命10 d至1~2个月、越冬者可达7~8个月。复眼小眼面大者多在晚上活动、有趋光性，小眼面细小者多在白天活动。部分成虫羽化后需补充营养，取食花粉、嫩枝、嫩叶、树皮、树汁或果实、菌类等。其产卵习性有3种：一是先咬刻槽然后将卵产于韧皮部和木质部之间，每刻槽产卵1至多粒；二是直接将卵产于光滑的树干上或树皮缝内；三是产卵于土中。主要以幼虫在树干或枝条上蛀食危害，并向外推出排泄物和木屑。幼虫期时间最长，老熟幼虫在树干咬筑蛹室化蛹，蛹期 10~20 d。

重要种除下述外，还有分布于华中、华南等地危害杉和柳杉的粗鞘双条杉天牛，分布于西北、东北、华北及湖北、四川等地危害北方松类、云杉、落叶松等针叶树的松幽天牛，分布于秦岭以南华中、华南、西南危害油桐、胡桃、板栗、栎等的橙斑白条天牛，分布于东北及内蒙古等地危害杨柳等的桃红颈天牛，分布于华南、西南及四川等地危害杧果的脊胸天牛，分布于东北及内蒙古、山东、青海危害云杉、冷杉和落叶松的云杉小墨天牛 *Monochamus sutor*（L.），分布于河北、华中、华南及西南危害黄檀属植物的瘤胸天牛，分布于华南等地危害咖啡、杧果等的脊虎天牛，分布于河南、河北、陕西、山东、四川等地危害梨、苹果、桃、杏、山楂等的梨眼天牛 *Bacchisa fortunei*（Thomson），分布于华中以南部分地区危害栎类的栎旋木柄天牛，分布于东北及河北、山东等地危害松类和云杉的小灰长角天牛，分布于东北、内蒙古危害落叶松、云杉的云杉断眼天牛等。

星天牛 *Anoplophora chinensis*（Förster）

国内分布于西南、秦岭以南至海南，吉林、辽宁、甘肃、陕西、台湾；国外分布于日本、缅甸、朝鲜等地。幼虫蛀害杨、柳、榆、刺槐、胡桃、桑树、椿、楸、木麻黄、乌桕、梧桐、相思树、苦楝、悬铃木、母生、栎、柑橘等树干基、根部，使被害树木易于风折或枯死。

星天牛

形态特征（图 12-2）

成虫　雌体长 36~41 mm，雄体长 27~36 mm，黑色有金属光泽，头和体腹面被银灰或蓝灰色细毛。触角第 1、2 节黑色，其余基部 1/3 有淡蓝色毛环。前胸背板具中瘤，侧刺突尖锐粗大；小盾片被灰或杂有蓝色毛。鞘翅基部有黑色小颗粒，每翅 5 横行白斑排成 4，4，5，2，3 个，但变异较大。

卵　长椭圆形，5~6 mm×2.2~2.4 mm。初白色，后浅黄色。

幼虫　老熟幼虫体长 38~60 mm，乳白至淡黄色，棕褐色单眼 1 对，前胸背板"凸"形骨化区具 2 个飞鸟形纹。深褐色气门 9 对。

图 12-2　星天牛

蛹　纺锤形，长 30~80 mm，初淡黄、后黄褐至黑色。翅芽达第 3 腹节后缘。

生物学特性

浙江南部 1 年 1 代，个别地区 3 年 2 代或 2 年 1 代；北方 2~3 年 1 代，以幼虫在木质部越冬。次年 3 月幼虫开始活动，4 月上旬气温稳定在 15℃以上时开始化蛹，5 月上旬化蛹结束、成虫开始羽化，5 月底 6 月上旬为成虫出孔高峰。成虫羽化后在蛹室停留 4~8 d 后外出取食寄主幼嫩枝梢的树皮补充营养，常在日光下活动、交尾、产卵，有多次交尾习性。于 6 月上旬在树干下部或主侧枝下部产卵，7 月上旬为产卵高峰，以胸径 6~15 cm 的树干基部至 10 cm 以内落卵较多；成虫寿命 40~50 d，5 月下旬开始至 7 月中、下旬均有成虫活动。该虫产卵刻槽为"T"形或"人"字形，多 1 槽 1 卵，产卵后用胶状物封闭刻槽；单雌产卵量 23~32 粒，最多 71 粒。卵期 9~15 d，7 月中、下旬为孵化高峰。幼虫孵出后，先在树皮下盘旋蛀食，约 2 个月后向木质部蛀食，外蛀通气孔并从中排出粪便。11 月初开始越冬。

光肩星天牛 *Anoplophora glabripennis* (Motschulsky)

国内分布于华北、华东、华中、华南至西南，辽宁、甘肃、宁夏、陕西；国外分布于朝鲜、日本。主要危害杨、柳、槭、榆、苦楝、桑等树种，被害木常风折或枯死。黄斑星天牛 *Anoplophora nobilis* Ganglbauer 与本种同属一种。

形态特征（图 12-3）

成虫　雌体长 22~40 mm，雄体长 14~29 mm，亮黑色。头顶至唇基 1 纵沟；触角 12 节，第 1 节端部膨大、第 2 节最小、第 3 节最长、余渐短小，第 3 节后各节基部灰蓝色，末节末端灰白色、雄黑色。前胸两侧刺状侧突 1 个，鞘翅基部光滑，每翅白或黄色绒毛斑 15~20 个。体腹面及腿、胫节中部及跗节背面的绒毛黄棕或蓝灰色。

卵　长椭圆形，5.5~7.0 mm，乳白或黄色。

幼虫　老熟幼虫体带黄色，长 40~50 mm，头前端黑褐色。前胸大，背板一"凸"形纹。第 1~10 腹节背腹面各一步泡足。

图 12-3　光肩星天牛

蛹　乳白至黄白色，体长 28~40 mm，触角前端卷曲呈环形。前胸背板两侧各 1 侧刺突，背面中央 1 压痕。羽化前复眼、上颚、附肢及翅芽均黑色。

生物学特性

北方 2 年 1 代、南方多 1 年 1 代；以各龄幼虫和蛹越冬者多 1 年 1 代，以卵及卵内幼虫越冬者多 2 年 1 代。翌年 3~4 月卵孵化、越冬幼虫开始活动取食，大龄幼虫 5 月中旬老熟，越冬的老熟幼虫则直接化蛹，化蛹时在隧道上部作略向树干外倾斜的椭圆形蛹室；预蛹期 9~39 d，蛹期 13~24 d，6 月中下旬成虫羽化后在蛹室停留 6~15 d，而后在侵入孔的上方咬约 10 mm 的羽化孔飞出，6 月中旬至 7 月下旬为出孔盛期，10 月上旬还可见成虫活动，雌成虫寿命 32~43 d、雄 21~24 d，性比 1:1。6 月中旬至 7 月下旬产卵，单雌产卵量 8~70 粒、平均 45.6 粒，卵期 11~25 d、越冬的达 225 d。早期所产的卵 8 月上旬孵化的以幼虫越冬，中期的幼虫则不孵出而越冬，9~10 月所产卵第 2 年孵化。卵的发育起点温度为 7.6℃，有效积温为 321.3 d·℃，蛹的发育起点温度为 18.24℃±1.04℃，有效积温为 113.2 d·℃±20.3 d·℃。

成虫白天活动，8:00~12:00 最活跃，阴天栖于树冠，33℃ 以上静伏于阴凉处；取食杨、柳叶柄、叶片和直径 18 mm 以下的嫩枝皮层补充营养，嫩枝受害后易风折或枯死；补充营养后 2~3 d 交尾，可交尾数次。以 12:00~14:00 产卵较多，产卵刻槽扁圆形，长 13~15 mm，卵产于刻槽内上部 6~10 mm 处，每槽 1 粒；从树干根际直至直径 4 cm 的树梢处均分布刻槽，但以树干枝杈处多，无卵空槽约 20%。幼虫孵出后蛀食韧皮内层及形成层、排泄物褐色，2 龄幼虫蛀食至木质部，蛀孔处可见褐色粪便、蛀屑和白色木丝堆积；隧道初横向稍有弯曲、然后向上，隧道随虫体增大而扩大。成虫羽化出孔后取食树叶及嫩枝皮或木质部表层补充营养，晚上静息，10:00、18:00 为活动交尾高峰，可多次交尾，一次最多远飞 40 m、最远迁移约 1 190 m。该虫喜害杨、柳和糖槭，嗜好黑杨派(加杨、箭杆杨、欧美杨)及其衍生系树种，对白杨派(毛白杨、新疆杨)、苹果较少危害。花绒寄甲和啄木鸟对其发生有较好的抑制作用。

锈色粒肩天牛 *Apriona swainsoni*（Hope）

锈色粒肩天牛

国内分布于河南、山东、福建、广西、四川、贵州、云南、江苏、湖北、浙江等地；国外分布于越南、老挝、印度、缅甸等。危害槐、柳、云实、黄檀、三叉蕨等，中槐受害最重。

形态特征(图 12-4)

成虫　雄虫体长 28～33 mm、雌虫 33～39 mm，黑或黑褐色，密被锈色短绒毛。头部额两侧弧形内凹，中沟直达后头后缘；雄虫触角略长于体、雌虫则稍短，触角 10 节，自第 4 节起各节中部背面黑褐色、外端角突出，末节尖锐。前胸背板具不规则粗皱，前、后端各 1 横沟，侧刺突发达。鞘翅肩角微直角状前突，翅基密布黑色光滑小刻点，翅面散布白色细毛斑。腹面中胸侧板、后胸腹板和侧板、第 1 腹节中部、第 1~4 腹节两侧各 1 白色细毛斑。翅端平切，缘角小刺短而钝、缝角刺长而尖。

卵　长椭圆形，乳白色，卵外覆盖物初呈鲜绿色、后灰绿色。

幼虫　老熟幼虫体长 76mm，第 9 腹节后伸、超过尾节。前胸背板骨化区近方形、前部中央突出呈弧形、正中 1 浅色纵沟。

图 12-4　锈色粒肩天牛

蛹　纺锤形，长 45~50 mm，初乳白色，渐变为淡黄色。

生物学特性

河南 2 年 1 代，以幼虫在枝干木质部虫道内越冬。越冬两次的幼虫 5 月上旬开始化蛹，蛹期 25~30 d。6 月上旬至 9 月中旬出现成虫，取食新梢嫩皮补充营养。雌成虫可多次交尾、产卵。产卵期在 6 月中下旬至 9 月中下旬，卵期 10 d。7 月中旬初孵幼虫自产卵槽下蛀入边材危害，11 月上旬在虫道尽头做细小纵穴越冬。翌年 3 月中下旬继续蛀食，11 月上旬老熟幼虫在虫道末端做凹穴越冬。幼虫期 22 个月。

双条杉天牛 *Semanotus bifasciatus*（Motschulsky）

双条杉天牛

国内分布于华北、华东、华中、华南，陕西、甘肃、贵州等；国外分布于朝鲜、日本。危害柏、罗汉松、红豆杉等树种的衰弱木、枯立木、新伐倒木，是柏类的重要害虫。

形态特征(图 12-5)

成虫　体长 9~15 mm，体扁，黑褐色。前、中、后胸腹面，足和腹部密被黄毛，头具细刻点，雄虫触角略短于体长、雌虫为体长的 1/2。前胸两侧缘圆弧形，背板中区具前 2

图 12-5 双条杉天牛

个圆形、后 3 个尖叶形的光滑小瘤突。鞘翅 2 条棕黄或驼黄色横带，前带后缘及后带色浅。

卵 白色，椭圆形，长约 2 mm。

幼虫 乳白色，老龄幼虫体长 22 mm，头部有 1 黄褐色三角斑。

蛹 长约 15 mm，淡黄色。

生物学特性

山东、河南、甘肃、陕西、北京 1 年 1 代，以成虫越冬；少数 2 年 1 代，幼虫第 1 年在木质部边材的虫道内滞育越冬，第 2 年秋以成虫越冬。1 年 1 代者，翌年 3 月中旬至 4 月上旬越冬成虫出孔，成虫不取食，多在晴天 14：00~22：00 交尾、产卵，其余时间隐藏，雌雄成虫可多次交尾、多次产卵。3 月中旬开始产卵，卵产于衰弱、新移栽、新修枝的树干与木桩及伤疤处，每处产卵数粒，单雌产卵量 25~168 粒，卵期 7~14 d。3 月下旬至 4 月中旬幼虫孵化，1、2 龄幼虫危害韧皮部，被害处可见树液及少量细木屑。5 月中旬 3 龄幼虫渐蛀食木质部，6 月中旬又危害韧皮部并向外排出大量木屑；8 月中、下旬老熟幼虫在蛀道顶端筑椭圆形蛹室化蛹，蛹期约 10 d，9 月陆续羽化为成虫、潜藏蛹室越冬。蛀道扁平、不规则、"L"形，充满黄白色粪屑，最长可达 20 cm。受害树干木质部表面密布蛀道，树皮易剥落、上部枯死或整株死亡。危害部位随树木直径增长而升高，林缘、行道树、孤立木、树皮粗裂的柏类受害较重。

松墨天牛 *Monochamus alternatus* Hope

松墨天牛

又名松褐天牛。国内分布于河北、江苏、山东、浙江、湖南、广东、广西、台湾、四川、云南、西藏等地；国外分布于日本、老挝。危害马尾松及其他松类、冷杉、云杉、雪松、落叶松、柏类等衰弱木，并携带传播松材线虫 *Bursaphelenchus xylophilus* 致死松树。

形态特征（图 12-6）

成虫 体长 15~28 mm，体棕褐或赤褐色。雄虫触角第 1~2 节全部、第 3 节基部灰白色绒毛稀疏，雌虫则除末端 2、3 节外，其余各节大部灰白色。前胸多皱纹、侧刺突较大，背板 2 条橙黄色阔纵纹与 3 条黑纹相间。小盾片密被橙黄色绒毛。每鞘翅 5 条由方形黑色及灰白色绒毛斑点相间组成的纵纹。腹面及足杂生灰白色绒毛。

卵 长约 4 mm，乳白色，略呈镰刀形。

幼虫 乳白色，扁圆筒形，老熟时体长约 43 mm。头部黑褐色；前胸背板褐色，中央有波状横纹。

蛹 乳白色，圆筒形，体长 20~26 mm。

生物学特性

1 年 1 代，以老熟幼虫在木质部蛀道中越冬。在湖南于翌年 3 月下旬、在四川于 5 月越冬幼虫在坑道末端筑蛹室化蛹。湖南于 4 月中旬即有少数成虫开始羽化出孔啮食嫩枝、树皮补充营

图 12-6 松墨天牛

养。羽化孔圆形，直径8~10 mm，5月为活动盛期；但在广东9、10月成虫还可活动、产卵。产卵刻槽眼状，每槽产卵1至数粒。幼虫孵出后即蛀入皮下，在内皮和边材形成宽而不规则的浅坑，使树木输导系统受到破坏，蛀道充满褐色虫粪和白色蛀屑；秋天穿凿扁圆形孔侵入木质部3~4 cm，即向上或下纵向蛀食，然后向外蛀食至边材，蛀道呈"U"形、长5~10 cm。蛀屑纤维状，在蛀道内除靠近蛹室附近留下少数外，大部均堆积树皮下。

成虫喜光，20℃左右时最适宜产卵；疏林发生较重，郁闭度大的则以林缘染虫最多，或自林中空地先发生、再向四周蔓延。伐倒木如不及时运出而在林中过夏、或不经剥皮处理，则很快被此虫侵害。

云斑天牛 *Batocera lineolata* Chevrolat

云斑天牛

又名云斑白条天牛。国内分布于秦岭以南的华中、华南、西南等地；国外分布于越南、印度、日本。危害欧美杨、青杨、胡桃、桑、栎、柳、榆、女贞、悬铃木、泡桐、枫杨、乌桕、板栗、苹果、梨、枇杷、油橄榄、木贼麻黄、桉树等。成虫啃食新枝嫩皮，幼虫蛀食韧皮部和木质部，并导致木腐菌寄生，使其枯萎死亡。

形态特征(图12-7)

成虫　体长32~65 mm，黑褐或黑色，绒毛斑白或浅黄色。雄虫触角超过体长约1/3、雌虫则略比体长，各节下方疏生细刺，第1~3节黑亮并有刻点和瘤突。前胸背板中区1对肾形斑，侧刺突大而尖锐。小盾片近半圆形，基部被暗灰色绒毛、余皆密被白色绒毛。鞘翅上10余个云片状斑纹排成2~3纵行，外行斑数多、并延至翅端；翅基颗瘤大小不等，末端微向内斜切、外端纯圆或略尖、内端角短刺状。体侧由复眼后方起至末腹节1白色纵带。

卵　长椭圆形、稍弯，6~10 mm×3~4 mm，初乳白色，后渐黄白色。

图12-7　云斑天牛

幼虫　体长70~80 mm，淡黄白色。除上颚、中缝及部分额区为黑色外，头部皆淡棕色。上、下唇密毛棕色。前胸硬皮板具褐色颗粒，其近中线处2黄白色小点、其上各1刚毛。

蛹　体长40~70 mm，淡黄白色。头、胸部背面及第1~6腹节背中区两侧密生棕色刚毛；末端锥状，尖端斜向后上方。

生物学特性

2~3年1代，以幼虫和成虫在蛀道内和蛹室内越冬。越冬成虫翌年4月中旬咬一圆形羽化孔外出，5月为盛期，连续晴天、气温较高时羽化更多。新出孔成虫直至死亡前都能交尾，成虫寿命约9个月，在林内生活约40 d，受惊时即坠地。6月为产卵盛期，圆形或椭圆形的产卵刻槽中央1小孔、刻槽约15 mm，卵产于刻槽内上方，每槽有卵1粒或无卵，产卵后以分泌液和木屑粘合刻槽口；单雌产卵量约40粒，每批产10~12粒，胸径10~20 cm的树干落卵较多，每株树上常有卵10~12粒，多者达

60余粒。卵期10~15 d，初孵幼虫蛀食韧皮部，使受害处变黑、树皮胀裂、流出树液、并外排木屑和虫粪；20~30 d后渐蛀入木质部向上蛀食，虫道内无木屑和虫粪，长约25 cm。第1年以幼虫越冬，次春继续危害，幼虫期达12~14个月；第2年8月中旬幼虫老熟后在虫道顶端筑一椭圆形蛹室化蛹，蛹期约1个月，9月中、下旬成虫羽化后在蛹室内越冬。卵期天敌有1种跳小蜂科，幼虫期有小茧蜂、虫花棒束孢和核型多角体病毒等。

桑脊虎天牛 *Xylotrechus chinensis* (Chevrolat)

桑脊虎天牛

国内分布于华北、华中，陕西、辽宁、广东、台湾；国外分布于朝鲜、日本。危害桑、苹果、梨等。被害桑树干蛀道宽大，影响桑叶产量或枯死。

形态特征(图12-8)

成虫　体长14~28 mm，背部褐色，腹部黑色。触角约为体长的一半。前胸背板近球

图12-8　桑脊虎天牛

形，有黄、赤、褐、黑4色条斑。鞘翅基部宽阔，前半部为3黄3黑的交替互斜纹，斜纹下1横纹，端部黄色。雌虫前胸背板前缘鲜黄色，腹部末端尖、裸露于鞘翅外；雄虫前胸背板前缘灰黄或褐色，腹末为鞘翅覆盖。

卵　长椭圆形，一端稍尖，3.0 mm×1.2 mm，乳白色。

幼虫　圆筒形，体长30 mm，淡黄色，前胸大、近前缘4个褐斑。

蛹　纺锤形，体长30 mm，淡黄色。

生物学特性

辽宁1~2年1代，陕西南部1年1代，以幼虫越冬。以老熟幼虫越冬者，5月上旬至6月上旬化蛹，6月上旬成虫羽化出孔、6月下旬到7月上旬为出孔盛期，成虫出孔后即交尾、以9:00~15:00最为频繁、可多次交尾，交尾后即可产卵；卵产在树干缝隙内，每次产1粒，1日产数十粒，单雌产卵22~272粒、平均104粒，卵期7~20 d；幼虫孵化后蛀食至11月上旬越冬，翌年温度回升后继续蛀食，7月下旬至8月间成虫羽化；幼虫6~7龄，蛹期13~28 d，雄虫寿命14~32 d，雌虫15~22 d；完成1个世代约需22个月。生活史极不整齐，在桑树生长季节成虫、卵、幼虫、蛹同时存在，各龄幼虫全年可见。

成虫羽化后约在蛹室停留7 d后咬破表皮出孔，蛹室不正常者则另咬孔而出，出孔多在5:00~17:00，成虫食雨水、露水、树液等，1次可飞行十几到几十米，大风阴雨天不活动、隐藏。幼虫孵化后迂回蛀食形成层，虫道狭窄、不规则、充满虫粪；1龄幼虫在枯死或将枯死的组织内生活，在健康的组织内不能完成发育；随虫龄的增加渐由上向下蛀食韧皮及木质部，虫道渐加宽，每隔一段距离向外蛀约0.3 mm大小的通气孔，蜕皮前浸浴在充满树液的坑道内、状如死虫，坑道外渗大量树液，春季可见树干表面具烟油状斑；7、8月常见稀粥样的虫粪与树液呈条状堆积于气孔处的树干表面。幼虫老熟前蛀入木质部，以

条状木屑形成蛹室化蛹。桑树品种、树龄、树势及修剪等对该害虫的发生都有一定影响，生长旺盛、树势强，树皮裂缝、枯死、半枯死组织少，无主干的密植桑、乔木发生较轻；反之则重。天敌有啄木鸟、蟾蜍和蚂蚁。

橘褐天牛 *Nadezhdiella cantori*（Hope）

橘褐天牛

分布于华中、华南、西南，河南、台湾、海南等地。主要危害柑橘、枇杷、花椒、梨、苹果等果树和林木。幼虫蛀害近地面的树干、根颈和根部，使其萎黄、树势衰退，易风折或整株枯死。

形态特征（图 12-9）

成虫　体长 26~51 mm，亮黑褐至黑色，头胸背面稍黄褐色，被灰黄色短绒毛。头顶至额中央 1 深沟，触角基瘤隆起。前胸背板前后两端各具 1、2 条横脊，皱纹不规则，两侧各 1 刺突。鞘翅刻点细密，肩角隆起。雄虫触角超过体长 1/2~2/3，雌虫略较体短。

卵　卵圆形，长 2~3 mm，黄褐色。

幼虫　老熟幼虫体长 50~60 mm，乳白色，前胸背板前方横列成 4 个黄褐色斑，中央者较长、两侧者较短。中胸腹面、后胸及腹部第 1~7 节背腹面均有步泡足。

蛹　体长约 40 mm，乳白色或淡黄色，翅芽达腹部第 3 节末端。

生物学特性

四川 2 年 1 代，幼虫期长达 15~20 个月，以成虫、幼虫在树干内越冬。翌年成虫在 4 月下旬至 7 月陆续出现，6 月前后为盛发期；越冬幼虫危害至化蛹，成虫羽化后在蛀孔内隐藏数日或数月方出外活动，外界气温适宜隐藏期短、反之则长。成虫寿命达 1 至数月。5~7 月晴天闷热的傍晚，成虫爬行于树干、交尾产卵。雌成虫交尾后数小时至约 30 d 后开始产卵，卵产在距地面 33 cm 以上的树干缝隙或伤疤内，每处产卵数粒，卵期 5~15 d。初孵幼虫先蛀食树皮，2 月后蛀入木质部，蛀道一般向上；成熟幼虫在化蛹前吐石灰质筑蛹室化蛹。蛹期约 1 个月。

图 12-9　橘褐天牛

栗肿角天牛 *Neocerambyx raddei* Blessig

栗肿角天牛

异名栗山天牛 *Massicus raddei*（Blessing）。原产日本，1992 年侵入我国，分布于吉林、辽宁、河北、河南、江西、台湾等地。危害各种栎类、榆、榉、桑、水曲柳、柑橘及柚树等，是栎林的重要害虫。

形态特征（图 12-10）

成虫　体黑至黑褐色，鞘翅被黄至棕黄色短毛，体长 40~60 mm。触角与复眼间 1 深沟延至头顶，触角 10 节、鞭节黑色，前胸背板横皱纹不规则、无侧刺突。鞘翅端缘圆弧形、内缘角尖刺状。雌虫触角短于或等于体长，雄虫约为体长的 1.5 倍。

卵　长椭圆形，4.0~5.0 mm×2.0~2.5 mm。乳白、橘黄色，端突疣状。

图 12-10　栗肿角天牛

幼虫　乳白色, 老熟幼虫体长 65~70 mm, 背板浅黄色, 头红褐色, 扁圆形上唇被红褐色短毛。前胸背板前缘并列 2 个淡黄色"凹"形纹。

蛹　乳白色, 体长 60~65 mm。触角卷于腹面; 两侧, 翅长超过腹部第 2 节。

生物学特性

辽东山区 3 年 1 代, 河北 4 年 1 代, 河南、江西 3 年 1 代, 台湾 1 年 1 代, 以幼虫在栎树主干、大侧枝内蛀食危害越冬, 危害期长达 3 年。在辽宁, 成虫 6 月末开始羽化、7 月中旬为盛期, 羽化后啃食树皮、吸食树液补充营养, 3~4 d 后于 7 月上旬至 8 月中旬多次交尾、多次产卵; 卵期 10~15 d, 7 月下旬至 8 月下旬卵孵化。当年孵化的幼虫蜕皮 1~2 次 10 月上旬至下旬越冬, 翌年 4 月上旬开始活动、蜕皮 1~2 次, 于 10 月上旬以大龄幼虫越冬; 第 3 年复于 4 月上旬开始活动、蜕皮 2~3 次, 10 月上旬以老熟幼虫越冬; 第 4 年 5 月下旬至 6 月下旬化蛹。

成虫中午羽化较多, 早晚和阴雨天较少, 具群集习性, 上午约 7:00 多聚集在树干 1 m 以下, 晴天上午 10:00 后在树上爬行, 每晚可飞行 300~1 000 m, 趋光性较强、23:00~1:00 灯诱量最多。多产卵于 35 年生以上、木栓层发达、树皮裂缝较深的山脊及阳坡林地 6 m 以下的树干阳面, 每次产卵 1~5 粒, 单雌产卵量 17~39 粒, 卵的孵化率约 80%。成虫寿命 12~20 d, 雌雄性比为 1:0.7。可利用紫外灯及花绒寄甲防治。

天牛类的防治

天牛类害虫普遍存在树种与林分结构的抗虫性, 充分发挥其抗性是控制该类害虫的有效手段。在科学预测预报的基础上, 采取综合措施控制其危害。同时, 应严格执行检疫制度, 对可能携带危险性天牛的调运苗木、种条、幼树、原木、木材实行检疫。检验是否有天牛的卵、入侵孔、羽化孔、虫瘿、虫道和活虫体等, 并进行处理。

林业技术措施　①营造抗虫林。选择适合于当地气候、土壤的抗性树种造林, 如毛白杨、苦楝、臭椿、香椿、泡桐、刺槐等对光肩星天牛有抗性, 臭椿属含有杀虫作用的苦木素类似物而对桑天牛等具有拒避作用, 水杉、池杉等可防止桑天牛、云斑白条天牛的危害。避免营造人工纯林, 片林可用块状、带状方式混交, 防护林带可采用每间隔 1 000 m 分段混交; 或在桑天牛发生区栽植臭椿、苦楝作为忌避隔离带, 在云斑白条天牛发生区栽植池杉、水杉作为阻止隔离带。栽植一定数量的天牛嗜食、诱饵树种以减轻对主栽种的危害, 但必须及时清除饵木上的天牛; 如栽植羽叶槭、糖槭可引诱光肩星天牛, 栽植桑树以引诱桑天牛, 栽植胡桃、白蜡树和蔷薇等引诱云斑白条天牛。②加强林分管理。定期清除树干上的萌生枝叶, 改善林地通风透光状况; 在光肩星天牛产卵期及时施肥浇水、促使树木旺盛生长, 以提高卵和初孵幼虫的死亡率。在天牛危害严重地区, 可缩短伐期、培育小径材, 或在天牛猖獗发生之前及时采伐; 及时伐除和运出虫害木、枯立木、濒死木、被压木、衰弱木、风折及风倒木、虫害枯枝等，以调整林分疏密度、增强树势，对虫害木要及时进行药剂或剥皮处理，冬季疏伐木在林内停放不得超过1个月，夏季间伐木材不超过10 d，冬季应及时剪除苗木、枝条上的青杨楔天牛虫瘿，以降低越冬虫口。

人工防治　对有假死性的天牛可振落捕杀，锤击产卵刻槽或刮除虫疱以杀死虫卵和小幼虫。在树干2 m以下涂白或缠草绳，防止双条杉天牛、云斑白条天牛等成虫产卵，涂白剂的配方为石灰5 kg、硫黄0.5 kg、食盐25 g、水10 kg；用沥青、清漆等涂抹桑树剪口、锯口，防止桑天牛产卵。还可用已受害严重无利用价值的松树为饵树，注入乙烯利刺激松脂的分泌，引诱松墨天牛产卵，然后剥皮处理；将直径10 cm、长20 cm的新伐侧柏，每5根堆立于地面引诱双条杉天牛产卵，5月下旬后用水浸杀卵。伐倒虫害木水浸1~2个月或剥皮后在烈日下翻转暴晒几次，可使其中的活虫死亡。也可利用真空充氮法防治仓储竹木器材的天牛。

生物防治　①保护和招引啄木鸟。啄木鸟对控制天牛的危害效果较好，如招引大斑啄木鸟可控制光肩星天牛和桑天牛的危害；可按15~20 hm^{2}林地设4~5个人工鸟巢，巢木间距约100 m。②寄生性天敌的利用。在天牛幼虫期释放管氏肿腿蜂，放蜂量与天牛幼虫比为3∶1时对粗鞘双条杉天牛、青杨楔天牛、家茸天牛 *Trichoferus campestris*（Faldermann）等小型天牛及大天牛的小幼虫有良好控制效果。斑头陡盾茧蜂放蜂量与天牛幼虫比为1∶1时，对粗鞘双条杉天牛的防治效果达90%以上。③繁殖利用花绒寄甲。该天敌在我国天牛发生几乎均有分布，寄生星天牛属、松墨天牛、云斑白条天牛等大天牛幼虫和蛹，自然寄生率40%~80%。花绒寄甲成虫自然寿命约达6年，每年可产卵2次，单雌产卵量11~320粒，是控制该类天牛的有效天敌。

化学防治　①成虫期防治。在成虫羽化高峰时期，对集中连片危害的林木，向树体喷洒8%氯氰菊酯微囊悬浮剂600倍液、3%噻虫啉微囊悬浮剂1 000倍液杀灭成虫，或喷施喷菊酯类农药(如2.5%溴氰菊酯乳油、2.5%三氟氯氰菊酯乳油、5%高氰戊菊酯乳油、5%高效氯氰菊酯乳油2 000~3 000倍液或10%吡虫啉乳油3 000倍液)，隔5~7 d喷1次，连续喷施2~3次。②初龄幼虫期防治。幼虫刚入木质部时，可用10%吡虫啉乳油5~10倍液，用注射器将3~5 mL药液注入有新虫粪的孔口内；若幼虫已深入枝干内并钻有排粪孔时，查找最下部排粪孔，将药液自此孔注入虫道，然后削一小木段将孔口堵严，毒杀幼虫。也可在新排粪孔内放入蘸有50%敌敌畏乳油10倍液的棉花团，然后用泥封住虫孔，进行毒杀。③树干注药。在树干基部距地面约30 cm处钻孔注药，钻头与树干呈45°角，沿主干钻分布均匀的下斜孔，深度5~6 cm，上下错位。钻孔数根据树干胸径而定，一般胸径15 cm以下的树木钻1~2个孔，胸径15~30 cm的树木钻2~3个孔，胸径30 cm以上的树木钻4~5个孔。利用5%吡虫啉乳油或1.2%阿维菌素微囊悬浮剂进行树干注药防治，注药量应充足但不应溢出，注药后用泥封口。第1次注药7~10 d后，可进行第2次注药。

二、小蠹虫类

世界已知林木小蠹虫3 000余种，我国有500余种，近70%的种主要危害针叶树。蔡邦华将我国主要林型中的小蠹虫按其分布特性归纳为3种类型：①东北原始林区猖獗种类，主要为云杉大小蠹、落叶松八齿小蠹、松十二齿小蠹、云杉八齿小蠹、松六齿小蠹、

拓展阅读

纵坑切梢小蠹、梢小蠹类 *Cryphalus* spp. 等小蠹类群。②西北秦岭林区的华山松大小蠹为侵害健康木的先锋种类,导致被害木树势迅速衰弱后诱发其他近20余种小蠹虫的集中入侵危害,形成了秦岭华山松林独特的小蠹种群结构格局。该区域重要的还有松六齿小蠹、松十二齿小蠹、黑条木小蠹 *Trypodendron lineatum*(Olivier)、油松四眼小蠹 *Polygraphus sinensis* Eggers、长毛干小蠹 *Hylurgops longipilus* Reitter、松纵坑切梢小蠹、华山松梢小蠹 *Cryphalus lipingensis* Tsai et Li、秦岭梢小蠹 *C. chinlingensis* Tsai et Li、黑根小蠹 *Hylastes parallelus* Chapuis 等。③南方人工林区因采伐不当等使纵坑切梢小蠹、横坑切梢小蠹、梢小蠹类等猖獗发生,但其种群结构较简单。

发生规律 小蠹类多1年1代,少数种或在南方1年2代。多以成虫越冬,少数以幼虫或蛹越冬。成虫的发生期因虫种及地区而不同,春季至夏季均可见,如松梢小蠹发生于春季而白桦黑小蠹见于夏季。多数45 d可完成1代,其卵期和蛹期较短、10~14 d,幼虫期15~30 d、但白桦黑小蠹则长达10个月。其年世代数虽不多,由于雌虫能多次产卵、立地条件常使发生期差异较大,故各代重叠现象普遍,区别世代不易。小蠹的配偶和繁殖有1雄1雌及1雄多雌两类,前者雌虫侵入寄主后咬蛀母坑道,再招致雄虫配偶繁殖。后者雄虫蛀入后咬筑交配室,诱致雌虫、最多可达20头;而后雌虫在交配室内再蛀1至多条母坑道(随配偶雌虫数而异),在母坑道两侧咬卵室产卵。幼虫孵出后自母坑道两侧向外蛀食,逐渐形成明显的子坑道;幼虫老熟后在子坑道末端咬蛹室化蛹,羽化后咬羽化孔外出。

母坑道类型 一个完整的坑道系统常包括侵入孔、侵入道、交配室、母坑、卵室、子坑、蛹室、通气孔及羽化孔,有些种类再自母坑向外咬交配孔,虫种不同、坑道各异,坑道也是进行种类鉴别的特征(图12-11)。①纵坑型,单纵坑如纵坑切梢小蠹,复纵坑如十二齿小蠹。②横坑型,单横坑如黄梢小蠹 *Cryphalus fulvus* Niisima,复横坑如横坑切梢小蠹。③星形坑型,如星坑小蠹 *Pityogenes chalcographus* Bedel。④梯坑型,如黑条木小蠹。⑤共同坑型,如红脂大小蠹。前4种类型为分散产卵型种类所具有,这类小蠹的卵逐渐成熟,逐次产下;共同坑型为卵同时成熟,成堆产下,幼虫孵出后聚集蛀食所致;少数种类(如微小蠹)则借用其他虫种的坑道繁殖。

食性 小蠹类食性较单一,对树木种类、树势、高度,对树皮、韧皮或木质部均有选择危害性。①据其取食部位可将其分为韧皮部小蠹(bark beetles)和木材小蠹(也称食菌小蠹)(ambrosia beetles)两类。前者主要取食针叶林木树干和枝条的皮层组织,可导致被害树木迅速死亡;后者主要危害林木木质部,也以自身携带和在

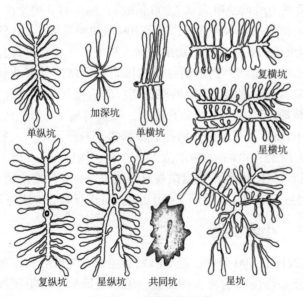

单纵坑 加深坑 单横坑 复横坑 星横坑

复纵坑 星纵坑 共同坑 星坑

图12-11 小蠹虫的坑道

木质部内培养的真菌为食物。②即使在同一树种的同一立木上，不同虫种选择的侵害部位也不同。如梢小蠹等多在树冠的枝梢等处危害，干小蠹 *Hylurgops* spp. 则寄居于根颈或根部，而立木的其他部分则为其他种类所侵害，因而垂直分层和水平分布形成了小蠹类特殊的区系特征。③按照被侵害木的健康程度，可将其区分为先锋型及次生型。先锋型危害健康树木，主要有华山松大小蠹、云杉大小蠹等。次生型危害衰弱林木，主要有云杉八齿小蠹、光臀八齿小蠹、落叶松八齿小蠹、松纵坑切梢小蠹；其中红脂大小蠹约于 1996 年由国外传入我国，对华北的油松林构成了严重威胁。

影响大发生的因素　①人为因素。不合理的采伐和管理常导致小蠹虫大发生，如伐倒木不剥皮滞留在林中过夏，不及时清理伐区，伐根过高，过度采脂、放牧，抚育过度导致林分郁闭度降低等，都能使林木的健康状况恶化和衰弱，为小蠹的大量繁殖提供有利的条件。②林分结构及其他自然影响因素。林木的组成、年龄、郁闭度、地位级、所在的海拔、坡向、坡位及林型等的不同，林木的长势和健康状况也不同，其综合抗虫性更不同。不利的自然因素（如暴风、大雪）常使林木大面积风倒、风折、雪折或根系动摇，旱灾、冻害、山洪暴发及多雨积水、林地沼泽化、地下水位过低或过高、森林火灾及食叶害虫或病害的侵害等，都能使树木生长衰退，招致小蠹的严重危害。③其他因素。小蠹虫的发生还与立木的生理状态有密切的关系，树木被害后，常有增强松脂分泌量的保护性反应，因此泌脂量的多少是受害立木健康状况的一种标志。一般衰弱木最易招致小蠹聚集危害，加速树木的死亡；产生这种现象与衰弱树木散发的某些挥发性萜类物质有关，被该物质诱至的同种个体又分泌性外激素，既招集了大量的异性个体，也能招致少数同性个体，当虫口增至一定密度后这些激素又可成为阻止其他个体继续聚集的抑制因素。这是小蠹自聚集、再向周围扩大危害的原因之一。

重要的小蠹虫除下述外，还有分布于东北及青海、陕西、山西、四川、西藏、云南、甘肃危害云杉、冷杉及部分松类的云杉毛小蠹 *Dryocoetes hectographus* Reitter，分布于内蒙古及大、小兴安岭和长白山危害落叶松、云杉等的重齿小蠹 *Ips duplicatus* Sahalberg，分布于新疆、甘肃、青海、黑龙江、吉林等地危害云杉的天山重齿小蠹，分布于新疆天山、四川西部严重危害云杉幼苗、幼树根部的云杉根小蠹 *Hylastes cunicularius* Erichson，分布于秦岭、河南以南杉木分布区的杉肤小蠹 *Phloeosinus sinensis* Schedl，分布于内蒙古、陕西、青海、甘肃危害云杉、华山松的云杉四眼小蠹，分布于西北危害杏、桃、梨、柠条和锦鸡儿等的多毛小蠹 *Scolytus seulensis* Murayama，分布于陕西、河南、河北、山西、安徽、四川、湖南等地危害胡桃、枫杨的黄须球小蠹，分布于甘肃祁连山危害云杉、冷杉及落叶松的黑条木小蠹。

华山松大小蠹 *Dendroctonus armandi* Tsai et Li

分布于陕西、四川、湖北、甘肃、河南等地。以成虫、幼虫危害华山松的健康立木，导致被害木树势衰弱，进而诱发近 20 余种小蠹虫的集中侵害，致使秦岭、巴山林区的华山松成片枯死。

形态特征（图 12-12）

成虫　体长 4.4~6.5 mm，长椭圆形，亮黑或黑褐色，触角锤状部具横缝 3 条。口上

华山松大小蠹

成虫　　蛹　　幼虫　　危害状

图 12-12　华山松大小蠹

片具颗粒状刻点，额面下半部突起中心具点状凹陷，刻点呈点沟状，刻点间具颗粒状突起。前胸背板刻点细小，背中线区稀疏。鞘翅刻点沟中的刻点圆大、排列密集，沟间部隆起、细网状、具颗粒；翅端沟间部1列颗粒、红褐色茸毛较密而短。

卵　　椭圆形，1 mm×0.5 mm，乳白色。

幼虫　　体长约6 mm，乳白色。头部淡黄色，口器褐色。

蛹　　长4~6 mm，乳白色。腹部各节背面均1横列小刺毛，末端1对刺状突起。

坑道　　单纵坑道系统，母坑道长30~60 cm、宽2~3 mm，子坑道长2~5 cm。

生物学特性

秦岭、巴山林区海拔1 700 m以下1年2代，1 700~2 150 m 1年2~3代，2 150 m以上1年1代。主要以幼虫、部分以蛹和成虫在韧皮部内越冬。为单配偶制型，成虫入侵后在侵入孔外可见树脂和蛀屑形成直径10~20 mm的红褐或灰褐色漏斗状凝脂，韧皮部下的交配室呈靴形。产卵量20~50粒、最多100粒，卵间距约8 mm。初孵化幼虫取食韧皮部，随幼虫发育子坑道渐变宽加长并接触到边材部分，幼虫化蛹于子坑道末端的蛹室中，蛹室椭圆形或不规则形，危害严重时树干周围韧皮部输导组织全遭破坏。初羽化成虫在蛹室周围及子坑道处取食韧皮部补充营养，然后向外咬筑圆形羽化孔飞出。

该虫是秦岭巴山林区危害华山松的先锋虫种，其危害导致树势衰弱后，致使20余种小蠹虫、天牛及象甲相继入侵集中危害，且各种小蠹虫占居被害木特定的营养和空间生态位，形成了华山松林中独特的小蠹虫群落结构。该虫主要侵害20年生以上健康华山松及其衰弱木树干的中下部。其危害轻重与林分结构、林型、坡向等生态因子有关，发源地多始于陡坡纯林、再向混交林及其他立地的林分发展，随着坡度变陡而危害逐渐加重，纯林较混交林受害重。过熟林、成熟林、郁闭度0.6~0.8、山坡与陡峭处的油松和华山松混交林、海拔1 700~2 150 m的林分虫源地产生早、受害最重，洼地、缓坡、坡下、近熟林虫源地产生较晚、受害较轻，沙地处林、中龄林虫源地产生迟、受害最轻。该虫侵害健康木与其共生真菌的关系密切，其前胸背板密毛区携带共生真菌甘薯长喙壳菌 *Ceratocystis* sp.，该真菌随同该虫侵染健康木韧皮部和木质部的树脂道内，破坏泌脂细胞、堵塞树脂道，使华山松的营养代谢和水分代谢紊乱，导致其抗性迅速降低。

红脂大小蠹 *Dendroctonus valens* LeConte

红脂大小蠹

国外分布于美洲，危害松属、云杉属的所有树种。约在1996年由美洲传入我国，而后在山西暴发，后传播至河北、河南部分林区。

形态特征(图12-13)

成虫　　雄虫体长5.2~8.1 mm，雌7.5~9.6 mm；羽化初棕黄色，渐棕褐或黑褐色。额部近前端具小突起，口上缘片1对瘤突、其中央凹陷并生刷状黄毛、两侧具脊。颅顶刻点稀疏，中纵沟线状、黑褐色。前胸背板前端微见宽浅横缢，背面刻点密而浅、大小不均，

被稀疏短黄毛。鞘翅端缘约有锯齿 12
个、大齿后有亚齿；翅面 8 条刻点沟。

　　卵　卵圆至长椭圆形，0.9~1.1 mm×
0.4~0.5 mm，乳白色，有光泽。

　　幼虫　蛴螬形，体白色，头部淡
黄色，口器黑褐色，老熟幼虫体长
11.8 mm、头宽 1.79 mm；腹末端 1 棕
色臀疣，其上 2 列棕褐色刺钩、每列 3
个、上列大于下列。体两侧具气门及 1
列红褐色肉瘤，肉瘤生刚毛 1 根。

　　蛹　体长 6.4~10.5 mm，初乳白、
渐浅黄或暗红色，腹末端 1 对刺突。

坑道

成虫头部

成虫　危害状

图 12-13　红脂大小蠹

　　坑道　扇形共同坑，子坑道向母坑道两侧发展，母坑道长 30~65 cm、宽1.5~2.0 cm。

生物学特性

　　一般 1 年 1 代，较温暖地区 1 年 2 代。以成虫、幼虫以及少量蛹在树干基部或根部的皮层内越冬，世代重叠。越冬成虫于 4 月下旬至 6 月下旬飞扬，其飞行距离约 20 km；卵始见于 5 月中旬，6 月上旬为盛期，6 月中旬为孵化盛期，7 月中旬至 8 月中旬化蛹，8 月上旬成虫羽化、9 月上旬为盛期。成虫羽化后栖息于韧皮部与木质部之间，补充营养后越冬。越冬老熟幼虫于 5 月中旬至 7 月中旬化蛹，6 月下旬至 7 月下旬成虫羽化，7 月中旬至 8 月中旬卵孵化，幼虫于 9 月底越冬。

　　红脂大小蠹为单配偶型，雌成虫蛀 5~6 mm 的圆形孔侵入树皮，释放性信息素、并在韧皮部下咬筑交配室，树皮外可见先红棕色后灰白色的漏斗状凝脂；入侵成虫向上蛀食 5~7 cm 后再沿树干向下蛀食，母坑道即向根部扩展，坑道内充满红棕色粒状虫粪及木屑混合物；成虫边取食边产卵，卵产于母坑道两侧或一侧，卵散乱或成层包埋于疏松的虫粪中，单雌产卵量 60~157 粒。该成虫侵害主干 1.5 m 以下直至土壤内距树干基 3.5 m、直径 1.5 cm 的侧根及二级侧根，以近地表处最多；危害树干和根较粗时扇形坑道长条形，在较细的侧根部位则环食韧皮部。

　　在种群密度较低时主要危害衰弱木、新伐桩、新伐倒木和过火木，当种群密度较大时则能迅速入侵危害胸径大于 10 cm、树龄在 20 年以上的健康木；其危害由虫源木向周围扩散，因此在林分中呈点片状分布。该虫喜光，林分郁闭度的大小与危害程度呈负相关，郁闭度在 0.7 以上很少危害，在 0.3、0.4 时受害最重；同一地域阳坡重于阴坡，同一坡向坡下重于坡上，林缘重于林内，采割松脂常加重其危害。

落叶松八齿小蠹 *Ips subelongatus*（Motschulsky）

　　国内分布于东北，内蒙古、山西、云南；国外分布于东北亚、欧洲。主要危害健康或衰弱的落叶松，也侵害红松和云杉。是落叶松林蛀干害虫的先锋虫种，常猖獗成灾。

　　形态特征（图 12-14）

　　成虫　体长 4.4~6.3 mm，初羽化时乳白色，渐由淡黄变黑褐色，翅缘、体周缘被长

落叶松八
齿小蠹

图 12-14　落叶松八齿小蠹

成虫　　坑道

毛。鞘翅有光泽，复眼前缘中部有缺刻。额面无额瘤，具粗颗粒、但中区光滑，额毛金黄色。前胸前部具鱼鳞状小齿，后半部散生刻点。鞘翅刻点沟由大而圆的刻点构成，翅末凹面光滑、两侧各 4 齿，第 2、3 齿间距最大，第 3 齿最大，雌虫第 2 齿圆锥体状、齿基具小突；雄虫第 2 齿近锥体状、近第 3 齿处基部的隆起具压迹，第 3 齿细长。

卵　　椭圆形，1.1 mm×0.7 mm，乳白色，微透明，有光泽。

幼虫　　老熟幼虫体长 4.2~6.5 mm，弯曲，多皱褶，被刚毛，乳白色。头壳灰黄至黄褐色；额三角形，前胸及第 1~8 腹节各 1 对气孔。

蛹　　体长 4.1~6.0 mm，乳白色，第 9 腹节末端 2 刺突。

坑道　　复纵坑。母坑道 1~3 条，多 1 上 2 下，长 20~40 cm，子坑道与母坑道垂直、长 2.1~7.3 cm；母坑道上两侧的子坑道数近等，而下内侧的则显著地少于外侧、短小而紊乱，补充营养坑道极不整齐。

生物学特性

黑龙江、吉林长白山等地 1 年 1 代，部分 1 年 2 代，以成虫在土壤中越冬。5 月中下旬越冬成虫出蛰、交尾、产卵，6 月上旬幼虫孵化，下旬化蛹，7 月上旬第 1 代成虫羽化；但部分越冬雌虫 6 月下旬在产卵的过程中飞离原坑道，经取食后再次入侵、筑坑、产卵，而形成了姊妹世代；卵于 7 月上旬幼虫孵化，7 月下旬始化蛹，8 月上旬即见到姊妹世代的成虫羽化。但春季世代较早羽化的成虫 7 月上、中旬补充营养于下旬继续扬飞、筑坑、交尾、产卵，8 月上旬幼虫孵化、下旬化蛹，9 月上旬成虫羽化而发生第二代。因而，成虫具 3 次扬飞高峰期，即 5 月中旬、7 月中旬及 8 月中旬。各代成虫 10 月上旬主要蛰伏于枯枝落叶层、伐根及原木树皮下越冬，少数以幼虫、蛹在寄主树皮下越冬。

该虫危害部位可分为树冠型、基干型和全株型；从干基到 12 m 高处均可入侵定居，但随树干高度增加侵入孔数量减少，一般在高度 0~8 m 区间数量最大，火烧木上则 1~2 m 范围内入侵量最多。成虫喜光喜温，衰弱立木、新鲜倒木易受危害，林分郁闭度越小受害越重，林缘、林中空地比林内受害重。在经营不善等多种因素的复合作用下，该虫的成灾规律是从倒木向衰弱木扩散，进而入侵危害活立木。

纵坑切梢小蠹 *Tomicus piniperda*（L.）

纵坑切梢小蠹

国内分布于辽宁、河南、陕西、江苏、浙江、湖南、四川、云南等地；国外分布于东北亚、欧洲、北美洲等地。主要危害松属树木。成虫、幼虫蛀害松树嫩梢、枝干或伐倒木。被害梢头遇风即折，影响生长和结实；蛀食衰弱木树干韧皮部，促使立木死亡。

形态特征（图 12-15）

成虫　　体长 3.4~5.0 mm，头及前胸背板黑色，鞘翅亮红褐至黑褐色。额心有点状凹陷，额面中隆线突起。鞘翅刻点沟内刻点圆大、无毛；沟间部宽阔，翅基具横隆堤、其后部散生针刺状及 1~2 枚横排的小刻点，翅面中部向后具等距纵列小颗粒、小粒后伴生竖立刚毛；斜面第 2 沟间部凹陷、平坦，只有小点无颗粒和竖毛。

卵　淡白色、椭圆形。

幼虫　体长 5~6 mm。头黄色，口器褐色；体乳白色，粗而多皱纹，微弯曲。

蛹　体长 4.5 mm，白色；腹末端 1 对向两侧伸出的针状突。

坑道　单纵坑道。母坑道长约 55 mm、宽约 2 mm；子坑道排列于母坑道两侧，10~15 条，长 5~14 cm、宽约 1 mm。

图 12-15　纵坑切梢小蠹

生物学特性

1 年 1 代，北方成虫在被害树干基部 0~10 cm 处树皮内或落叶层中越冬，南方则无明显越冬现象。在东北，翌年 3 月下旬至 4 月中旬气温达 9℃时，越冬成虫上飞树冠侵入 2 年生嫩梢补充营养，然后侵入衰弱木、风倒木、风折木及林间原木，雌虫侵入后筑交配室与雄虫交配，部分雌虫因粪便、木屑堵塞坑道而窒息死亡。4 月下旬至 6 月下旬为产卵期，卵堆产于母坑两侧，单雌产卵量约 79 粒、最多 140 粒，产卵期 80 d，发育不整齐。卵期 9~11 d，5 月中旬至 7 月上旬幼虫孵化、5 月下旬至 6 月上旬为盛期；幼虫期 15~20 d，6 月中旬老熟幼虫在子坑道末端做椭圆形蛹室化蛹、6 月下旬为盛期。蛹期 8~13 d，7 月上旬成虫羽化、7 月中旬为盛期。成虫羽化后在蛹室停留 4~6 d，再蛀孔外出蛀入当年生嫩梢补充营养、入蛀一定距离后即退出另蛀新孔，蛀道中空并渐深达髓部，蛀孔直径约 3 mm、四周具白色松脂和木屑，每新梢蛀孔 1~3 个、多时达 14 个。10 月上、中旬当气温下降至 -5~-3℃时，在 2~3 d 内集中下树越冬。在杭州，卵于 4 月中旬孵化，幼虫期约 30 d，在 5 月中旬化蛹，5 月下旬到 6 月上旬成虫羽化。阳坡及立地条件差的林分先受害，衰弱木易受害，林缘木受害较重。风倒、风折、过熟、濒死木易诱发该虫发生。

小蠹虫的防治

小蠹虫的综合治理必须从森林生态系统的整体出发，充分利用森林生物群落间的相互依存与制约关系，通过监测和测报及时发现林内早期出现的虫害木，准确掌握先锋种及优势种的发源地及动态，以营林措施为基础、保护和利用天敌，恰当地应用生物、物理和化学等措施降低虫源密度，促进林木健康生长。

拓展阅读

林分危险性分析、监测与预报

小蠹虫类是较难防治的蛀干害虫，对小蠹虫危害林危险等级进行评价在于指导防治。

危险性分析　①小蠹虫的暴发不仅与其生物学和生态学特性有密切的关系，而且与林分的结构、林分内的土壤和气候状况、自然和人为因素对森林生态系统的干扰等有紧密联系，危险性的大小主要由对树木死亡概率有影响的林分、树龄、立木质量、立地和气候因素决定。②危险性分析和监测可以确定遭受小蠹虫危害死亡概率高的树木数量，预测林分条件是否有利于小蠹虫大暴发，按照健康木、衰弱木、枯萎木、枯立木（新、老）序列，区分出低、中、较高和高即 I 至 Ⅳ 个危险级别；凡发生面积大于 666 m²，枯萎木和枯立木即Ⅲ、Ⅳ两危险级之和超过5%时，均应视作小蠹虫的发源地，应提前采伐或卫生择伐，以减少其扩大种群的机会及对邻近树木或林分的危害。

监测与预报　目的在于准确掌握先锋种、优势种的发源地、分布、形成原因和发展趋势。①因林内新枯萎木首先受其危害，枯萎木的多少是小蠹虫发生量的指示木，因此对小蠹虫发生林应于每年的5月和10月进行1~2次虫情调查，并以历年新枯萎木的数量变动监测、测报虫源地的发展趋势。②小蠹虫对松脂类有趋性，因而可利用饵木、松树皮的粗提物、加引诱剂或饵木附加引诱剂的方法，调查林内虫口密度及其数量变动，借助于繁殖系数、增殖系数的计算与分析，预测发源地的虫情动态，制订防治计划。

防治技术

检疫措施　严禁调运虫害木，对虫害木要及时进行药剂或剥皮处理，以防止扩散。

林业技术措施　森林生态系统的有序经营和管理是提高林分的抗性、有效预防小蠹虫大发生的根本措施，可供选择的方法为：①适地适树。合理规划造林地，选择抗逆力强的树种或品种，营造针阔混交林，加强抚育、封山育林、改造生长不良林分。②适龄采伐、合理间伐。伐根宜低并剥皮，采脂林分应先清理和伐除虫害木和衰弱木，林内风倒木、风折木、枯立木、梢头及带皮枝丫应及时清理，严防森林火灾、滥砍滥伐。③抚育改造。例如，秦岭巴山林区海拔1 600~1 900 m的华山松纯林是华山松大小蠹的重灾区，也是油松和栎类阔叶树木的混交带，通过抚育改造华山松纯林的林分结构和树种组成，可有效地控制以华山松大小蠹为主的小蠹虫的危害。④加强采、运、贮管理。生长季节严禁在伐区存放带皮原木、小径木、梢头；所有新伐木必须运出林外，贮木场应远离林分、并对原木分类归垛或就地剥皮。⑤疏伐及伐除虫害木。例如，华山松大小蠹的危害先始于纯林，再向混交林发展和蔓延，成林、过熟林受害重于低龄林，郁闭度大的林分重于小的林分；所以采取疏伐是增强林分抗性和预防小蠹虫危害的基本措施。对类似于华山松大小蠹的种类，所有被害木均应作为疏伐对象，但应先伐除集中危害区的新侵木、枯萎木、枯立木，疏伐的最佳时间应是其越冬期和幼虫发育期；疏伐后应将被害木树干高度4/5以下的树皮全部剥光，并对剥取的树皮和树干喷洒杀虫剂。伐根应低于20 cm，林内伐枝应及时清理，以减少次期性小蠹虫的繁衍概率。伐后的林间空地应选用适宜的树种补植，以改变林相、增加林分抗虫力。

生物防治　小蠹虫的捕食性、寄生性和病原微生物天敌非常丰富，尽可能避免使用杀虫剂，应注意维护森林生态系统的多样性、稳定性，人工饲养和繁殖小蠹虫天敌。如大唼蜡甲可降低红脂大小蠹的危害；在成虫羽化期、气候适宜时喷洒微生物制剂，可使大量成虫感病死亡。还可采用信息素诱杀。小蠹虫的引诱剂包括性信息素和有引诱作用的松类挥发物，可采用诱捕器进行诱杀，以迅速降低其种群密度和交配率。如利用云杉八齿小蠹信息素引诱光臀八齿小蠹，每诱捕器一昼夜可诱集600头以上。或在局部地区大量使用性信息素类物质，干扰其入侵和生殖行为。如美国用1,5-二甲基-6,8-二氧双环[3.2.1]辛烷：α-蒎烯=1∶2的混合物处理火炬松树干，能够有效地降低瘤额大小蠹的危害率及火炬松的死亡率。

饵木诱杀　当有虫株率低于2%时可设置饵木诱杀。在优势种或先锋种扬飞入侵前，采伐少量衰弱树作为饵木，饵木的设置应符合小蠹虫的喜阴喜阳性。可在3~4月和6月在林内设置饵木 1~2 根/800 m²，待幼虫尚未化蛹时对饵木进行剥皮处理。若饵木上喷施 1% 的 α-蒎烯可提高诱杀效果 1.0~2.5 倍，如美国用 cis/tris 马鞭烯酮和 β-蒎烯涂抹饵木可提高其对黑山大小蠹的引诱力。

化学防治　成虫羽化盛期或越冬成虫出蛰盛期，树干喷施 2.5% 溴氰菊酯乳油或 5% 吡虫啉乳油 1500 倍液。利用成虫在树干根际越冬的习性（如松纵坑切梢小蠹、横坑切梢小蠹、红脂大小蠹等），于早春 3 月下旬在根际撒辛硫磷颗粒剂，然后在树干基部培 4~5 cm 厚的土，毒杀出蛰成虫。用 5% 吡虫啉乳油乳油 5 倍液，按照胸径 1 cm 注药 2.5 mL，在树干基部打孔注药防治。原木垛楞的熏蒸处理，将 0.12 mm 厚的农用塑料膜粘合成帐幕，覆盖并密封原木楞垛，然后投入磷化铝 3 g/m³，密闭熏蒸 2~3 d。

三、吉丁甲类

吉丁甲类多为林木枝干的蛀干害虫，也有草食性昆虫。卵常产于树皮裂缝内，幼虫孵化后蛀入形成层并渐入侵木质部取食危害，虫道内充塞虫粪，致使被害木树势衰弱、直至枯死。所以吉丁甲幼虫俗称溜皮虫或串皮虫。该成虫喜光，多在被害木阳面入侵，飞行能力较弱，且常具有假死性。除下述种类外，重要的还包括分布于东北及河北、湖北、山西、山东、河南、内蒙古、新疆、宁夏、甘肃、青海危害苹果、花红等的苹果小吉丁，分布于东北、华北及内蒙古、新疆等地危害杨类的杨锦纹截尾吉丁。

杨十斑吉丁 *Melanophila picta*（Pallas）

国内分布于山西、内蒙古、陕西北部、甘肃、宁夏、新疆；国外分布于欧洲南部、非洲北部及土耳其、叙利亚、俄罗斯。幼虫蛀食杨、柳和胡杨枝干，使树皮翘裂、剥落、死亡，诱发烂皮病和腐朽病。

形态特征（图 12-16）

成虫　体长 11~23 mm，黑色。触角锯齿状，上唇前缘及额有黄色细毛，额及头顶刻点细小。前胸背板紫铜褐色、具小刻点；每鞘翅 4 条纵线，黄色斑点 5~6 个。腹部腹面 5 节，末腹节两侧端各 1 小刺。

卵　卵圆形，1.5 mm×0.8 mm，初淡黄色，孵化时灰色。

幼虫　老熟幼虫体长 20~27 mm，黄色，头扁平，口器黑褐色。前胸背板黄褐色，扁圆形点状突起区的中央有一倒"V"形纹，点状突起圆或卵圆形。

蛹　长 11~19 mm，黄白色，近羽化时色深，腹 9 节。

生物学特性

1 年 1 代，以老熟幼虫在木质部、韧皮部坑道内越冬。翌年 4 月中下旬老熟幼虫在蛹室化蛹，5 月中旬至 6 月初大量羽化，出孔的当天即行交尾，3~4 d 后开始产卵，5 月下旬至 6 月初为产卵盛期，卵期 13~18 d，6 月中旬为孵化盛期。初孵幼虫直接蛀入树皮内危害，7 月上中旬蛀入木质部危害，10 月中、下旬开始越冬。

成虫　蛹

图 12-16　杨十斑吉丁

杨十斑吉丁

成虫喜光，飞行力较强，夜间和阴雨天多静伏在树皮裂缝和树冠枝丫处，寿命8~9 d。多卵散产于树皮裂缝处，每次产1粒，单雌产卵量22~34粒。初孵幼虫蛀入韧皮部后被害处常有黄褐色液体及虫粪排出，蛀道不规则；蛀食形成层后树皮和边材之间的不规则的虫道内充满虫粪；进入木质部后不再向外排粪，虫道似"L"形，充塞虫粪和木屑。树皮粗糙的树种，生长不良，衰弱木、疏林和林缘受害较重。

五星吉丁 *Capnodis cariosa*（Pallas）

五星吉丁

国内分布于新疆；国外分布于俄罗斯、意大利、叙利亚、伊朗。以幼虫蛀食新疆杨等杨树苗木、幼树干基和根部，虫道宽大，被害林木逐渐干枯、死亡。

形态特征（图12-17）

成虫 体长25~37 mm，灰褐色、具铜绿光泽及白色刻点。触角11节，第1节最粗，第2、3节近圆球形，第4、5节似棒状，从第6节开始锯齿状，末节短小。复眼亮黑褐或黄褐色、肾形。前胸背板两侧弧形，中央1大而光滑的星斑，前两侧各1小星斑，后两侧各1大星斑。小盾片圆形、极小。鞘翅具断续的紫黑色纵脊11条，纵沟赤金色，刻点圆形；腿节末端有小刺。腹部5节。雄性腹部末端平截，雌虫则尖圆形。

卵 乳白色，椭圆形，1.8 mm×1.0 mm。

幼虫 老龄幼虫体长56~63 mm，头扁平、较小、褐色，上颚黑褐色、具3齿。触角、唇基及下唇黄褐色。前胸大，硬皮板中央有"八"字形沟纹。腹部第1节较短，第2~8节同长，其长宽几乎相等，第9节与第2节的形状及长度近似，第10节短小，气门褐色。

蛹 体长约30 mm，初为乳白色，渐变为黄色。

生物学特性

图12-17 五星吉丁

新疆吐鲁番1年1代，以老龄幼虫在根颈内越冬。4月中旬化蛹，4月下旬和5月上旬为成虫羽化盛期，4月底至5月中旬为产卵期，5月中、下旬幼虫孵化，幼虫期长达11个月。生活史不整齐，成虫羽化期不一致，8月所见少数成虫不交尾、产卵。成虫羽化后从根部沿树干上爬至树冠部取食叶片，补充营养4~6 d后交配产卵，卵散产于树干基部湿润处，每次产卵1~2粒，单雌产卵量最多达62粒。成虫行动迟钝、很少飞行，极易捕捉，喜在8:00~10:00、19:00~21:00活动，中午炎热时躲于叶下或枝干隐蔽处。卵的孵化与温度、湿度有关系，凡卵位于根际和土壤湿润处的能孵化，阳光照射或很干燥处的则不能孵化或者孵化率很低。初孵幼虫自侵入孔向根颈下方咬筑螺旋形虫道危害，老熟时则返回向上危害，在接近地面的根内咬筑蛹室化蛹，虫道长65~70 mm、宽22~25 mm。

白蜡窄吉丁 *Agrilus planipennis* Fairmaire

白蜡窄吉丁

又名花曲柳窄吉丁、梣小吉丁，异名 *Agrilus marcopoli* Obenberger。国内分布于东北，山东、内蒙古、河北、天津、台湾等地；国外分布于日本、朝鲜、蒙古、美国。幼虫蛀害木樨科梣属树木韧皮部，以白蜡树、花曲柳受害较重。

形态特征(图 12-18)

成虫 体狭楔形，长 6~15 mm，铜绿色，腹部微红，背、腹密布细小刻点。复眼大，古铜或黑褐色，肾形。触角短，锯齿状，11 节，前胸与鞘翅基部同宽。鞘翅前缘隆起成横脊，尾端圆钝，边缘有小齿。雌虫体型较大。

卵 近扁椭圆形，1.0~1.4 mm×0.8~1.1 mm。初产乳白至淡绿，3~4 d 土黄色，孵化前棕褐色。卵面粗糙，中央微凸，向边缘褶皱放射状。

幼虫 体扁平，淡茶褐至乳白色。老熟幼虫体长 26~32 mm；前胸背板中纵线深褐色，倒"Y"形；腹板中纵线直；腹部 10 节，第 7 腹节最宽，末节 1 对褐色尾钳。

蛹 菱形，长 11~16 mm。初乳白色，约 10 d 后复眼黑色，羽化前蓝绿色。

拓展阅读

图 12-18 白蜡窄吉丁

生物学及习性

湖北宜昌 1 年 1 代；甘肃张家川 2 年 1 代、少数 1 年 1 代，甘肃景泰 3 年 2 代，均以幼虫越冬；天津 1 年 1 代。翌年 3 月上旬陆续做蛹室，4 月上旬至 5 月中旬化蛹，蛹期约 20 d，4 月底成虫羽化，5 月上旬陆续出孔，在树冠取食树叶约 7 d 后即进行交尾、产卵，卵常产于树干阳面老翘皮下或纵裂缝内，6 月下旬林间已无成虫。5 月中旬至 7 月上旬均可见卵，幼虫 4 龄，6 月上旬初孵蛀入韧皮部，末龄幼虫 7 月下旬陆续蛀入木质部，11 月上旬老熟幼虫蛀入在木质部表层做越冬室越冬，极少数以末龄幼虫在蛀道内越冬。天敌有白蜡吉丁柄腹茧蜂、白蜡吉丁啮小蜂、梣小吉丁矛茧蜂，其中白蜡吉丁柄腹茧蜂、白蜡吉丁啮小蜂对该虫的自然控制作用较强，前者 2008 年已被美国作为天敌引进。

吉丁甲的防治

检疫措施 吉丁甲幼虫期长，跨冬春两个栽植季节，携带幼虫、虫卵的枝干极易随种条、苗木调运而传播。因此应加强栽植材料的检疫，从疫区调运被害木材时需经剥皮、火烤或熏蒸处理，以控制害虫长距离的传播和蔓延。

林业技术措施 ①选育抗虫树种，营造混交林，加强抚育和水肥管理，适当密植，提早郁闭，增强树势，避免受害。及时清除虫害木或剪除被害枝丫，歼灭虫源；伐下的虫害木必须在 4~5 月幼虫化蛹以前剥皮或进行除害处理后再利用。②利用吉丁甲的假死性、趋光性和活动习性在成虫羽化盛期人工捕杀成虫。③利用吉丁甲对寄主树木树势的选择性，设立饵木诱杀；例如，杨十斑吉丁对新采伐杨树具有特殊的嗜好性，在成虫羽化前采伐健康木，于 5 月上中旬以堆式或散式设置在林缘外 20 m 处引诱其入侵产卵，7 月 20 日左右剥皮后暴晒，不仅可以杀死韧皮部内的幼虫，而且幼虫尚未入侵木质部，不影响饵木木材的利用价值。

生物防治　①人工刮除有明显特征的虫卵或入侵不久的小幼虫。②以柳缘吉丁为例,在6月至8月上旬的幼虫危害期,采用逐行逐株或隔行隔株,按放蜂量与虫斑数1:2释放管氏肿腿蜂,治虫效果良好。③保护利用当地天敌,包括猎蝽、啮小蜂及啄木鸟等;斑啄木鸟是控制杨十斑吉丁最有效的天敌,可以采取林内悬挂鸟巢招引,但要防止人为干扰和捕杀。

化学防治　①成虫盛发期用5%吡虫啉乳油800倍液、48%毒死蜱乳油500倍液+渗透王3 000倍液,连喷2次有虫枝干。在幼虫孵化初期,用40%氧化乐果乳油的100倍液,每隔10 d 1次、连续涂抹3次。②在幼虫出蛰或活动危害期用5%吡虫啉乳油:矿物油(或羊毛脂)=1:15~20的混合物,在活树皮上涂3~5 cm的药环,药效可达2~3个月。5月上、中旬成虫羽化出孔前,用涂白剂(生石灰 :硫黄:水=1:0.1:4,或生石灰 :石硫合剂原液 :盐:动物油:水=1:0.1:0.04:0.02:4)对树干2 m以下的部位涂白,可使柳缘吉丁在幼树上的落卵量显著减少,其孵化率明显降低。

四、象甲类

我国钻蛀危害林木树干的象甲类害虫除下述外,还有分布于秦岭以南危害马尾松等松类的松瘤象、华山松木蠹象、樟子松木蠹象 *Pissodes validirostris* Gyllenhal,分布于西南危害松类的云南松木蠹象,分布于东北、华北、华中危害臭椿的臭椿沟眶象等。

杨干象 *Cryptorhynchus lapathi*（L.）

杨干象

又名杨干隐喙象。国内分布于东北、陕西、甘肃、新疆、河北、山西、内蒙古;国外分布于中欧、北美、日本、朝鲜、俄罗斯。以幼虫钻蛀危害杨、柳、桤木和桦树等林木的韧皮部,成虫啃食枝干导致杨树烂皮病和溃疡病的发生。本种对杨树危害严重。

形态特征(图12-19)

成虫　雌虫体长10 mm,雄虫8 mm,长椭圆形、黑褐色,喙、触角及跗节赤褐色。密被灰褐色鳞片,散生白色鳞片呈不规则横带状,前胸背板两侧和鞘翅后端1/3处及腿节上的白色鳞片最密。黑色立毛簇在喙基部1对,前胸背板前方2个、后方横列3个,鞘翅第2、4刻点沟间部6个。喙弯曲,密布刻点,中央具1纵隆线。前胸背板前端收窄,中央1纵隆线;鞘翅宽于前胸背板,后端渐收缩成1三角形斜面;雌虫末端尖,雄虫末端圆。红尾型体具粉红色鳞片,翅斜面处更明显。

卵　乳白色,椭圆形,1.3 mm×0.8 mm。

幼虫　乳白色,老熟幼虫体长9 mm,被稀疏短黄毛,头部前缘中央2对、侧缘3个粗刚毛,背面3对刺毛。前胸1对黄色硬皮板,中、后胸分2小节,第1~7腹节分3小节。胸足退化痕迹处数根黄毛。腹部各节具皱褶。气门黄褐色。

蛹　乳白色,体长8~9 mm,前胸背板数个刺

成虫

蛹

幼虫

图12-19　杨干象

突，腹部背面散生小刺，腹末 1 对向内弯曲的褐色小钩。

生物学特性

陕西和辽宁 1 年 1 代，以卵和初龄幼虫在枝干内越冬。翌年 4 月下旬越冬幼虫或卵开始活动或孵化，幼虫先在韧皮部与木质部取食木栓层、虫道片状，深入韧皮部与木质部之间后环绕树干钻蛀长约 37 mm 的圆形坑道，使上部枝条干枯或幼树折断；5 月下旬在木质部化蛹，蛹期 10~15 d，6 月下旬成虫羽化。成虫取食嫩枝皮层、叶片补充营养，在被害枝上咬啄无数刺状小孔，可诱发烂皮病而加速树木死亡；从叶背啃食叶肉后残留表皮，使被害叶成网状。7 月下旬交尾产卵，卵期 7~18 d，幼虫孵化后即越冬或以卵直接越冬。

成虫多在早晚活动，善爬，很少飞行，15~20℃、60%~90% 相对湿度时活动最盛，闷热和阴雨天潜藏于根际土壤缝隙、旧虫孔和叶腋等处，有假死性，寿命 30~40 d。卵多产在 3 年生以上的树干、枝条的叶痕及树皮裂缝中，1~2 年生苗木和枝条上无卵，产卵前先咬 1 小孔，每孔产 1 粒，然后以黑色排泄物封口，单雌产卵量约 44 粒。欧美杨和加拿大杨受害重于青杨和小叶杨。

松树皮象 *Hylobius haroldi* Faust

又名松大象鼻虫。国内分布于辽宁、吉林、四川、云南、陕西；国外分布于欧洲、东北亚。危害松类、糠椴、大黄柳、山杨、丁香等。以成虫蛀害 2~5 年生松树幼、成龄树干韧皮部，使树皮产生块状疤痕、大量流脂，严重时环割韧皮部，形成多头树，促其枯死。

松树皮象

形态特征（图 12-20）

成虫　体长 7~13 mm，深褐色。头部背面布满大小不等的圆形刻点，触角生于喙近端部。前胸背板前部具脊及粗刻点，背中线两侧各 2 个金黄色鳞片斑，小盾片前 1 斑点。鞘翅深棕色，较前胸宽，中区前后各 1 条横带，横带间常具"X"形条纹，翅端具 2~3 个斑点，斑点和横带由或深或浅的黄色针状鳞片构成。雌虫腹部背面 7 节、第 1 腹节腹面微拱，雄虫腹部背面 8 节。

卵　椭圆形，长约 1.5 mm，白色微黄，透明。

幼虫　老熟幼虫体长 10~15 mm，白色、无足、微弯。头部红褐或黄褐色，上颚强大。第 1 胸节与第 1~8 腹节上各 1 对椭圆形气门。

蛹

成虫　　　幼虫

图 12-20　松树皮象

蛹　长度与成虫相等，上颚与复眼黑色，体白色，刺对称排列，腹端方形、具 1 对大刺。

生物学特性

东北林区 2 年 1 代，陕西 1 年 1 代，以成虫在松树幼树根际的枯枝落叶、老熟幼虫在皮层或边材的椭圆形蛹室内越冬。越冬成虫翌年 5 月中、下旬开始活动，集中于落叶松更新地取食 2 年生以上枝干韧皮部、并交尾；6 月中旬至 7 月底成虫向采伐迹地扩散，将卵产于松树和云杉新鲜伐根皮层上或泥土中，单雌虫产卵量 60~120 粒；卵经 2~3 周孵化，6 月下旬新孵幼虫在伐根的皮层或皮层与边材间做蛀道、取食；幼虫约 5 龄，其发育进度与温度、湿度和营养质量相关；9 月末大部分幼虫老熟筑蛹室越冬，少数孵化较晚的幼虫于翌年春季取食后化蛹，蛹期 2~3 周。越冬老熟幼虫于翌年 7 月初开始化蛹，大幼虫则于7 月末化蛹、羽化，成虫羽化后多在蛹室中潜伏约半月后爬出，寻找幼树取食危害，当年不交尾、产卵，于 9 月底越冬，少数羽化较晚的成虫则不出土，在蛹室内越冬。成虫每年有春季和秋季 2 个发生与危害高峰期，春季主要危害幼树树皮和韧皮部，造成人工营造的针叶树苗木和幼树大量死亡。

锈色棕榈象 *Rhynchophorus ferrugineus*（Olivier）

锈色棕榈象

又名红棕象甲、椰子隐喙象。国内分布于上海、福建、广东、广西、海南、香港、台湾等地；国外分布于东南亚。严重危害椰子、油棕等棕榈科植物。该虫从树干伤口、裂缝、幼树根际等处蛀入，造成生长点迅速坏死，同时也传带椰子红环腐线虫 *Rhadinaphelenchus cocophilus* Goodey。

形态特征（图 12-21）

成虫　体长 28~35 mm，红褐色，头部延长成管状，触角膝状、端部数节膨大。前胸背板 6~8 个黑斑排成两行。

茧蛹

成虫

卵

图 12-21　锈色棕榈象

卵　长椭圆形，乳白色，长约 2.6 mm。

幼虫　初孵化时乳白、后渐黄白色，头部黄褐色。老熟幼虫体长 40~45 mm，肥胖，纺锤形，腹部末端周缘具刚毛，胸足退化。

蛹　长约 35 mm，茧长椭圆形，50~95 mm×25~40 mm，由树干纤维构成。

生物学特性

海南 1 年 2~3 代，世代重叠。4~10 月为危害盛期，6 月和 11 月为成虫扬飞期。成虫有迁飞、群居、假死、多次交尾习性，常在晨间或傍晚活动；出茧后即交尾，交尾后当天产卵，产卵量 162~350 粒。卵多产于幼树叶柄的裂缝、树木损伤部位等处，或用喙在树冠基部幼嫩组织上蛀洞后产卵，卵散产，1 处 1 粒。卵期 2~5 d，幼虫期 30~90 d，幼虫孵化后即向四周蛀食，形成纵横交错的蛀道。老熟幼虫用植株纤维茧化蛹，预蛹期 3~7 d，蛹期 8~20 d。成虫羽化后在茧内停留 4~7 d。受害寄主叶片发黄，后期从基部折下，严重时叶片脱落仅剩树干，直至死亡。

萧氏松茎象 *Hylobitelus xiaoi* Zhang

萧氏松茎象

分布于江西、湖南、湖北、福建、广东、广西、贵州。幼虫蛀害松类树干基部或根颈部韧皮，导致湿地松大量流脂、降低松脂产量。重害时导致树木死亡。

形态特征（图 12-22）

成虫　雄虫体长 13.30 mm±0.80 mm，雌虫 16.25 mm± 1.75 mm，暗黑色，胫节端部、跗节和触角暗褐色。前胸背板被赭色鳞毛，在前缘和小盾片上部较密，鞘翅鳞毛密集区成两行斑点。足和体腹面被黄白色鳞毛。

卵　椭圆形，2.9 mm±0.2 mm×1.8 mm±0.1 mm。初产时乳白色，近孵化时深黄色。

幼虫　体白色略黄，头黄棕色，口器黑色，前胸背板具浅黄色斑纹，体"C"形，节间多皱褶。

图 12-22　萧氏松茎象

蛹　乳白色，长 15.5～18.4 mm，头顶和腹部各节黄褐色茸毛稀疏，腹末两侧 1 对刺突。

生物学特性

江西南部 2 年 1 代，以大龄幼虫（5、6 龄为主）在蛀道、成虫在蛹室或土中越冬。2 月下旬越冬成虫出孔或出土活动，5 月上旬开始产卵，卵期 12～15 d；5 月中旬幼虫开始孵化，11 月下旬停止取食、越冬；翌年 3 月重新取食，8 月中旬陆续化蛹（包括越冬幼虫），9 月上旬成虫开始羽化，11 月部分成虫出孔活动，然后越冬。成虫平均寿命 248 d、最长 442 d，每夜产卵 1 粒，平均产 27 粒/头、最多 68 粒/头。幼虫危害湿地松时可见被害处具紫红或花白色稀酱状排泄物溢出，危害火炬松、马尾松时排泄物呈白或黄褐色粉状、条块状掉落于地面根茎处。

象甲的防治

检疫措施　严禁带虫苗木及原木外调。带虫苗木及原木的处理可用 80% 敌敌畏乳油 50～100 倍液喷干，对棕榈类苗木可浇淋心叶及叶鞘；或用 60 g/m³ 溴甲烷在 21℃ 条件下熏蒸 4 h。

林业技术措施　①选择抗虫品种，利用树木品种和林分结构的抗性可减轻危害。如小叶杨、龙山杨、白城杨、赤峰杨对杨干象是高抗品种，将抗性品种与感虫品种混交，可降低虫口密度。②加强林分的抚育管理及时修枝，清除林地倒木、风折木、过火木、枯死木、虫源木及过高伐根。对核桃根颈象冬季应翻挖树盘，挖开根颈泥土，刮去根颈粗皮，以杀死幼虫。对杨干象危害严重的小立木，冬季平茬更新、剥除伐倒木树皮；成材木自根颈处采伐并及时剥皮，或应随采随运，不能在林中过夏；或水浸 18 d 以杀死幼虫。造林时适当放宽株行距，利于光照和通风，造成不适于象甲栖息的环境。③人工栽植象甲的嗜好寄主或感虫品种以诱杀成虫或幼虫。对松树皮象在春秋季成虫活动期，将新鲜红松、红皮云杉树皮的糙面向上紧压于地面诱杀成虫。

生物防治　喷洒 0.3×10⁸ 个孢子/mL 青虫菌或 2×10⁸ 个孢子/mL 白僵菌，或用 2×10⁸ 个孢子/mL 白僵菌涂刷虫孔防治幼虫；对危害苗根的象虫可用 2×10⁸ 个孢子/mL 的白僵菌灌根。用意大利斯氏线虫防治杨干象，效果甚佳。

物理防治　成虫发生盛期可利用成虫假死性、群聚性和老熟幼虫聚集性人工捕捉。如对剪枝栎实象在成虫产卵期中，每 10 d 左右收集落地的产卵枝 1 次，集中烧毁。对山杨卷叶象在卵及幼虫期摘除被卷叶筒，集中烧毁。对沙棘象在虫口密度较大地区，可集中人力于 4、5 月间在树冠下挖幼虫和蛹。

化学防治　①成虫发生期可选喷 5% 啶虫脒乳油 1 000 倍液、2.5% 溴氰菊酯乳油或 5% 氟氯氰菊酯乳油或 20% 氰戊菊酯乳油 3 000 倍液，视虫情防治 1~3 次；或 30~45 kg/hm² 的 "741" 插管烟剂熏杀成虫。②在幼龄幼虫盛期，可用 48% 毒死蜱乳油 3~5 倍液涂刷产卵孔，或选用 2% 高渗吡虫啉乳油打孔注药防治，对核桃根颈象可在 4~6 月用 5% 甲氨基阿维菌素水散粒剂 200 倍液、5 kg/株灌根以毒杀幼虫和蛹。③成虫上树危害和幼虫下树期可用 80% 敌敌畏 5 倍液或废机油等在树干上涂 20 cm 宽毒环，或用 2.5% 溴氰菊酯乳油 3 000 倍液做成毒绳围于树干上以杀死成虫和幼虫，或地面喷洒有效成分为 210 g/hm² 的 25% 噻虫嗪水分散粒剂。

五、蛾类

蛀干蛾类害虫包括透翅蛾、木蠹蛾、拟木蠹蛾等，我国南方地区以木蠹蛾、拟木蠹蛾发生和危害较重，北方则以透翅蛾类危害较严重。

（一）透翅蛾类

全世界已知 100 种以上，我国已记载 50 余种。苗木受害后主干形成虫瘿，易遭风折形成多头树或枝梢光秃；枝干受害后树皮干枯开裂影响水分供应，导致树木死亡。除下述种类外，重要的还有分布于福建、广西、海南危害龙眼和荔枝的荔枝泥蜂透翅蛾 *Sphecosesia litchivora* Yang et Wang。

白杨透翅蛾 *Paranthrene tabaniformis*（Rottenberg）

白杨透翅蛾

分布于除华南、青藏高原和云贵高原以外的 22 个省（自治区、直辖市）；国外分布于北纬 30° 至北极圈线附近的大部分地区。危害杨、柳科树木，以新疆杨、健杨、毛白杨、银白杨、加拿大杨、中东杨、河北杨受害最重。幼虫蛀食 1~2 年生幼树主干、大树枝梢，被害后形成虫瘿、易风折，成残次苗或使枝梢枯萎下垂、秃梢。该虫是苗圃地的主要蛀干害虫。

形态特征（图 12-23）

成虫　体长 11~20 mm，翅展 22~38 mm，青黑色，雌蛾腹部 5 条、雄蛾 3 条黄色横带。头顶 1 束黄毛簇，下唇须基部黑色、具黄色绒毛；雌蛾触角端部光秃，雄蛾触角具青黑色栉齿 2 列。橙黄色鳞片围绕于头与胸之间，中、后胸肩板各具 2 毛簇。前翅褐黑色、窄长、中室与后缘略透明，后翅透明。雌蛾腹末黄褐色鳞毛束两侧各 1 簇橙黄色鳞毛，雄蛾腹末鳞毛束略成扇状。

卵　椭圆形，0.62~0.95 mm×0.53~0.63 mm，黑色，卵面具灰白色多角形刻纹，精孔深黑色。

成虫

危害状

茧

幼虫

蛹

图 12-23　白杨透翅蛾

幼虫 体长 30~33 mm，初龄淡粉色、头部黄褐色，老熟黄白色。趾钩单序二横带，臀节背面具深褐色刺钩 2 个。

蛹 体长 12~23 mm，纺锤形，褐色。第 2~7 腹节背面各横列 2 排刺，第 9、10 腹节各具刺 4 排。腹末臀刺 14 根、大小不等。

生物学特性

陕西、北京、河南 1 年 1 代，山东沂水少数 1 年 2 代，以幼虫在枝干虫道内越冬。在陕西越冬幼虫翌年 3 月下旬恢复取食，4 月底 5 月初将木屑连缀做成较光滑的圆筒形羽化道、并以丝封闭羽化孔，在其后端堵塞木屑成蛹室化蛹，蛹期约 20 d。5 月中旬至 7 月下旬成虫羽化，6 月底 7 月初为盛期，不久即产卵，卵期约 10 d。幼虫孵化后由皮层蛀入木质部取食危害，9 月下旬幼虫于蛀道末端吐丝结薄茧，于 10 月越冬。

成虫多在 8:00~11:00 羽化，出孔时 2/3 蛹壳遗于孔外，经久不掉，而后沿树干上爬约 0.5 h 后即可飞行；性比 1:1，白天多在林缘或苗木稀疏处迅速飞行，夜晚则静止于枝叶上，交尾前雌虫腹末露出白色腺体，释放性外激素，吸引雄虫交尾 1 次、约 20 min，交尾当天即可产卵。卵多单产于 1~2 年生幼树叶柄基部、叶痕、叶腋、枝条的棱角、有绒毛的枝干上、旧的虫孔内、受机械损伤的伤疤处及树干缝隙内；每处产卵 1 粒，一树苗可产 3~5 粒，单雌产卵量 300~400 粒。雌虫寿命 2~6 d，雄虫 1~5 d，卵期 7~15 d。幼虫孵化后多在嫩枝的叶腋、皮层及枝干伤口处或旧的虫孔内蛀入，再钻入木质部和韧皮部之间，围绕枝干钻蛀虫道，使被害处形成椭圆形瘤状虫瘿；钻入木质部后沿髓部向上蛀食，形成 2~10 cm 长的"L"形蛀道，虫粪和碎屑被推出孔外后常吐丝缀封排粪孔。幼虫蛀入树干后一般不转移，只有当被害处枯萎、折断时才另择部位入侵。

在苗圃当有虫株率约 8.52% 时属随机分布、10% 以上时属聚集分布，虫瘿多分布于苗干 2 m 以下，苗田边缘受害率高于田内、平茬苗重于扦插苗、1 年生苗重于 2 年生以上苗；在林地枝干粗糙、绒毛较多的树种落卵量较多、受害严重，白杨派树种抗性>黑杨、青杨派>杂交杨，幼虫随苗木调运是其扩大危害范围的主要原因。天敌有白杨透翅蛾绒茧蜂 *Apanteles aeigatus* Rtzeburg、透翅蛾宽口姬小蜂 *Hyssopus grossoris* LaSalle et Huang、啄木鸟、大山雀、灰喜鹊、斑鸫以及白僵菌和苏云金杆菌。

杨干透翅蛾 *Sphecia siningensis* (Hsu)

又名杨大透翅蛾。国内分布于西北、华北、华中，内蒙古、辽宁、云南；国外分布于俄罗斯等国。以幼虫蛀食 5 年生以上杨、柳树干基部及主枝分叉处，可反复蛀食已有虫道和伤口的衰弱木，造成风折或枯死。

杨干透翅蛾

形态特征（图 12-24）

成虫 形似胡蜂。前翅狭长，后翅扇形，均透明，缘毛深褐色。腹部具 5 条黄褐相间的环带。雌蛾体长 25~30 mm，翅展 45~55 mm；触角棍棒状，端部尖而稍弯向后方；腹部肥大，末端尖而向下弯曲，产卵器淡黄、稍伸出。雄蛾体长 20~25 mm，翅展 40~45 mm；触角栉齿状，腹部瘦小，末端 1 束褐色毛丛。

卵 长圆形，褐色，1.2~1.4 mm×0.6~0.8 mm。

幼虫 初孵头黑、体灰白色。老熟头深紫、体黄白色，长 40~45 mm，被稀疏黄褐色细

卵　　成虫　　蛹

幼虫

图 12-24　杨干透翅蛾

毛;前胸背板两侧各 1 褐色浅斜沟,前缘近背中线处 2 褐斑。趾钩单序二横带式,臀足式趾钩单序横带,臀板 1 深褐色钩刺。

蛹　褐色,纺锤形,长 25~35 mm,颅顶具齿突,各节后缘细刺 2 排,臀刺 10 根。

生物学特性

云南 1 年 1 代,以幼虫在枝干树皮下越冬,8 月上旬开始化蛹,成虫 9 月上旬至 10 月下旬羽化。在中西部地区 2 年 1 代、跨 3 个年度;当年孵化的幼虫多潜伏在皮下或在木质部内越冬。翌春 4 月初活动,10 月上旬停止取食再次越冬,第 3 年 3 月下旬再危害,7 月下旬老熟幼虫化蛹,8 月中旬出现成虫,8 月底至 9 月初为羽化盛期(在青海 5 月中、下旬,8 月上旬至 10 月上旬为高峰);幼虫 8 月底孵化、9 月中旬为盛期,蛀入树干危害的 1~3 龄幼虫于 9 月下旬至 10 月上旬越冬。幼虫 8 龄,蛹期约 21 d。

成虫早晨 9:00~10:00 羽化量占全天的 46%,羽化时顶破羽化孔外的树皮爬出,蛹壳的 1/2 留在羽化孔中;成虫羽化后爬向树干阳面,飞行力强、活动于树冠,性信息素引诱力强,当天 18:30~19:30 交尾约 12 h。交尾翌日中午开始产卵,持续 2~3 d;卵单粒或成堆产于树基部或树干的树皮缝深处,每堆 3~7 粒,单雌产卵量 211~791 粒,雄虫寿命 2~4 d、雌虫 4~7 d。卵期 9~17 d,孵化率 84%。幼虫孵化后在卵壳附近爬行,选择适宜部位蛀入树皮、侵入率 22%,蛀入孔多位于树皮裂缝的幼嫩组织处。老熟幼虫化蛹前停食 3~4 d,于虫道顶端下方咬开羽化孔,吐丝黏结木屑做蛹室化蛹,虫道长 20~25 cm。该虫主要危害 3 m 以下的树干,林分茂盛、郁闭度大受害轻微,反之则重;波氏杨、河北杨、新疆杨、毛白杨、滇杨的抗性>北京杨、青杨、小叶杨、意大利杨,幼虫和蛹期天敌有白僵菌和蚂蚁。

(二)木蠹蛾类

木蠹蛾科世界已知近 1 000 种,我国 60 余种。幼虫蛀害树木主干,轻则影响其正常生长,重害则使其死亡。除下述种类外,常见的还有分布于陕西北部、甘肃、宁夏、新疆、青海危害踏郎、酸刺、毛乌柳、柠条、沙棘的沙柳木蠹蛾,分布于东北、华北、华东、华中、东南沿海及陕西、宁夏危害多中阔叶树的小木蠹蛾,分布于西南、东南沿海、华南及河南、湖南、四川危害水杉及多种阔叶树的咖啡豹蠹蛾,分布于四川、河南、河北、山东、陕西、江苏、浙江、江西、福建、广东等地危害枣、山茶、山杏、石榴、碧桃、玉兰、黄杨、香樟和二球悬铃木的六星黑点蠹蛾 *Zeuzera leuconotum* Butler 等。

东方木蠹蛾 *Cossus orientalis* Gaede

曾作为芳香木蠹蛾 *Cossus cossus* (L.) 的亚种。国内分布于西北、东北(除黑龙江)、华北;国外分布于东北亚。危害杨、柳、榆、丁香、桦木、白蜡树、槐树、刺槐和稠李、梨、桃等 20 余种林木。幼虫群居蛀入根、干、枝木质部,形成不规则的虫道,使树势衰

东方木蠹蛾

弱，枯梢风折，整株死亡。

形态特征(图12-25)

成虫　体粗壮、灰褐色。体长22.6~41.8 mm，翅展50.9~82.6 mm，雄体小，触角单栉齿状。头顶和领片鲜黄色，翅基片和胸背面土褐色，中胸前半部深褐，后半部白、黑、黄相间，后胸1黑横带。前翅前缘8条短黑纹，翅中区具短横线，臀角Cu_2脉末端1黑线直达翅前缘。后翅中室白色、其余暗褐色，端半部具波状横纹，反面1大暗斑。中足胫节1对端距、后足胫节2对，中距位于胫节近端部，基跗节膨大。

成虫

幼虫头部

图12-25　东方木蠹蛾

卵　近圆形，1.1~1.3 mm×0.7~0.8 mm。初白、后暗褐或灰褐色。卵壳具纵隆及横纹。

幼虫　体粗壮。老熟幼虫头黑色，头壳宽6.0~8.0 mm，体长58~90 mm。胴体背面紫红、腹面桃红色；前胸背板"凸"形黑色斑1白中纵纹，中、后胸背板依次具1深褐色方形斑、2圆斑。腹足趾钩三序环状，臀足为双序横带。

蛹　长26.0~45.5 mm，红棕或黑棕色。雌第2~6腹节、雄第2~7腹节背面2行刺列，其后各节仅有前刺列；前刺列下伸越过气门线，后刺列细小、不达气门；肛孔外围3对齿突。土茧肾形，32~58 mm×12~21 mm。

生物学特性

山西2年1代，跨3个年头，以老熟幼虫在蛀道内越冬。成虫4月下旬开始羽化，5月上、中旬为盛期，羽化多在白天，趋光性弱，性引诱力强，寿命2.0~13.5 d。成虫羽化后静伏于杂草、灌木、树干等处至19:00飞行、交配，卵单产或聚产于树干基部的树皮裂缝、伤口、枝杈或旧虫孔处，无被覆物，单雌产卵1~7堆、每堆几十粒至几百粒，单雌产卵量7~1 076粒。卵期13~21 d，初孵幼虫常几头至几十头群集危害树干及枝条的韧皮部及形成层，随后进入木质部，形成不规则的共同坑道。当年幼虫发育至8~10龄，在9月中、下旬即以虫粪和木屑在坑道内筑室越冬。第2年3月下旬开始活动，4月上旬至9月中、下旬数头幼虫聚集分别向木质部钻蛀，严重时蛀成纵横相连大坑道，并在边材处形成宽大的蛀槽，排出木屑和虫粪、溢出褐色树液，该阶段是其取食和危害的高峰期；9月下旬至10月上旬发育至15~18龄后，大部分老熟幼虫陆续由排粪孔爬出坠落地面，在向阳、松软、干燥处钻入土33~60 mm黏结土粒结薄茧越冬。第3年春离开旧茧，在2~27 mm土中重结新茧化蛹，蛹期27~33 d。但少部分老熟幼虫继续在虫道内越冬，第3年5月陆续由排粪孔爬出入地化蛹。树龄大、生长势弱的"四旁"林木及郁闭度小的林分受害重，小叶杨、箭杆杨、加杨、北京杨受害较重。

沙棘木蠹蛾 *Eogystia hippophaecolus*（Hua et al Chou）

沙棘木蠹蛾

分布于内蒙古、辽宁、山西、陕西、甘肃、宁夏、青海、河北等地。幼虫钻害沙棘、柳、榆树、山杏和沙枣等树干的韧皮部，造成树干表皮干枯开裂、枝条枯死；入冬前大部分转移至树干基部和根部危害，蛀空树根、导致整株枯死。

形态特征(图 12-26)

成虫　体长 21~36 mm、翅展 61~87 mm，雄体小、黑褐色。前足胫节内缘有 1 距，中足胫节末端 1 距，后足胫节中部 1 对中距、末端 1 对距。成虫前翅 R_2 和 R_3 脉间 1 横脉、形成 1 副室，前翅面具不规则短纹。

图 12-26　沙棘木蠹蛾

卵　椭圆形，1.35 mm×1.17 mm，卵面有纵横脊纹。卵白色，渐变暗褐色，未受精卵则渐干瘪变黑。

幼虫　初孵幼虫淡红色、渐红色。老熟幼虫体长约 69 mm，化蛹前黄白色，腹足趾钩为双序环式、臀足双序中带式。

蛹　深褐色，长约 38 mm。雌第 1~6 腹节、雄第 1~7 节各 2 行刺，前行粗大、后行细小，雌第 7 腹节 1 行刺。茧土褐色，长椭圆形，丝与土缀合而成，长 34.0~66.4 mm，体大时雌多、小时雄多。

生物学特性

该虫在辽宁 4 年 1 代，幼虫在树干和根部越冬 3 次。老熟幼虫于 5 月上、中旬离开根部在土中化蛹，蛹期 26~37 d，发育起点温度 12.055℃、有效积温 295.203 d·℃±4.094 d·℃。成虫始见于 5 月末、终见于 9 月初，6 月中旬和 7 月下旬为羽化高峰。5 月末始见卵，单雌产卵 1~5 处、每堆 7~216 粒，卵期 7~30 d、孵化率 90% 以上，6 月上旬始见初孵幼虫，10 月下旬陆续越冬。

卵多堆产于 1 m 以下的树干皮缝、伤口或枝条上，树干基部先落卵、上部后落卵。卵昼夜均可孵化、以下午多，初孵幼虫食卵壳后即蛀入韧皮部，常十几头至上百头聚集蛀害。入冬前多转移至树干基部 0~20 cm 深的根部皮下危害并群居越冬，少数小幼虫则在树干上大幼虫的蛀道或木质部及髓心单个越冬、死亡率约 10%，初龄幼虫多集居于韧皮部和木质部间越冬，死亡率 43.3%~80.5%。幼虫爬行和耐饥能力强、断食时可活 1 年，蛀道多独立、不规则，初孵幼虫蛀害时可见絮状虫粪悬挂于枝条，大幼虫蛀道充满木屑和虫粪、地面常见成堆虫粪。90% 老熟幼虫多在根基 1 m 范围、深 10 cm 的土壤中化蛹，个别距根基较远。羽化前蛹从土中蠕动而出、半露于地面，多在 16:00~19:00 羽化。性比 1∶1，初羽化成虫静伏不动，20:00 以后雄虫飞行，雌虫多沿树干上爬或上飞至树干及枝上，约 21:00 雌虫分泌激素引诱雄虫，其性诱力可持续 6 d；当日即可交配，雄可交尾 2 次，交配历时 15~40 min，高峰期约在 21∶30；雄虫趋光性强于雌虫。雌虫昼夜均可产卵，多在交配 2 d 后的 20:00~22:00，部分当晚即爬回树干基部产卵。雄虫寿命 2~8 d、雌虫 5~8 d。

5 年生以下幼林多不被害，8 年生以上被害达 90% 以上，林龄越大、长势越弱受害越重，平茬更新能有效降低虫口密度。卵期天敌有螳螂；幼虫期有 2 种寄生蝇；毛缺沟姬蜂寄生率 3%~11%；幼虫期、蛹期天敌有病原微生物 3 种，鸟类、沙蜥、獾、鼠类捕食幼虫。人工合成的性信息素持效期 26 d，有效诱捕距离 100~150 m，诱捕器悬挂高度 1 m。

木麻黄豹蠹蛾 *Zeuzera multistrigata* Moore

木麻黄豹蠹蛾

又名多纹豹蠹蛾、多斑豹蠹蛾。国内分布于华北、华中、华南、西南、辽宁、陕西；国外分布于印度、孟加拉国、缅甸。以幼虫钻食木麻黄、黑荆树、南岭黄檀、台湾相思、银桦、丝棉木、玉兰、龙眼、荔枝、柳杉、芭蕉、梨、檀香、杨、柳、栎等近 30 种林木的嫩梢、小枝、主干、主根。使被害木麻黄枝叶枯萎、树干畸形、风折或整株枯死。

形态特征（图 12-27）

成虫　雌体长 25~44 mm、翅展 40~70 mm，灰白色，斑、带蓝黑色。触角丝状，浅褐色。前翅前缘 10 个斑，中室内斑点稀疏、或成 1 大斑；后翅灰白色，斑点稀而色浅，翅僵 9 根。胸部背面 3 对椭圆形斑，第 1~7 腹节各 8 个斑、第 8 腹节 3 条纵带。雄蛾体长 16~30 mm，翅展 30~45 mm，触角基半部双栉齿状、端部丝状，翅缰 1 根。

卵　椭圆形，0.8 mm×0.6 mm，粉红或黄白色，近孵化时黑褐色。

幼虫　老熟幼虫体长 30~80 mm、头宽 4.5~7.0 mm，体浅黄或黄褐色。头部浅褐色，单眼区小斑褐色；前胸背板大，后缘 1 黑斑、4 列小刺和许多小颗粒。体节生黄褐色毛瘤、瘤上生灰白色刚毛。胸足黄褐色。腹足赤褐色，趾钩多环式。

蛹　雌体长 26~48 mm，雄 17~32 mm，长筒形，赤褐色。头顶 1 齿突，腹部各节 2 横行小刺，臀板色深、生许多粒状小刺。雄蛹触角基半部鼓起。

成虫　　　　蛹

幼虫

图 12-27　木麻黄豹蠹蛾

生物学特性

福建 1 年 1 代，以老熟幼虫于 12 月初在树干基部的蛀道内越冬。翌年 2 月下旬出蛰蛀食，5 月上旬至 8 月下旬化蛹，预蛹期 5 d、蛹期 20 d，6 月中、下旬为成虫羽化盛期；卵期 18 d，6 月上旬开始孵化，7 月上、中旬为盛期；幼虫 19 龄，历期 313~321 d。

初孵幼虫群集在白色丝网下取食卵壳，2d 后爬行、吐丝飘移分散，蛀入嫩梢、虫道长 8~20 mm、蛀口具白粉末状木屑和粪便；40 d 后以 4 龄幼虫转移至主干，多从节疤处蛀入，蛀孔 2~7 mm，10 龄前有多次转株转位习性，但每株幼树大多只 1 条幼虫；蛀孔即排粪孔，99.5%分布于树干 2 m 以下，虫道长 40~150 cm。夏季幼虫沿髓心向根部蛀食，可深入地下 10~20 cm 的主根中。中、老龄幼虫耐饥能力超过 40 d，在枯死的树干中时则提前化蛹。老熟幼虫在皮层上咬筑约 10 mm 的羽化孔、在其下方另咬 1 小通气孔，再用丝和木屑封隔虫道筑长 3.0~5.5 cm 的蛹室头部朝下化蛹。成虫多在 16：00~20：00 羽化，爬行数小时后即可飞行、交尾 1 次，30 min 后即可产卵，卵多产于树皮裂缝中；单雌产卵 3~5

次、历时 2~3 d，产 361~2 108 粒、平均 700 粒，遗腹 80~130 粒；白天静伏、傍晚活动、趋光性强，雌雄比 1.46∶1，寿命 4~6 d。当年羽化主高峰在 6 月中、下旬，次高峰在 5 月下旬，雌蛾约提早 3 d 羽化。

10 年生或郁闭度 0.7 或胸径 6 cm 以上的木麻黄林不受害，3~6 年生幼林、郁闭度小、胸径约 2 cm 的林分受害重。被害株 2 年内高生长减少 64.7%，冠幅减少 30.7%，地径减少 56.1%。该幼虫在林间为随机分布，防治后则呈聚集分布。天敌有黑蚂蚁、棕色小蚂蚁、广腹螳螂、蜘蛛、寄生蝇、白僵菌、细菌、喜鹊。

(三) 其他蛾类

钻蛀林木树干的鳞翅目害虫还包括拟木蠹蛾类、部分蝙蝠蛾及螟蛾种类等。除下述种类外，常见的还有分布于河北、陕西、华北、华中、华南、云南、西藏危害木麻黄、相思树、母生、杉木、柑橘、梨、枣等的皮暗斑螟 *Euzophera batangensis* Caradja，分布于新疆危害沙枣的沙枣暗斑螟 *Euzophera alpherakyella* Ragonot 等。

柳蝙蝠蛾 *Phassus excrescens* Butler

国内分布于东北，河南、山东等地；国外分布于俄罗斯、日本等。能危害除针叶树外的几乎所有乔灌木、藤本植物及部分草本植物。幼虫蛀食树木枝、干髓部，致使树势衰弱，蛀孔难以愈合，易风折。

形态特征(图 12-28)

成虫　体长 30~44 mm，翅展 66~70 mm，体翅均茶褐色。触角丝状，不超过前胸后缘。前翅狭长，前缘 7~8 枚近环形斑，中央 1 色深而带绿色的三角形斑，其外侧 3 条褐色宽斜带。后翅狭小。前、中足各节扁而宽，并具爪；后足退化，细而短。雄蛾后足腿节外缘密生橙色刷状毛，雌蛾缺。

卵　椭圆形，长 0.8 mm。初乳白、后黑色。

幼虫　老熟幼虫体长 44~57 mm，圆筒形。头及前胸背板为褐色，胴部污白或黄白色，具黄褐色大小不一的斑瘤 13~14 个。

蛹　圆筒形，长 30~60 mm，黄褐色。头部中央 1 纵脊，触角上方有突起 4 个。第 3~7 腹节背面有向后伸的倒刺 2 列，第 4~6 腹节腹面具波状向后伸的倒刺 1 列，第 7 腹节 2 列，第 8 腹

蛹　成虫　危害状

幼虫

图 12-28　柳蝙蝠蛾

节 1 列、但中央间断。

生物学特性

辽宁大多 1 年 1 代，少数 2 年 1 代，以卵在地面越冬、幼虫在树干髓部越冬。以卵越冬的 1 年 1 代，翌年 5 月中旬卵开始孵化，初龄幼虫以腐殖质为食；6 月上旬 2、3 龄后转移到木本植物及杂草的干、茎中食害，8 月上旬开始化蛹，8 月下旬至 10 月中旬羽化，成虫白天多悬挂于树干、下木或杂草上不动，日落后开始飞行、交尾和产卵，无趋光性。交尾后随即产卵，产卵无一定场所，多数不交尾就产卵，部分边交尾边产卵，雌虫产卵量几

百粒到数千粒不等。翌年部分卵孵化较晚或幼虫发育迟缓者，在越冬后第 2 年 7 月上旬化蛹，8 月中旬开始羽化、交尾、产卵，卵孵化后以幼虫越冬，第 3 年羽化，为 2 年 1 代。

幼虫吐丝粘缀木屑成木屑包、包被于蛀口蛀食，咬食边材时使蛀口形成穴状或环行凹坑，常引起风折。老熟幼虫化蛹前在近坑口处吐丝结薄网封闭坑口，预蛹期 2~3 d；1 年 1 代者蛹期约 29 d，2 年 1 代者 26 d，成虫羽化后蛹壳前半部露出坑外。

蛀干蛾类的防治

蛀干蛾类的防治应以监测、预报为基础，准确掌握林分中的虫口数量及动态，各虫态的出现时间。对受害严重的林分，以营林措施为主、进行林分的更新改造；对虫口密度较大的林带以化学防治为主、辅之以诱集等；对虫口密度低的林分以灯诱、信息素诱集、释放赤眼蜂、喷洒白僵菌液，辅以人工捕捉成虫等措施控制虫口密度。同时，应严格检疫防止有虫苗木外运，对携虫苗木可用药剂喷杀。

检疫和虫情测报 蛀干蛾类危害范围的扩大与苗木调运有很大的关系，应严禁有虫苗木、枝条和木材等调运、防止传播。携虫原木或苗木在夏季可用 50% 磷化钙片剂 7~10 g/m³ 熏蒸 120~192 h，秋季用硫酰氟 50~80 g/m³ 熏蒸 24~48 h。此外，性信息素是多种透翅蛾虫情测报的手段，利用白杨透翅蛾、杨干透翅蛾等性信息素可准确测定成虫出现的始见、始盛、高峰和盛末期。

林业技术措施防治 ①选用良种、壮苗、抗性强的品种以带状或块状混交营造多树种的混交林，逐渐淘汰林分内受害最重的树种，隔离和抑制其繁殖和蔓延；当虫口密度过大时，及时对林分进行改造，如对沙棘木蠹蛾等可实行刨根平茬更新，清除伐根和无保留价值的立木以减少虫源。②尽量避免在透翅蛾、木蠹蛾等产卵期修枝以防止机械损伤，其他时间修枝时剪口应平滑、不留桩茬，或在伤口处涂防腐杀虫剂。③间伐被害严重的林木，冬春两季检查 2~3 次，及时剪除虫瘿；维持适当的郁闭度，郁闭度 0.7 以上的林分受害明显小于郁闭度小的林分。④在苗圃周边可栽植表皮粗糙的杨树，引诱成虫产卵、集中消灭；或树干涂白，如在东方木蠹蛾和榆木蠹蛾成虫期可用石灰浆涂白树干防止成虫产卵。

人工防治 ①冬季剪掉虫枝、伐除严重受害株以消灭越冬幼虫，如在茶藨兴透翅蛾产卵和幼虫孵化期，可结合修剪铲除 1 m 以下虫疤、翘皮、老皮加以烧毁。②在幼虫蛀害期及时剪除有蛀屑、瘿瘤的枝条，或用细铁丝钩杀坑道中的幼虫；对羽化期集中（如杨干透翅蛾）、成虫在树干上静止或爬行者可人工捕杀，幼虫于土内化蛹期可翻土捕杀之，幼虫危害期可用刀挖坑道和隧道、刺杀幼虫，卵期可人工砸卵等。③对有趋光性的种类可灯诱，如榆木蠹蛾 23:00~1:00 为诱虫高峰，东方木蠹蛾为 21:00~1:30，沙棘木蠹蛾为 21:00~22:00；灯诱对各种木蠹蛾虽均有效，但必须连年进行，方能对虫口的减少起明显作用。④对杨干透翅蛾等可用生石灰∶硫黄∶水 = 10∶1∶40 的涂白剂，在成虫产卵前涂刷 1 m 以下树干，阻止成虫产卵。

生物防治 ①应用性信息素诱杀成虫最为有效，如白杨透翅蛾、杨干透翅蛾、东方木蠹蛾、沙棘木蠹蛾等性信息素已人工合成；人工性信息素的施放可降低雌虫的定向能力、造成迷向，影响其正常繁殖活动；性信息素诱捕器的使用又会诱杀大部分雄虫，致使交配概率下降或交配推迟，减少下代的种群数量，降低寄主的被害株率或虫口密度。如白杨透翅蛾性诱芯（E,Z-ODDOH）剂量为 400～500 μg，使用时诱捕器间距 50～80 m、悬挂高度 1.3～1.5 m；迷向法防治时，按 1 500 μg/hm² 剂量，在树干高 1.3～1.5 m 处的阳面涂抹面积为 150 cm²（10 cm×15 cm）的黏虫胶，将诱芯钉于胶面中部；勤换诱芯。②寄生性线虫对蛀干蛾类幼虫的致死率很高，可用海绵吸附法或注射法，将 1 000 头/mL 的线虫制剂注入侵入孔；也可将孢子含量为 5.0×10⁸ 个孢子/mL 的白僵菌、绿僵菌液注入侵入孔，或用棉球蘸菌液堵塞于虫孔，或在幼虫浸蛀期用白僵菌液喷树干。③保护和利用寄生蜂及鸟类，在天敌发生高峰期注意使用选择性农药，人工繁殖释放寄生蜂，设置鸟巢招引啄木鸟。

　　化学防治　①树干喷雾，幼虫初孵或尚未蛀入枝干木质部之前，可用 Bt 乳剂+氯氰菊酯乳油、'功夫'、40%速扑杀乳油或用 2.5%高效氯氟氰菊酯乳油 1 000～2 000 倍液、20%杀灭菊酯乳油 3 000～5 000 倍液、8%氯氰菊酯微胶囊剂 2 000 倍液等每间隔 7～12 d 对树干喷雾 2～3 次。在成虫羽化盛期喷洒 1.8%阿维菌素乳油 2 000 倍液或 2.5%溴氰菊酯乳油 2 500 倍液。②树干注药。在幼虫出蛰及危害期可用 20%杀灭菊酯乳油 100～300 倍液、1.8%阿维菌素乳油 5 倍液注入或将蘸药棉球塞入虫孔，2 mL/孔，用泥土封口；开春树液流动时在树干基部距地面约 30 cm 处交错钻直径 10～16 mm 的斜孔 1～3 个，将 10%吡虫啉乳油与柴油的 1：6 倍液，按每 1 cm 胸径用药 1 mL、每孔注药 5 mL。③涂毒环。将 20%杀灭菊酯乳油与农药缓释剂按 1：9 混合，在树干涂沫 5～10 cm 宽的毒环，可毒杀下树的幼虫；或用 80%敌敌畏乳油：10%吡虫啉乳油：水或柴油=2：6：10 倍液，在幼虫侵入处、虫瘿处、苗木茎干、树干的活树皮处涂刷 8～10 cm 环带毒杀幼虫。

六、树蜂类

　　树蜂类均蛀害林木树干或枝条，但多数只危害衰弱木、枯死木。除下面的烟角树蜂外，还有分布于黑龙江、河北、山东、山西、甘肃、青海、新疆的泰加大树蜂，以及外来入侵东北三省和内蒙古的松树蜂。

烟角树蜂 *Tremex fuscicornis*（Fabricius）

　　国内分布于东北、华北、华东、华中、西北、华南部分地区，西藏；国外分布于北美、北欧、西欧和东南亚各地。危害杨、柳等 80 多种树木，以幼虫钻蛀树干，形成不规则的纵横坑道，造成树干中空，树势逐年衰弱，枝梢枯死，以至整株死亡。

烟角树蜂

图 12-29　烟角树蜂

形态特征（图 12-29）

　　成虫　雌体长 16～43 mm，翅展 18～46 mm，黑褐色。触角中部数节尤其是腹面暗色至黑色，前足胫节基部黄褐色；中、后足胫节基半部及后足跗节基半部，第 2、3、8 腹节及第 4～6 腹节前缘黄色；唇基、额至头顶中沟两侧前部，足基节、转节和中、后足腿节，腹部除黄色部分外黑色；前胸背板、中胸背板、产卵管鞘红褐色。雄体长 11～17 mm，具金属光泽；部分个体触角基部 3 节，前、中足胫节和跗节及后足第 5 跗节为红褐色；胸、腹部黑色，翅淡黄褐色，透明。

卵　长 1.0~1.5 mm，椭圆、稍弯、前端细，乳白色。

幼虫　体长 12~46 mm，筒形，乳白色。头黄褐色，胸足短小不分节，腹部末端褐色。

蛹　雌体长 16~42 mm、雄 11~17 mm，乳白色。头部淡黄色；复眼、口器褐色；翅盖于后足腿节上方，雌产卵器伸出于腹部末端。

生物学特性

陕西 1 年 1 代，以各龄幼虫在虫道内越冬。翌年 3 月中、下旬幼虫始活动取食，4 月中旬始化蛹、7 月至 9 月初为盛期，蛹期 25~35 d。成虫于 5 月下旬开始羽化出孔，8 月下旬至 10 月中、下旬为产卵盛期；雌成虫寿命 8 d、雄 7 d，单雌产卵量 13~28 粒，卵期 28~36 d，幼虫 6 月中旬开始孵化，12 月越冬；幼虫 4~6 龄，幼虫期 9~10 个月。

成虫白天活动，无趋光性，飞行高度可达 15 m；羽化出孔 1 d 后开始交尾，雄虫多交尾 1 次；交尾后 1~3 d 开始产卵，卵多产在树皮光滑部位和皮孔处的韧皮部和木质部之间，产卵后仅留下约 0.2 mm 的小孔及 1~2 mm 圆形或梭形乳白色而边缘略呈褐色的小斑；每卵槽平均孵出 9 条幼虫，形成多条虫道，一年均可见到不同龄级的幼虫，老熟幼虫多在边材 10~20 mm 处的蛹室化蛹。该虫主要危害衰弱木，大发生时也危害健康木，尤以杨树和柳树受害严重，毛白杨、泡桐、苦楝、槐、臭椿受害轻，花椒对其有驱避性。成虫天敌有灰喜鹊、伯劳、螳螂和蜘蛛等，幼虫天敌有褐斑马尾姬蜂。

树蜂的防治

林业技术措施　坚持适地适树，选育抗虫树种，营造混交林，加强林木抚育和管理。清除林内被害木和一切衰弱木，对被害木和衰弱木应及时加工或浸泡于水中，以杀死木材内幼虫。对于新采伐木材应及时剥皮或运出林外。

饵木诱杀　设置饵木诱集成虫产卵，待幼虫孵化盛期及时剥皮处理。

生物防治　保护利用褐斑马尾姬蜂、螳螂、蜘蛛、伯劳、灰喜鹊等天敌。

化学防治　在成虫羽化盛期用 2.5%溴氰菊酯乳油 3 000 倍液或 1.8%阿维菌素乳油 2 000 倍液喷洒树干，防治产卵的成虫。

第四节　林木蛀干害虫的调查与研究

林木蛀干害虫的基本调查与研究涉及种类与分布，目标害虫的危害习性，在立木上的垂直分布，林间的空间分布，生物学行为，立地环境与被害情况的关系，林分结构与抗性等。

一、调查目的和原理

林木蛀干害虫的栖息环境较隐蔽，进行调查研究时应根据其所选择健康木或衰弱木，及蛀害部位、危害状、分布与习性等，按照林地类型、林龄等设置调查样地，设计合理的调查取样方法。对目标害虫，主要应观察和调查幼虫蛀食习性与症状、坑道特征、排泄物特征、化蛹习性、飞行与扩散行为、性比、补充营养习性、产卵行为、越冬习性与虫态、卵和幼虫及蛹自然死亡率、自然状态下各虫态的发生期、天敌及其控制作用等。在生态学

拓展阅读

方面，应进行各虫态发育与气候和物候的关系、趋光趋化习性、性信息素分泌与引诱行为、嗜好树种与树种抗性、在林地的分布与林分结构等调查。在防治措施方面，应进行营林措施、人工防治方法、生物防治技术、高效精确化学防治方法的效果调查和分析。

二、调查方法

(一)天牛类

天牛类蛀干害虫危害林木的树干和主枝，一般在幼虫危害期均自蛀孔或气孔向外排出木屑和虫粪、被害处具有羽化孔、且1孔1虫。由于其危害状明显，蛀害的林木多数为健康木，1个新鲜的排粪孔即可代表1虫，因而可按照林分的类型、调查内容与要求，分别设置调查样地。

对于片林，在每一类型的林分中样地数应不少于5个，若立地类型不同、每一立地类型应设置3个以上的样地；样地的大小应根据树龄、密度选用30~60 m×30~60 m，但每样地的立木数应不少于100株；在样地内可采用双对角线抽样法或随机法抽取25株以上的样树进行调查。对于行道及四旁树木，每一环境类型的林分所设置的样本数至少5个，每间隔50株抽取25株以上的样木即为一个样本。

由于蛀干害虫的生活周期相对较长，调查时间的选择应按照具体的调查和研究内容确定。如进行危害程度调查时，可分别在冬前9~10月、冬后4~5月调查2次；进行与生物学相关的研究性调查时，则要依据目标害虫的生活史和习性确定调查时间。

(二)小蠹虫、吉丁虫类

小蠹虫与吉丁虫类蛀害的均是林木的韧皮部与边材。小蠹虫类蛀干害虫除少数种类外，多数1虫道内有多头幼虫或成虫，只有部分小蠹虫为危害健康木的先锋种类，大多数是危害衰弱木的次期性害虫，但其危害常造成林木枯梢、枯枝、树干有树脂块或树皮死亡。而吉丁虫类蛀干害虫危害的多是健康木的树干或枝条，除少数种类外多数在蛀害部位的症状不醒目，但1虫道内多只有1头，其危害常造成林木枯梢或枯枝、被害树皮常出现翘裂等。因此，在调查这两类害虫时，首先应明确其危害的林木类型(即健康、衰弱)、危害部位、危害后的细微危害状，再按照林分的类型和分布，依据其生活史、习性等确定样地设置方式、取样技术。

小蠹虫与吉丁虫类的样地设置方式、立木取样数与天牛类基本相同。但对于在树干部位危害的种类，由于不同种类的危害高度有所差别，调查时应将树干划分为不同的高度区，在每一高度区剥取3块20 cm×20 cm的树皮样，观察和记载种类、虫态与数量。对于在枝条上危害的种类，可将树冠区分为不同的层次和方位，在每一层次和方位处各取1~2个样枝进行调查，样枝的长度和直径应视其危害部位而确定。对于危害后造成明显危害状的种类，可在获得如枯梢、枯枝、树干皮层翘裂数量或面积等与种群数量相关信息的基础上，采用危害等级或虫害指数等方法进行危害程度的估测和调查。

(三)蛀干蛾类

蛀干蛾类包括透翅蛾、木蠹蛾、拟木蠹蛾等，该类蛀干害虫调查样地设置方式、立木取样数与天牛类基本相同，但因其多数危害林木树干的中下部、枝干分杈处，幼虫蛀害时常排出木屑与虫粪，由于蛀道内的虫口数量可能较多，1 个蛀孔或排粪孔不能代表其中只有 1 头幼虫或蛹，但该类害虫多数具有趋光、趋化或性引诱特性。因此，调查时除设置样地进行取样调查外，还可采用灯诱、性信息素诱集法进行调查。调查方法参见天牛类、食叶害虫的调查。

三、数据分析

林木蛀干害虫的调查数据分析与其他害虫相同，应在对原始调查数据标准化处理的基础上，按照调查内容、目的和需要进行相关的统计分析与检验。数据的标准化除使用有虫株率，以及与有虫株率相类似的主干被害率、侧枝被害率等之外，虫口密度的表示应体现蛀干害虫的危害部位。例如，对于蛀害根颈的蛀干害虫，平均每根颈虫口密度＝调查总虫数/调查总根颈数；对于在树干高度 0~1.5 m 处蛀害的害虫，平均株虫口密度＝0~1.5 m 处总虫数/调查总样株数。其余数据处理方法，可借鉴食叶、枝梢、种实害虫的数据处理。

复习思考题

1. 简述重要的林木蛀干害虫天牛类、小蠹虫类的分布与控制方法。
2. 试述天牛类、小蠹虫类、吉丁甲类、象甲类、蛾类蛀干害虫的危害部位及危害状。
3. 蛀干害虫的生物防治方法有哪些？
4. 如何进行蛀干害虫的预测预报？
5. 阐述林木蛀干害虫的调查方法。

第十三章

木材害虫及其防治

【**本章提要**】该类害虫主要包括白蚁类、蠹虫类、天牛类。本章主要介绍我国木材害虫的地理区划，常见木材害虫的形态特征、生物学习性，以及各类木材害虫的防治方法。

木材害虫是指危害原木、干燥木材、竹材、藤材及其制品的一类害虫。堆放期过长或长期放置于较潮湿环境的木材易受其危害。木材害虫包括天牛科、窃蠹科、粉蠹科、长蠹科、木蜂科及白蚁类的部分种类。

第一节　我国木材害虫的地理区划

我国木材害虫约有 20 种，主要为天牛类、蠹虫类和白蚁类，其中白蚁类分布于南方，蠹虫类主要分布于华中以南。按照我国的地理与气候环境、木材害虫的分布，可将其划分为 3 个地理类型，即云南—四川北部至秦岭长江以北的天牛类分布区，秦岭长江以南至浙江—江西—湖南—贵州—四川南部以北的天牛与蠹虫混合分布区，浙江—江西—湖南—贵州—四川南部以南的白蚁、蠹虫分布区。

一、云南—四川北部至秦岭长江以北分布区

该区种类甚少，常见种类有分布较广泛的家茸天牛，分布于黄河以北燕山、太行山以南的长角凿点天牛 *Stromatium longicorne*（Newman），分布于辽宁以西至青海的梳角窃蠹 *Ptilinus fuscus* Geoffroy 及抱扁粉蠹 *Lyctus linearis* Goeze。

二、秦岭长江以南至浙江—江西—湖南—贵州—四川南部以北分布区

该区是天牛与蠹虫类混合发生区，天牛类有家茸天牛、竹红天牛、长角凿点天牛；蠹虫类有日本竹长蠹、竹长蠹、抱扁粉蠹、褐粉蠹 *Lyctus brunneus*（Stephens）、鳞毛粉蠹 *Minthea rugicollis*（Walker）；白蚁类为黑胸散白蚁。

三、浙江—江西—湖南—贵州—四川南部以南分布区

该区以白蚁类、蠹虫类为主，天牛类有竹红天牛、长角凿点天牛、家茸天牛；白蚁类

主要有家白蚁、截头堆砂白蚁 Cryptotermes domesticus（Haviland）、铲头堆砂白蚁、山林原白蚁、黑胸散白蚁；蠹虫类有日本竹长蠹、竹长蠹、档案窃蠹、褐粉蠹、鳞毛粉蠹、双钩异翅长蠹、双棘长蠹。

第二节　重要的木材害虫及其防治

木材害虫部分直接取食竹、木、藤材，部分在木材中营巢作为栖生地。该类害虫肠道内含有许多促进其消化纤维素的肠道微生物，因而有很强的消化木材纤维素的功能。木材害虫生境特殊，生活隐蔽，防治难度较大。

一、白蚁类

危害木材的白蚁主要分布在北纬40°以南各地，蛀食木材，毁坏房屋、家具、布匹、纸张、枕木等，还可蛀蚀橡胶塑料、电信器材，也能对农作物和林木造成严重的危害。白蚁是多形态昆虫，一个家族自成一体，从1对亲蚁（称蚁后和蚁王）开始不断地产卵繁殖，孵化的幼蚁分化为生殖型和非生殖型两大类型。生殖型体型较大，具翅或无翅，性器官发达、专司繁殖。非生殖型体较小而无翅，生殖器官不发达，又分为工蚁和兵蚁，工蚁护卵、照顾幼蚁、喂食蚁王和蚁后及兵蚁，兵蚁专司护巢，工蚁和兵蚁寿命较短，蚁王、蚁后寿命较长。

一个群体中白蚁数量因种类而异，群体的发育和衰亡过程受到季节、营养及生活条件变化制约；环境条件适宜时原群体内的有翅成虫即"群飞"或"分群"，飞出数千米至数十千米后即降落地面，追逐交尾，4翅脱落，成对寻觅隐身场所成为原始型蚁王、蚁后或繁殖蚁。原始蚁后产卵力很强，一天可产卵2 949~36 000粒；新群体中的后代工蚁多而兵蚁少，当群体达到一定的年龄和规模时，产生第2代有翅成虫、再次分群。白蚁营群集巢穴生活，蚁巢地点和结构因虫种而异，可分为木栖性、土栖性和土木两栖类3种类型；蚁巢由主巢、副巢、不同小室组成，主巢中有菌圃和贮存食物的场所，蚁后栖居在主巢中，兵蚁、工蚁均栖居于小室内，幼蚁也有特定的活动场所。

白蚁趋向于阴暗和温暖潮湿的环境，庞大群体内的活动及配合是信息物质作用的结果，如示踪信息素和报警信息素。其营养物质主要来源于植物及其加工品，蛋白质和维生素来源于菌圃中的菌类，水分得之于水源及周围环境。重要种除下述外，还有分布台湾、广东、海南、广西、云南等地的截头堆砂白蚁，该白蚁幼虫在木材内串蛀、成网状隧道，而使木材失去经济价值。

铲头堆砂白蚁 Cryptotermes declivis Tsai et Chen

分布于广东、广西、福建、海南。除危害木材外还危害荔枝、椰子、黄槿、无患子、枫杨等活立木。

形态特征（图13-1）

兵蚁　上颚及头前部黑色，头后部暗赤色。触角、触须、胸、腹皆浅黄色。头形短而厚，背观近方形，顶中部1大浅坑，触角下及内上方各1突起；触角11~15节，上颚具两

触角　工蚁

兵蚁

前翅

后翅

图 13-1　铲头堆砂白蚁

矮齿。前胸背板前端中央大缺口楔形，缺口两侧的三角或半圆形前突略翘起、覆盖头的后端；后缘中央略前凹。腹部长，足极短。

有翅成虫　头赤褐色，触角、下颚须、上唇褐黄色；胸、腹及腿节黑褐色，胫节、跗节淡黄色，翅黄褐色。头两侧平行、后缘弧形，复眼小、圆三角形，单眼长圆形；后唇基短横条状、与额界限不明、前缘直，前唇基梯形；触角 14~16 节，第 2~4 或第 2、3 节长度相等。前胸背板与头等宽，整个前缘凹入，后缘中部略前凹；前、后翅鳞大小不等、前翅鳞覆盖后翅鳞，翅面布满刻点。

生物学特性

为纯粹木栖型白蚁，从分群后的一对脱翅成虫钻入木质部创建群体开始，其取食、活动基本与土壤无联系，不筑外露蚁路，营隐蔽蛀蚀生活。除蛀蚀室内木构件外，也常蛀食林木和果树。蚁巢无固定形式，隧道不规则，蛀食处就是居所。群体由数十只至数百只所组成，无工蚁，由若蚁代替工蚁的职能；砂粒状粪便从被蛀物表面的小孔推出后下落成沙堆状，这是堆砂白蚁得名的由来，也是其危害的标志。

若蚁与群体隔离后约 7 d 便可形成补充繁殖蚁，初期可能有很多补充繁殖蚁，但最终因互相残杀只剩 1 对被保留；具有原始繁殖蚁的群体不产生补充繁殖蚁。有翅成虫在一年的各月均可出现，但分群以 4~6 月居多；环境条件不利或群体衰老时，有产生较多有翅成虫的趋向。

白蚁的防治

白蚁类具有土栖型、木栖型和土木两栖型 3 类，其防治方法略有不同。对木栖型白蚁的防治，在严格进行植物检疫的基础上，可参考下述方法。

土木两栖型白蚁的防治

预防　应以预防为主，重视检查，严格检疫。建筑设计和选材时要透光、通风和防潮等，基建前应清除建筑物场地一切含纤维质的废物，尽量避免建筑木材和地面接触。对房屋建筑基础的周围土壤、室外散水、室内地坪、墙体、门窗洞、管线孔口等部位及其他需要保护的对象，如木构件、树木等进行化学药物处理。使被保护的对象本身或周围形成一道含化学药物的屏障，以阻止白蚁危害。预防的化学屏障药物有毒死蜱、氰戊菊酯、联苯菊酯、氯菊酯、吡虫啉、氟虫腈等。

药液喷洒防治　在发现白蚁的地方或白蚁危害部位时利用联苯菊酯、氰戊菊酯、氯菊酯等驱避性药剂或毒死蜱、吡虫啉、氟虫腈、溴虫腈、噻虫嗪、氯虫酰胺等毒杀性药剂进行全面喷洒药水，使白蚁活动环境（木材、土壤等）都含有毒杀白蚁的药物，当白蚁继续活动和危害时，因接触或取食含药物的土壤或木材造成死亡。

饵剂诱杀　使用氟虫胺、氟铃脲、吡虫啉等慢性药剂混入白蚁喜食的食物中制成饵剂，然后将饵剂施放在白蚁活动处，让工蚁自由取食并将有饵剂带回巢内，经交哺行为将药剂传播给同巢个体，最终导致整个巢群死亡。

二、蠹虫类

危害木材的蠹虫类包括窃蠹、长蠹、粉蠹等，除下述种类外，重要的种类还有竹长蠹、梳角窃蠹等。

双钩异翅长蠹

双钩异翅长蠹 *Heterobostrychus aequalis*（Waterhouse）

国内分布于云南、广东、广西、海南、香港、台湾等地；国外分布于东南亚，日本、巴布亚新几内亚、美国、古巴、苏里南、马达加斯加。该虫钻蛀热带及亚热带地区的木材、竹材、藤料及其制品。

形态特征（图13-2）

成虫　体长6.0~9.2 mm，圆柱形，赤褐色。头部黑色，具粒状突；触角10节、鞭节6节，锤状部3节。前胸背板前缘弧状凹入、两侧各1齿突，两侧缘5~6齿，后缘角呈直角；前半部突起锯齿状，后半部突起颗粒状。小盾片四边形，光滑。鞘翅刻点沟之刻点近圆而深凹，

成虫　　　　　头部背面

图13-2　双钩异翅长蠹

沟间部光滑。鞘翅两侧缘平行，但至后端时急缩成斜面，雄虫在斜面两侧具上大下小2对钩状突，雌虫则仅具微隆。

幼虫　乳白色、肥胖、弯曲、具褶皱，体长8.5~10.0 mm，胸部粗大。头部缩入前胸，背中央1白色中线；前额密被黄褐色短绒毛，腹部侧下缘亦具短绒毛；气门椭圆形，黄褐色。

蛹　蛹长7~10 mm，乳白色。触角锤状部3节。前胸背板前缘凹入，两侧锯齿状突起乳白色，中胸背中央1瘤突。腹部各节近后缘中部1列毛，第6节毛列多呈倒"V"形排列。

生物学特性

1年2~3代，全年可见幼虫和成虫。以老熟幼虫或成虫在寄主内越冬，越冬幼虫于翌年3月中、下旬化蛹，蛹期9~12 d，3月下旬至4月下旬为羽化盛期，当年第1代成虫6月下旬至7月上旬羽化；第2代10月上、中旬羽化，但部分则以老熟幼虫越冬，翌年与第3代(越冬代)成虫羽化期重叠；第3代10月上旬以幼虫越冬，翌年3月中旬开始化蛹，3月下旬开始羽化。成虫期寿命约2个月、越冬代可达5个月。

成虫喜在傍晚至夜间活动，趋光性弱，群集危害，能蛀穿尼龙薄膜、窗架的玻璃胶而外逃；羽化2~3 d后在木材表面蛀食，形成浅窝或虫孔、排出粉状物。蛀孔见于树皮及边材，蛀道多沿木材纵向伸展，弯曲、交错，直径3~6 mm、长30 cm、深5~7 cm、横截面圆形，充满粉状排泄物，当危害伐倒木、新剥皮原木、木质制品或弃皮藤料时，粉状蛀屑常被排出蛀道。

日本竹长蠹 *Dinoderus japonicus* Lesne

日本竹长蠹

国内分布于长江以南地区；国外分布于日本、澳大利亚、印度等国。热带、亚热带和温带等产竹地区。成虫、幼虫均能蛀食竹材及竹器制品，但以刚竹材被害最为严重。竹材

图 13-3　日本竹长蠹

及竹制品被蛀 1 年时木质部均成粉末、易折断、难以使用。

形态特征(图 13-3)

成虫　体长雌 4.5~5.0 mm、雄 3.5~4.0 mm、黑褐色、密布小刻点及棕黄色刚毛、下颚须及下唇须黄色。头隐于前胸背板之下、复眼卵圆形；黄色触角 11 节、中间 6 节小、末端 3 节膨大、各节被稀疏黄毛、触角窝前方各 1 丛黄刚毛。前胸背板向前突出、近前缘处 1 排大钝齿、其后 3 排小齿。前、中、后足胫节外缘具刺 1 排；中、后足胫节 1 端距、小而弯、前足胫节 1 端距较大。跗 5 节、第 5 节最长、爪 1 对。腹板 5 节。

卵　棍棒形、7.8 mm×0.15 mm、顶端轴丝 1 根、初产时乳白色。

幼虫　1 龄幼虫棍棒形、长约 1.8 mm、头部较大、腹部长而不弯曲、乳白色。老熟幼虫体长 4.0~4.5 mm、肥胖、头、胸部黄褐色、上颚坚硬、腹部向腹面弯曲。

蛹　体长 3.5~4.0 mm、初乳白、后灰褐色、前端大而钝圆、覆盖头部、背面被瘤凸、腹末较尖、略向腹面弯曲。

生物学特性

江西南昌等地多 1 年 1 代、少数有不完整的 2 代、以成虫和少数幼虫在被蛀竹材或竹制品内越冬。翌年 4 月中旬至 5 月下旬越冬成虫迁至新伐竹材上蛀孔侵入、5 月上旬至 7 月上旬雌虫产卵、5 月中、下旬至 6 月上旬为盛期、产卵期约 60 d。幼虫于 5 月中旬开始孵化、盛期为 5 月下旬至 6 月中旬、8 月中旬仍可见少数老熟幼虫、幼虫期约达 100 d。7 月上旬至 8 月下旬进入前蛹期及蛹期、盛期为 7 月中旬至 8 月中旬、前蛹期 3~5 d、蛹期约 50 d。成虫 7 月上旬至 8 月下旬羽化、7 月下旬至 8 月中旬为盛期；少数羽化早的成虫产卵、幼虫孵化后在竹材中危害、越冬、7 月下旬以后羽化不再产卵而以成虫越冬、成虫期最长约达 300 d。

成虫具有避光性、仅能短距离迁飞；找到新竹后、在竹材表面爬行、多从砍去枝条的伤痕处蛀入、少数由节间的破皮处蛀入；在刚竹主干上、基部 3 m 以内蛀孔最多、占 93.4%。该虫有选择食性、在刚竹、毛竹和苦竹混堆时喜蛀食刚竹而不蛀食他竹、毛竹和苦竹混堆时均可被蛀食、当年新伐竹和上年竹材混堆时喜蛀食当年新竹。该虫多成对蛀入新竹、蛀入后先蛀一斜道、然后在竹黄处蛀一椭圆形大空室、再围绕竹壁蛀食、并在竹黄部蛀一与空室相通的环形隧道、排泄物从蛀孔排出；雌雄成虫经补充营养后在空室交尾、然后散产卵于环形隧道的纤维间隙中。幼虫孵化后、沿竹黄部纵向蛀食、其排泄物堆积于隧道内；老熟幼虫化蛹前、在靠近竹青的表皮处蛀一椭圆形蛹室化蛹、成虫羽化后咬破竹青而出。

双棘长蠹 *Sinoxylon anale* Lesne

国内分布于海南、广东、广西、四川、台湾等地；国外分布于东南亚、印度、澳大利亚。危害白格、黑格、黄檀、凤凰木、木棉、橡胶树、黄桐、厚皮树、山龙眼、黄牛木、

双棘长蠹

山荔枝、小叶英歌、大叶桃花心木、杧果等52属73种树木。主要危害新锯的板方材和新剥皮的原木，凡有明显心材的树种，只危害边材，橡胶木被蛀害约半年便成粉末、失去使用价值；也危害活树，如紫胶虫的寄主南岭黄檀和秧青的枝条被害后易折断，影响放胶。

形态特征（图13-4）

成虫　圆柱形，体长4.2~5.6 mm，赤褐色。头密布颗粒，其前缘小瘤1排；棕红色触角10节，末端3节单栉齿状；上颚粗而短、末端平截。前胸背板帽状盖住头部、短黄毛直立，前半部有齿状和颗粒状突起，后半部具刻点。鞘翅刻点密粗、被灰黄色细弧毛，后端急剧下倾的倾斜面黑色、粗糙，斜面合缝两侧1对刺突的基部下侧缘锯齿状。

图13-4　双棘长蠹

足棕红色，胫、跗节均有黄毛；胫节外侧1齿列，端距钩形，中足距最长。中后胸及腹部腹面密布灰白色倒伏细毛。腹部5节，第6节缩入腹腔，外露毛1撮。

卵　长椭圆形，黄白色。

幼虫　乳白色，体弯曲。胸足仅前足较发达，胫节具密而长的棕色细毛。体侧面、腹末节商黄褐色刷状长毛，老龄幼虫体长4~6 mm。

蛹　初乳白色半透明，后渐黑褐色，羽化前头、前胸背板及鞘翅黄色，上颚赤褐色。

生物学特性

海南1年4代，完成1代需68~98 d。成虫4次发生高峰为3~4月、6~7月、9~10月和12月至翌年1月，以3月下旬至4月上旬最盛。成虫在伐倒木、新剥皮的原木和湿板材上钻圆形深约5 mm的孔侵入，然后顺年轮方向开凿长15~20 cm的母坑道，随即将蛀屑推出坑道，极易发现。成虫产卵于母坑道壁的小室中，并一直守卫在母坑道中直到死亡。幼虫坑道甚密、纵向排列、充塞粉状排泄物，深1.5~3.0 cm，长10~15 cm；幼虫期约45 d。新成虫羽化后就地补充营养，蛀出若干小孔，排出大量蛀屑，约10 d后飞出。

木材含水率和该虫侵染程度密切相关。新采伐2~3 d后的剥皮白格，含水率约达70%时成虫开始蛀入危害，蛀入虫数逐日增加，至干燥到纤维含水率的饱和点33%时蛀入虫数开始下降，继续下降到25%以下时仅有个别蛀入，至20%以下则无虫蛀入。

蠹虫的防治

粉蠹的防治　应于冬季采伐，树木砍伐后趁湿浸泡于水中，或锯成板材后水煮。

长蠹的防治　成批干材和木竹制品被害时，用溴甲烷密闭熏蒸24 h杀灭长蠹幼虫和成虫。木材干燥时加热到一定温度即可灭虫，锯材天然干燥时用48%毒死蜱乳油250倍液进行瞬间浸泡处理。加强营林技术措施，感染虫害的木竹材应尽快运出林外以压低并控制虫源。

窃蠹的防治　①当杨、柳房屋木构件被害时，每年从成虫出现开始用48%毒死蜱乳油400倍液喷至房木表面，隔7 d喷施1次，共4~5次，杀虫率可达80%以上。此法应坚持连续治2年。②档案窃蠹繁殖传播约集中于20 d内，可结合其他仓库害虫的防治，加强仓库管理，定时检查清除易受害物件；或用 2.5% 溴氰菊酯乳油或纯煤油涂刷已受害或者需要预防的物品表面，反复 2~3 次，涂刷面最好向上以利药液向虫孔渗透。档案窃蠹对用大豆胶、血胶、牛皮胶等胶合板危害最烈，应适当选用对脲醛树脂胶合板危害较少胶合剂。③5 月下旬至 6 月初按每间木房释放 500 余头管氏肿腿蜂，该虫的蛹和幼虫的死亡率可达 60% 左右。

三、天牛类

蛀害原木、木制品、木建筑的天牛种类虽少，但其危害所造成的损失常很大。除下述 2 种外，在我国还有分布于云南、上海、福建、四川、甘肃南部少数县等地危害竹材的竹绿虎天牛，分布于华中、华南危害木建筑、阔叶木材的长角凿点天牛，分布于陕西、山东、河南、河北、四川、云南、辽宁南部危害多种木材及其制品的灰黄茸天牛 *Trichoferus guerryi* (Pic)。

家茸天牛 *Trichoferus campestris* (Faldermann)

家茸天牛

国内分布于东北、华北、华东、西北、西南等地；国外分布于日本、朝鲜、俄罗斯、蒙古。危害刺槐、杨、柳、榆、桦、松、云杉、枣、桑、苹果、梨等衰弱木及木材。

形态特征(图 13-5)

成虫　长 13~14 mm，褐色，密被黄色绒毛。雌触角短于体长、雄长于体长。前胸近球形，背中央后端 1 浅纵沟。小盾片半圆形，灰黄色。

卵　长椭圆形，一端较钝，另一端稍尖，灰黄色。

幼虫　长约 20 mm，头部黑褐色，体黄白色。前胸背板前缘之后 2 个黄褐色横斑，侧沟之间隆起平坦，隆起部前方具细纵皱纹；前胸腹板中前腹片前区、侧前腹片具密毛。

蛹　浅黄褐色，体长 15~19 mm。

生物学特性

在河南 1 年 1 代，以幼虫在被害枝干中越冬。翌年 3 月恢复活动，在皮层下木质部钻蛀坑道，并将碎屑排出孔外。4 月下旬至 5 月上旬开始化蛹，5 月下旬至 6 月上旬成虫羽化。成虫有趋光性，卵散产于直径 3 cm 以上橡材的皮缝内，冬、春季新伐的枝干最易落卵，或产卵于未经剥皮或采伐后未充分干燥的木材上。约 10 d 后初孵幼虫即钻入木质部和韧皮部之间蛀食，蛀道宽扁且不规则，11 月幼虫越冬。新采伐的刺槐橡木，最易受蛀害。

图 13-5　家茸天牛

竹红天牛 *Purpuricenus temminckii* (Guérin-Méneville)

竹红天牛

分布于华中、华南、西南，辽宁、河北等地。危害竹材及其制品，毛竹受害重。

形态特征(图 13-6)

成虫　体长 11.5~18.0 mm。头、触角、足及小盾片黑色，前胸背板及鞘翅朱红色。头短，雌虫触角接近鞘翅后缘，雄虫触角约为体长的 1.5 倍。前胸背板 5 个黑斑、后部的 3 个较小，两侧各 1 瘤状侧刺突。鞘翅两侧缘平行，胸和翅面密布刻点。

卵　扁圆形，青灰或淡灰褐色，长 0.15 ~ 2.00 mm。

幼虫　体长 15~20 mm，白色，前胸背板黄色、硬皮板 3 条纵线。

蛹　棕褐色，椭圆形，长 14~18 mm。

生物学特性

多数 1 年 1 代、少数 2 年 1 代，以成虫、幼虫在竹材内越冬。次年 4 月中旬越冬成虫外出产卵，5 月上、中旬幼虫孵化蛀入竹材内常绕竹节蛀害；8 月始化蛹，蛹期约 15 d，9 月成虫羽化，发生期不整齐。

幼虫　　蛹

成虫

图 13-6　竹红天牛

成虫出竹后先爬行，找寻适宜处产卵；卵散产于竹节上方，新伐毛竹以两侧落卵最多，每竹节有卵数粒或数十粒成堆，每根竹落卵可达 200~300 粒。喜食伐倒竹、风倒竹或枯竹，也危害健康毛竹。被害处有圆形羽化孔，可导致竹材内部积水，久之腐败；重害竹材遍布被竹屑堵塞的虫孔，仅剩竹皮，地面可见粉屑。阳光充足、温度较高、湿度不大处竹材最易被害，向阳面、植被少的山坡和山顶被害重，阴面、植被多的山坡或水沟两侧被害轻，山沟中受害更轻。

天牛的防治

检疫措施　对调运中原木、木材实行严格检疫，检查其是否携带有天牛的卵、入侵孔、羽化孔、虫道和活虫体等，并按检疫法进行处理。

化学防治　密封被天牛侵害的原木、木材，投放硫酰氟或溴甲烷 50~70 g/m³、密封 5 d，所处理的木材量小时投放磷化铝或磷化锌 10~20 g/m³、密封 2~3 d，以防治家茸天牛等木材害虫。此外，伐后的树木 5 月前彻底剥皮以防成虫产卵，用作房屋建筑木材应剥皮处理。对天牛危害严重的木建筑房屋，可在成虫羽化期密封屋内用烟剂熏蒸 24 h。如房屋椽材发生天牛幼虫危害，可喷洒 48% 毒死蜱乳油：柴油 = 1:5 的药剂，而后关闭门窗 24 h 熏杀幼虫。

第三节　木材害虫的调查与研究

木材害虫与食叶、蛀干等害虫的调查与研究有所不同，其对象不是活立木，而是堆积的原木、板材或木制品。其基本调查原理和方法如下。

一、调查目的和原理

蛀食木材害虫的生活栖境较空旷，相对较干燥、湿度低、人为干扰因素多，但调查时较为容易取样。因此，应根据木材类型(如带皮原木、无皮原木、板材、木材制品)，蛀害木材的害虫种类、蛀食习性、在木材和剁堆中的分布(如边材、心材,剁堆上、中、下部等),以及木材存放的场所与环境等因素,设计取样方式,确定取样量。该类害虫调查和研究的基本内容包括不同木材类型的木材害虫种类,木材存放场所、环境与害虫种类,木材害虫的季节变化,目标害虫的生物学特征、防治技术与效果等。

二、调查方法与数据分析

(一)带皮原木

对于同一类型的独立存放或散放于林间的带皮原木,应区分环境类型调查和取样,每一环境至少应取长4 m的样木5根以上;对于堆放的带皮原木,在条件许可时应区分上、中、下层分层取样,每层取样亦不少于5根。抽取样木后,应先检查树皮表面是否具有木材害虫的蛀害症状及其特征,然后对每样木分段剥皮检查害虫种类、虫态、数量。

(二)板材与去皮原木

板材与去皮原木存放常较规范,其发生木材害虫一般也较严重。调查时应按照树种、材质类型、存放场地等,参照带皮原木的调查方法取样进行调查。

(三)木制品

木制品类的木材害虫危害状明显,害虫蛀害后其表面常具有蛀害孔、虫粪及木屑排出孔、羽化孔等,其周围也常散落有虫粪及木屑。取样时应以不能毁坏木制品为前提,在区分蛀害孔、羽化孔、虫粪及木屑类型的基础上,采取网纱罩养的方法获取虫样标本,以标记蛀害与羽化孔的方式确定虫口数量;对于已因虫害严重毁坏、无利用价值的木制品,可进行解剖调查其危害情况等。

(四)白蚁的调查

白蚁生活场所的湿度一般较周围环境要大,且不论是何种白蚁其食物均为植物及其产品。调查时应首先注意同一环境类型中湿度较大场所中的木材和木制品,多数白蚁在危害时常筑有活动隧道,在被害木表面具有透气孔,被害场所散落有粉末状木屑。因此,对于堆积的木材和木制品白蚁的调查,检查其最下层即可;如果进行种类分布调查,可在当地白蚁易发生地选取不同的地点挖深50 cm的坑,坑内分别埋设松材、阔叶材,翌年进行检查;被白蚁蛀害的构件敲击时常有中空声,据白蚁的生活习性调查木建筑时,应先查看接近地面的构件,必要时可在不破坏构件性能的基础上进行局部解剖调查。

(五)数据处理与分析

参见其他害虫的数据处理分析方法。

复习思考题

1. 简述我国木材害虫的地理分布。
2. 重要的木材害虫有哪几类? 各有哪些防治方法?
3. 阐述木材害虫的调查方法。

参 考 文 献

北京农业大学，1981. 果树昆虫学(下)[M]. 北京：农业出版社.

北京农业大学，华南农业大学，福建农学院，1980. 昆虫学通论(上、下)[M]. 北京：农业出版社.

彩万志，庞雄飞，花保祯，等，2011. 普通昆虫学[M]. 2版. 北京：中国农业大学出版社.

蔡邦华，1956. 昆虫分类(上)[M]. 北京：财经出版社.

蔡邦华，1985. 昆虫分类(中、下)[M]. 北京：科学出版社.

曹骥，1984. 作物抗虫原理及应用[M]. 北京：科学出版社.

陈昌洁，1990. 松毛虫综合管理[M]. 北京：中国林业出版社.

陈世骧，谢蕴贞，邓国藩，1959. 中国经济昆虫志(第一册　鞘翅目：天牛科)[M]. 北京：科学出版社.

丁岩钦，1980. 昆虫种群数学生态学原理与应用[M]. 北京：科学出版社.

东北林业大学，1989. 森林害虫生物防治[M]. 北京：中国林业出版社.

方三阳，1988. 森林昆虫学[M]. 哈尔滨：东北林业大学出版社.

弗林特，范德博希，1985. 害虫综合治理导论[M]. 曹骥，赵修复，译. 北京：科学出版社.

福建农学院，等，1982. 害虫生物防治[M]. 北京：农业出版社.

甘肃省林业厅，甘肃省林木病虫害防治站，1989. 甘肃林木病虫图志[M]. 兰州：甘肃科学技术出版社.

郭郛，1979. 昆虫的激素[M]. 北京：科学出版社.

侯陶谦，1987. 中国松毛虫[M]. 北京：科学出版社.

湖南省林业厅，1992. 湖南森林昆虫图鉴[M]. 长沙：湖南科学技术出版社.

花保祯，1990. 中国昆虫图志(Ⅱ)：中国木蠹蛾志[M]. 咸阳：天则出版社.

华东师范大学，北京师范大学，复旦大学，等，1981. 动物生态学(上、下)[M]. 北京：人民教育出版社.

华南农学院，1981. 农业昆虫学(上、下)[M]. 北京：农业出版社.

霍恩，1991. 害虫防治的生态学方法[M]. 刘铭汤，邵崇斌，马希汉，等译. 咸阳：天则出版社.

蒋金炜，乔红波，安世恒，2014. 农田常见昆虫图鉴[M]. 郑州：河南科学技术出版社.

蒋书楠，1985. 中国经济昆虫志 鞘翅目 天牛科(三)[M]. 北京：科学出版社.

李宽胜，1999. 中国针叶树种实害虫[M]. 北京：中国林业出版社.

李孟楼，黄支敏，王培新，1989. 花椒栽培及病虫害防治[M]. 西安：陕西科学技术出版社.

马克斯维尔，1985. 植物抗虫育种[M]. 翟凤林，袁士畴，张发成，等译. 北京：农业出版社.

马玲，宗世祥，2022. 昆虫生态及灾害预警[M]. 北京：中国林业出版社.

苗建才，1990. 林木化学保护[M]. 哈尔滨：东北林业大学出版社.

莫尔迪尤，戈兹沃西，布雷迪，等，1986. 昆虫生理学[M]. 王荫长，龚国玑，陈长琨，等译. 北京：科学出版社.

南京农学院，1985. 昆虫生态及预测预报[M]. 北京：农业出版社.

南开大学，中山大学，北京大学，等，1980. 昆虫学(上、下)[M]. 北京：人民教育出版社.

蒲富基，1980. 中国经济昆虫志 鞘翅目 天牛科(二)[M]. 北京：科学出版社.

青海省农林科学院林业研究所，1979. 青海林木害虫[M]. 西宁：青海人民出版社.

陕西省果树研究所，西北农学院，1980. 果树病虫及其防治[M]. 西安：陕西科学技术出版社.

陕西省林业研究所, 1977. 陕西林木病虫图志(第一辑)[M]. 西安：陕西科学技术出版社.

陕西省林业研究所, 1983. 陕西林木病虫图志(第二辑)[M]. 西安：陕西科学技术出版社.

石奇光, 1987. 昆虫信息素防治害虫技术[M]. 上海：上海科学技术出版社.

孙守慧, 宋丽文, 杨丽元, 2021. 辽宁树木害虫图鉴[M]. 北京：科学出版社.

索思伍德, 1984. 生态学研究方法[M]. 罗河清, 周昌清, 刘复生, 译. 北京：科学出版社.

王子清, 1980. 常见介壳虫鉴定手册[M]. 北京：科学出版社.

魏鸿钧, 张治良, 王荫长, 1989. 中国地下害虫[M]. 上海：上海科学技术出版社.

文守易, 徐龙江, 1986. 林木害虫防治[M]. 乌鲁木齐：新疆人民出版社.

吴福桢, 高兆宁, 1970. 宁夏农业昆虫图志[M]. 第一集. 银川：宁夏人民出版社.

吴福桢, 高兆宁, 1982. 宁夏农业昆虫图志[M]. 第二集. 银川：宁夏人民出版社.

西北农学院, 1977. 农业昆虫学(上、下)[M]. 北京：人民教育出版社.

萧刚柔, 李镇宇, 2020. 中国森林昆虫[M]. 3 版. 北京：中国林业出版社.

徐汝梅, 1987. 昆虫种群生态学[M]. 北京：北京师范大学出版社.

薛贤清, 1992. 森林害虫预测预报[M]. 北京：中国林业出版社.

殷蕙芬, 1984. 中国经济昆虫志 鞘翅目 小蠹科[M]. 北京：科学出版社.

袁锋, 2005. 昆虫分类学[M]. 2 版. 北京：中国农业出版社.

云南省林业厅, 中国科学院动物研究所, 1987. 云南森林昆虫[M]. 昆明：云南科技出版社.

张克斌, 谭六谦, 1989. 昆虫生理[M]. 西安：陕西科学技术出版社.

张执中, 1993. 森林昆虫学[M]. 2 版. 北京：中国林业出版社.

张宗炳, 1986. 害虫综合治理[M]. 上海：上海科学技术出版社.

章宗江, 1983. 果树害虫天敌[M]. 济南：山东科学技术出版社.

赵养昌, 1980. 中国经济昆虫志 鞘翅 目象虫科(一)[M]. 北京：科学出版社.

浙江农业大学, 1982. 农业昆虫学(上、下)[M]. 2 版. 上海：上海科学技术出版社.

中国科学院动物研究所, 等, 1978. 天敌昆虫图册[M]. 北京：科学出版社.

中国科学院动物研究所, 1987. 中国农业昆虫(上、下)[M]. 北京：农业出版社.

中国植物保护百科全书总编纂委员会昆虫卷编纂委员会, 2022. 中国植物保护百科全书昆虫卷(一、二、三)[M]. 北京：中国林业出版社.

中南林学院, 1978. 森林害虫及其防治[M]. 长沙：湖南人民出版社.

中南林学院, 1987. 经济林昆虫学[M]. 北京：中国林业出版社.

周嘉熹, 屈邦选, 1994. 西北森林害虫及防治[M]. 西安：陕西科学技术出版社.

周嘉熹, 孙益知, 唐鸿庆, 1988. 陕西省经济昆虫志 鞘翅目 天牛科[M]. 西安：陕西科学技术出版社.

GAULD I, BOLTON B, 1992. 膜翅目[M]. 杨忠岐, 译. 咸阳：天则出版社.

PRICE P W, 1981. 昆虫生态学[M]. 北京大学生物学系昆虫教研室, 译. 北京：人民教育出版社.

RICHARDS O W, DAVIES R G, 1987. 伊姆斯普通昆虫学教程[M]. 10 版. 忻介六, 苏德明, 杨庆爽, 等译. 北京：高等教育出版社.

STRONG D R, LAWTON J H, SOUTHWOOD R, 1990. 植物上的昆虫群落格局和机制[M]. 刘绍友, 仵均祥, 王应伦, 等译. 咸阳：天则出版社.

昆虫学名索引

（按字母顺序排序）

昆虫中文名索引

(按拼音顺序排序)